本书由以下项目资助

国家自然科学基金重大研究计划“黑河流域生态-水文过程集成研究” 重点项目
“干旱区陆表蒸散遥感估算的参数化方法研究”（91025007）
中国科学院前沿科学重点项目“地表潜热通量的遥感机理”（QYZDY-SSW-DQC014）

“十三五”国家重点出版物出版规划项目

黑河流域生态-水文过程集成研究

# 陆表蒸散遥感

吴炳方　著

科学出版社　龍門書局

北京

## 内容简介

本书是陆表蒸散遥感的理论著作，系统阐述蒸散原理以及能量平衡各分量与影响蒸散的关键参量的模型、监测及观测方法。全书共9章，第1章阐述蒸散原理；第2~第8章分别介绍大气边界层、饱和水汽压差、空气动力学粗糙度、地表净辐射、地表土壤热通量、感热通量、潜热通量的影响因子、地面观测方法和遥感估算方法；第9章介绍蒸散尺度转换。

本书具有基础性和前沿性的特点，可供陆表蒸散遥感理论与应用、流域水资源管理等学科的科研人员、专业技术人员与管理人员参考。

审图号：GS(2021)7162号

图书在版编目(CIP)数据

陆表蒸散遥感／吴炳方著. —北京：龙门书局，2021.10

(黑河流域生态-水文过程集成研究)

“十三五”国家重点出版物出版规划项目　国家出版基金项目

ISBN 978-7-5088-5902-6

Ⅰ.①陆…　Ⅱ.①吴…　Ⅲ.①遥感技术-应用-黑河-流域-土壤蒸发-研究
Ⅳ.①S152.7-39

中国版本图书馆CIP数据核字（2021）第038862号

责任编辑：李晓娟　王勤勤／责任校对：樊雅琼

责任印制：肖　兴／封面设计：黄华斌

科学出版社　龍門書局　出版

北京东黄城根北街16号

邮政编码：100717

http://www.sciencep.com

中国科学院印刷厂　印刷

科学出版社发行　各地新华书店经销

*

2021年10月第　一　版　开本：787×1092　1/16

2021年10月第一次印刷　印张：21　插页：2

字数：500 000

**定价：318.00元**

(如有印装质量问题，我社负责调换)

## 《黑河流域生态-水文过程集成研究》编委会

## 《陆表蒸散遥感》撰写委员会

主　笔　吴炳方

成　员　朱伟伟　庄齐枫　于名召　谭　深
　　　　张红梅　马宗瀚　许佳明　王林江
　　　　卢昱铭　邢　强　冯学良　柳树福

# 总　　序

20 世纪后半叶以来，陆地表层系统研究成为地球系统中重要的研究领域。流域是自然界的基本单元，又具有陆地表层系统所有的复杂性，是适合开展陆地表层地球系统科学实践的绝佳单元，流域科学是流域尺度上的地球系统科学。流域内，水是主线。水资源短缺所引发的生产、生活和生态等问题引起国际社会的高度重视；与此同时，以流域为研究对象的流域科学也日益受到关注，研究的重点逐渐转向以流域为单元的生态–水文过程集成研究。

我国的内陆河流域面积占全国陆地面积 1/3，集中分布在西北干旱区。水资源短缺、生态环境恶化问题日益严峻，引起政府和学术界的极大关注。十几年来，国家先后投入巨资进行生态环境治理，缓解经济社会发展的水资源需求与生态环境保护间日益激化的矛盾。水资源是联系经济发展和生态环境建设的纽带，理解水资源问题是解决水与生态之间矛盾的核心。面对区域发展对科学的需求和学科自身发展的需要，开展内陆河流域生态–水文过程集成研究，旨在从水–生态–经济的角度为管好水、用好水提供科学依据。

国家自然科学基金重大研究计划，是为了利于集成不同学科背景、不同学术思想和不同层次的项目，形成具有统一目标的项目群，给予相对长期的资助；重大研究计划坚持在顶层设计下自由申请，针对核心科学问题，以提高我国基础研究在具有重要科学意义的研究方向上的自主创新、源头创新能力。流域生态–水文过程集成研究面临认识复杂系统、实现尺度转换和模拟人–自然系统协同演进等困难，这些困难的核心是方法论的困难。为了解决这些困难，更好地理解和预测流域复杂系统的行为，同时服务于流域可持续发展，国家自然科学基金 2010 年度重大研究计划“黑河流域生态–水文过程集成研究”（以下简称黑河计划）启动，执行期为 2011~2018 年。

该重大研究计划以我国黑河流域为典型研究区，从系统论思维角度出发，探讨我国干旱区内陆河流域生态–水–经济的相互联系。通过黑河计划集成研究，建立我国内陆河流域科学观测–试验、数据–模拟研究平台，认识内陆河流域生态系统与水文系统相互作用的过程和机理，提高内陆河流域水–生态–经济系统演变的综合分析与预测预报能力，为国家内陆河流域水安全、生态安全以及经济的可持续发展提供基础理论和科技支撑，形成干旱区内陆河流域研究的方法、技术体系，使我国流域生态水文研究进入国际先进行列。

为实现上述科学目标，黑河计划集中多学科的队伍和研究手段，建立了联结观测、试验、模拟、情景分析以及决策支持等科学研究各个环节的“以水为中心的过程模拟集成研究平台”。该平台以流域为单元，以生态-水文过程的分布式模拟为核心，重视生态、大气、水文及人文等过程特征尺度的数据转换和同化以及不确定性问题的处理。按模型驱动数据集、参数数据集及验证数据集建设的要求，布设野外地面观测和遥感观测，开展典型流域的地空同步实验。依托该平台，围绕以下四个方面的核心科学问题开展交叉研究：①干旱环境下植物水分利用效率及其对水分胁迫的适应机制；②地表-地下水相互作用机理及其生态水文效应；③不同尺度生态-水文过程机理与尺度转换方法；④气候变化和人类活动影响下流域生态-水文过程的响应机制。

黑河计划强化顶层设计，突出集成特点；在充分发挥指导专家组作用的基础上特邀项目跟踪专家，实施过程管理；建立数据平台，推动数据共享；对有创新苗头的项目和关键项目给予延续资助，培养新的生长点；重视学术交流，开展“国际集成”。完成的项目，涵盖了地球科学的地理学、地质学、地球化学、大气科学以及生命科学的植物学、生态学、微生物学、分子生物学等学科与研究领域，充分体现了重大研究计划多学科、交叉与融合的协同攻关特色。

经过连续八年的攻关，黑河计划在生态水文观测科学数据、流域生态-水文过程耦合机理、地表水-地下水耦合模型、植物对水分胁迫的适应机制、绿洲系统的水资源利用效率、荒漠植被的生态需水及气候变化和人类活动对水资源演变的影响机制等方面，都取得了突破性的进展，正在搭起整体和还原方法之间的桥梁，构建起一个兼顾硬集成和软集成，既考虑自然系统又考虑人文系统，并在实践上可操作的研究方法体系，同时产出了一批国际瞩目的研究成果，在国际同行中产生了较大的影响。

该系列丛书就是在这些成果的基础上，进一步集成、凝练、提升形成的。

作为地学领域中第一个内陆河方面的国家自然科学基金重大研究计划，黑河计划不仅培育了一支致力于中国内陆河流域环境和生态科学研究队伍，取得了丰硕的科研成果，也探索出了与这一新型科研组织形式相适应的管理模式。这要感谢黑河计划各项目组、科学指导与评估专家组及为此付出辛勤劳动的管理团队。在此，谨向他们表示诚挚的谢意！

2018 年 9 月

# 序

我国淡水资源只占全球的6%，人均水资源占有量相对更低，水资源短缺已经成为我国高质量发展的主要瓶颈之一。快速发展的工业化与城市化，新时代的生态环境建设进一步增加了水资源的需求量，使得我国本来十分紧缺的水资源面临更大压力。切实解决好水资源短缺、水资源污染和不合理利用等问题，是政府部门和科技工作者的重要职责。我在科学技术部工作期间，明确把水资源和环境保护技术放在我国科技发展的优先位置，并将其纳入我国《国家中长期科学和技术发展规划纲要（2006—2020年）》，以确保我国水安全和可持续利用。

水资源问题与气候变化和粮食安全紧密相连。人类的进化史就是一部与饥饿作斗争的历史，粮食问题是中国几千年来最重要的问题。为了确保粮食产量，我国已经付出了沉重的环境代价，农业灌溉用水占全国总用水量的60%，因此水是制约粮食生产的主要因子。

蒸散是水循环过程的最重要参量之一，代表着水的真实损耗，是流域水圈、能量圈和生物圈的连接纽带，是物质平衡和能量平衡的结合点。全球变暖的大趋势与日益增强的人类活动，显著改变了陆气条件和下垫面的状况，增加了未来水资源可利用量的不确定性，急需精确的蒸散数据，以便厘清流域水资源的真实消耗状况，为优化水资源配置、科学调控水资源提供数据支撑。然而影响蒸散的因子众多，包括气象要素、地表反照率、地表温度、土壤表层湿度、地表粗糙度、边界层高度等，随着对地观测技术的不断发展，遥感已能实现关键参量的精准监测，但是从参数监测到蒸散估算还需要数学模型的支持。

我一直倡导科技工作者要为国家、民族以及科学进步做出自己的贡献。令人欣慰的是，当吴炳方博士将该书稿交于我时，没想到他除了将我托付的农情监测和粮食估产工作做到世界前列外，还围绕着制约粮食生产的水问题，在陆表蒸散遥感领域也开展了卓有成效的工作。阅读该书的内容，我发现这部专著将土壤圈、地表到大气边界层作为整体，系统梳理了蒸散的原理，围绕能量平衡、水量平衡和空气动力学等影响蒸散的过程和关键参量，灵活应用从静止气象卫星到资源卫星，从可见光波段到微波波段的多源遥感数据，提出了具有扎实的理论深度和创新的系列关键参量的遥感监测方法，构建了土壤、地表、植被与边界层之间的水热通量遥感模型，实现了蒸散的精准估算，推动了遥感与传统学科的交叉结合，为水资源耗水时空格局的精细刻画提供了有力支持。该书是吴炳方博士及其领导的团队近 20 年潜心研究的成果，具有较高的理论价值和重要的应用价值，是陆表蒸散遥感领域前沿性学术著作，值得向读者推荐。

在该书即将出版之际，谨此为序，以志庆贺，以飨读者。

中国科学院院士 徐冠华

2021 年 2 月 20 日

# 前　　言

21 世纪人类将共同面临水危机的挑战，水危机会导致流域间与流域内水资源竞争及矛盾加剧。究其原因在于人们对水循环基本规律认识的不足和片面性。在流域水循环的关键要素中，蒸散是水系统中的最主要消耗，由于蒸散难以大范围直接观测，以往的水循环和水管理研究大多集中于占降水量 20%~30%（湿润地区占 60%）的地表与地下径流，而对占降水量 70%~80% 的蒸散耗水关注甚少。在高强度人类活动影响下，天然流域已不复存在，流域水循环的规律和机理发生了深刻改变且变得更为复杂，我们需要通过掌握蒸散的时空变化规律，更好地理解和掌握水循环过程与规律。另外，为了合理利用和分配水资源，解决流域内各单元及各行业对水资源的竞争性需求问题，我们迫切需要掌握水资源消耗的地点、行业或时间。因此定量监测与分析蒸散的时空变化规律对流域水循环研究及水资源评价和管理具有重要意义。

蒸散遥感在最近几十年得到了巨大的发展，各国陆续发布了各种全球及区域尺度的蒸散产品，但是各类蒸散模型共存的现状表明，影响蒸散的因子及机理相当复杂，涉及空气动力学、能量平衡和水量平衡等，模型在解析和简化机理过程中各有取舍，使得各类蒸散模型各有优势与不足。遥感的发展为地表、大气、海洋等提供了越来越多的信息，包括地表温度、大气温度与湿度、地表植被参数、土壤水分等，这些信息能够客观地反映出下垫面的几何结构和水热状况，特别是由热红外波段得到的地表温度能够较客观地反映出近地面层湍流热通量大小和下垫面干湿差异，为准确定量估算区域蒸散带来全新的参数，并为大面积蒸散的研究和估算提供一种不可替代的手段。

本书系统阐述蒸散原理、能量平衡各分量与影响蒸散的关键参量的影响因子、地面观测方法和遥感估算方法，以及自主研发的区域蒸散遥感模型——ETWatch。ETWatch 以多尺度–多源遥感数据和气象数据为主要输入数据，从空气动力学、能量平衡和水量平衡理论综合解析地表蒸散过程，同时考虑自然条件（气候、地形、土壤、植被、地貌等）和人类活动（土地覆被）对蒸散的作用，实现不同下垫面和区域特征的蒸散遥感估算。

本书得到国家自然科学基金重大研究计划“黑河流域生态–水文过程集成研究”支持下的重点项目“干旱区陆表蒸散遥感估算的参数化方法研究”（91025007）（2011~2014 年）和中国科学院前沿科学重点项目“地表潜热通量的遥感机理”（QYZDY-SSW-

DQC014）（2016~2020 年）的支持。

本书是集体智慧的结晶，前后有 12 位博士研究生和同事参与研究，并为本书的成稿提供素材，撰写相关章节，包括朱伟伟、庄齐枫、于名召、谭深、张红梅、马宗瀚、许佳明、王林江、卢昱铭、邢强、冯学良、柳树福，借此机会，特向他们表示衷心的感谢。

由于作者水平所限，书中不足与缺陷在所难免，敬请有关专家学者与广大读者给予批评指正，以利于本书今后进一步修改与完善。

作　者

2021 年 1 月

# 目　　录

# 第1章　蒸　散

蒸散过程在自然界中到处发生，是水消耗一定的能量从液态转变为气态的过程。水在相变过程中所伴随的潜热转化是大气中能量传输的方式之一。它对云、雾、降水的形成和发展以及其他天气现象的产生都具有重要影响。基于水的来源与机理，可以将蒸散分为植物冠层截留蒸发、植被蒸腾、植被棵间蒸发、地表截留蒸发、土壤水蒸发、水面蒸发等。其中，发生在海洋、江、河、湖、水库等水体表面的蒸发称为水面蒸发；发生在土壤或岩石表面的蒸发称为土壤蒸发；水经过植物生命体气孔而汽化的过程称为植被蒸腾；蒸散主要包括土壤蒸发和植被蒸腾（Burman and Pochop，1994），它是土壤-植被-大气系统中能量水分传输及转变的主要途径。水分由液体转变为气体的过程需要吸收热量，因此陆表蒸散过程的汽化潜热也是热量平衡的主要项（Brutsaert，1982a）。在到达地表的太阳辐射中，约有48%的能量被用于陆表蒸散过程，而陆地上约64%的降水以蒸散方式重新进入大气，参与地表水循环（Oliver H R and Oliver S A，2013）。因此陆表蒸散是陆地表层水循环中除降水之外的最大分量，也是陆面过程中地气相互作用的重要过程之一（吴炳方等，2011；田国良等，2014）。

蒸散是流域水文-生态过程耦合的纽带，是流域能量与物质平衡的结合点，也是农业、生态耗水的主要途径。随着全球气候变化、流域水资源等问题的日益突出，蒸散的研究尺度逐渐从传统的点或斑块尺度转向区域、全球尺度。掌握流域的蒸散时空结构，将极大地提升人们对流域水文和生态过程的理解及水资源管理能力。掌握农田的蒸散时空结构，将更好地开展农业水管理。传统的地表蒸散观测方法主要包括水文学法、微气象学法、植被生理法等，观测仪器包括蒸发皿、小型与大型称重式蒸渗仪、涡动相关仪、大孔径闪烁仪（large aperture scintillometer，LAS）、波文比能量平衡观测系统、热扩散液流测量系统、稳态气孔仪等。传统的地表蒸散观测技术通常是基于单点、小尺度的测量，难以推广到区域尺度（Wang and Dickinson，2012）。

面对流域尺度地表蒸散的需求，遥感技术提供了一种新的监测手段。20世纪70年代初，遥感数据就被用于局地和区域尺度陆表蒸散的估算（Price，1980；Soer，1980；Jackson et al.，1981；Hatfield et al.，1983）。随着极轨气象卫星的出现，高时间分辨率遥感数据满足了估算陆表蒸散的特殊要求。卫星遥感技术并不能直接测量陆表蒸散，而是测量与陆表蒸散计算有关的环境参数，进而间接估算陆表蒸散（吴炳方等，2011）。光学传感器的发展体现为高光谱、高空间分辨率的特点，微波遥感的发展体现为多极化技术、多波段和多工作模式的特点，这为不同的遥感蒸散模型的发展提供了多种数据源。与点尺度上的测量相比，遥感技术可快速获取大范围的连续空间覆盖信息，优越性突出（Rango，1994；Vinukollu et al.，2011）。近年来，随着陆表蒸散理论和遥感技术的进一步成熟，陆表蒸散遥感估算方法得到了迅速发展，并在区域陆表蒸散研究中发挥了不可替代的作用。

## 1.1 蒸散原理

蒸散作为一种物理现象，其本质是水从液态到气态的转化。这种转化通常需要经过两个过程。首先，外界的能量供应为水分子提供动能，支持其从液体表面逸出；之后，空气的湍流运动将逸出的水分子从液体表面附近转移到大气中，避免其重新凝结（Brutsaert，2005）。其中，外界的能量主要来源于太阳辐射，而空气的湍流运动主要由风速和风向的变化引起。这两个过程分别代表着以能量驱动蒸散和以湍流驱动蒸散的两种方式（图 1-1），均属于在微观尺度上对蒸散过程的机理进行描述。

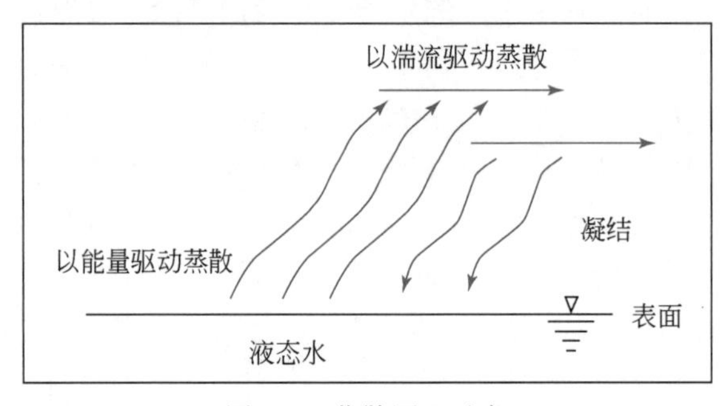


图 1-1　蒸散原理示意

能量驱动主要描述蒸散的产生过程，而湍流驱动主要描述蒸散的转移过程，前者关注蒸散表面所接受的能量平衡状态，而后者主要涉及地表-大气间的物质和能量传输以及空气动力学理论。在机理层面上，这两种方法分别基于不同的原理，且分属于蒸散过程中的两个方面，因此可以在各自的基础上发展出对蒸散进行定量描述和计算的理论。但是，能量驱动蒸散产生后需要空气的湍流运动对水汽进行运输，同时水汽随空气湍流运动的移动也以能量驱动蒸散的发生为前提。两者相互依存，共同组成一个完整的蒸散过程。

在以往的众多研究中，受理论发展和观测技术的限制，人们往往对能量平衡和空气动力学进行单独考虑，从而发展了一系列分别基于能量平衡理论或空气动力学理论的蒸散模型。随着对蒸散机理的不断认识和观测技术的不断发展，蒸散模型开始同时考虑能量平衡和空气动力学，并在此基础上不断改进和完善，大大提高了蒸散估算的准确性和机理性。

除了以上两种基于蒸散原理发展的理论外，水量平衡理论作为对水循环过程的宏观表述，也可对蒸散进行定量的描述。水量平衡理论将蒸散作为陆表水循环中的一个组成部分。该理论认为，在不同的空间尺度下，自然生态系统中的水在地表-大气间循环，降水将水从大气层转移到地表，然后水通过地表径流或地下渗流向河流、湖泊和海洋转移，而蒸散又将水以水蒸气的形式转移到大气中，形成一个循环，如图 1-2 所示。在确定空间边界的区域内，输入的水量（降水、径流流入、灌溉等）与输出的水量（蒸散、径流流出、下渗等）相等。因此，在确定其他变量的前提下，蒸散作为余项可以计算得到。

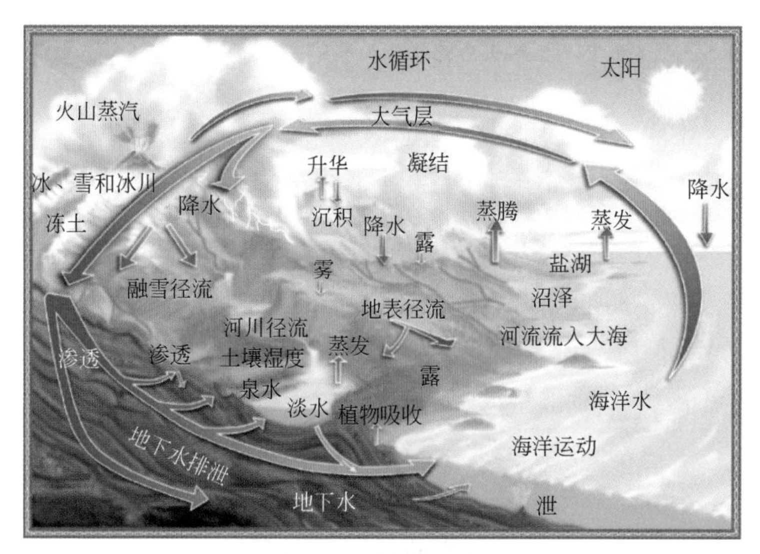


图 1-2　水循环示意

资料来源：美国地质勘探局（United States Geological Survey，USGS）

在以上三种描述蒸散的方法中，基于空气动力学理论的方法是对水汽传输的直接描述，而基于能量平衡理论的方法是对驱动水汽传输的能量变化进行描述，属于间接描述。两者均可独立或共同对蒸散进行表达。水量平衡法作为另一种对蒸散进行定量描述的方法，将陆表蒸散作为整个水循环过程中的一个组成部分进行考虑，并未探究蒸散发生的机理和过程，其计算原理简单合理。在水量平衡法中，蒸散是余项，需要对水循环中的其他组分有预先的了解和估计，而在对降水和径流进行测算过程中会不可避免地产生误差，进而对计算的蒸散造成较大的绝对误差，因此该方法在实际应用中并不常用。此外，水量平衡法也不适合对蒸散进行预测，无法应用于蓄水和灌溉等实际工程项目。

## 1.2　空气动力学

空气动力学理论以风的变化为主要驱动因素，以相似关系和湍流半经验理论为基础，为湍流扩散方程和变量廓线方程提供合理的假定与定量化的描述，从而实现对湍流运动中的物理量通量的求解。在近地层内，地表的高低起伏以及与空气间强烈的摩擦作用，导致风速和风向不断变化，从而产生大气湍流运动。湍流运动会带动能量和物质在大气垂直方向的传输，如动量、热量和水汽等。

空气动力学方法通过描述近地层气流的动力学特征来解释物质和能量输送过程的微气象学方法。该方法假设近地层中物质和能量输送与其物理属性在不同位置间的梯度成正比，其输送的比例系数受大气层结条件等影响湍流运动的因素的限制。该方法通过各要素的垂直分布来计算物质和能量通量，因此又称为垂直梯度法。

## 1.2.1 近地边界层的湍流运动

近地边界层又称近地层，处于大气边界层的最底层，直接与地表接触，受地面各种条件的强烈影响，其厚度变化较大，一般为几十米至一二百米。在近地层内，大气运动以湍流为主要特征，湍流运动引起的各种属性在垂直方向的交换输送对各种物理量的输送起主导作用。近地层很薄，因此可以近似地认为近地层中动量、热量和水汽的垂直湍流输送通量几乎不随高度变化，风向也几乎不随高度变化，故近地层亦被称为常通量层（Stull，1988；孙萩芬，2005）。

1. 湍流现象及其作用

在近地边界层内，由于地表面摩擦的强烈影响，风向和风速在短时间内呈不规则的变化，这种不规则的气流流动形式称为湍流。湍流是流体在特定条件下所表现出的一种特殊的运动现象，可以理解为流体的速度、物理属性等在时间和空间上的脉动现象，湍流运动不仅是随机的三维风场，还包括由风场变化引起的随机标量场，如温度、水汽、$CO_2$浓度等（Pope，2001；于贵瑞和孙晓敏，2006）。在湍流运动过程中，不同层空气的混合作用直接带动了动量、热量、水汽和$CO_2$等在垂直方向上的输送，即地表-大气间的能量和物质交换。

定量描述湍流的基本思想是把所有的物理量分解成平均值和脉动值，这种研究湍流运动的基本方法称为雷诺分解法（Reynolds，1886）。以风速为例，将某个时段内的平均风速标记为 $\overline{u}$，则某个时刻的瞬时风速 $u$ 与平均风速之差即为脉动值$u'$，其关系可以表示为 $u=\overline{u}+u'$。同样地，可以将湍流的其他各物理变量表示为以下分解形式。

垂直方向风速：

$$w=\overline{w}+w' \tag{1-1}$$

位温：

$$\theta=\overline{\theta}+\theta' \tag{1-2}$$

比湿：

$$q=\overline{q}+q' \tag{1-3}$$

其他物理量：

$$s=\overline{s}+s' \tag{1-4}$$

脉动值可以看作叠加在平均值上的涨落，可正可负，且脉动值较平均值小得多，变化极不规则。因此，一个实际的物理量可以分解为较规则的平均值和极不规则的脉动值两部分。

2. 湍流物理量的定量描述

湍流输送对于边界层风场和温度场的形成起着重要的作用。当大气上下层的动量传输不同时，会引起大气层内的风速变化；同样地，当大气上下层的热量传输不同时，就会引起大气层内的温度变化。这种物理量在不同层间的输送量称为通量。某物理量 $s$（单位体积中的质量，即密度）的通量 $F$ 定义为

$$F=\overline{ws} \tag{1-5}$$

当 $s$ 分别代表动量（$\tau$）、位温（$\theta$）、比湿（$q$）等物理量时，根据上述提到的雷诺分解法及相应的雷诺平均规则，式（1-5）可分别用于表示不同物理量的通量。

动量通量：

$$\tau=-\rho\,\overline{u'w'}=\rho\,u_*^2 \tag{1-6}$$

感热通量：

$$H=\rho\,c_p\overline{\theta'w'} \tag{1-7}$$

水汽通量：

$$E=\rho\,\overline{q'w'} \tag{1-8}$$

式中，$\rho$ 为空气密度；$u'$为水平方向（$x$ 轴方向）的风速；$u_*$ 为摩擦风速；$c_p$为空气的定压比热。

理论上，通过直接测量垂直风速和比湿的脉动值（$w'$和$q'$），就可以根据式（1-8）计算得到水汽通量。然而，对于以上两个物理量的测量要求较为严格，且测量的仪器价格高，测量精度也难以满足需求，目前该方法仅在较为特殊的试验中才有条件进行。

以上分析的都是垂直方向的通量，即物理量随湍流在垂直方向的输送量。在水平方向上，由于大气边界层中大部分情况下垂直方向的平均风速非常小（$\overline{w}\approx0$），水平方向的平流通量可以忽略不计。但是在复杂地形区域、强风等情况下，物理量沿坡度方向和水平方向也存在明显的输送量，从而产生很大的通量，这种通量称为泄流和平流通量。当泄流和平流通量较大甚至与垂直方向的通量相当时，就不能将其忽略。

### 1.2.2　湍流相似理论

边界层理论研究的目的是对湍流运动方程组求解。根据流体力学的基础知识，要从理论上准确地求解流体运动控制方程是非常困难的。现有的基本物理知识还并不足以描述以基本原理为基础的边界层规律。然而，边界层的观测结果经常会出现一些稳定且可重复的特征，显示出变量的一致性和可重复性，这表明能够使用一些经验关系式对有关变量的变化进行描述。这些经验关系式称为相似关系，亦称为相似理论。借助相似理论，可以对所关心的变量进行量纲分类和归纳分类，建立无因次变量之间的经验关系，这些关系具有普适性，因而可以指导实验和理论研究，并可以推广应用到其他时间和空间（孙菽芬，2005）。

相似理论的基础是 π 定理，该定理描述湍流的过程并将其变量组合成无因次组，根据实验或资料确定无因次组的值，然后对资料进行曲线拟合求出回归关系，以描述这些无因次组之间的关系和有关的比例因子大小（Buckingham，1914；Hanche-Olsen，2004）。通过以上过程可以得到经验方程或一组形状类似的曲线，这种经验方程即为相似关系。基于相似理论和 π 定理，可以用来寻找描述变量变化的相似关系，从而用来诊断平均风速、位

温、比湿和其他变量随时间变化的平衡关系以及这些变量作为高度的函数。

根据研究对象的不同，可将相似理论分为多种不同的尺度进行分析，其中莫宁-奥布霍夫（Monin-Obukhov）相似理论常用于研究近地边界层的湍流运动，主要用来分析近地边界层中的外部参数对湍流扩散过程的影响，该相似理论通常用于近地层，故又称为近地层相似（Hill，1989；Foken，2006）。

湍流半经验理论也常用于研究湍流运动，该理论以一些假设和试验结果为依据，在湍流应力和平均速度之间建立关系式，其中用得最多的是一阶闭合，又称为湍流 K 理论或混合长理论。湍流半经验理论认为湍流应力由脉动引起，类似于分子运动引起黏性应力的情况，因此仿照建立分子黏性力和速度梯度之间关系的形式来研究湍流中雷诺应力和平均速度之间的关系（于贵瑞和孙晓敏，2006）。基于相似理论和湍流半经验理论，可以从空气动力学的特征出发对地表-大气间的物质和能量传输过程进行描述，从而实现对蒸散的估算。

1. 湍流扩散及传输方程

湍流扩散是湍流运动的一个基本特征现象。湍流扩散是通过大大小小的流体微团的连续输送来实现的。在半经验理论中，湍流被看作一个独立的涡进行的无规律的涨落运动。涡的内部具有物理上的一致性。湍流输送类似于分子扩散，通过涡的扩散来输送物质和能量，但输送的机理与分子扩散完全不同，用湍流扩散率 $K$ 来表达湍流的输送效率，湍流扩散率又称为湍流扩散系数，定义为通过介质界面有关属性量的通量与该属性量浓度梯度量的比值。依据湍流 K 理论，垂直方向的物质和能量通量［式（1-6）~式（1-8）］可以表示为结合湍流扩散系数和浓度梯度的传输方程形式。

动量通量：

$$\tau = -\rho\,\overline{u'w'} = \rho K_{\mathrm{m}} \frac{\mathrm{d}u}{\mathrm{d}z} \tag{1-9}$$

感热通量：

$$H = \rho c_{\mathrm{p}} \overline{\theta' w'} = -\rho c_{\mathrm{p}} K_{\mathrm{h}} \frac{\mathrm{d}\theta}{\mathrm{d}z} \tag{1-10}$$

水汽通量：

$$E = \rho\,\overline{q' w'} = -\rho K_{\mathrm{w}} \frac{\mathrm{d}\bar{q}}{\mathrm{d}z} \tag{1-11}$$

式中，$K_{\mathrm{m}}$、$K_{\mathrm{h}}$和$K_{\mathrm{w}}$分别为动量、感热和水汽的湍流扩散系数或湍流交换系数；$\frac{\mathrm{d}u}{\mathrm{d}z}$、$\frac{\mathrm{d}\theta}{\mathrm{d}z}$、$\frac{\mathrm{d}\bar{q}}{\mathrm{d}z}$分别为风速、位温和比湿的浓度梯度。这些湍流扩散系数用于描述物质扩散效率，其值互不相同，与扩散运动方式有关，与物质浓度和扩散距离无关。由于湍流交换系数计算困难，在精度要求不高时，通常假设各扩散系数相等，通过直接测定风速和各种标量脉动的时间变化序列，计算它们之间的协方差，就可以得到各物理量的湍流通量。

湍流扩散系数计算复杂，导致上述传输方程的求解十分困难，因此可以将传输方程转换为阻抗模式进行表示。阻抗模式的原理是借助欧姆定律，将物质或能量的浓度比拟为电位，两个位置间的浓度差即为电压；物质或能量的传输速率，即通量密度比拟为电流，则两个位置的通量传输密度等于这两个位置的物质或能量的浓度差与这两个位置间的传输阻力的比。扩散方程转换成阻抗模式需要满足三个假定：①物质或能量的流动是一维的；②沿一维方向的通量是常量，即符合常通量假定；③描述扩散过程的扩散方程在理论上成立。基于阻抗模式的原理，式（1-9）~式（1-11）可以进一步变换为以下形式。

动量通量：

$$\tau=\rho K_{\mathrm{m}}\frac{\mathrm{d}u}{\mathrm{d}z}=\frac{\rho(u_2-u_1)}{r_{\mathrm{m}}} \tag{1-12}$$

感热通量：

$$H=-\rho c_{\mathrm{p}}K_{\mathrm{h}}\frac{\mathrm{d}\theta}{\mathrm{d}z}=\frac{\rho c_{\mathrm{p}}(T_{\mathrm{s}}-T_{\mathrm{a}})}{r_{\mathrm{h}}} \tag{1-13}$$

水汽通量：

$$E=-\rho K_{\mathrm{w}}\frac{\mathrm{d}\bar{q}}{\mathrm{d}z}=\frac{\rho(q_{\mathrm{s}}-q_{\mathrm{a}})}{r_{\mathrm{w}}}=\frac{\rho_{\mathrm{s}}-\rho_{\mathrm{a}}}{r_{\mathrm{w}}} \tag{1-14}$$

式中，$r_{\mathrm{m}}$、$r_{\mathrm{h}}$、$r_{\mathrm{w}}$分别为动量、感热和水汽的传输阻力；$T_{\mathrm{s}}-T_{\mathrm{a}}$为温度梯度差；$\rho_{\mathrm{s}}-\rho_{\mathrm{a}}$为水汽摩尔密度的梯度差。阻抗模式将扩散过程归结为对扩散阻力的求解，扩散阻力与扩散运动方式和扩散距离均有关系。

2. 大气层结及变量廓线方程

大气边界层的结构和气象要素变化是在动力因子与热力因子相互作用下形成的，不同因子的作用力度形成了大气边界层的不同特性和层结结构，后者表示大气中温度、湿度等气象要素的垂直分布，可以分为中性层结和非中性层结，其中非中性层结又可以分为稳定层结和不稳定层结。了解大气在不同层结结构下相关变量（风速、温度和湿度等）的垂直分布对湍流扩散研究具有重要意义（孙菽芬，2005）。

在中性层结条件下，动力因子是影响近地层大气风场、温度场和湿度场变化的主要驱动因素，热力因子的影响可以忽略，因此位温不随高度变化。在此情况下，基于近地层相似理论，风速廓线和湿度廓线可以表示为以下形式。

风速廓线：

$$u=\frac{u_*}{k}\ln\left(\frac{z-d_0}{z_{\mathrm{om}}}\right) \tag{1-15}$$

湿度廓线：

$$q-\bar{q}=\frac{q_*}{k}\ln\left(\frac{z-d_0}{z_{\mathrm{ov}}}\right) \tag{1-16}$$

式（1-15）和式（1-16）为中性层结条件下近地层风速廓线和湿度廓线的典型形式，称为对数风速廓线和对数湿度廓线。其中 $z$ 为高度；$d_0$为零平面位移，表示下垫面地物对空气湍流交换的抬升高度；$z_{\mathrm{om}}$为风速等于 0 的高度，因其与动量交换有关，表示地面粗糙程度，故称为空气动力学粗糙度（动量通量粗糙度）；$q_*$为摩擦湿度；$z_{\mathrm{ov}}$为水汽通量粗糙度，一般认为 $z_{\mathrm{ov}}\neq z_{\mathrm{om}}$。

在非中性层结条件下，湍流运动特征受到动力因子与热力因子的共同影响。不同的热力因子会促进湍流或抑制湍流的交换，从而形成大气的不稳定层结和稳定层结。因此，非中性层结条件下由近地层相似理论得到的湍流运动相似关系将不同于中性层结条件下的结果。在稳定层结条件下，湍流运动受到抑制变弱，上下层风速差异变小，因此风速廓线逐渐趋缓；在不稳定层结条件下，热浮力促进湍流的发展，使得风速分布趋于均匀，从而导致风速随高度的变化较大。

除风速廓线的变化外，热力因子的作用还将影响温度、湿度等变量在大气中的垂直分布。因此，在对这些变量的变化进行模拟时需要充分考虑非中性层结条件下的大气特点。基于莫宁–奥布霍夫相似理论和 $\pi$ 定理，非中性层结下的近地层风速、温度和湿度廓线往往可以表示为以下形式（Monin and Obukhov，1954；Wyngaard，1973；Sorbjan，1986）。

风速廓线：

$$u=\frac{u_*}{k}\left[\ln\left(\frac{z-d_0}{z_{om}}\right)-\varphi_m\left(\frac{z-d_0}{L}\right)+\varphi_m\left(\frac{z_{om}}{L}\right)\right] \tag{1-17}$$

温度廓线：

$$\theta-\bar{\theta}=\frac{\theta_*}{k}\left[\ln\left(\frac{z-d_0}{z_{oh}}\right)-\varphi_h\left(\frac{z-d_0}{L}\right)+\varphi_h\left(\frac{z_{oh}}{L}\right)\right] \tag{1-18}$$

湿度廓线：

$$q-\bar{q}=\frac{q_*}{k}\left[\ln\left(\frac{z-d_0}{z_{ov}}\right)-\varphi_v\left(\frac{z-d_0}{L}\right)+\varphi_v\left(\frac{z_{ov}}{L}\right)\right] \tag{1-19}$$

一般认为$z_{oh}=z_{ov}$，$\varphi_h=\varphi_v$；$\theta_*$为摩擦位温；$L$ 为莫宁–奥布霍夫长度，是中性层结下浮力作用项和切变作用项相等的高度（Monin and Obukhov，1954）。式中，$\varphi_m$、$\varphi_h$和 $\varphi_v$为描述风速、温度、湿度切变的无因次量，是无因次长度 $\xi=(z-d_0)/L$ 的普适函数，$\xi$ 为层结稳定度参数，具体表现为：当 $\xi>0$ 时，表示大气为稳定层结；当 $\xi<0$ 时，表示大气为不稳定层结；当 $\xi=0$ 时，表示大气为中性层结。国内外研究者根据相似理论和实际观测资料，分别对这一普适函数给出了不同的参数化方案（Businger et al.，1971；Dyer，1974；Panosfsky and Dutton，1984；赵鸣等，1991；蒋维楣等，1994；徐玉貌等，2013）。

基于以上公式的推导过程和对相关变量的描述，在已知至少两层不同高度的平均风速、温度和湿度的测量结果时，可以对地表通量（感热通量和水汽通量等）进行理论求解。

迭代法是另一种求解以上变量廓线方程的方法，该方法首先假定大气为中性层结结构，对中性层结条件下的风速廓线方程求解，将结果作为非中性层结条件下廓线方程的初始值，而后不断迭代，直到公式的解趋于稳定。基于迭代法求解非中性层结条件下的变量廓线方程的思路常用于陆表蒸散估算模型中感热通量的求解，如 SEBAL 和 SEBS 模型（Bastiaanssen et al.，1998a，1998b；Su，2002）。

### 1.2.3 涡动相关通量观测技术

涡动相关（eddy covariance，EC）技术以空气湍流运动和雷诺分解为理论基础，通过测定和计算相关物理量（温度、水汽、$CO_2$等）的脉动与垂直风速脉动的协方差，对通量进行求算。其计算公式如式（1-6）~式（1-8）所示。

一般情况下，涡动相关仪需要安装在通量不随高度变化的边界层内，该边界层称为常通量层。在该层内，通常要求湍流运动较为稳定，下垫面与观测高度间不存在任何源汇，且观测点周围具有足够长的风浪区和水平均质的下垫面（图 1-3）。此外，涡动相关技术还需满足两个基本假设：①水平方向上通量的输入与输出相等；②平均垂直风速（$\overline{w}$）为 0。当以上假设无法满足时，必须利用各种方法对观测值进行修正，包括坐标轴旋转和 WPL 校正（密度校正）等（Webb et al.，1980）。

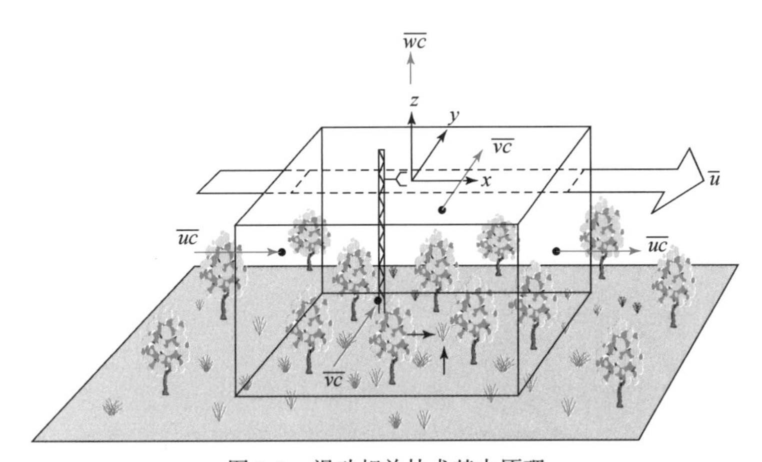


图 1-3　涡动相关技术基本原理

$u$、$v$、$w$ 代表三维风速，$c$ 代表相关物理量的质量混合比（Leuning，2004）

湍流特征的观测技术和数据质量直接影响着湍流通量计算的精度，涡动相关技术是要求高精度且响应速度快的湍流脉动测定装置。受限于观测仪器的测量精度，最初的涡动相

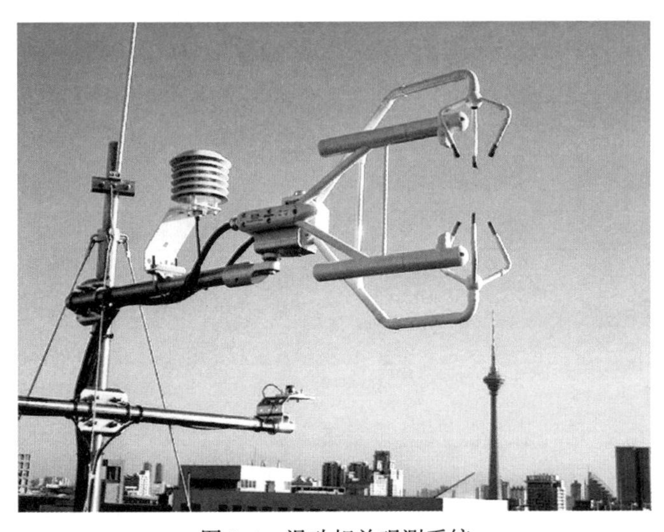

图 1-4　涡动相关观测系统

关技术研究主要依靠通量廓线法测定动量和热量的传输，且只能在晴朗多风的天气进行观测。随着观测仪器的发展，研究者开始利用快速响应的风速计和 $CO_2$ 传感器测定不同下垫面的植被与大气间的通量（Desjardins，1974）。而随着三维超声风速仪和红外气体分析仪的出现，涡动相关技术得到了极大的发展。目前，涡动相关观测系统通常包括一个快速响应的三维超声风速仪和红外气体分析仪，它们分别用于测量正交方向的风组分和声速，以及 $H_2O/CO_2$ 浓度（图 1-4）。涡动相关观测系统往往与辐射和空气温湿度等气象要素观测仪器联合进行配置，以便对目标生态系统进行较为全面的观测与分析。

# 1.3 能量平衡

## 1.3.1 地表能量平衡方程

地球表面的能量主要来源于太阳辐射，包括太阳直接辐射和散射辐射；而太阳辐射并非完全被地面吸收，其中一部分会被地面反射，称为反射辐射，太阳辐射及其反射辐射均属于短波辐射，两者之差称为地表净短波辐射。地表在接受太阳辐射的同时，还将向大气中释放长波辐射；其中绝大部分地面长波辐射被大气吸收，大气被加热后也成为辐射源，并以长波辐射的方式向地面辐射能量，称为大气长波辐射或大气逆辐射，地面长波辐射与大气逆辐射之差，称为地表净长波辐射。以上过程称为地表的辐射平衡，地表净短波辐射和地表净长波辐射之和即为地表净辐射（柳树福，2013），如图 1-5 所示。

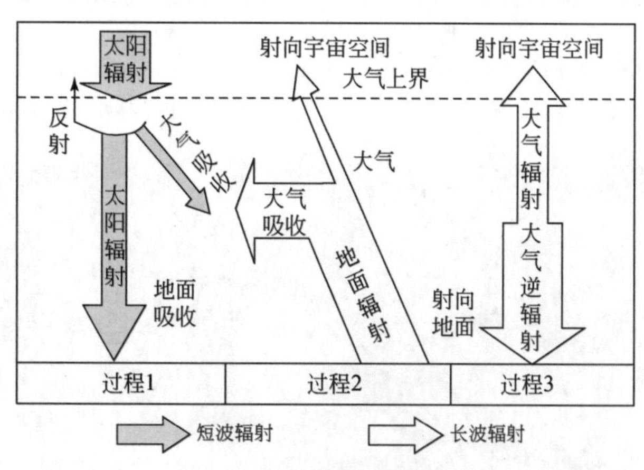


图 1-5　地表辐射平衡示意

箭头粗细表示能量多少

地表净辐射（$R_n$）是地表净吸收到的能量，能够转化为各种形式的能量，用于驱动地表-大气间的物质和能量传输。当地表净辐射为正值时，部分净辐射能量会使得地表温度升高，这部分能量称为感热通量；另外，盈余的能量会以湍流或蒸发潜热的形式向大气输送热量，称为潜热通量，这部分能量主要用于地表水分的蒸发。此外，还有一部分能量在地表活动层内部交换，以改变下垫面温度的分布，称为土壤热通量。当地表净辐射为负值时，地表温度降低，下垫面（土壤或水面）由下往上传输热量对地表能量进行补充，空气中的水汽也通过湍流或凝结作用释放能量。能量之间的变化如图 1-6 所示，根据能量守恒定律，以上这些能量可以互相转换，但其收入与支出保持平衡，称为地表能量平衡（高国栋和陆渝蓉，1982；于贵瑞和孙晓敏，2006）。地表能量平衡方程可以表示为

$$R_n = H + \lambda E + G \tag{1-20}$$

在实际应用中，通常将潜热通量表示为水汽通量的形式，因此式（1-20）也可以表示为

$$Q_{ne} = H_e + E \tag{1-21}$$

$$Q_{ne} = (R_n - G)/\lambda \tag{1-22}$$

$$H_e = H/\lambda \tag{1-23}$$

式中，$H$ 为感热通量，是由温度差导致的地表和大气间通过对流与传导形式进行的热交换；$\lambda E$ 为潜热通量，是由于水的蒸发和凝结所消耗或者放出的能量，其中 $\lambda$ 表示汽化潜热；$G$ 为土壤热通量，是在土壤表面以下进行的热量交换。除以上能量外，地表能量还包括其他项，如植物光合作用消耗的能量以及大气湍流摩擦放出的热量等，由于这些能量数值很小，往往可以忽略不计。

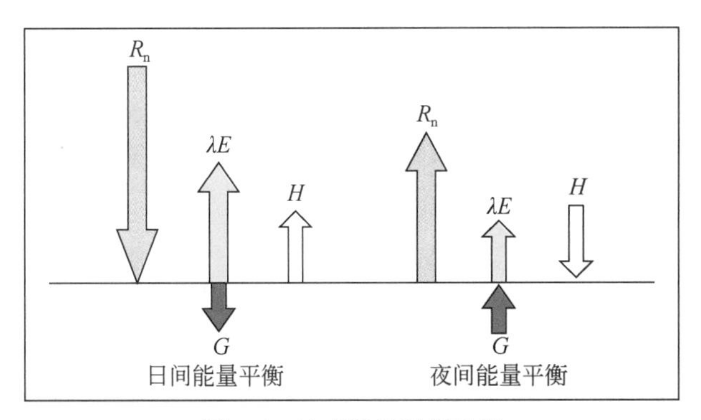


图 1-6　地表能量平衡示意

基于能量平衡方程，在确定净辐射、感热通量和土壤热通量的基础上，潜热通量可以作为余项得到，从而计算得到地表蒸散。然而，感热通量和潜热通量均属于未知变量，无法直接利用余项法计算得到，这种情况下需要将能量平衡方程与其他方法结合，间接对感热通量和潜热通量进行计算。

## 1.3.2　波文比法

波文比定义为感热通量与潜热通量之比［式（1-24）］。波文比的常用地面观测仪器——换位式波文比自动监测系统如图 1-7 所示，其原理为测定蒸发面上方两个高度的温度和湿度差，根据湍流扩散方程［式（1-10）和式（1-11）］和相似理论，就可以计算得到波文比。

$$\beta=\frac{H}{\lambda E} \tag{1-24}$$

图 1-7　换位式波文比自动监测系统

往往将能量平衡方程［式（1-21）］与波文比方法［式（1-24）］结合，进而对感热通量和潜热通量进行计算，感热通量和潜热通量的表达式为

$$E=\frac{Q_{ne}}{1+\beta} \tag{1-25}$$

$$H_e=\frac{\beta\,Q_{ne}}{1+\beta} \tag{1-26}$$

该方法形式简单，并未包含大气湍流以及稳定度函数的校正。与基于变量廓线方程的空气动力学方法相比，该方法更为稳定，不易受到大气条件变化的影响。然而，在日出前、日落后以及夜晚时期，当感热通量的值为负时，波文比也会显示负值，根据式(1-25)和式（1-26），波文比的异常负值会导致水汽通量的值变大，甚至超过地表可用能量。针对上述异常情况，可以采用传输方程对夜间通量进行计算（Tanner，1960），或利用风的测量值对波文比进行校正，并利用校正后波文比的平均值进行夜间通量的计算（Webb，1964）。

## 1.3.3　Penman 公式和 Priestley-Taylor 公式

1.3.2 节表明，将能量平衡方程和波文比方法结合是计算水汽通量的一种常用思路，其计算重点在于波文比的定量化表示。在假定大气温度廓线和湿度廓线相似的情况下，热量扩散系数和水汽扩散系数可以认为相等。根据式（1-10）和式（1-11），波文比可以表示为温度梯度与湿度梯度的函数形式。

$$\beta = \frac{c_p(\bar{\theta}_1 - \bar{\theta}_2)}{\lambda(\bar{q}_1 - \bar{q}_2)} \tag{1-27}$$

式中，$\bar{\theta}_1$、$\bar{\theta}_2$ 和 $\bar{q}_1$、$\bar{q}_2$ 分别表示两个不同高度处的位温和比湿；将式（1-27）与比湿的计算公式结合，波文比也可以表示为水汽压的形式。

式（1-27）中的位温梯度可以用温度梯度代替，两者的实际应用效果一致。因此波文比又可以表示为

$$\beta = \frac{\gamma\ (\bar{T}_s - \bar{T}_a)}{\bar{e}_s - \bar{e}_a} \tag{1-28}$$

式中 $\gamma$ 为干湿表常数；$\bar{e}_a$ 和 $\bar{T}_a$ 为空气实际水汽压和温度；$\bar{e}_s$ 和 $\bar{T}_s$ 为地表水汽压和温度。

对于湿润下垫面，其比湿可以认为是地表温度下的饱和值，即 $q_s = q^*(T_s)$。基于此，Penman（1948）提出了一个重要的假设：

$$\Delta = \frac{e_s^* - e_a^*}{\bar{T}_s - \bar{T}_a} \tag{1-29}$$

式中，$\Delta$ 为饱和水汽压随温度变化的斜率；$e_a^*$ 为空气饱和水汽压；$e_s^*$ 为地表饱和水汽压。由于湿润下垫面的水汽处于饱和状态，其实际水汽压和饱和水汽压相等（$e_s = e_s^*$）。将式（1-29）与式（1-28）结合，波文比就可以表示为

$$\beta = \frac{\gamma}{\Delta}\left[1 - \frac{(e_a^* - \bar{e}_a)}{(\bar{e}_s - \bar{e}_a)}\right] \tag{1-30}$$

式中，$\Delta$ 仅与气温有关，$\gamma$ 与气温和气压有关，可分别用相关方法计算。将式（1-30）的波文比表达式代入式（1-25）中，得

$$Q_{ne} = \left(1 + \frac{\gamma}{\Delta}\right)E - \frac{\gamma}{\Delta}\left(\frac{e_a^* - \bar{e}_a}{\bar{e}_s - \bar{e}_a}\right)E \tag{1-31}$$

式（1-31）中的右边第二项，可以结合传输公式对其进行简化，将 $E/(\bar{e}_s - \bar{e}_a)$ 用一个风速函数 $f_e(\bar{u}_r)$ 代替，就可以得到蒸散计算的一般公式，称为 Penman 公式或 Penman 原式：

$$E = \frac{\gamma}{\Delta + \gamma} Q_{ne} + \frac{\gamma}{\Delta + \gamma} E_A \tag{1-32}$$

$$E_A = f_e\ (\bar{u}_r)\ (e_a^* - \bar{e}_a) \tag{1-33}$$

式中，$E_A$ 为空气干燥力，即空气对于水汽的驱动作用力，常表示为风速函数和水汽压的函数形式。风速函数定义了水汽的传输性质，当 Penman 公式用于计算日尺度或更长时间尺度的水汽通量时，可以与风速相关的线性函数或中性层结条件下的风廓线方程结合对其进行计算；当需要计算更短时间尺度的水汽通量时，此时大气条件变化明显，在风速函数的计算中需要对大气稳定度函数进行修订（Brutsaert，1982a）。

Penman 公式源于能量平衡方程，其中涉及波文比的计算以及对湿润下垫面的假设。该公式只需要单一高度层的风速、湿度和温度测量值就可以计算水汽通量，相较于基于廓线方程的空气动力学方法，该公式更具实用性。此外，Penman 公式同时包含能量平衡项

和空气干燥力项，后者体现了空气运动（风速）对于水汽的驱动作用，可以用来解释区域或大尺度下垫面平流的影响，因此严格来说，Penman 公式为地表能量平衡理论和空气动力学理论相结合的水汽通量计算方法。

当空气与大范围的湿润下垫面长期接触时，可以认为空气中的水汽含量趋于饱和，此时 Penman 公式中的空气干燥力$E_A$就趋于 0，Penman 公式可以简化表达为

$$E_e = \frac{\gamma}{\Delta + \gamma} Q_{ne} \tag{1-34}$$

式中，$E_e$为平衡蒸发，可以认为是湿润下垫面的蒸发下限。然而大量研究显示，湿润下垫面的蒸发总是高于平衡蒸发，大气的作用力往往会在一定程度上影响水汽传输。这是由大气边界层的不均匀分布导致的，大气中经常会发生一些大规模不稳定的气候模式，如高空凝结和夹带干燥空气等，这些现象导致大气边界层不断变化，从而导致空气中水汽含量存在差异，并进一步影响地表-大气间的水汽传输。

针对以上不足，Priestley 和 Taylor（1972）在平衡蒸发公式中引入一个经验调整系数，提出适用于水面或湿润下垫面蒸散估算的公式，称为 Priestley-Taylor（P-T）公式：

$$E_{pe} = \alpha_e \frac{\gamma}{\Delta + \gamma} Q_{ne} \tag{1-35}$$

式中，$\alpha_e$为一个具有常数值的经验参数。对于平流效应较弱的水面或湿润下垫面，该参数的取值范围为 1.20 ~ 1.30，许多研究者往往将 1.26 作为该参数的值（Eichinger et al., 1996；赵玲玲等，2011）。对比式（1-35）和式（1-32）不难发现，$\alpha_e$表示空气干燥力（平流影响）对湿润下垫面蒸散的贡献比例，该参数的提出简化了 Penman 公式，使其真正成为基于地表能量平衡理论的蒸散估算方法。然而，该参数是对空气干燥力的经验表达，参数的取值仅代表平流对下垫面蒸散的平均影响程度，并不能体现空间和时间上的异质性，在小尺度以及大气条件快速变化的区域并不完全适用（李菲菲等，2013；Yao et al., 2013, 2015）。

Fisher 等（2008）在 P-T 模型基础上，将蒸散分解为植被冠层截流、植被冠层蒸腾与土壤蒸发，并且考虑了不同环境胁迫因子对蒸散的限制作用，首次提出了 Priestley Taylor-Jet Propulsion Laboratory（PT-JPL）模型：

$$\lambda E_i = f_{wet} \frac{\Delta}{\Delta + \gamma} \alpha_e R_{nc} \tag{1-36}$$

$$\lambda E_t = (1 - f_{wet})\ f_g f_t f_m \frac{\Delta}{\Delta + \gamma} \alpha_e R_{nc} \tag{1-37}$$

$$\lambda E_s = [f_{wet} + f_{sm}(1 - f_{wet})]\ \frac{\Delta}{\Delta + \gamma} \alpha_e (R_{ns} - G) \tag{1-38}$$

式中，$\lambda E_i$为植被冠层截流蒸腾；$\lambda E_t$为植被蒸腾；$\lambda E_s$为土壤蒸发；$R_{nc}$与$R_{ns}$分别为冠层与土壤组分的净辐射通量；$f_{wet}$为下垫面湿润表面比例；$f_g$、$f_t$、$f_m$与$f_{sm}$分别为绿度、温度、冠层含水与土壤水分的环境胁迫因子。

### 1.3.4 Penman-Monteith 公式

1.3.3 节介绍了基于地表能量平衡理论的蒸散估算原理，并描述了水面或湿润下垫面蒸散估算的一般公式。在实际应用中，研究者往往需要对陆地表面的蒸散进行估算，包括农田、草地、森林、荒漠等多种土地覆被类型，且这些下垫面的气候条件和供水条件各不相同，这种情况下的地表蒸散称为实际蒸散（$E$）。此时就需要对 Penman 公式和 P-T 公式进行改变与补充，以适用于实际蒸散的计算。在描述实际蒸散计算方法之前，首先需要对几种不同类型的蒸散进行介绍。

对于一片足够大的区域，若其表面由充分生长的植被完全覆盖，植被长势分布均匀且供水充分，此时该区域的蒸散称为潜在蒸散（$E_{po}$）。潜在蒸散表示在任一足够湿润的均匀大区域地表上的蒸发，且与此表面接触的空气完全饱和的情况。由于区域足够大且地表十分均质，平流作用非常小甚至可忽略不计。

在实际应用中，研究者往往采用实际观测到的气象数据对潜在蒸散进行计算，由于此时地表下垫面与空气相互作用，观测到的气象数据并不满足潜在蒸散产生的条件，因此在这种情况下计算或观测的蒸散与潜在蒸散相比并不相同，称为表观潜在蒸散（$E_{pa}$）。表观潜在蒸散通常代表蒸发皿观测到的蒸散结果，也可用 Penman 公式进行计算，公式中的输入变量为实际观测到的气象数据。实际蒸散、潜在蒸散、表观潜在蒸散的实际意义以及相互间的差异如图 1-8 所示。

(a)实际蒸散

(b)潜在蒸散

(c)表观潜在蒸散

图 1-8　实际蒸散、潜在蒸散以及表观潜在蒸散示意

植被的蒸腾作用本质上可以看作水汽通过叶片气孔从植被内部向外界空气转移的过程。当气孔内的水汽饱和而外界空气的水汽不饱和时，就会促使气孔开放，产生蒸腾作用。气孔的开合程度并不固定，会受到外界环境因素和植被自身生理状态的影响，从而对气孔内外的水汽传输产生一定的阻碍作用，称为叶片气孔阻抗或气孔阻抗（Jarvis，1976）。除植被外，土壤蒸发是地表蒸散的另一个主要来源，其过程与植被蒸腾类似。当地表下的土壤水分含量较高时，水汽就会通过土壤孔隙向空气中传输，而土壤孔隙也会对水汽的传输过程产生阻碍，称为土壤阻抗。植被阻抗和土壤阻抗均属于地表阻抗，根据地表覆盖物的位置关系，地表阻抗可以看作不同地物类型的阻抗的串联或并联形式。

根据空气动力学理论，地表蒸散也可通过基于欧姆定律对流模拟的一维通量梯度表达式计算。Monteith（1965）将地表阻抗与基于空气动力学理论的潜热通量的计算公式及地表能量平衡方程相结合，通过与 Penman 公式类似的推导过程，发展出了可直接计算地表实际蒸散的公式，称为 Penman-Monteith（P-M）公式：

$$E=\frac{\Delta Q_{ne}+\rho c_p(e_a^*-e_a)/(r_a\lambda)}{\Delta+\gamma(1+r_s/r_a)} \tag{1-39}$$

式中，$r_a$为空气动力学阻抗，表示水汽在地表-大气间的传输受到的阻力；$r_s$为地表阻抗；$E$ 为实际蒸散。

考虑能量平衡和水汽扩散理论的 P-M 公式综合反映了蒸散必须具备的条件：蒸发潜热所需要的能量和水汽移动必须具有的动力结构，具有理论基础坚实、物理意义明确、能够反映各气候要素的综合影响等特点，而且计算结果准确，适用于不同气候类型地区蒸散的计算。1990 年，该方法被 FAO 专家组成员定为计算潜在蒸散的标准方法加以推广并不断修正。利用 P-M 公式计算一天内潜在蒸散公式如下：

$$E_{po}=\frac{0.408\Delta(R_n-G)+\gamma\frac{900}{T+273}u_2(e_s^*-e_a)}{\Delta+\gamma(1+0.34u_2)} \tag{1-40}$$

式中，$u_2$为 2 m 高度处日平均风速；$T$ 为 2 m 高度处日平均空气温度；$e_s^*$ 与 $e_a$分别为一天内的平均空气饱和水汽压与实际水汽压。

在式（1-40）中，下垫面默认为矮的绿色植物，对蒸散没有或者仅有微小阻力，因此只需常规气象数据就可以计算潜在蒸散。在此基础上，可以将潜在蒸散与作物系数或水分胁迫系数结合计算实际蒸散。

P-M 公式与 Penman 公式具有类似的结构，在分子中将原来的空气干燥力（$E_A$）表示为水汽压差和空气动力学阻抗的参数化组合，其不同之处在于地表阻抗参数的引入。Penman 公式主要用于水面或湿润下垫面的蒸散计算，而 P-M 公式适用于不同类型地表下垫面的实际蒸散计算。下垫面供水条件的差异是两者间的主要区别，因此地表阻抗也主要体现了下垫面的水分胁迫情况。

地表阻抗的定量表达是 P-M 公式能够应用的关键。通过对不同类型下垫面地表阻抗和相关因素进行分析，陆续提出不同形式的地表阻抗公式（Kelliher et al.，1995；Leuning et al.，2008；Song et al.，2012；Medlyn et al.，2011）。这些公式将影响地表阻抗的因素考虑在内，如土壤湿度、辐射、水汽压差、$CO_2$、叶面积指数（leaf area index，LAI）等，然后基于不同的原理进行组合。目前较为常用的地表阻抗模型为 Jarvis 参数化模型和基于碳水耦合的模型，然而这些模型很难同时满足机理和精度的需求。

### 1.3.5 互补理论

互补理论最初由 Bouchet（1963）提出，该理论认为，当实际蒸散 $E$ 因受到外界条件限制（主要是供水不足）而未达到潜在蒸散 $E_{po}$水平时，两者之间的亏缺使得原本应该转化为潜热通量的可用能量有所剩余，这部分剩余可用能量就会转化为感热通量。感热通量通过加热空气的形式来进行能量耗散，使气候变得更加干燥和温暖，受此影响，表观潜在蒸散$E_{pa}$也会相应增加。因此，以上过程可以看作实际蒸散与潜在蒸散之间的亏缺被“补充”到了表观潜在蒸散中，此时实际蒸散最小，潜在蒸散其次，表观潜在蒸散最大。

依据互补理论，实际蒸散、潜在蒸散和表观潜在蒸散三者之间的简化关系如下（Bouchet，1963）：

$$E+E_{pa}=2\,E_{po} \tag{1-41}$$

基于不同区域和观测手段，研究者也陆续提出了各自的基于互补理论的公式（Burman and Pochop，1994；Brutsaert，2016），其中接受度较高且应用较为广泛的公式为 Brutsaert（2016）提出的公式，其表现形式为

$$E=\left(\frac{E_{po}}{E_{pa}}\right)^2\left(2\,E_{pa}-E_{po}\right) \tag{1-42}$$

式中，潜在蒸散$E_{po}$往往采用 P-T 公式计算，表观潜在蒸散$E_{pa}$一般通过 Penman 公式计算或用蒸发皿实测结果代替。基于互补理论的实际蒸散计算仅依赖于气象要素的测量值，不需要土壤湿度、植被参数以及干旱指标等作为输入，公式结构简单，适合大规模应用，尤其是对于平流效应较小的区域，具有良好的应用效果，但是对于平流效应明显且水汽压差较大的区域，互补理论的假设不一定成立，导致计算结果并不精确。因此，急需为互补理论以及基于该理论的公式赋予物理层面上的解释，使其在实际蒸散的计算中更加有效。

## 1.4 水量平衡

水量平衡理论是以地表水循环过程中的质量守恒定律为基础发展而来的。在水循环过程中，自然生态系统中的水在不同形态之间不断转化，并通过降水、蒸发、径流、渗流、灌溉等方式持续流动，遵循质量守恒定律。如果可以通过计算或测量等方式独立地确定降水、径流、渗流等部分，则蒸散作为水量平衡方程中的唯一未知项就可以计算得到。相较于基于空气动力学理论或能量平衡理论的蒸散计算方法，水量平衡法的原理简单易懂，但是受限于观测和计算精度等问题，该方法很少用于解决实际需求。尽管如此，考虑到其计算原理上的优势和方法的独立性，该方法在长时期大尺度的气候和水文计算中应用较广。

### 1.4.1 全球水量平衡

在全球尺度的水循环中，水在海洋、陆地和大气间不断转移与转化（Browning and Gurney，1999）。太阳辐射驱动海水蒸发，水分向大气转移，其中大部分水汽以降水的形式返回海洋，而小部分水汽通过大气环流向陆地上空转移，并以降水的形式转移至陆地表面；陆地受太阳辐射驱动同样产生地表蒸散，地表水分通过蒸腾和蒸发转化为水汽并向大气中转移，而后全部通过降水的形式返回地表。陆地上多余的降水通过径流的形式向海洋转移，由此形成全球水循环，并达到全球水量平衡，如图 1-9 所示。

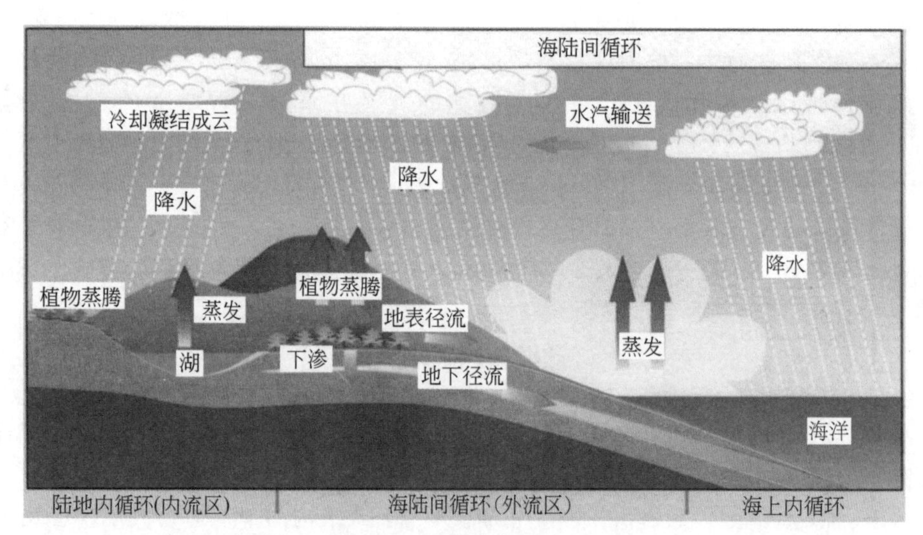


图 1-9　全球水循环示意

## 1.4.2　流域水量平衡

水量平衡可以在全球也可以在流域内进行。降水落在地面后，形成地表径流（对流域而言有入流和出流——包括用去的水），还有一部分渗入地下形成地下水（也有入流和出流——开采），或形成地表、地下和土壤水的蓄变量，而在地面又由各种蒸散形式回到大气中，人类的生产生活活动也会产生耗水回到大气中。

对于流域而言，水量平衡的定量表达式为

$$W_I(P+I)=W_0(R+\mathrm{ET})+\Delta W \tag{1-43}$$

式中，$P$ 为给定时段内流域的降水量；$I$ 为给定时段内从地表、地下流入流域的水量；$R$ 为给定时段内流域的径流量（从地表、地下流出流域的水量）；ET 为给定时段内流域的蒸散量，以及生活和生产过程中产生的生物能和矿物能耗水；$W_I$为给定时段内进入流域的水量；$W_0$为给定时段内从流域中输出的水量；$\Delta W$ 为给定时段内流域中蓄水量的变化量，可正可负，当 $\Delta W$ 为正值时，表明给定时段内流域蓄水量增加，反之，蓄水量则减少。

其中，总径流 $R$ 包括地表径流 $R_s$、河川基流 $R_g$ 和地下潜流 $U_g$；总耗水 ET 包括地表蒸发（植被散发 $E_z$、水面蒸发 $E_w$、土壤蒸发 $E_s$、生产和生活用水消耗 $E_c$）和潜水蒸发 $E_g$；$\Delta W$ 包括地表调蓄 $\Delta W_k$、地下调蓄 $\Delta W_g$和土壤调蓄 $\Delta W_s$。因此，流域的整个水量平衡方程可转化为

$$P+I=R_s+R_g+U_g+E_z+E_w+E_c+E_s+E_g+\Delta W_k+\Delta W_g+\Delta W_s \tag{1-44}$$

流域水循环示意见图 1-10。

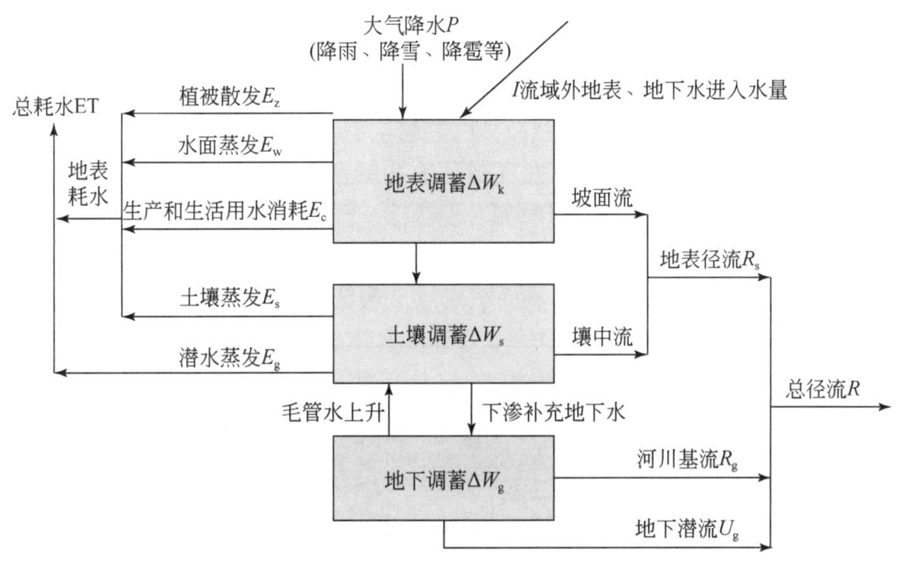


图 1-10　流域水循环示意

式（1-44）是对流域水量平衡的基本描述。但是，很多变量难以完全在实际中测量得到，如地下潜流 $U_g$、土壤调蓄 $\Delta W_s$、地下调蓄 $\Delta W_g$ 和各项蒸发等。因此，在实际应用时，可以根据已经产生的水资源量分配、消耗和排泄建立新的水量平衡方程。

如果流域是闭合的，则 $I=0$，且式（1-43）变成更简单的形式，见式（1-45）：

$$P=R+\mathrm{ET}+\Delta W \tag{1-45}$$

若研究时段较长，考虑到闭合流域多年可以丰枯互补，闭合流域多年水量平衡方程为

$$P_0=R_0+\mathrm{ET}_0 \tag{1-46}$$

式中，$P_0$为流域多年平均降水量；$R_0$为流域多年平均河川径流量；$\mathrm{ET}_0$为流域多年平均蒸散量。

降水、径流、蒸散平衡是水资源供用耗排平衡的基础，一个流域的降水是所有水量来源的根本。从图 1-10 可以看出，只有这些元素的进出、来去平衡，才能维持生态平衡，如果不平衡，就会对生态平衡造成破坏。流域水量平衡，就是在一定时期内保持流域的入境水量和出境水量相等。要想水资源可持续利用并保障经济社会持续发展，就要使流域蒸散量与入海水量之和等于流域降水量。

随着社会的发展，高强度的人类活动将不可避免地影响流域的自然水循环过程，极大地改变流域产耗水功能的时空格局以及流域耗水总量平衡。其中生态环境工程和水文措施将影响地表蒸散的耗水特征，不同工程强度、规模和实施与运行过程也将影响产耗水特征及其时空演变规律；种植结构调整及农田节水等措施将影响灌溉水和实际耗水的时空演变；山水林田湖格局的时空演变对生态系统耗水和服务功能也存在影响。

在上述人类活动的影响下，传统的水量平衡方程不再成立，此时需要对人类活动下流域水的循环、利用、管理和保护的嵌套特征进行研究，分析水文过程变化与经济社会活动、水资源利用与经济社会活动的耦合关系，提出水资源管理中用水平衡与耗水平衡的传

递方程，研制适应流域不同尺度耗水管理的水循环模型。

### 1.4.3 基于水量平衡的观测技术

基于水量平衡原理的地表蒸散地面观测设备主要包括蒸发皿和蒸渗仪。蒸发皿通常用于水面或土壤蒸发的测量，主要通过测量土体质量或水量体积的变化来获取实际蒸发量（图 1-11）。蒸发皿的规格、材料以及安放的位置均对蒸发量的测定精度存在影响。因此蒸发皿所观测的蒸发量不能直接用作水面蒸发或土壤蒸发，需要引入一个折算系数进行修正（赵长龙等，2020）。

图 1-11　蒸发皿观测技术

蒸渗仪是一个装满土壤、表面裸露或生长有植物的容器，用来测量植物蒸腾和土壤含水量的变化。该仪器通过观测前后两个时间的重量差，结合这段时间内的降水和灌溉量，利用水量平衡方程计算这段时间内蒸渗仪的水分损失量，即实际蒸散。按照蒸渗仪的尺寸分类，可以分为大型蒸渗仪、中型蒸渗仪、小型蒸渗仪以及微型蒸渗仪（图 1-12）；根据其计算原理的不同，又可以分为称重式和非称重式蒸渗仪。大型和中型蒸渗仪的尺寸相对较大，一般设置在室外空旷的观测场内或有控制装置的室内，在空间上更具代表性；而小型蒸渗仪常用于田间观测，空间代表性较弱但是便于布设和管理。总体来说，蒸渗仪可以对蒸散进行直接观测，但是其构建和维护费用较高，只能观测有限的区域范围，存在边界效应且容易受到自然环境的干扰。

图1-12　蒸渗仪观测技术

# 1.5　遥感在蒸散估算中的作用

## 1.5.1　遥感数据特点

遥感技术是目前同步获取大面积地表信息的最好方式，也是蒸散模拟的重要数据来源之一（Sellers，1991；Sellers et al.，1997）。近年来，多分辨率、多时相、多波段和多角度遥感观测技术及辐射传输、几何光学模型等定量遥感理论的发展，以及地表参数产品准确性和适用性的相关研究，进一步为基于遥感模型模拟复杂下垫面多时空尺度高精度水热通量提供了必要条件（Norman et al.，2003；Mu et al.，2007；Zhang et al.，2010；Wu et al.，2020）。其大范围同步获取的特性也确保了通量、耗水信息能够在二维空间推广。

首先，多源遥感数据可以为模型提供丰富的数据支持。目前，覆盖可见光、短波红外、中红外、热红外、微波等波段的各类传感器搭载在众多卫星上，时刻进行着对地观测。这些传感器可以提供各个光谱通道的地表反射率和发射率信息，我们可以通过它们获取不同空间与时间分辨率的地表植被指数、叶面积指数等信息。通过这些空间数据的支持，遥感模型可以基于更少的假设条件，更好地描绘出地表的几何结构特征，从而为蒸散的估算提供理论支持。其次，遥感影像可以提供高时空分辨率、多尺度的地表参量信息。目前，低、中、高分辨率卫星遍布天空，不仅可以提供高空间分辨率的数据，时间分辨率也大大提高，这也为多尺度的蒸散遥感估算奠定了基础。目前，已公布的地表蒸散产品就包含不同的时间尺度与空间分辨率数据。

然而，受传感器和卫星技术制约，遥感影像很难同时实现时间-空间维度上的高分辨率。通常，中、大范围的蒸散监测研究适合采用中等分辨率、短重访周期的极轨卫星，中、低分辨率影像可以充分刻画地表能量格局在时间序列上的变化特征，然而却忽视了亚像元尺度的空间特征，公里级格网常覆盖多种地物类型而产生混合像元，对于空间异质性的不充分表达是遥感蒸散模型尺度效应误差的主要来源（Tang et al.，2013a）；而高分辨率遥感影像具有清晰的空间纹理，但相邻过境之间通常间隔较长。因此，基于单一影像数据源的遥感蒸散方法和应用研究，很难在保证时间序列稳定的前提下，充分反映地表的异质性特征。有效融合多平台、多分辨率的遥感数据，结合其在不同维度上的分辨率优势，分解混合通量，对提升监测结果精细程度及准确性具有重要意义。随着遥感技术日新月异的发展，遥感参数之间存在的空间分辨率不匹配的问题将在不远的将来得到解决。

基于遥感数据的上述特点，蒸散模型的发展方向在于结合遥感数据和遥感产品，充分发挥不同遥感数据的优势，构建机理性强、以多源遥感数据为基础、适合不同土地覆被类型和气候特点的蒸散估算模型。

### 1.5.2 蒸散模型的不足

遥感不能直接监测蒸散，但可以直接监测许多影响蒸散的参数，如地表反照率、地表温度、土壤表层湿度和粗糙度、边界层高度等重要参数，因此需要在参数遥感监测的基础上，通过模型来估算蒸散。尽管在最近几十年遥感蒸散发模型得到了巨大的发展，同时各种全球尺度的蒸散产品陆续出现，但是各种蒸散发模型共存的现状本身表明，各模型各有优势与不足（Timmermans et al.，2007）。蒸散模型之间互相比较以及模型的验证工作已经很多（Timmermans et al.，2007），但尚未有某个模型被证明最为优秀或最为通用，模型的改进空间仍然十分巨大（甘国靖，2015）。

现有的遥感蒸散模型多数基于地表能量平衡方程发展而来，主要对其中的潜热通量与感热通量进行参数化（Bastiaanssen et al.，1998a，1998b；Su，2002；Allen et al.，2007a；Wang and Dickinson，2012；Hu and Jia，2015；Zhang et al.，2016；Chen and Liu，2020；Wu et al.，2012，2020）。热红外遥感能够对地表温度情况进行反演，多波段光学遥感数据能够反演地表反照率，是地表辐射估算的重要参量。基于对土壤-植被-大气的连续多尺度观测，多光谱遥感数据能够提供反演地表蒸散的下垫面特征数据，因此是区域、全球尺度蒸散观测的有力手段。但是受到卫星遥感数据自身的限制，单一传感器的遥感数据往往无法满足蒸散监测的数据输入、时空连续性。目前多数遥感蒸散模型往往仅从蒸散的物理机制出发，没有结合遥感的特征，从而使得其在不同的研究区域精度变化较大，模型精度主要受到气候特征、地形条件、土地覆被和植被类型等的影响。

阻抗估算的不确定性。无论是大叶模型还是双源模型，遥感蒸散都涉及阻抗的估算问题，其中大叶模型将土壤与植被合为一体，双源模型将阻抗分解为冠层阻抗与土壤阻抗两部分，没有考虑植被与土壤之间的动态作用机制，尤其是阻抗从土壤表面、叶片过渡到冠层的机理关系没有理清，极大地限制了遥感蒸散模型的精度提升（Kustas and Norman，1999a；Norman et al.，2000）。

空间尺度的不确定性。受到遥感数据时空分辨率的限制，多光谱遥感数据很难提供高空间、高时间分辨率的连续观测数据。基于单一遥感数据源的遥感蒸散模型只能提供具有其中某一特征的结果（Bastiaanssen et al.，1998a，1998b；Su，2002；Rodell et al.，2004；Mu et al.，2011；Senay et al.，2013）。逐日多光谱数据能够提供地表反照率的有效信息，可作为地表辐射能量估算的重要输入数据，但针对每日的太阳辐射估算，多数遥感模型依赖于地面观测的日照时数插值数据，具有较大的空间不确定性；气象卫星能够提供精细化的每日云覆盖情况，能够用于日照时数的计算，从而提高太阳辐射的估算精度。针对蒸散结果的空间尺度转换，现有的遥感蒸散模型较少考虑高、低空间分辨率的蒸散转换机制，而在像元尺度提出的一些数学分解模型则缺乏机理解释（Allen et al.，2007a；Cawse-Nicolson et al.，2017）。

时间尺度的不确定性。遥感能量平衡模拟的是卫星过境时的地表瞬时通量，如何从瞬时拓展到晴好日尺度、逐日尺度，需要发展针对性的模型。

## 1.5.3 ETWatch 模型

能量平衡和空气动力学理论独立发展且相互依赖，可实现对地表蒸散的定量描述；而水量平衡理论则从水循环的角度出发对蒸散进行计算。在综合考虑能量平衡、空气动力学和水量平衡理论的基础上，吴炳方等（2008）、Wu 等（2020）提出了新的地表蒸散遥感估算模型，即 ETWatch 模型。

作为提供蒸散的主要能量源——太阳辐射穿过自由大气到达地表，促进了近地表与自由大气之间的整个大气边界层高度内的动量、热量、水分与物质交换（图 1-13），表现为：除去土壤、植被与大气的影响后的达到地表的能量称为地表净辐射（$R_n$）；达到地表的能量从表层土壤向深层土壤传输的能量称为地表土壤热通量（$G$）；地表由温度变化引起的大气与下垫面之间发生的湍流形式的热交换称为感热通量（$H$）；下垫面与大气之间水分的热交换称为潜热通量（$\lambda E$）；由于区域温度与风速等因素差异的影响，区域范围内能量存在流出与流入，称为水平平流（advection）；地表异质性将导致下垫面存在热力不均匀性与地表水分胁迫状况。

ETWatch 模型充分考虑了能量与水分传输过程及区域差异，将土壤、地表层到大气边界层作为整体，通过对土壤、地表、植被与大气边界层之间的水热通量变化特征的准确刻画，构建土壤、地表、植被与大气边界层之间的水热通量定量估算的参数化方法，分别发展了净辐射、土壤热通量、感热通量和潜热通量四个分项的参数化模型；空气动力学粗糙度、边界层高度、饱和水汽压差（vapor pressure deficit，VPD）三个关键参量的计算模型，以及蒸散尺度转换模型，准确刻画了土壤、地表、植被与大气边界层之间的水热通量交换过程，解决了下垫面热力非均匀性的定量描述方法、地面能量项闭合修正、地表水分胁

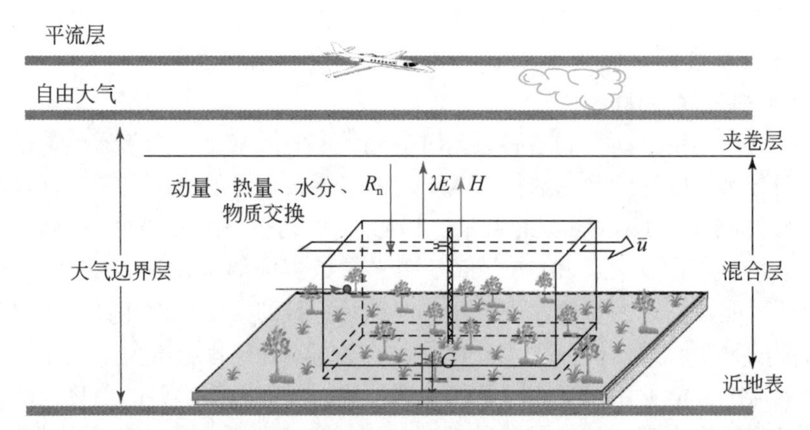


图 1-13 ETWatch 模型中刻画的土壤、近地表、大气边界层水热通量过程示意

迫、大气边界层参考高度确定等影响蒸散精度的关键问题，提高了蒸散估算的可靠性、稳定性和时空连续性。

ETWatch 模型充分利用了多源遥感数据可反映水热通量时空特征的优势（图 1-14）。基于静止气象卫星云产品的净辐射估算方法，能够准确刻画地表短波辐射时空分布特征的变化，提高净辐射的估算精度；基于短波红外遥感数据的瞬时地表土壤热通量估算方法，能够反映出卫星过境瞬时土壤热通量的空间变化；基于日内多时相遥感数据的土壤热通量的估算方法，可提高月、旬等时间尺度的地表能量闭合率；基于地形数据、多源光学和多

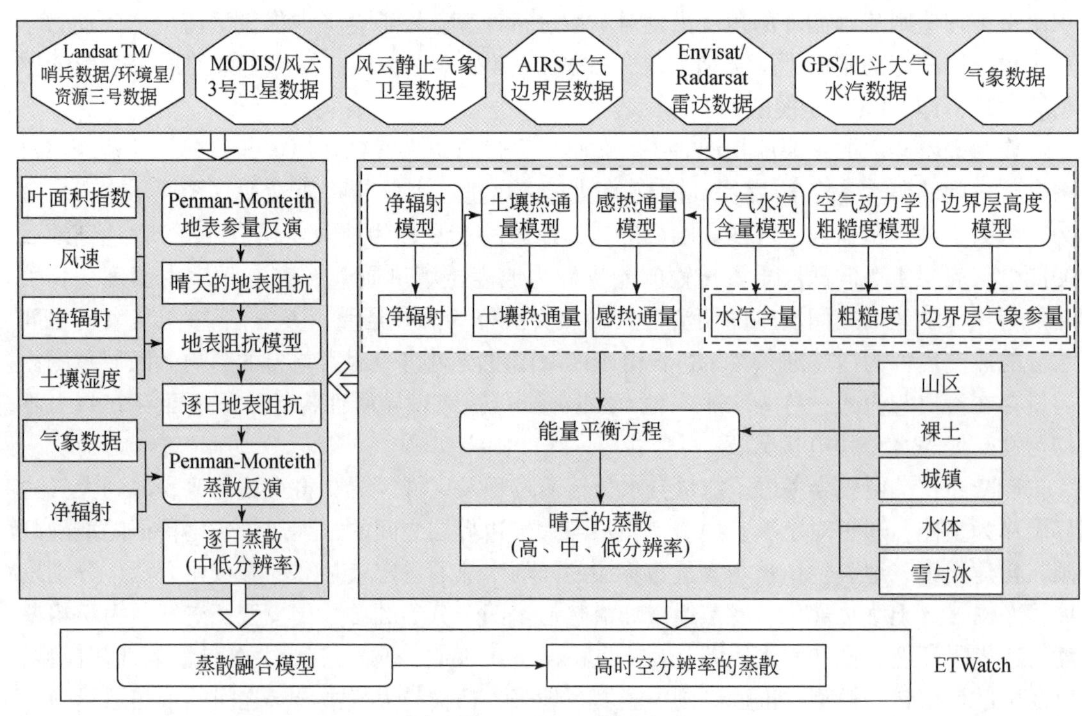


图 1-14 ETWatch 模型流程

频率雷达数据，综合考虑植被（高度）、地表粗糙元和地形起伏影响的地表空气动力学粗糙度反演模型，更加全面地刻画农田、草地、山区等下垫面类型的地表粗糙度的空间异质性和时间变化过程；基于大气廓线遥感产品的大气边界层高度估算方法，能够降低蒸散模型对地面热力特性的敏感性；基于遥感数据的近瞬时地表饱和水汽压的估算方法，能够更加准确地刻画干旱区区域尺度上饱和水汽压的变化，提高陆表蒸散的估算精度；综合考虑植被、净辐射、风速和土壤湿度的时间变化过程，构建耦合土壤湿度的蒸散时间扩展方法；基于像元分解、光能利用率、冠层导度等模型，构建蒸散数据的像元分解模型，提高蒸散的空间分辨率；在考虑作物覆盖度和土壤含水量差异的基础上，将蒸散数据分解到耕作地块。

利用最新的 ETWatch 模型可获得区域尺度地表逐日尺度低分辨率遥感蒸散数据集，以及逐旬/月尺度的地表高分辨率蒸散数据集。ETWatch 已在国内外多个流域，基于地面通量观测站以及流域/子流域水量平衡数据开展了密集的地面验证。ETWatch 模型主要特点表现为：从能量平衡、空气动力学和水量平衡理论对地表蒸散过程进行解析，同时综合考虑自然条件（气候、地形、土壤、植被、地貌等）和人类活动（土地覆被）对蒸散的作用，从而实现对不同时空地表蒸散机理的模拟。采用多尺度-多源协同数据作为模型输入，能够充分利用不同类型的数据表征不同的水热通量及其关键参量，尽可能降低使用单一遥感数据源导致的数据重复使用和信息冗余问题。ETWatch 模型独立计算和分别验证水热通量的各分项，在提高模型整体运算效率的同时，通过能量闭合率的约束，提高地表蒸散的精度和稳定性。

基于最新的 ETWatch 模型，分别构建了陆表蒸散遥感监测业务化运行系统（ETWatch 系统）与陆表蒸散遥感监测云平台（ETWatch Cloud，http://etwatch.cn/）。

ETWatch 系统主要模块包括系统设定、遥感数据、气象数据、地表参量、地表通量、统计分析、数据库管理、业务集成等（图 1-15），形成了数据输入-子模型监测-晴天陆表蒸散-逐日陆表蒸散-不同分辨率陆表蒸散估算的陆表蒸散遥感监测技术体系；系统用户在遥感、农业、气象、土地利用等多种数据基础上，通过设置系统内的研究区相关参数，即可利用该系统监测出不同时间与空间尺度的陆表蒸散数据集，通过统计和专题分析，可向水资源管理及水利职能部门提供不同时间与空间尺度的陆表蒸散数据产品和信息。

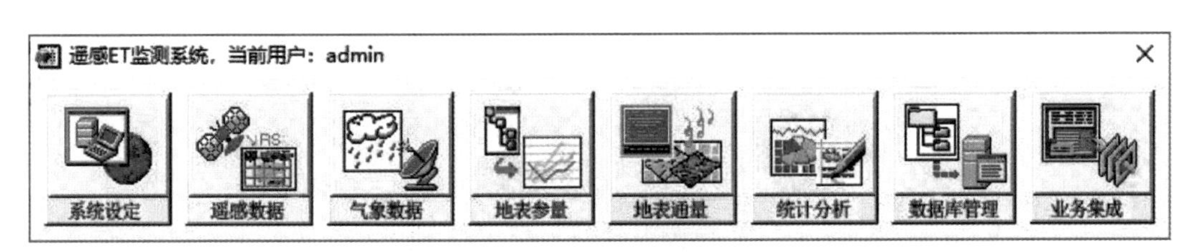


图 1-15　ETWatch 系统界面

ETWatch Cloud 是基于阿里云，采用 Web API 架构，实现最新的 ETWatch 各个功能模块和相关数据处理的 API 模块系统；并全部开放对外提供 Web 服务，助力用户高效、敏捷地进行区域陆表蒸散遥感监测和集成应用研究。

ETWatch Cloud 提供了 API 服务、数据服务、文档服务、用户服务和工作台 5 个重要功能。全球不同用户利用 ETWatch Cloud 可自主地构建个人项目信息，包括项目名称、图像、区域编码、简介、区域经纬度范围、时区等信息；同时用户根据个人需求，可选择不同 API，通过拖曳的方式对 API 进行组织；开展个人项目订单与收藏等 API 模块化管理；在工作台中使用 Python 语言，用户可进行在线编程，批量开展陆表蒸散数据集的遥感监测，利用 WebGIS 可视化工具进行监测结果的查询、在线浏览、上传与下载(图 1-16)。

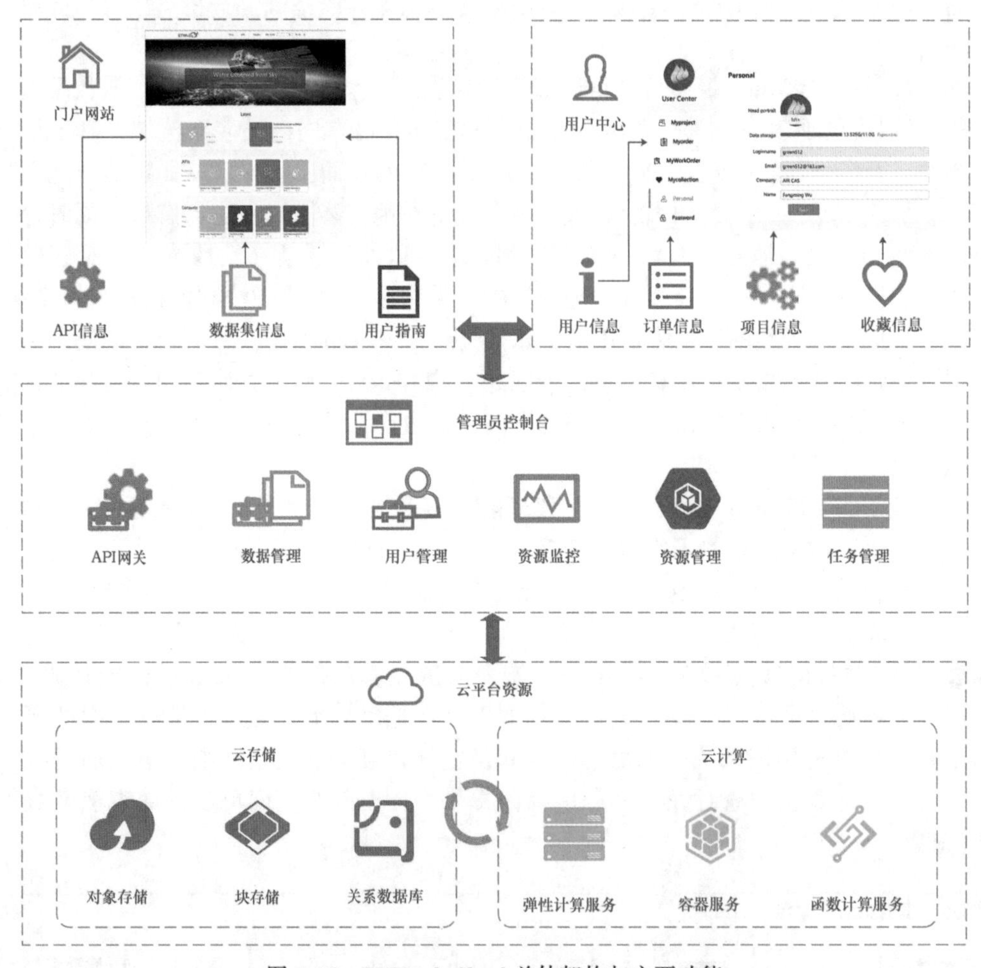


图 1-16　ETWatch Cloud 总体架构与主要功能

HTTP 为超文本传送协议（hypertext transfer protocol）

ETWatch Cloud 充分利用了云平台数据资源与计算能力，是全球首个在线可独立运行的陆表蒸散遥感监测云平台（图 1-17），是全球不同用户开展陆表蒸散独立监测的重要手段。

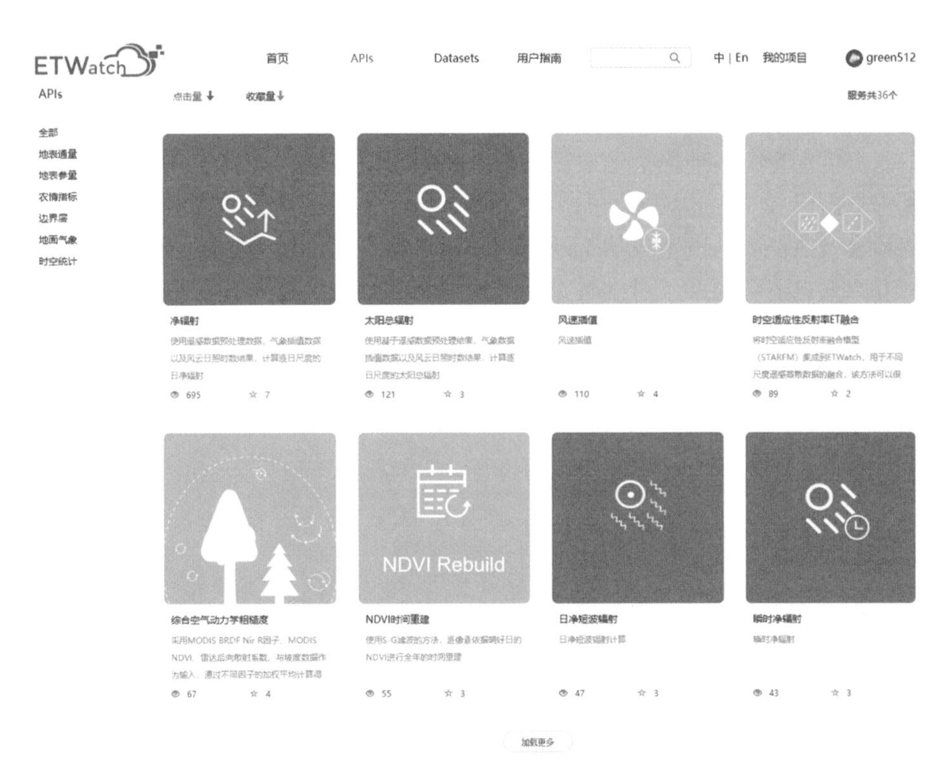


图 1-17　ETWatch Cloud 界面

# 1.6 小　结

蒸散是水分从地球表面移向大气的一个过程，是自然界水循环的组成部分，涉及水循环过程、能量循环过程和物质循环过程，并伴随着物理反应、化学反应和生物反应。蒸散作为区域水量平衡和能量平衡的主要成分，不仅在水循环和能量循环过程中具有极其重要的作用，而且也是生态过程与水文过程的重要纽带。

本章从蒸散过程的基本原理出发，分别介绍了以空气动力学理论、能量平衡理论和水量平衡理论为基础计算蒸散的相关概念与方法。空气动力学理论通过湍流运动的梯度扩散理论和近地层相似理论来定量描述能量与水汽的传输过程，从而计算得到蒸散。能量平衡理论则重点关注地表能量的转化过程和平衡状态，常与其他方法结合对感热通量和潜热通量进行计算。水量平衡理论从水循环的角度出发，通过水量平衡方程计算蒸散量，而不关注蒸散的原理和过程。空气动力学理论和能量平衡理论均从蒸散的原理发展而来，两者相互依赖又独立发展，并逐渐演化出一系列常用的蒸散估算方法。水量平衡理论遵循水循环过程的质量守恒定律，其计算原理和过程简单易懂。

遥感技术的发展极大地促进了蒸散模型的发展和应用。多源遥感卫星数据能够监测和反演各类地表参数，为蒸散模型提供丰富的输入参数，实现时空连续的蒸散估算。ETWatch 模型将多源遥感卫星数据作为模型输入，独立计算和分别验证水热通量的各分项，这可以提高地表蒸散的精度和稳定性；通过时间重建方法能够实现时空连续的地表蒸散监测，利用水量分配方法能够实现地块尺度的蒸散估算。

理论和技术的创新不断推动着蒸散模型的发展，但是依然存在一些不足。首先，虽然遥感数据能提供近实时的地面观测数据，但是受限于云覆盖等天气状况和复杂的模型计算过程，遥感数据仍有一定的缺失和滞后性，并不能完全满足蒸散估算的需要。其次，现有的蒸散估算模型在估算精度上虽然不断提高，但仍与实测的耗水数据存在一定的差异，这种差异一方面来自蒸散模型本身的解析能力；另一方面来自地面观测与遥感监测的时空尺度不一致。未来蒸散估算的发展方向将高度依赖具备高时空分辨率和多角度观测的卫星传感器，但更应聚焦于空气动力学理论、能量平衡理论和水量平衡理论模型的一体化。

# 第 2 章　大气边界层

大气边界层又称行星边界层，指直接受下垫面影响并且与下垫面相互作用的大气底层部分（Stull，1988），是受地球表面摩擦以及热过程和蒸发显著影响的大气层。地球表面与大气之间动量、能量的交换，水汽、二氧化碳等以及多种大气污染物的排放和扩散，均发生在大气边界层内。大气边界层是地球-大气之间物质和能量交换的桥梁。全球变化的区域响应以及地表变化和人类活动对气候的影响均是通过大气边界层过程来实现的。生活中，人们熟知的沙尘暴、暴雨等灾害性天气以及一些常见的天气过程，如降水、雾、霜等都与大气边界层内的过程密切相关（张强等，2004），这些对人类的日常生活和经济活动都有着重要的影响。同时，大气边界层对全球气候条件的变化也至关重要，人类的生产、生活等活动主要发生在大气边界层中，因此随着城市化的不断发展，人类活动对各种气象过程的影响程度也在不断地增加（陈燕和蒋维楣，2007），人们对大气边界层的研究也随之越来越深入。

对于大气边界层的研究，其参数意义重大。大气边界层高度是指行星边界层的厚度，是大气数值模式和大气环境评价的重要物理参数之一，常用计算方法有位温法、罗氏法和国标法等。大气边界层厚度，一般白天约为 1.0 km，夜间约为 0.2 km，地表提供的物质和能量主要消耗及扩散在大气边界层内。位温是指把干空气按照干绝热过程膨胀或压缩到标准气压（1000 hPa）时的温度。水汽混合比是指单位质量的湿空气内水汽与干空气的质量之比，一般以 g/g 或 g/kg 为单位，数值大小和比湿相近，比湿的定义为湿空气中的水汽质量与湿空气的总质量之比。一般而言，气温的垂直变化与高度有着较吻合的线性关系，这个线性关系的系数就是气温的垂直递减率，全球平均为 6 ℃/km。大气在垂直方向的稳定程度可以用来研究大气是否容易发生湍流。大气稳定条件下，大气层结趋于保持原来的形态不易发生湍流；大气不稳定条件下，大气层结一般呈现出下部温度较高，上部温度较低的情况，这时大气层结的湍流发展旺盛；大气中性条件下，大气层结状态则介于上述两者之间。

根据边界层位温、比湿以及风速等气象参数廓线的日变化特点，可以将大气边界层分为以下三种状态：对流边界层（CBL）、稳定边界层（SBL）及残余层（RL）。

如图 2-1 所示，白天，基于对流边界层的不同特点又可以将其分为表面层（边界层底部的 5%~10%）、混合层（边界层中部 35%~80%）及夹卷层（边界层顶部 10%~60%）三层。日出后，地表在太阳辐射的加热作用下，热量经地表向大气输送，对流边界层开始发展。随着地表吸收太阳辐射的增加，自由热对流湍流开始逐步发展和增强，在感热通量的作用下，地表对其上方的空气进行加热和升温，与此同时，由于上下层大气温度的差别，大气层自上而下的输送动量使得大气层底部的气流加速，伴随着地表附近暖空气的热泡由地面上升进入逆温层，逐步形成夹卷（陈炯和王建捷，2006）。对流边界层的能量场和风场在这一过程中不断地改变和调整，直到下午边界层高度达到最高时能量场和风场才达到平衡。对流边界层中的湍流通常是伴随着边界层中温度较高的下垫面和温度较低的云顶之间的对流而形成的，当大气边界层的对流发展到一定程度使得大气边界充分混合时，边界层内的位温和湿度等参数随高度的分布几乎为定值，因此对流边界层又叫作混合层（Stull，1991）。夹卷层是位于其顶部的稳定层结，有时稳定度足以归入盖顶逆温层，位温在夹卷层底突然增加，水汽被抑制在夹卷层下，比湿突然减小。大涡对流混合层的高度即是盖顶逆温层底的高度（Cao et al.，2007）。残余层一般于日落前半小时左右形成，在没有冷空气平流的情况下，地表的热泡不再形成，原先混合层中的湍流逐步衰减，此时边界层内的大气温度和浓度在湍流衰减的作用下和原先混合层中的位温、湿度等气象要素一样，随高度的分布不发生变化，因此，此时的大气层结又叫作残余层。残余层属于中性层结，此时湍流的分布是各向同性的（Stull，1991）。在残余层的顶端存在着一个逆温层，这个逆温层是白天混合层发展的上限。

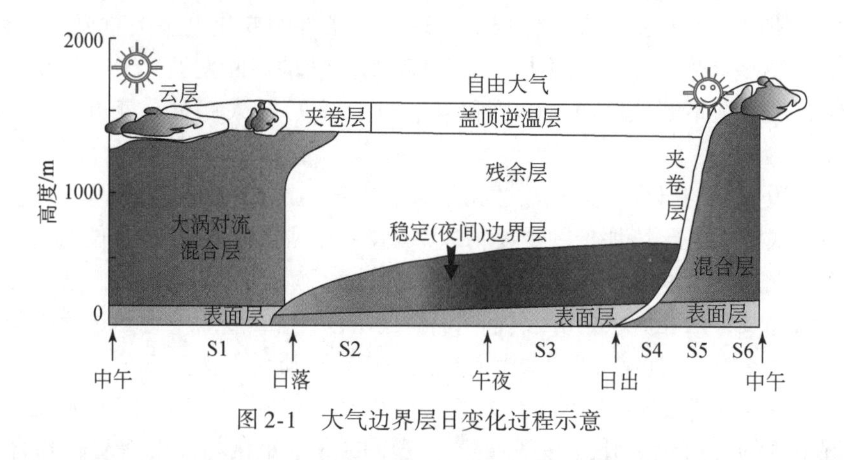


图 2-1　大气边界层日变化过程示意

稳定边界层一般形成于夜间，由于日落后地表长波辐射的降温作用，残余层的底部与地表直接接触，因受到其降温的作用，从而成为稳定边界层，但温度较低的下垫面有时会受到暖空气平流的影响，也会形成稳定边界层，这两种情况都会造成大气上层的温度高于下层的温度。稳定边界层虽然是静力稳定状态，但空气中常常会伴有较弱和分散的湍流。大部分情况下，风切变是这些湍流产生的主要原因，白天地表摩擦力的作用使得混合层中的风速低于地转风，在日落后稳定边界层逐步形成，使得湍流作用减弱甚至终止；压强梯度的作用使得稳定边界层内的风速逐渐增加到地转风，而其高处残余层的风速可能加强到次地转风，这种情况又叫作低空急流或夜间急流现象，很多研究者把急流中心定义为稳定边界层的高度，由于急流的阻挡，其上方大气层中的湍流不再受到下垫面的影响（Liu and Liang，2010）。

图 2-2 为大气边界层位温廓线日变化过程，反映了一天中不同时刻（S1 ~ S6）位温廓线的结构变化以及不同大气边界层高度的确定。图中 FA 为自由大气层，ML 为混合层，RL 为残余层，SBL 为稳定边界层，SL 为近地层，CL 为云层，SCL 为云下层，$\bar{\theta}_v$ 为虚位温。

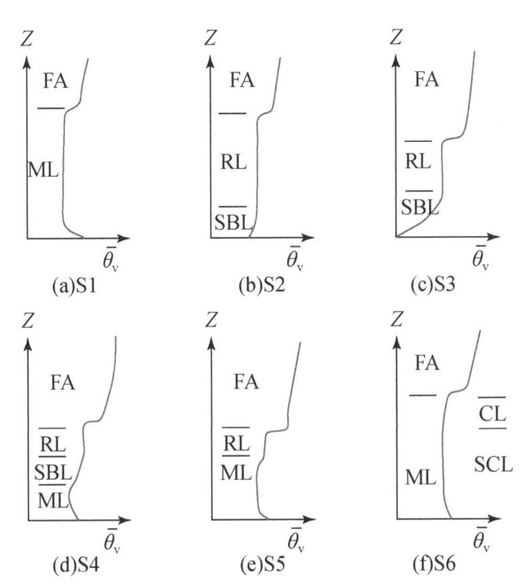


图 2-2 大气边界层位温廓线日变化过程

资料来源：Stull（1988）

天气预报和气候预测是大气科学与大气动力学研究的一个重要内容，其主流方向又分为数值模拟和预报两个部分。从目前来看，模式结构越来越细，动力学的框架越来越精确，物理过程考虑得越来越全面，是数值模拟和预报发展的总体趋势。为了达到以上目的必须对大气边界层进行更为精确的描述（赵鸣，2006）。应用大气边界层的知识也可以解决很多与国民经济有关的问题，如蒸散量的估算需要考虑大气边界层的基础理论，水库的设计需要考虑边界层的气候和气象因素，农田小气候中气象要素的计算需要以微气象学理论为基础，农田水利和防护林的建设、风能的合理利用以及土木建筑中风振、风压等问题的解决等都需要考虑边界层内风速和风场的特征。此外大气污染防治问题更是与人们的生活息息相关，在大气污染防治中可以以边界层的湍流状态和大气边界层的运动规律为依据来分析污染源所造成的污染物浓度的分布与时间演化。大气边界层学科研究，也是大气环境预测所必需的（卞林根等，2002；伍大洲等，2006；黄春红等，2011；涂静等，2012），更是利用 A 值法精确计算大气环境容量的基础（刘彦等，2006；张少骞等，2011），大气边界层的研究对大气环境总量控制起着重要作用，可以为环境规划和经济发展战略的制定提供重要的依据。而在大气边界层研究中，大气边界层高度又是大气边界层的重要参数，因此大气边界层高度的研究对大气边界层研究有着极其重要的意义。同样地，对于遥感蒸散模型而言，大气边界层数据的输入对模型精度也有着重要的影响（Troen and Mahrt，1986）。

尽管大气边界层及其高度的研究具有重要的意义，但大气边界层科学的研究相对于气象学来说还是一门相对年轻的学科。进入 20 世纪以后，随着科学技术的不断发展，大气边界层理论才逐步形成。首先是湍流理论的建立，Taylor 于 1915 年和 1935 年相继发现了大气中的湍流现象并提出了湍流的各向同性理论，这是大气边界层研究湍流统计理论的基础，也是大气边界层研究的基础。大气边界层概念形成于1905年Ekman提出的Ekman螺线之后，Blackadar在前人的研究基础上于1961年将混合长假定引入了大气边界层，用数值模式成功地得到了中性大气边界层具体的风矢端的螺旋图像。进入20世纪后期，农业、大气污染以及军事等领域的不断发展加大了对大气边界层学科的依赖，大气边界层学科进入深入而广泛发展的阶段。为了揭示边界层的变化规律，建立了一些近地层相似理论，如Monin和Obukhov于1954年建立了近地层湍流统计量和平均量之间的联系，莫宁-奥布霍夫相似理论应运而生。为了补充近地层相似理论在局地自由对流方面的空白，Wyngaard于1971年提出了局地自由对流近似方法。根据美国的明尼苏达（Minnesota）试验所获得的资料，Kaimal等1976年得出实测的自由对流大气边界层中气象要素的廓线分布。通过在俄克拉荷马（Oklahoma）进行的大气边界层野外试验，Carlson和Foster（1986）用飞机观测到了系统的大气边界层湍流通量和其他高阶量的空间分布。此后，各国科学家通过试验对这些理论又进行了验证和完善（Zhang and Hu，1994），为相似理论向全边界层的扩展付出了自己的一份努力（Hu and Zhang，1993）。1982年，Dyer和Bradley（1982）利用1976年在澳大利亚进行的湍流对比试验（ITCE）对莫宁-奥布霍夫相似理论进行了完善，使得该理论有了极大的应用价值。尽管如此，不稳定大气边界层相似理论研究却仍然较为空白（张强和胡隐樵，2001）。20世纪70年代以来，随着雷达技术、机载系留气球和小球探空观测以及卫星遥感与数值模拟等手段的不断发展，大气边界层的研究对象逐步由近地层向整个边界层发展。

除理论研究外，数值模式的引入是大气边界层科学的另一个研究方向，该方法利用一定的数学语言和简化过程对大气边界层的参数进行计算与预测，并采用一定的参数化方案使湍流方程闭合。其中，最经典的湍流K理论（Prantdtl，1932）经过各国学者的不断改进和完善后，在混合边界层中的应用仍受到一定的限制，但在大尺度的模式中得到了广泛应用（Stull，1988）。随着计算机技术的发展以及计算机性能的不断提高，学者提出了很多更高阶的湍流闭合方案（Rotta，1951；Yamada and Mellor，1975），目前在一些数值模式中1.5阶和3阶闭合方案被广泛应用（Hunt and Simpson，1982）。此外，在计算能力得到保障的前提下，逐渐发展了在大气对流运动的模拟中有一定优势的迪尔多夫（Deardorff）大涡数值模拟技术（Deardorff，1974）。这些理论研究和实验观测较好地揭示了大气边界层的物理过程以及变化规律，使人们对其有了更为完整的认识（盛裴轩等，2003）。

尽管大气边界层高度的时空变化对研究蒸发量的估算、水利设施的建设、防风防护林工程的开展、风能的合理利用以及大气污染防治问题等有着重要的作用，但是目前使用遥感手段来揭示大气边界层时空变化的研究还很少（Martins et al.，2010）。随着遥感技术的发展，卫星反演的大气温度和水汽廓线数据越来越多，方法和精度也在不断提高。例如，MODIS卫星上的MOD07以及AIRS水汽廓线数据已经累积了近20年；一些静止气象卫星，如国产风云（FY）系列有半小时时间分辨率的水汽廓线产品数据。如果这些数据的水平以及垂直分辨率能够满足大气边界层高度估算的需求，那么将很好地缓解目前大气边界层高度时空变化信息不足的问题。

大气边界层高度是不断随时间和空间变化的，它的变化幅度可以从几百米到几千米（Garratt，1994）。大气边界层底部的各种气象要素都有着较大的垂直梯度，在这一层中大气湍流通量随高度的变化非常小（比它们自身量级小 10%），因此这一层也可以视为常通量层。近地层空气温度通常利用气象站的站点数据插值得到，并在空间尺度上与遥感获取的地温数据有一定的相关性，但由于在观测时间上并不同步，空气温度与陆面下垫面性质密切相关。考虑下垫面因素的气象要素插值能够更加有效地改善气温、风速等非遥感因子的空间扩展精度（张仁华等，2001）。空气温度与陆面植被覆盖以及土壤湿度的关系非常密切（Anderson et al.，2005），Anderson 和 Norman 通过使用土壤-植被-大气-传输模型（Norman and Campbell，1983）模拟不同植被覆盖和土壤湿度条件下空气温度的日变化过程，结果表明，异质的陆面可造成近地面空气温度（距地表 2 m）高达几摄氏度的差异，从而对通量估算的结果造成非常大的影响。有研究也表明，在 1 m 高的冠层和 5 m/s 的风速条件下，地气温差 1 ℃ 的误差可能会造成通量计算中 40 W/m$^2$ 的偏差（Norman and Campbell，1983）。因此，使用观测时间与地表温度同步的大气边界层高度尺度遥感估算的温度以及湿度数据来估算感热通量及潜热通量可以很好地解决上述问题。在遥感蒸散模型中，与模型时空分辨率一致的大气边界层高度以及气象参数的输入对遥感蒸散方法的精度有着重要的影响。例如，在干旱地区夏季大气边界层高度的日变化幅度可以达到 4000 ~ 5000 m，这为遥感蒸散模型以及其他大气污染模型提供了遥感估算的参数输入。尽管近年来 SEBS 等遥感蒸散模型不断发展，但大气边界层高度仍是制约遥感蒸散模型精度的一个关键参数。

## 2.1 蒸散模型中的边界层参数

除前文提到的位温等一些参数的定义之外，蒸散模型中还有湿度、露点温度等参数。湿度与蒸散的关系表达是陆气相互作用研究的重要环节，湿度可分为绝对湿度和相对湿度，绝对湿度是指在标准状态下（0 ℃，1000 hPa），单位体积湿空气中所含水蒸气的重量，即水蒸气的体积密度，一般用 mg/L 表示。相对湿度是指空气中实际水汽压与相同温度下饱和水汽压的百分比或湿空气的绝对湿度与相同温度下可能达到的最大绝对湿度之比，也可以表示为湿空气中水蒸气分压力与相同温度下水的饱和压力之比。露点温度是指湿空气在水汽含量没有和外界发生交换以及气压不改变的条件下，将其冷却到饱和时的温度，露点温度是湿度的一个温度表达形式。

尽管大气边界层高度的时空变化非常重要，但现行的方法都很难获得时空连续且精度较高的大气边界层高度数据集。如何获取高精度的、时空连续的大气边界层高度数据对遥感蒸散模型的改进具有重要的意义。在传统模型中，大部分研究人员都使用地面上方 2 m、10 m 或者探空数据的某一等压面高度，如在吴炳方等（2011）发展的早期的 ETWatch 模型中将850 hPa作为参考高度来迭代计算感热通量。如果利用天基遥感卫星数据估算出时空连续的大气边界层高度及其气象参数替代传统模型中以地面上方 2 m、10 m 或者将流域内高空站850 hPa作为参考高度来计算流域内的感热通量和潜热通量将在以下几个方面对模型有所改进。

1）利用地面上方 10 m 处的观测温度作为参考温度会有一定的缺陷。首先地面站点所测温度代表观测点以及上风向 100 m 左右的地表状况，而遥感所测温度（以 MODIS 为例）代表了观测点周围 1 ~ 10 km 的范围，这与地面站点所测温度之间的尺度有很大的差异。

2）需要计算垂直空气温度梯度。如果以遥感观测的地表温度与地面站点观测的地面上方 2 m 或者 10 m 处的温度来计算感热通量，由于两者之间的距离较小、温度差值较小，放大了观测误差的影响。如果以边界层高度的位置作为参考高度，由于边界层高度较高，其和地面的温差较大，可进一步降低温度的反演误差对感热通量的影响。如果以无线探空数据作为参考高度，则会存在流域内探空站站点分布不足、卫星过境时间与探空数据时间不同步以及探空数据获取延迟等问题。大部分的湍流只发生在边界层内，以边界层高度作为计算感热通量的参考高度所计算出的感热通量为边界层内的平均通量，可以消除边界层内湍流局部异常扰动对感热估算的影响。

## 2.2 大气边界层参数的影响因子

大气边界层最基本的特征就是气象要素的日变化，白天地表受到太阳照射加热，温度升高；晚上则因为地表长波辐射冷却作用而降温，使得接近地表的气温呈现日变化（王珍珠等，2008）；在陆地高压区，不稳定边界层主要出现在白天，稳定边界层主要出现在夜间。

在内陆地区，混合层高度大致以冬季 1 月或 12 月最低，随后快速升高；4 ~ 5 月达到最高，随后逐渐降低。冬季的边界层高度和污染的关系更为密切（王珍珠等，2008）。冬季夜间辐射强度更大且时间更长，接地逆温充分发展，致使混合层高度较低。在冬季混合层高度较低时，垂直方向的对流较弱，低架源排放的污染物使近地面污染加重；高架源排放的污染物对近地面的影响较小，但会加重 200 m 以上低空的大气污染。

在沿海地区，海水的比热大，上层海水混合强烈，使得海水表面温度日变化不明显（刘明星，2008），所以海上大气边界层的日变化也不明显。但与内陆地区相同的是，海上高压区域因为气流沉降，边界层厚度通常比低压区小。沿海地区和内陆地区的大气边界层有着不同的变化特征。沿海地区春、夏季海温等于或小于气温，形成相对稳定的下垫面，所以混合层高度较低；秋、冬季海温要高于气温，形成不稳定的下垫面，有利于热力湍流发生，故秋、冬季混合层高度较高（刘明星，2008）。

在戈壁、高原、山区等特殊地形地区，大气边界层呈现特殊特征。在戈壁地区，热通量较大，使边界层高度明显高于其他地区，夏季可达 4400 m（杨洋等，2016）。在高原地区，地表热通量略低于戈壁地区，大气边界层平均厚度在 2000 ~ 2500 m（李英等，2012）。在山区，由于山谷风环流的存在，大气边界层厚度的昼夜差异明显大于其他地区，且该地区湍流较难发展，大气边界层厚度一般在 600 ~ 1000 m（孙海燕和梅再美，2008）。

大气边界层结构与大气环境相互影响、相互作用。大气越稳定，湍流运动、大气扩散能力就越差，空气质量也就越差（杨静等，2011）。温度越高，湍流运动、大气扩散能力就越强，空气质量也就越好。出现逆温层时，污染物垂直方向扩散受阻，空气质量变差（张强，2001）。湿度越大，越有利于形成雾和霾，从而加重大气污染（付桂琴等，2016）。小风或静风天气会使污染物大量积累（张宝贵等，2016），发生重污染，而来自清洁地区的较大风速则有利于重污染消散，且风速的变化与其他气象要素相比，与空气质量的变化有更明显的相关性（张人文和范绍佳，2011）。混合层高度越大，污染物在垂直方向的扩散就越充分，空气质量也就越好；当风速较小时，边界层高度较低，大气重污染将持续甚至加重（李梦等，2015）。

目前，大气污染对大气边界层的研究主要集中在气溶胶的辐射和气候效应方面，其他影响机制尚不明确。气溶胶通过吸收辐射使净辐射量、温度、边界层高度均有下降，而降水量则因地区而异；在气溶胶浓度较高的地区，气溶胶对气象要素的影响更为显著（马欣等，2016）。由于气溶胶辐射效应的不确定性，气溶胶对大气边界层的影响机制和影响程度都需要进一步研究；除气溶胶外，其余污染物对大气边界层的影响也尚不明确，需要在今后逐步研究。

在多数大气边界层的研究中，我们均假设底边界平坦均匀，但全球许多底边界既不平坦，又不均匀。地形变化能改变边界层气流，在某些情况下，和昼夜加热循环一起能产生各种环流，如稳定边界层中的夜间流泄风等。

当空气流过不同地表时，每种地表特征都会影响气流。例如，假设有一个干燥、没有植被、光滑且平坦的无穷长地块，在该地块下风方是另一个潮湿、有植被、粗糙的平坦地块，边界层会在与地面平衡的第一个地块上发展起来。当空气穿过边界流过邻近地块时，边界层底部受新的地表特征影响而产生变化，变化后的边界层空气厚度将随边界层的下风方距离增加而增加。在这个变化的边界层上方，边界层没有“感到”有新地表影响，并继续起着它流过上风方地表时应有的作用。

气流从一种下垫面过渡到热力、动力性质不同的下垫面在原来边界层内产生的新边界层，称为内边界层（IBL）。当地面热通量通过两个地表之间的边界而发生改变时，这个受影响的空气就叫作热力内边界层（TIBL）（Garratt，1987a，1987b）。从地面特征变化处起算的下风方距离叫作风距。进行近地层测量时，最理想的做法是安装仪器的测杆离边界下风方足够远，以便使内边界层厚度大于仪器测杆的高度。这样，由于有足够大的风距，近地层测量结果才可以代表仪器所在地的现场特征（Gash，1986）。正是这个原因，许多近地层测量都是在广阔的田野、牧场、草原和森林中进行的。

海岸线是地面热通量差异产生热力内边界层的最好场所。虽然我们经常用到“海岸线”这个词，但应当考虑到，类似的物理现象同样适用于其他边界，如两个陆面之间出现不同反照率和地面热通量等。当气流从冷地表面向暖地表面流动时，会形成定常态对流混合层，并随着海岸线下风方距离而加厚。湍流在大部分对流内边界层范围内发展旺盛，并且还有一个较清晰的顶（Venkatram，1977；Mitsuta et al.，1986；Hanna，1987）。

气流可以越过其他复杂地形，如山谷和隘口（Egan and Schiermeier，1986）。大气边界层风速通过狭窄山口会形成漏斗效应，产生很强的山口风速；穿过峡谷的外界气流会在山谷内产生沿谷气流和越谷气流两种环流（Erasmus，1986a，1986b）。一谷壁与另一谷壁相比，不同的太阳辐射可以改变湍流强度和应力（Carlson and Foster，1986）。复杂地形上的污染扩散很难模拟，有必要对这种地区进行另外研究（Egan and Schiermeier，1986）。在大城市中，高大建筑的作用就像峡谷谷壁（Oke，1978），正如所预料的，对一个极其复杂的城市地貌系统而言，十形交叉的城市峡谷使一部分气流在某些峡谷受阻，另一部分峡谷中的气流像风洞那样沿峡谷输送（Hosker，1987）。在不同峡谷谷壁（高大建筑物）上，随太阳方向不同其所吸收的热量不同，还有窗户上的多种反射和来自交通工具和房屋的热辐射（Johnson and Watson，1984；Steyn and Lyons，1985）。

## 2.3 大气边界层参数地面观测与估算方法

地面观测和估算是获得大气边界层高度的两种主要方法。本节将对目前大气边界层高度常用的地面观测方法和估算方法进行简单介绍。

### 2.3.1 地面观测方法

1. 系留气球

系留气球是一种依靠充入气囊内部的轻于空气的气体产生浮力，克服其自身重量而实现在空中浮升的飞行器，属于浮空器的一种。目前大多以安全的惰性气体氦气作为产生浮力的介质。系留气球作为一种升空平台，是将带有仪器舱（吊舱）的气球释放到500～4000 m高空，依靠多功能缆绳实现在空中定点停留。仪器舱一般位于系留气球的防风罩内，安装着各种相应测量测试仪器，可完成对需要信息的采样，从而为科学研究提供必要的数据。在军事上，系留气球适合搭载各种通信、干扰、侦察、探测等电子设备。

同飞机、卫星等空中平台相比，系留气球平台具有许多独特的优势，主要体现在以下几个方面：①不需要动力，可以在空中长期定点驻留，留空时间长；②研制周期短，成本低；③有效载荷重量大；④空中姿态稳定，有利于任务设备的工作；⑤安全性好，生存能力强；⑥部署方便灵活，无需专用机场和发射工具；⑦可定期返回地面，操作维护简单，使用成本低。

根据需要，系留气球的体积可从几百立方米到几万立方米，升空高度从几十米到四五千米。按其规模，可分为大型阵地式系留气球和小型机动式系留气球两大类。大型阵地式系留气球体积一般为数千立方米，升空高度可达4000多米，载重可达数吨，其主要特点是升空高度高、载重量大、探测距离远，适合搭载雷达等探测设备，主要用于对重点地区的长期预警保卫；小型机动式系留气球体积一般在3 $km^3$以下，升空高度在2～3 km，其主要特点是机动灵活、操作简单、使用方便，适合搭载通信、侦察、干扰等电子设备，用途非常广泛。

自1784年法国在弗勒吕斯（Fleurus）战役中第一次使用系留气球以来，系留气球按照其历史发展过程可以分为三个阶段：搭载普通相机军事侦察、搭载长波天线对地观测、搭载现代计算机/微电子/新材料等航空观测。近几年来，系留气球平台的开发和应用重新成为开发的热点。作为预警飞机和卫星不可替代的一种全新概念的空中平台，系留气球可以在时间和空间上填补预警飞机和卫星的空白，非常适合搭载各类电子任务装备。这种高空平台也可用来扩展宽带数据的服务功能，特别是对于没有卫星通信实力的第三世界国家，研究制造价格较低的系留气球势必更加现实。系留气球在军事和民用方面具有广泛的应用前景，目前世界各国都在竞相开发和研制系留气球。

系留气球和探空气球相比具有可回收功能，原理是使用缆绳将探空气球固定在地面的动力装置上，使其可以实现自我升降，其升空高度一般在 2 km 以下，可以应用于大气边界层底部的探测。系留气球作为低空探测设备能比较直观的长期或者短期观测包括温度、湿度、气压、风向、风速等参数在内的边界层的气象状况。该系统由地面和高空两部分组成，地面部分由绞车、接收机以及数据处理系统等组成；高空部分包括探空包和气艇等。该系统的最大特点是可以实时采集并存储各个气象参数的数值，易操作、可移动、可野外重复使用和作业。比较先进的系留气球还可以结合天基雷达进行区域大气探测。

2. 测风塔

测风塔是为了对大气边界层气象要素垂直分布进行观测而建设的铁塔。随着大气边界层研究的不断发展，陆续建造了装有各种气象观测仪器的专用气象塔，铁塔高度从初期的 100 m 逐步发展到后来的 400 m 以上。如果结合电视塔、电信塔等进行观测，则铁塔高度可以更高。中国第一座 320 m 的专用气象塔，于 1979 年建设在北京北郊，现中国科学院大气物理研究所附近。为了长期进行组网探测和风力资源的普查，近年来，我国又陆续建造了一系列的测风塔。结合边界层相似理论，气象塔上的仪器一般采用对数等间距分布，呈现下部密上部疏的特点，但也可以根据自身的需要和可行性决定。气象塔上的仪器一般可以分为两类：一类是测量温度、湿度和风的平均值等廓线观测仪器；另一类是大气湍流的测量仪器，可连续测量温度和风速的瞬时值，以此来计算大气的能量和水汽通量，如涡动相关仪器，这些仪器要求观测的时间间隔小（涡动相关仪器的观测时间一般为 0.1 s）、观测精度高。随着科学技术的发展，另一种有效探测手段是在气象塔上架设雷达进行观测。为避免塔身对观测大气的影响，所架设仪器应尽量远离塔身，装在离塔较远的伸杆上，为了使观测结果更加可靠，最好的方法是在铁塔上同时安装不同观测角度的两套仪器，读数时要结合当时的风向，选取没有或受铁塔影响较小的一套仪器。另外，各个高度上的仪器性能必须相同且需经常进行对比试验以确保仪器的一致性、可靠性及可比较性。结合计算机存储及远程通信设备，可以实现观测资料的自动储存和远程传输。气象塔观测有其自身的优势，但还存在以下几个缺点：①气象塔造价昂贵，很难现实组网探测，所观测的数据密度较低，不能满足有些大气边界层研究中对数据的密度的要求。②气象塔安装的位置比较固定，其观测数据的代表性比较固定。不同的气象塔在研究不同对象时选址规律也不同，因此在进行大气边界层大范围研究选取资料时，必须对铁塔的下垫面情况进行筛选，选取合适的资料进行研究。③气象塔上仪器所观测的数据往往会受到铁塔本身对气流和温度的影响，这会造成观测到的数据存在一定偏差，可行的解决办法是多角度架设多套仪器进行观测，但这会增加研究成本。

## 2.3.2 估算方法

### 1. 风速极值法

风速极值法是结合大气边界层风速随高度的变化规律，利用风速和风向的垂直变化来获取大气边界层高度的方法。在确定大气边界层高度时，可以从地面向上取风向开始与地转风一致的高度；或取风速达到地转风风速时的高度；或取风速达最大值时的高度作为大气边界层高度。研究中一般将平均风的风向和地转风方向第一次相同时的高度作为大气边界层高度。根据 Ekman 理论（Ekman，1905），其计算公式如下：

$$Z_m = \pi\delta = \sqrt{\frac{2K_m}{f}} \tag{2-1}$$

式中，$f$ 为地转参数，中纬度地区一般取 $f=10^{-4}\,s^{-1}$；$K_m$ 为湍流交换系数，$K_m=10\ m^2/s$ 时，大气边界层的高度大于1000 m，这和白天大气边界层的尺度一致；$K_m=1\ m^2/s$ 时，大气边界层的高度小于500 m，这和夜间大气边界层的尺度相近。但这一方法在推导过程中受许多假设条件的限制，如要求定常、水平均匀、大气为正压、$K_m$ 为常值等。这些限制条件与实际大气有较大的差别，使其不能得到广泛的应用。

### 2. 风、温、湿廓线法

风、温、湿廓线法从大气的热力学因素出发（Geleyn，1988），考虑了不同情况下大气边界内的位温以及湿度廓线在大气边界层内的分布特征，从而确定针对不同大气边界层结构的大气边界层高度的求解方法：通常可以将边界层内大气的温度递减率变为自由大气的温度递减率时的高度作为大气边界层高度；如果大气边界层的位温廓线存在跃变或为折线形的廓线，则将大气温度梯度出现骤变的高度作为边界层高度；此外还可以将位温廓线中位温的日变化非常小或者接近消失的高度作为边界层的最大高度（Galperin et al.，2007）。

在风、温、湿廓线法中理查森数（Richardson number）法是定量地求解大气边界层高度最主要的方法（Sicard et al.，2006）。该方法利用无线电探空观测大气的温度、气压、相对湿度和风速廓线，利用这些数据计算各层的总体理查森数，最后根据理查森数得到边界层高度。总体理查森数可以表示为

$$R_{ib}(z) = \frac{g(z-z_0)[\theta(z)-\theta_0]}{\theta_z[u(z)^2+\nu(z)^2]} \tag{2-2}$$

式中，$\theta$ 为位温；$g$ 为重力加速度；$z$ 为海拔；$z_0$ 为地表海拔；$u$ 和 $\nu$ 为速度分量。算出总体理查森数 $R_{ib}$ 之后与临界总体理查森数 $R_{ibc}$ 比较，其中 $R_{ib}>R_{ibc}$ 的高度为自由大气，因此可以把 $R_{ib}=R_{ibc}$ 的高度作为边界层高度。

### 3. 实用标准法

我国的实用标准法从 Ekman 边界层厚度的定义出发（Ekman，1905），使用地表的湍流交换系数来确定边界层厚度。实用标准法具有易操作、方法简单、数据容易获取等优势。该方法所需资料包括 10 m 高度处的风速以及云量，这些都是容易获取的常规观测资料，但该方法的一些经验常数由我国 11 个城市的常规探空数据计算得出，其结果还有待进一步验证，如果在没有探空资料的地方使用该方法，无法对其精度进行判断。

实用标准法由《制定地方大气污染物排放标准的技术方法》（GB/T 3840—1991）提供，此外，根据帕斯奎尔分类法，将大气稳定度分为强不稳定、不稳定、弱不稳定、中性、较稳定和稳定六级，分别用 A、B、C、D、E、F 表示。其计算公式为

当大气稳定度为 A、B、C、D 级别时，

$$L_b = a_s \times \frac{u_{10}}{f} \tag{2-3}$$

当大气稳定度为 E、F 级别时，

$$L_b = b_s \times \sqrt{\frac{u_{10}}{f}} \tag{2-4}$$

式中，$L_b$ 为混合层高度；$u_{10}$ 为 10 m 高度处平均风速；$a_s$、$b_s$ 为混合层系数；$f$ 为地转参数。

### 4. 罗氏法

罗氏法是一种基于地面气象常规观测资料估算边界层厚度的方法（Nozaki，1973）。该方法不仅考虑了热力和机械湍流对大气混合层的共同作用，还考虑了边界层上部大气运动状况与地面气象参数间的相互关系。利用地面气象参数估算边界层厚度方法最大的优点是不需要高空观测资料，利用常规的气象资料即可进行计算，因此该方法对探空资料缺乏的地区具有很高的应用价值，在国内被广泛应用，但是该方法具有较大的经验性，如果想提高该方法的准确性必须根据应用地区的特点对其进行模型修订。其计算公式如下：

$$H = \frac{121}{6}(6-P)(T-T_d) + \frac{0.169P(u_z+0.257)}{12f\ln(z/z_0)} \tag{2-5}$$

式中，$H$ 为混合层高度；$T-T_d$ 为温度露点差；$P$ 为帕斯奎尔稳定度级别（大气稳定度级别为 A ~ F 时，$P$ 值依次为 1 ~ 6）；$u_z$ 为高度 $z$ 处的平均风速；$z_0$ 为地表几何粗糙度；$f$ 为地转参数。

### 5. 湍流能量法

湍流能量法从湍流能量平衡的观点出发，将大气边界层中湍流能量消失或者很低的高度作为大气边界层高度。该方法理论基础较为完善，分别利用地转风速和位温梯度来表示动力因子和热力因子对大气边界层高度的影响。但是在公式的推导过程中引入了许多简化条件，这对该公式的适用性产生了一定的影响。同时该方法需要连续的大气边界层湍流能量的观测作为数据输入，而湍流能量的观测一般很难实现，而气象模式中一般都有湍流能

量的估算，因此该方法在大气模式中的应用较多。其计算公式为

$$H=1.3v_g/\sqrt{(g/\theta)\times(\partial\theta/\partial z)} \tag{2-6}$$

式中，$v_g$为地转风速。

## 2.4 大气边界层参数遥感估算方法

探空观测是目前主要的观测手段，而遥感观测则是近几十年发展起来的一种比较先进的大气观测新兴手段，遥感技术中常用声雷达和激光雷达等对边界层参数及其高度进行观测。声雷达和激光雷达在大气气溶胶反演、空气污染物浓度估算以及大气成分的研究中具有独特的优势，近年来在大气边界层的观测中被广泛应用。声雷达和激光雷达与遥感技术一样具有观测范围广、高时空分辨率等特征，可以对大气边界层进行全天时的全景探测，另外结合相应的参数化方案还可以获得大气边界层中的一些其他参数。声雷达和激光雷达的原理都是通过雷达的回波信号来反演各瞬时的大气参数及其高度。虽然其探测结果的合理性还有待进一步讨论，但是大量实验都验证了雷达数据探测边界层高度的可行性，这些实验通过对森林、峡谷和海洋等地区的边界层探测发现，大气气溶胶主要分布在大气边界层内部，而雷达可以反映出气溶胶数据的空间分布，通过气溶胶浓度分布梯度就可以判断出边界层的高度（王珍珠等，2008）。但是由于仪器昂贵且对操作要求较高，需要有经验的人对结果进行判断，因此该方法还没有得到推广，其观测资料非常有限，因此人们仍然将大部分的精力放在计算方法的讨论上。

在日常的应用中，边界层高度一般根据探空数据的温度、湿度和风速等的廓线数据计算得到，国家级探空站的常规观测一天只有在 00:00 和 12:00 UTC（世界协调时，universal time coordinated）进行，并且一般边界层高度以下只有几个记录值，有限的垂直分辨率使其不能准确地确定大气边界高度以及边界层内气象要素的垂直变化特征。而且边界层的变化受不同下垫面类型（如土壤、森林、海洋等）的影响，至今没有确定边界层高度的统一方法。许多研究者针对不同的情况提出了各种解决边界层问题的方法（Holzworth，1964；Joffre et al.，2001；Hennemuth and Lammert，2006；韦志刚等，2008；乔娟，2009；徐桂荣等，2014）。

在缺乏探空廓线资料时，人们开始设法利用地面气象资料与大气边界层的关系来估算大气边界层高度。1973 年，Nozaki 在考虑了边界层上部大气运动状况的情况下结合地面的露点温差、风速、大气稳定度以及地面粗糙等大气参数，提出了罗氏法（马福建，1984；程水源等，1997；史宝忠等，1997）。近几十年来，随着遥感技术的飞速发展和日渐成熟，遥感技术已成为估算边界层高度的一种常用手段（Kaimal et al.，1982；Melfi et al.，1985；Davis et al.，1997；Wang G et al.，2012；Quan et al.，2013）。目前比较常用的遥感仪器有声波遥感、激光雷达、风廓线雷达、连续波雷达、微波辐射计及 Aeolus 卫星等。本节主要介绍大气边界层参数遥感估算的常用方法。

## 2.4.1 声波遥感

声波遥感是利用声波在空气作用下产生折射、散射、吸收和衰减的物理特性来反演大气气象要素特征的一种大气探测方法。声波属于机械波且频率较低，大气气象要素的扰动所引起的声波散射、吸收和衰减程度都比电磁波要强，因此利用声波来探测大气具有更高的灵敏度和精度，另外声波属于机械波，在大气中传播时能量消耗较大，从而导致其探测的最大高度有限，因此声波遥感只能用于低层大气边界层探测。

1. 利用单点声雷达探测大气层温度廓线

利用单点声雷达垂直向上发射一个固定频率、一定宽度的声脉冲，可以收到来自不同高度反映温度层结的声回波。从这些回波资料可以知道大气层结的空间分布及其随时间的演变。单点声雷达探测系统由天线、发射机和接收机三部分组成。

天线包括电–声转换器、抛物面形反射体及隔音围墙。发射机由音频信号源、发射门 1、发射门 2、功率放大器、低电平抑制器和收发变压器六部分组成。发射机的功能在于产生一定功率、一定参数的声脉冲。发射机和接收机都是由收发变压器直接耦合在一起的，所以当发射机发射强大的声脉冲时，接收机要闭锁得很好，不致因强大的声脉冲过载而损坏，当发射脉冲完毕时，发射机输出要小于接收机临界灵敏度。前一问题通过接收机的保护装置来解决；后一问题则采取提高门的闭锁能力和低电平抑制器来解决。接收机包括信号通道、程序控制及记录设备三部分。单点声雷达主要用于探测大气温度层结，探测系统有待进一步改进和完善。多点声雷达探测系统还可以探测风速、风向、湍流特征等其他物理量。

2. 利用多普勒声雷达探测大气层的风速分布

利用多普勒声雷达测量大气中的风速分布，首先要合理地设计和选取声雷达的参数，精确地测量多普勒频偏值，其次要在声雷达回波信号中正确地识别和提取可靠信号，以减少环境噪声对声雷达测风造成的误差。此外，声波在大气中传输时，气象要素的平均量和湍流特性会对风速测量的精度和可靠性产生影响，为此，将声雷达探测的风速与气象仪器直接测量的风速进行比较是十分必要的。在此基础上，对声雷达测风误差进行合理校正，会进一步提高声雷达探测的精度和可靠性。

3. 利用声波雷达组网观测来确定大气层温度场和风场的分布

近年来，气象装备组网研究受到广泛关注，未来地基大气遥感也将向综合集成方向发展。通过建设多部声雷达组成声雷达组网，对声雷达探测到的水平风场信息和垂直速度大小的可信度进行分析，在不同时刻取不同高度附近的资料进行组网分析。

## 2.4.2 激光雷达

激光雷达是雷达技术与激光技术相结合的产物。激光具有单色性好、相干性强、抗干扰能量强、能量高度集中以及对空气中的水汽和气溶胶具有很强吸收与散射性的特点，因此激光技术被广泛用于大气气溶胶、空气污染物、大气成分以及云的研究中。激光雷达集合了遥感和激光的优点，可以实现对大气边界层大范围以及高时空的探测。

激光雷达工作原理主要为：污染物和水汽从近地面进入大气，大气边界层内污染物浓度和水汽密度增大，远远大于自由大气层。边界层与自由大气层气溶胶或气体分子的浓度差异导致大气边界层顶激光探测信号存在快速衰减的特征。米氏散射激光雷达回波廓线强度对应于相应高度大气气溶胶浓度的大小，这样，大气边界层到自由大气层之间气溶胶的浓度就会发生变化，这个梯度变化的最大值对应的高度就是大气边界层的高度。利用激光雷达观测到的回波信号为经大气中微粒以及大气分子后向散射的那部分雷达发射能量，因此，雷达接收到的能量可以表示为

$$\mathrm{RS}(\lambda,\gamma)=\frac{C}{r^2}E_0(\beta_{\mathrm{m}}(\lambda,\gamma)+\beta_{\mathrm{p}}(\lambda,\gamma))T^2(\lambda,\gamma)+\mathrm{RS}_0 \tag{2-7}$$

式中，$\beta_{\mathrm{p}}(\lambda,\gamma)$ 和$\beta_{\mathrm{m}}(\lambda,\gamma)$ 分别为固体微粒以及大气分子的后向散射系数；$C$ 为雷达的系统常数；$r$ 为距离；$E_0$为雷达发射的初始能量；$T^2$为大气的传播系数；$\gamma$ 为目标物体与雷达之间的距离；$\lambda$ 为雷达发射波长；$\mathrm{RS}_0$为背景信号。经过距离平方校正的雷达接收信号 RSCS 为

$$\mathrm{RSCS}=(\mathrm{RS}-\mathrm{RS}_0)\gamma^2 \tag{2-8}$$

对 RSCS 求解关于海拔 $z$ 的二阶偏导（$\partial^2\mathrm{RSCS}/\partial z^2$），其中（$\partial^2\mathrm{RSCS}/\partial z^2$）达到最小值的高度为边界层高度。大量实验验证了激光雷达探测边界层高度的可行性（Davis et al., 1997；Flamantetal，1997；Steyn et al., 1999）。

## 2.4.3 风廓线雷达

边界层风廓线雷达可以连续地观测并提供从近地面到高空约 3 km 高度处的实时三维风速的廓线图，这可以充分地展示近地层的风场结构和变化规律，其探测范围取决于大气的散射状况和雷达的辐射功率。将风廓线雷达与无线电声波测温系统（RASS）相结合可实现对大气温度的实时探测，其基本原理是：声速在空气中的传播速度与空气温度的关系。声波在大气中的衰减比较明显，因此该观测系统的最大探测高度非常有限。例如，VAISALA 生产的 LAP3000 边界层风廓线雷达的探测范围在 120 ~ 4000 m，而其配备的 RASS 最大探测高度则为 1200 m。

风廓线雷达接收的回波功率$P_{\mathrm{r}}(\mathrm{r})$ 由微波雷达方程得出：

$$P_{\mathrm{r}}(r)=P_{\mathrm{t}}\frac{\eta\, G^2\lambda^2\theta^2 h}{1024\,\pi^2\ln2\, r^2} \tag{2-9}$$

式中，$P_{\mathrm{t}}$ 为发射峰值功率；$\eta$ 为雷达反射率；$G$ 为天线增益；$\lambda$ 为雷达发射波长；$\theta$ 为波速宽度；$h$ 为脉冲宽度（通常是雷达分辨率的两倍）；$r$ 为距离。雷达反射率 $\eta$ 与折射率指数结构常数$C_n^2$成正比：

$$\eta=0.38\,C_n^2\lambda^{-1/3} \tag{2-10}$$

其中，

$$C_n^2 = \frac{\langle (n(r+\delta) - n(r))^2 \rangle}{|\delta|^{2/3}} \tag{2-11}$$

式中，〈〉为空间的平移；$r$ 为空间的位移（$=\lambda/2$，布拉格散射）；$n$ 为折射率指数，它与气压 $P$(kPa)、温度 $T$(K) 和水汽混合和比 $q$(g/kg) 有如下关系：

$$n = 1 + \frac{776P}{T}\left(1 + \frac{7.73q}{T}\right) \times 10^{-6} \tag{2-12}$$

联合上述公式可以看出，相对湿度梯度增大会导致$C_n^2$增大，所以回波廓线上峰值对应的高度即可认为是大气边界层的高度。

### 2.4.4 连续波雷达

连续波雷达指的是发射连续波信号的雷达。信号按其频率特点可以分为单一频率、多频率、随时间变化的频率等。连续波雷达通过对一定距离范围内的目标发射信号从而达到测速的目的，因此，连续波雷达可以用来观测活动目标。而一般脉冲雷达的距离分辨力受其所发射脉冲宽度的影响，分辨距离一般在 15 m 以下，使其探测的距离受到限制，难以用来探测研究大气边界层。20 世纪下半叶以后研制成功的调频连续波雷达成功地解决了上述问题，连续波雷达具有极高的灵敏度和距离分辨力，使其可以观测折射率极不均匀的大气所产生的回波，因此可以用来研究大气边界层中的逆温层、波动、对流等天气现象以及观测大气中风和湍流等的空间分布。

### 2.4.5 微波辐射计

微波辐射计是用来进行大气观察的被动遥感仪器，通过发射微波来观测大气状况和描述大气层内云层以及降水的特征。微波辐射计的优点是操作方便、可以对目标进行连续观测、时间分辨率高等，利用这些优点可以很轻松地实现对温度、湿度、云等大气主要参数的垂直廓线的连续观测和反演，同时在其他常规气象观测不足的情况下所观测的资料可以作为补充。微波辐射计可以全天候全天时地观测大气的热力特征，这些可以成为极端天气条件下的大气热力结构数据基础（Knupp et al.，2009）。随着微波辐射计应用的不断扩展和深入，微波辐射计探测资料的可靠性也正在被大量的研究者进行着验证（Ware et al.，2003；刘建忠和张蔷，2010；杜荣强等，2011；刘红燕，2011；戴聪明和魏合理，2013）。杜荣强等（2011）利用 GPS 探空数据对微波辐射计所观测的温度廓线进行了对比，结果显示，两者的变化趋势较为一致，整个大气层的温度平均偏差都在 1 K 以下，相对而言 2 km以下的大气结果较 2 km 以上的大气结果要好。刘建忠和张蔷（2010）在连续比较了 20 个月的微波辐射计与 GPS 探空数据的反演结果后发现，微波辐射计反演出的温度与探空数据较为一致，相关系数在所有尺度上均达到94%以上，两者的温度均方根误差（root-mean-square error，RMSE）在 5 ℃以内，而且底层大气的结果相对较好，1500 m 以下的大气层偏差在 2 ℃以下。这些工作为微波辐射计的后续应用提供了数据参考和试验基础，目前，利用微波辐射计估算大气边界层高度已经越来越普遍（Wang G et al.，2012；Zhang N et al.，2012）。

### 2.4.6 Aeolus 卫星

风场是研究大气动力学和气候变化的一个参考要素，研究者可以利用其数据对大气变化规律进行分析，从而提升人类对气象和全球气候变化的分析预测能力。目前，国际科研组织获取全球风场数据主要来源于三个方面：一是来自地面观测站和海洋浮标等基站的气象观测报告，以及根据一些卫星携带的散射计的测量数据推演出的风场模型，由于这些数据主要针对下层风场，比较单一，无法提供风廓线。二是利用航空器进行风场观测和数据搜集，以及地球静止轨道卫星影像资料推演出的云迹风（即利用交叉相关技术，通过比较相邻两三张云图的亮温追踪云团的踪迹，计算小块云团的移动而得到的一种非常规风场）。虽然此类途径可以获取垂直方向风场分布的概况，但由于航空器活动范围有限，数据仅能体现某一特定区域的情况，不具备广泛代表性。三是采用无线电探空技术，以及极轨气象卫星等进行多层次的高空数据采集，进而构建出模拟的风场垂直分布情况（司耀锋和应海燕，2012；高菲，2018）。

尽管全球科研机构通过多种途径积极推动全球风场模型的构建，但由于缺乏对全球尤其是海洋、热带和南半球等地区三维风场的观测数据的掌握，精确的天气预报及与气候相关的部分研究工作（如厄尔尼诺现象研究）等难以深入开展（Reitebuch et al.，2014；Källén，2018；Kanitz et al.，2019）。在此背景下，2018 年 8 月 22 日，欧洲航天局（European Space Agency，ESA）发射了名为“风神”（Aeolus）的卫星，该卫星是第一颗全面监测全球风况的气象卫星，其主要用来监测、绘制全球风速和风向等情况。该卫星搭载了一台名为“阿拉丁”（ALADIN）的新型大气激光多普勒效应仪，可以对地球大气的风速分布图实施在轨观测，从而将更有助于详细地研究地球风能的平衡与环流，并希望探寻诸如厄尔尼诺现象成因等问题（Marseille et al.，2011；Saeedi，2016）。这也是目前人类掌握的唯一可以直接获得三维风场廓线的途径，随着“风神”任务的实施，人类不但将在大气探测领域首次实现对全球三维风场的直接观测，而且能促进包括海平面上升、全球气候变暖和污染等方面的气候研究与预报，改善海洋、热带和南半球地区数值天气预报准确性（Sun et al.，2014），以及更好地模拟与预测包括热带气旋在内的天气过程等（Tan et al.，2016；Šavli et al.，2019）。

“风神”数据可从欧洲航天局网站上下载获取，其将科学数据下行到挪威斯瓦尔巴（Svalbard）群岛的地面站，然后将数据发送到特罗姆瑟（Tromsø），以处理得到 Level-1 和 Level-2。数据从特罗姆瑟发送到英国雷丁的欧洲中期天气预报中心以及意大利弗拉斯卡蒂的欧洲航天局地球观测中心（ESA Centre for Earth Obervation，ESRIN），进行进一步处理。数据包含以下几种产品：①0 级数据是由“风神”卫星测量的原始数据；②Level-1 级数据是沿卫星轨道应用了基本校准的初步科学数据的时间序列；③Level-2A 级数据是沿着卫星轨道的气溶胶和云层信息的时间序列；④Level-2B 级数据是沿卫星轨道完全经过处理的风廓线的时间序列，这些数据用于欧洲中期天气预报中心的天气预报；⑤Level-2C 级数据是沿卫星轨道的 3D 风向剖面的时间序列，这些数据是由欧洲中期天气预报中心在摄取“风神”Level-2B 级数据后产生的。

近年来，全球气候出现明显异常，各类极端天气时有发生，对于准确气象预报的需求度也大大提升。利用“风神”卫星的测量数据将实现以下主要目标：①通过对整个对流层和低平流层的观测，提供准确的风廓线，为建立一个全球性的气候系统模型提供参考；②提供研究全球降水分布、厄尔尼诺现象等大气环流的相关数据等。因此，可以看出，气象数据的商业需求也是推动“风神”项目发展的重要原因之一。特定用户依据精准的气象预测，不但可以在商业、防灾、国防等领域及早进行调整和布局，还可以在诸如“全球变暖”等国际议题中占据主动，并为今后研制类似的气象卫星铺平道路（司耀锋和应海燕，2012）。

# 2.5　大气边界层参数遥感提取案例

为了解决大气边界层高度数据的时空连续性不足的问题，冯学良（2016）提取了基于天基遥感数据 MODIS MOD07 数据的大气边界层高度提取方法，随后在此基础上又提出了精度更高、方法更加成熟的基于 AIRS 数据的大气边界层高度提取方法。本节将介绍西北干旱区内陆河黑河流域基于 AIRS 数据的大气边界层高度提取实例。

## 2.5.1　基于 AIRS 数据的大气边界层高度提取方法

为了保证 AIRS 数据的可靠性，利用黑河流域国家探空站 850 hPa、700 hPa 及 500 hPa 的温度数据对 AIRS 相应高度的温度数据进行验证（图 2-3）。从 2012 年张掖、酒泉以及额济纳三个探空站温度数据与 AIRS 温度数据的验证结果来看，除了张掖站的相关系数 $R^2$ 较低（0.86）以外，其余站点的相关系数都在 0.90 以上。因此，将 AIRS 温度数据作为研究数据用来提取边界层高度是可行的。

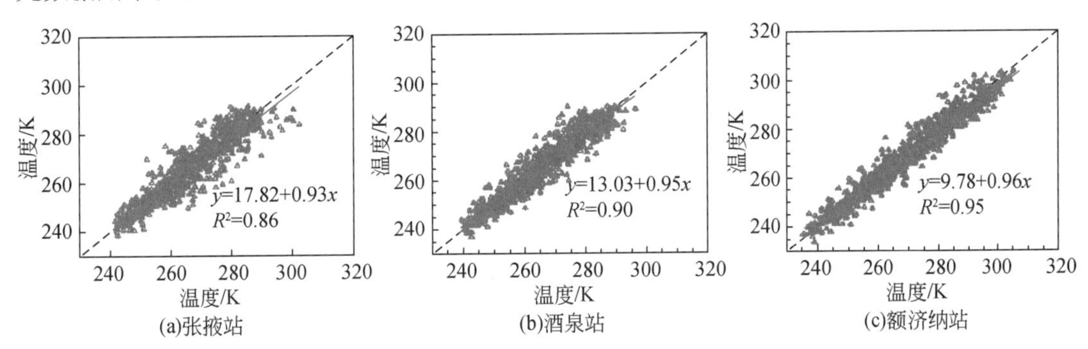


图 2-3　黑河流域国家探空站温度数据与 AIRS 相应高度的温度数据验证结果

横轴为 AIRS 温度数据，纵轴为探空站温度数据

从图2-3中还可以看出，在高值区域，AIRS数据较探空数据的温度稍大；造成这一现象的原因是AIRS数据的过境时间为当地的13:00左右，而探空数据的发射时间则为当地的每天8:00以及20:00，图2-3中所使用的探空数据为8:00的数据，在时间上存在着一定偏差，且温度的日变化为中午高、早晚低，造成AIRS数据较探空数据大。另外，在高值区域，AIRS数据较探空数据大的现象更为明显，这是由于边界层底部区域受地表影响更为明显，温度的日变化相对较大，而边界层顶部的温度较低，受地面影响较小，因此，日变化相对较小，从而与探空数据的差别较小。

AIRS数据具有较高的垂直分辨率，使得其具备和GPS探空数据相似的功能，通过位温廓线的结构可以反映边界层的空间特点和边界层高度。图2-4和图2-5分别选取2012年8月8日黑河流域上游阿柔以及7月10日中游五星的数据进行分析。边界层高度以下的大气由于直接受到地表加热的作用，边界层内位温的变化比较复杂，而边界层高度以上的大气不受地表加热的影响，变化相对统一，尤其是位温的垂直变化梯度几乎不随高度的变化而变化，另外边界层顶部的夹卷作用使得边界层高度和自由大气之间存在一个明显的逆温层结。对AIRS数据的位温廓线分析后可知，AIRS数据在边界层顶部存在一个逆温覆盖，除去地表的海拔，五星这一层结高度距离地面1000~1500 m，而阿柔这一高度在900~1000 m；在逆温层以上，自由大气的位温垂直变化梯度都比较均一。利用这两个特点可制定AIRS边界层高度提取方法，这种方法被称为位温梯度法。

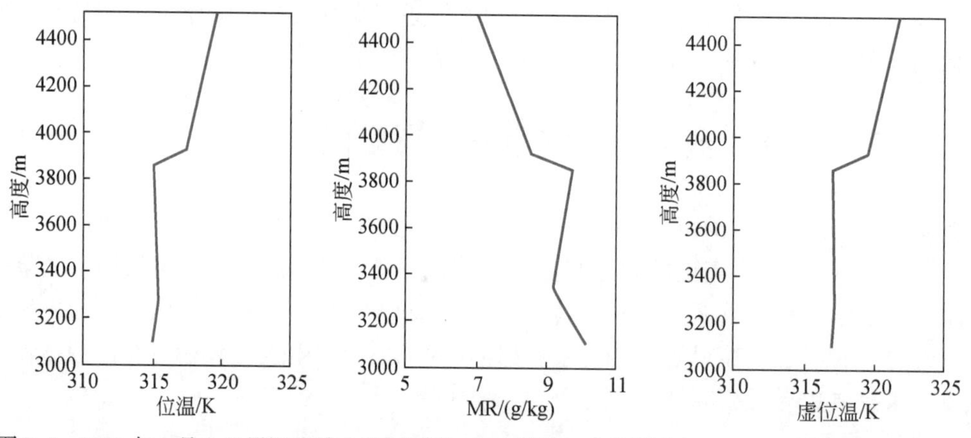


图2-4　2012年8月8日黑河流域上游阿柔的AIRS位温、水汽混合比（MR）及虚位温廓线对比

基于AIRS数据边界层高度提取的准则如下：判断大气稳定性，当大气为不稳定状态时，首先寻找边界层顶逆温，即寻找位温梯度最大的高度，其次确认逆温层以上高度的位温梯度变化是否均一，通过对黑河流域的数据进行大量分析可以得出，一般自由大气的位温梯度在1~10 K/km，即逆温层以上所有高度的位温梯度都在1~10 K/km。逆温层是由夹卷作用产生的，而夹卷作用不是一直存在的，因此有时会出现没有逆温层的现象，这时则将位温梯度变化均一的底部作为边界层高度。

当大气为稳定状态时，找出位温廓线底部的逆温层，将该逆温层的顶部作为边界层高度。

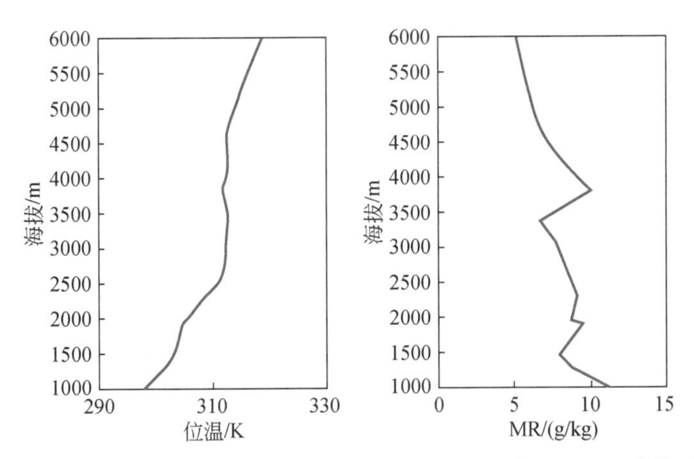


图 2-5　2012 年 7 月 10 日黑河流域中游五星的 AIRS 位温及 MR 廓线对比

## 2.5.2　基于 AIRS 数据提取大气边界层高度

采用位温梯度法对黑河流域逐像元的边界层高度进行提取，图 2-6 为 2012 年 7 月 17 日黑河流域所提取的边界层高度及其参数结果。黑河流域上游为高山森林和草地，海拔在 3000 m 以上，地表气压一般小于 700 hPa，气温也相对较低，空气湿度趋于饱和；中游地区主要为农田灌溉区，海拔在 1500 m 左右，地表气压一般为 850 hPa；下游地区主要为荒漠，海拔一般低于 1000 m，地表气压在 900 hPa 左右，地表气温较高，空气湿度较小。相应地，所求得的边界层高度也呈现出上游整体较小，一般在 1000 m 以下，而高值区一般出现在下游的荒漠区域，由于此时为 7 月，太阳辐射强烈，加上荒漠地区强大的对流作用，下游边界层高度最大值超过了 2500 m。边界层气温分布和地表类似，上游气温较低，下游则相对较高，上下游边界层高度的温差达到了 20 K 以上。另外，边界层高度上的露点温差也呈现出上游低、下游高的特点，这说明上游的空气湿度较大，趋于饱和，而下游相对干燥，水汽含量较低。从估算结果的空间分布以及变化趋势也可以看出，边界层高度及其参数空间分布特征明显且变化均匀。

## 2.5.3　基于 MERRA 数据的验证

使用 2012 年 MERRA 数据每天 13:00 大气模式所估算的边界层高度数据作为 AIRS 数据反演边界层高度的验证数据，获得基于 AIRS 数据大气边界层高度的估算值和 MEERA 大气边界层高度的年平均值，如图 2-7 所示，两者所估算的黑河流域边界层高度都在 500 ~ 1000 m。AIRS 数据和 MERRA 数据的边界层高度的高值区域都出现在黑河流域下游的荒漠区域，而上游的高山森林和草地的绿洲区都为边界层高度的低值区。虽然总体上两种数据的估算结果较为一致，但是在边界层高度的空间分布方面，MEERA 数据的分布更为平均，从上游到下游呈现出逐步增加的趋势。而 AIRS 数据计算的边界层高度的空间分布较

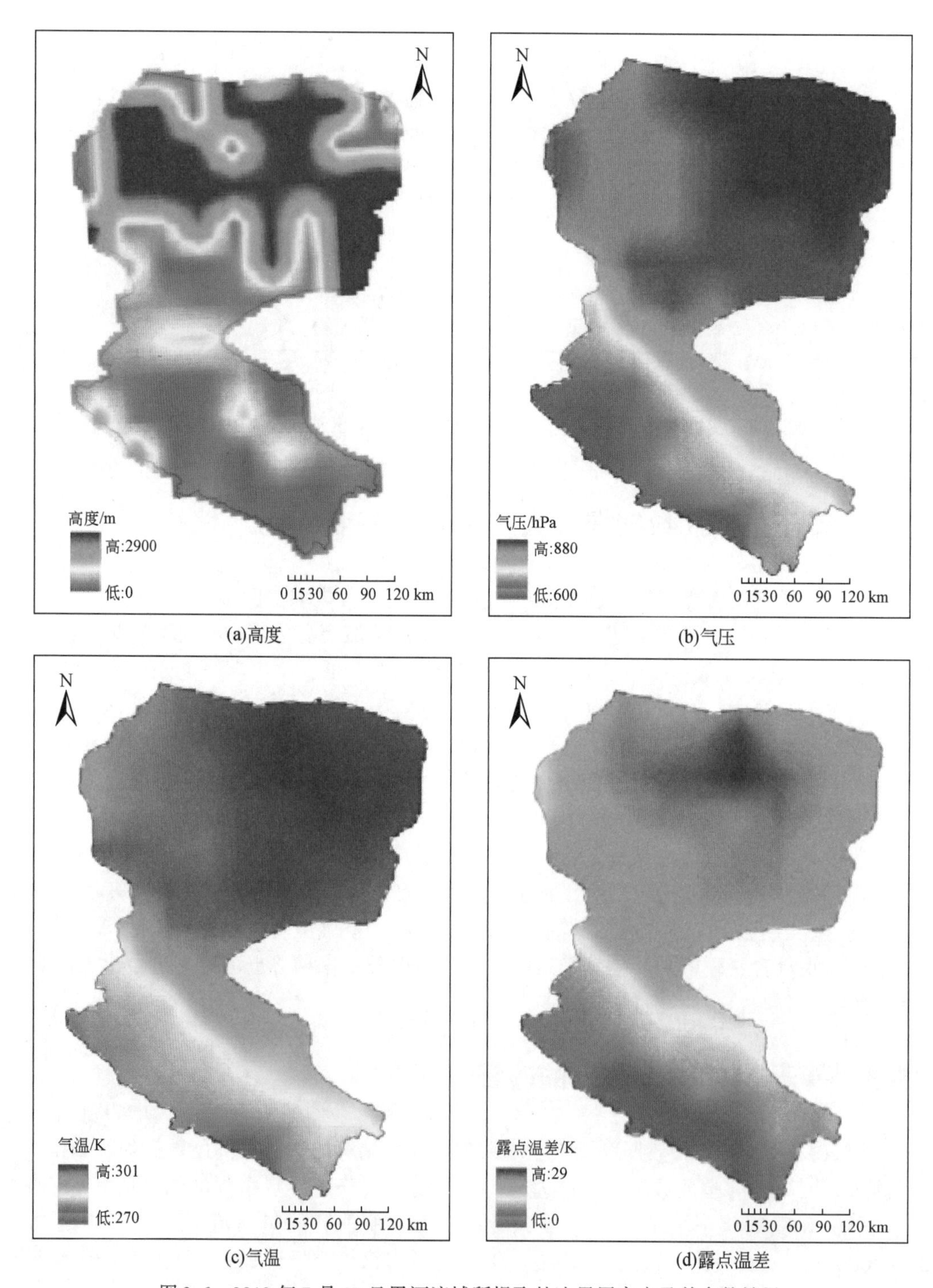


(a)高度　(b)气压　(c)气温　(d)露点温差

图 2-6　2012 年 7 月 17 日黑河流域所提取的边界层高度及其参数结果

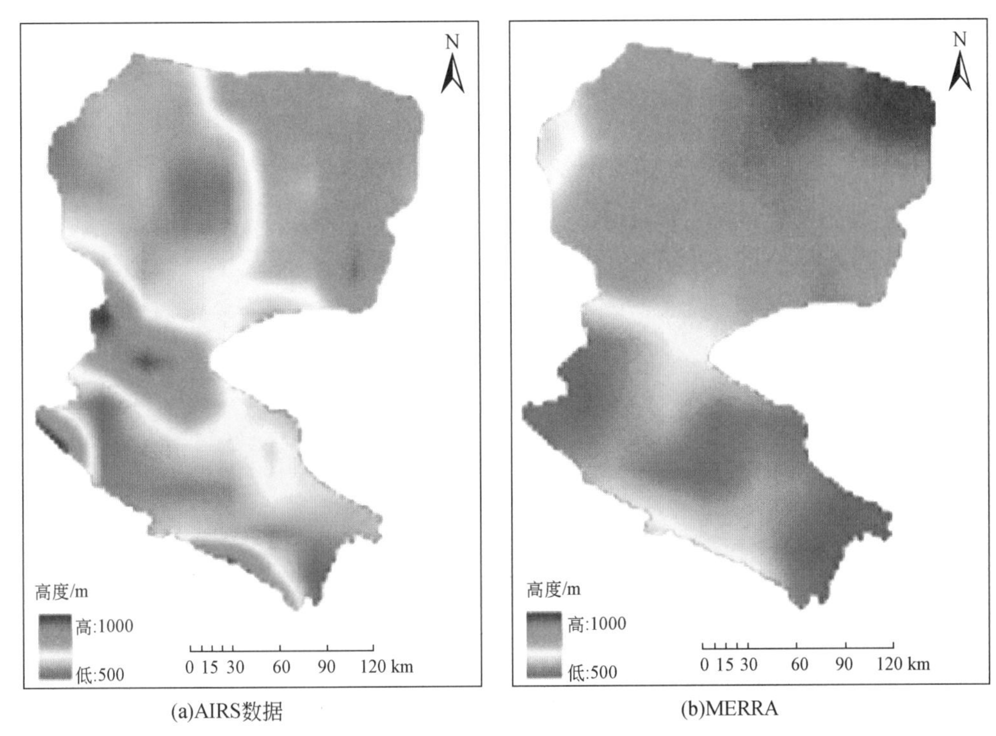


(a)AIRS数据

(b)MERRA

图 2-7 黑河流域基于 AIRS 数据与 MERRA 数据的边界层高度对比

MERRA 数据计算的边界层高度的空间分布变化更为明显，除了下游地区有一片高值区域外，中游地区也出现了一片高值区域，这可能由于中游为人工灌溉区，人类活动较为频繁，且存在像张掖这样人口集中的城市，使得城市热岛等人为现象干扰了边界层内的气象参数尤其是温度的发展，AIRS 数据提取边界层高度时使用的参数恰巧是位温廓线，其可以反映出这种变化，而 MEERA 数据使用的方法为湍流能量法，主要从湍流能量平衡观点出发，将湍流能量或湍流应力接近消失的高度作为边界层高度，导致不能明显地反映出中游人类影响所产生的边界层变化。MERRA 边界层高度较 AIRS 反演结果更为平滑的另一个原因是，AIRS 数据使用的是逐像元的估算方法，而 MERRA 数据使用的则是全球气候模式，后者更注重大尺度边界层高度的变化，所以在流域尺度上的一些细节变化没有 AIRS 数据反映得更准确。

## 2.5.4 大气边界层高度的年内变化

从图 2-8 中可以看出，阿柔和五星的边界层高度都在 0 ~ 2000 m，且大部分值在 200 ~ 1000 m。此外这两个站点边界层高度的日变化非常大，相邻两日的边界层高度的变化幅度可以达到几百甚至上千米，这是由于边界层高度变化的时间尺度在半小时左右，而且受天气条件影响较大，有时在剧烈天气条件下边界层高度一个小时的变化都可能到达上千米，因此黑河流域两个站点边界层高度的日变化是合理的。

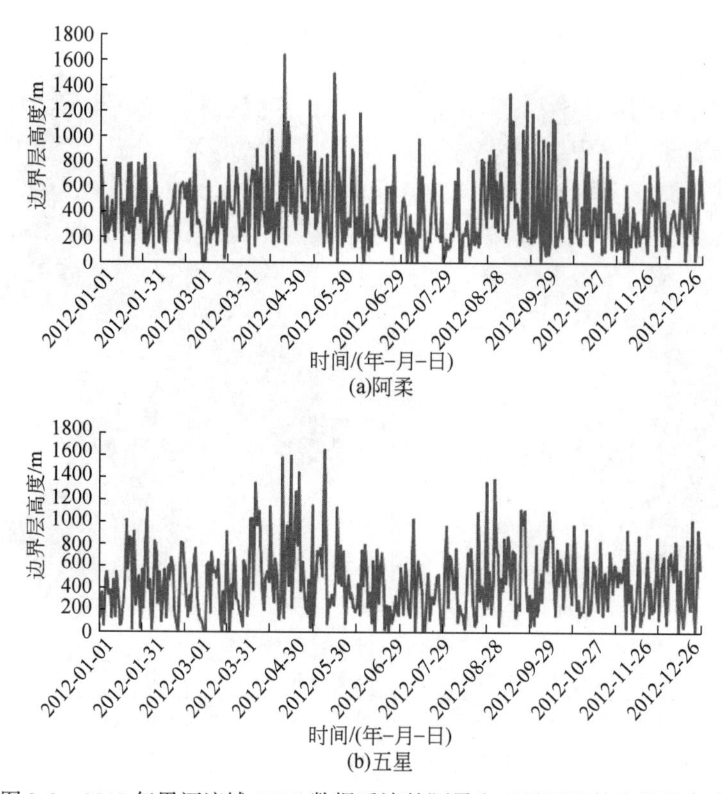


图 2-8　2012 年黑河流域 AIRS 数据反演的阿柔和五星逐日的边界层高度

从边界层高度变化的年内趋势可以看出，阿柔和五星两个站点的边界层高度的年内变化趋势相似，全年都存在两个峰值，一个在 5 月，另一个在 8 月，出现这一现象有两个原因：一是边界层高度的发展受地表能量的影响，地表能量越大，边界层高度发展的越高，而地表能量主要来自于太阳辐射，由于 5～10 月的太阳辐射较大，5～10 月的边界层高度要明显高于 11 月至次年 4 月的边界层高度；二是每年的 6～7 月为雨季，这使得阴雨天气较多，受多云和阴雨天气的影响，边界层高度发展受阻，因此阿柔和五星的边界层高度在 6～7 月出现了低值。受这两个原因的影响，边界层高度出现双峰现象。

## 2.6　小　　结

大气边界层是指受地球表面摩擦以及热过程和蒸发显著影响的大气层，是地球-大气之间物质和能量交换的桥梁；是遥感蒸散模型以及其他大气污染模型进行遥感估算的参数输入，亦是制约遥感蒸散模型精度的一个关键参数。

本章结合大气边界层的定义和参数，主要介绍了大气边界层参数的影响因子、地面观测与计算方法、遥感估算方法及边界层参数的遥感实例。对于所述的方法，传统的无线电探空廓线数据方法具有数据精度高、方法可信度高的优点，然而一般的国家级探空站一天只放两次探空气球，并且在 500 hPa 以下只有几个规定层的数据记录，此外气球上升过程中受高空大风的影响而偏离原先的释放地点，甚至会偏离站点上百公里，另外，土地类型也是影响边界层高度的一个重要因素，尤其是在内陆地区，土地利用类型复杂多变，使得探空数据的空间代表性较差。地基雷达等遥感手段可以连续探测边界层的时间变化，但是高昂的费用以及有限的观测参数在很大程度上还不能满足边界层观测的要求。经典的边界层湍流交换模型需要很多其他参数的输入，如高空风速，这些很难通过遥感等手段获得。

针对大气边界层参数遥感提取案例，主要介绍了 AIRS 数据的处理方法、基于 AIRS 位温廓线数据的边界层高度提取方法、AIRS 数据反演边界层高度结果分析和算法改进，以及阿柔和五星两个站点的边界层高度的年内变化分析，得出以下结论：

1）AIRS 数据不受天气条件的影响，全年数据基本无缺失，且精度较高，用 AIRS 数据作为数据源可以连续有效地反映研究区大气参数的时空变化。

2）位温廓线是最能反映边界层稳定度及边界层结构的一个气象参数，使用位温廓线来提取边界层高度是合理且准确的。

3）利用大气边界层在不同稳定条件下具有不同位温廓线结构的特点，在大气稳定条件下把逆温层的顶部作为边界层高度，而在不稳定条件下则把逆温层的底部作为大气边界层高度，对于不同的大气稳定条件采用不同的算法可以有效避免该算法在大气稳定条件下产生较大的误差。

4）本章考虑了大气残留层对边界层高度的影响，这一改进基于 AIRS 数据的提取算法可以使边界层高度的误差都在 300 m 以下，避免了由于残留层的影响而产生较大的估算偏差。

5）探空数据的验证结果表明，利用改进后的算法基于 AIRS 数据反演的边界层高度的误差都在 300 m 以下，这一数值和 AIRS 100 层大气产品的垂直分辨率接近，这说明本章基于 AIRS 数据的算法可以准确地反演大气边界层高度，所产生的误差为 AIRS 数据本身垂直分辨率的系统误差。

6）利用 AIRS 数据反演的边界层高度及其参数的年内变化合理，空间分布均匀，且全年无数据缺失，可以作为遥感蒸散大气边界层数据的输入源，弥补遥感蒸散模型在边界层数据输入方面存在的不足。

目前，由于技术手段以及科学理论的制约，大气边界层理论在下垫面性质不均匀分布、地形复杂地区的应用还存在一定的不足。对一些特殊地区（如极端干旱地区、青藏高原高寒地区），其气候条件恶劣，加大了气象参数的观测难度，这些地区边界层结构性质的研究还存在着一些不足（刘小红和洪钟祥，1996；刘毅和周明煌，1998）。同时，由于观测系统和探测技术的制约，大气边界层科学的发展受到了一定影响，数学、物理等基础学科发展水平同样对边界层科学至关重要，大气边界层科学随着它们的发展而发展。目前，其面临的主要问题有：①缺乏非均匀和复杂下垫面条件下大气边界层和城市大气边界层的研究；②缺乏特殊地区边界层特征（如干旱荒漠区的大气边界层特征、青藏高原寒区的大气边界层特征）的研究；③缺乏沙尘暴等特殊天气条件下边界层特征的研究；④如何将湍流过程在模式中进行更合理的表达。

从目前的发展趋势来看，地表和大气之间相互作用的能量变化过程越来越受到研究者重视。从边界层参数的观测手段来看，边界层的发展趋势正在由大气参数平均量的测量到大气参数快速涨落的测量，再到如今逐步发展为通过遥感手段进行测量。从研究范围来看，大气边界层的研究对象已经由近地表边界层变为整个边界层的研究。从研究方法和手段来看，大气边界层研究正在由单一专题向多目标、区域化以及多学科、多项目综合研究发展。

通过对黑河流域的综合案例进行分析后发现，以下几个方面还有待研究和改进：

1）基于 AIRS 数据的边界层提取方法解决了云对数据缺失造成的影响，以及不同大气稳定度和残留层对大气边界层高度估算精度的影响，但 AIRS 数据的空间分辨率为45 km，其分辨率在大尺度边界层的研究上不会造成影响，但是如果应用到中小尺度则会出现一定的问题，因此如何对 AIRS 数据进行降尺度是下一步研究的方向。

2）AIRS 数据的重现周期较长，不能反映出大气边界层高度的日变化过程，因此如果下一代的静止气象卫星能提供满足精度以及垂直分辨率的半小时尺度水汽廓线产品，那么本章的方法将解决大气边界层日过程存在的问题。

3）本章还对遥感估算的大气边界层高度及其参数对地表蒸散模型的改进进行了讨论，初步提出了将估算的大气边界层参数作为遥感蒸散模型数据输入的思路，但是蒸散估算是一个非常复杂的问题，涉及的参数及过程繁多，不是一两个参数就能决定的，因此，如何将结果更好地融入流域蒸散模型中还有待进一步研究和讨论。

# 第 3 章　饱和水汽压差

饱和水汽压差（vapor pressure deficit，VPD）是指某一给定空气温度时的近地表饱和水汽压与实际水汽压两者之差，它可以衡量空气中的水汽接近饱和的程度，是植物大气水需求的重要驱动因素，同时它是地表水汽和能量交换的重要参数，是模拟水、碳通量和状态的生态模型最重要的气候变量之一。气温上升会使饱和水汽压以大约 7%/℃ 的速度增加，如果大气中实际水汽含量没有以相同的幅度增长，则饱和水汽压差将增大。气候变化使远离海洋的大陆地区和湿润地区的相对湿度都发生了重大变化。自 2000 年以来，近地表空气的相对湿度已急剧下降，这意味着地球表面的饱和水汽压差急剧上升，但变化的原因尚不清楚（Yuan et al.，2019）。

近地表饱和水汽压差是陆表植被蒸散的重要驱动因子之一，与气候水分亏缺（climatic water deficit，CWD）类似，它的变化对陆地生态系统结构和功能都将产生重要影响；当饱和水汽压差很小时，大气中所能容纳的水汽接近饱和，会抑制地表的蒸散过程；当饱和水汽压差较大时，大气中所能容纳的水汽远未饱和，将促使地面水体、植被和土壤中的水分向大气输送，地表的蒸散得以持续；而当饱和水汽压差增大到一定程度时，将导致植被叶片气孔关闭，从而使叶片和冠层光合作用速率下降，甚至停止，限制植被的蒸散。另外，全球饱和水汽压差的增加对植被生产力产生了负面影响，如对植物的生长、森林死亡率和玉米产量都产生了显著影响（Dilts et al.，2015；Yuan et al.，2019）。因此准确估算近地表饱和水汽压差对于陆表蒸散监测精度的提高，以及地表水热交换研究具有重要的意义。

本章主要介绍近地表空气饱和水汽压差的关键参量及其测量方法、近地表空气饱和水汽压差与地表水热因子变化的关系、瞬时与日平均近地表空气饱和水汽压差的遥感估算方法。

## 3.1　近地表空气饱和水汽压差的关键参量及其测量方法

大气水汽含量 50% 左右集中在距地表 2 km 以下的空气中，距地表 0～12 km 的空气中水汽含量大约占大气水汽总量的 99%（陶金花等，2014）。大气水汽主要源自下垫面的蒸发和蒸腾，其中大约有 90% 来自水体蒸发，其余的 10% 来自土壤蒸发和植物茎叶的蒸腾作用。大气水汽在太阳辐射的作用下会往高空不断抬升，由于对流层的气温和气压随高度不断降低，高空所能容纳的水汽量逐渐减少，当温度降至露点温度时，水汽会凝结形成云；由于水的相态发生了变化，在地表蒸散过程中附带的潜热则会释放出来，释放的潜热有助于促进云中气流的上升，从而形成降水；然后经过地表蒸散循环再回到大气中。

在整个近地表大气水汽运动过程中，水汽本身压强的存在，产生了近地表实际水汽压，它是间接表示大气水汽含量的一个量；大气水汽含量多时，实际水汽压就大；反之，实际水汽压就小。而当近地表大气水汽达到饱和时，对应的水汽压强即为近地表饱和水汽压；近地表饱和水汽压与实际水汽压两者之差即为饱和水汽压差。在传统的饱和水汽压差数据获取中，近地表空气饱和水汽压差数据主要是借助气温、湿度等参量的观测和计算获得。在近地表空气饱和水汽压差观测和计算过程中，涉及的大气水汽参量有多种，如空气湿度、大气柱积分水汽含量、大气柱大气可降水量、露点温度、比湿、饱和水汽压、实际水汽压、绝对湿度、相对湿度等。受这些大气水热因子变化的影响，近地表空气饱和水汽压差也发生着相应变化。本节将介绍近地表空气饱和水汽压差的关键参量的定义、计算方法、地面观测方法及现有数据集。

## 3.1.1 关键参量

1. 空气湿度

空气湿度是近地表空气中水蒸气的含量，空气中液态或固态的水不算在湿度中。不含水蒸气的空气被称为干空气。由于大气中的水蒸气可以占空气体积的0%~4%，一般列出空气中各种气体的成分时是指这些成分在干空气中所占的比例。

2. 大气柱积分水汽含量

大气柱积分水汽含量（integrated water vapor of atmospheric column，$W'$）是从地表到高空一定高度的大气柱内单位面积上的水汽质量数，其与大气水汽密度的关系为

$$W' = \int a\mathrm{d}z \tag{3-1}$$

式中，$W'$为大气柱积分水汽含量；$a$ 为大气水汽密度；$z$ 为大气水汽所在的高度。

3. 大气柱大气可降水量

大气柱大气可降水量（total precipitable water vapor of atmospheric column，$W$）是指大气柱中的水汽转换为降水时的等效深度，单位为 cm，其与大气柱积分水汽含量的关系为

$$W = \frac{W'}{\rho} \tag{3-2}$$

式中，$W$ 为大气柱大气可降水量；$W'$为大气柱积分水汽含量；$\rho$ 为液态水密度。

4. 露点温度

露点温度（dewpoint temperature，$T_{\mathrm{dew}}$）是表征近地表大气水汽含量的常用参数，它是指空气中水汽含量不变，保持气压一定的情况下，使空气冷却达到饱和时的温度，简称露点，实际上就是大气水汽与水达到平衡状态的温度。湿空气的露点不仅与温度有关，而且与湿空气中水分含量的多少有关，水分含量多的露点高，水分含量少的露点低。

### 5. 比湿

比湿（specific humidity，$q$）是另一个重要的表征近地表大气水汽含量的物理量，它指一团湿空气所含水汽的质量与湿空气总质量的比值。假如没有凝结或蒸发现象发生，一个封闭的空气在不同的高度下比湿是相同的，该物理量计算公式为

$$q=\frac{m_v}{m_a} \tag{3-3}$$

式中，$q$ 为比湿；$m_v$为水汽质量；$m_a$为湿空气总质量。

### 6. 饱和水汽压

近地表饱和水汽压是近地表大气中水汽达到饱和时的水汽压强。近地表饱和水汽压是温度函数，温度越高，空气中所能容纳的水汽量就越多，近地表饱和水汽压则越大，因而空气温度的变化对蒸发和凝结有重要影响。温度升高时，近地表饱和水汽压增大，空气中能容纳的水汽量增加，从而使原来已处于饱和状态的蒸发面变得不饱和，蒸发重新启动，相反，温度降低时，饱和水汽压减小，就会使多余的水汽凝结出来。

目前，有多个计算饱和水汽压的经验公式。例如，Goff-Gratch 方程、Magnus 经验公式及其改进形式、Tetens 经验公式及其改进形式等。Emanual 推荐的公式形式为

$$\ln e_s=53.679\ 57-\frac{6743.769}{T}-4.8451\ln T \tag{3-4}$$

式中，$e_s$为近地表饱和水汽压（hPa）；$T$ 为绝对温度（K）。另外，Tetens 给出了水面和冰面的饱和水汽压计算经验公式，其形式分别为

$$e_s=6.11\times10^{7.5T/(237.3+T)} \tag{3-5}$$

$$e_s=6.11\times10^{9.5T/(265.5+T)} \tag{3-6}$$

修正的 Tetens 公式为

$$e_s=6.112\exp\left(\frac{17.67\ T_a}{T_a+243.5}\right) \tag{3-7}$$

式中，近地表饱和水汽压 $e_s$的单位为 hPa；气温 $T_a$的单位为℃，其范围为$-35$ ℃$\leq T_a\leq$ 30 ℃。修正的 Tetens 公式与 Clausius-Clapeyron（克劳修斯-克拉珀龙）方程非常接近。

在联合国粮食及农业组织（Food and Agriculture Organization of the United Nations，FAO）推荐的潜在蒸散计算模型中，近地表饱和水汽压的计算公式为

$$e_s(T_i)=0.6108\exp\left(\frac{17.27\ T_i}{T_i+237.3}\right) \tag{3-8}$$

式中，$e_s$的单位为 kPa；$T_i$为空气温度 $T_a$（℃）或露点温度 $T_{dew}$（℃）。此模型表达的饱和水汽压与气温的关系如图 3-1 所示，随着气温的增高，饱和水汽压会迅速增大。

### 7. 实际水汽压

近地表实际水汽压（$e_a$）是近地表湿空气中大气水汽本身的压强，即空气中水汽所产

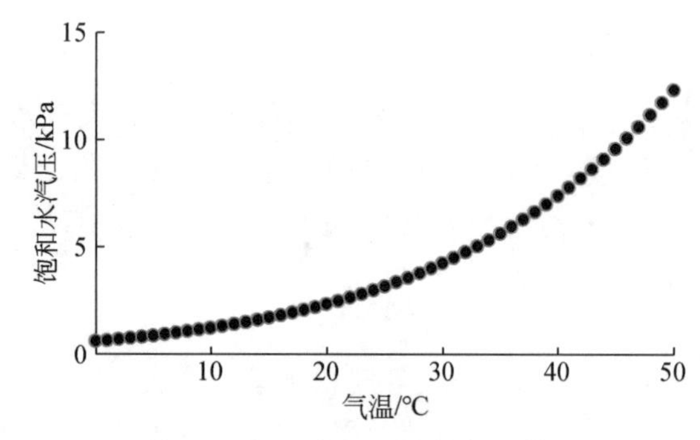


图 3-1　饱和水汽压随气温的变化

生的分压力，它是从大气动力学的角度反映大气水汽含量，其单位为 hPa 或 kPa，当空气饱和时即为饱和水汽压。结合露点温度的概念，实际水汽压就是露点温度下的饱和水汽压；联合国粮食及农业组织推荐的实际水汽压的计算公式为（Allen et al.，1998a，1998b）：

$$e_a = 0.6108\exp\left[\frac{17.27\ T_{dew}}{(T_{dew}+237.3)}\right] \tag{3-9}$$

当大气中水汽含量多时，水汽压值大；反之，水汽压值小。水汽压的大小与蒸发的快慢有密切关系，而蒸发的快慢在水分供应一定的条件下，主要受温度控制。白天温度高，蒸发快，进入大气的水汽多，水汽压就大；夜间出现相反的情况，基本上由温度决定。每天有一个最高值出现在午后，有一个最低值出现在清晨。

在联合国粮食及农业组织推荐的潜在蒸散计算模型中，当无露点温度数据时，可结合近地表饱和水汽压与空气平均相对湿度来进行近地表实际水汽压的计算，具体计算公式为

$$e_a = \frac{RH_{mean}}{100} e_s \tag{3-10}$$

式中，$e_s$ 为近地表饱和水汽压；$RH_{mean}$ 为近地表空气平均相对湿度。

## 8. 绝对湿度

绝对湿度（absolute humidity，$a$）是指单位容积近地表空气中含有的水汽质量数，它能直观地描述空气中的水汽含量，其单位为 g/m$^3$。

$$a = \frac{m_v}{V} \tag{3-11}$$

式中，$a$ 为绝对湿度（g/m$^3$）；$m_v$ 为水汽质量（g）；$V$ 为空气体积（m$^3$）。绝对湿度也称水汽密度，在空气中的数值一般为 0～60 g/m$^3$。绝对湿度难以直接测定，通常用水汽压推算得到，计算公式为

$$a = T_a e_a / 217 \tag{3-12}$$

式中，$e_a$ 为近地表实际水汽压（hPa）；$a$ 为绝对湿度（g/m$^3$）；$T_a$ 为空气温度（K）。

## 9. 相对湿度

相对湿度是指空气中的实际水汽压与饱和水汽压的百分比，饱和水汽压是气温的函

数。根据近地表实际水汽压和饱和水汽压可以计算大气的相对湿度（relative humidity，RH）：

$$RH = e_a / e_s \times 100\% \tag{3-13}$$

10. 饱和水汽压差

近地表饱和水汽压与实际水汽压两者之差即为饱和水汽压差。根据大气实际水汽压和大气饱和水汽压可以计算近地表饱和水汽压差（VPD），计算公式为

$$VPD = e_s - e_a \tag{3-14}$$

近地表实际水汽压与饱和水汽压的比值等于相对湿度，如式（3-13）所示，因而饱和水汽压差也可以表示为

$$VPD = e_s \times (1 - RH) \tag{3-15}$$

总体来说，近地表饱和水汽压差可以反映大气中水汽含量偏离饱和的程度。通过本节的分析，饱和水汽压差除了与大气中水汽含量有关外，还与气温有关，是一个结合了大气温度和湿度的参量。

### 3.1.2 关键参量测量方法及数据集

1. 关键参量测量方法

3.1.1 节中论述到，在基于地面观测数据提取近地表饱和水汽压差的方法中，近地表饱和水汽压差主要是借助气温、空气湿度等参量的观测数据通过计算而获得，因此在获得近地表饱和水汽压差观测数据时，首先需要开展大气水汽关键参量的测量。

大气中水汽的时空变化很大，对大气水汽的准确观测一直以来都是一项极富挑战性的任务。目前，国际上公认的测量大气水汽的方法是无线电探空仪测量、GPS 水汽测量和地基微波辐射计测量，其中无线电探空仪测量最为普遍。

地基大气水汽测量仪器有湿度计、无线电探空仪、太阳光度计、地基微波辐射计［如美国国家海洋和大气管理局（National Oceanic and Atmospheric Administration，NOAA）的先进微波探测装置（advanced microwave sounding unit，AMSU）］、Raman 雷达和 GPS 接收机。其中湿度计安装于地面气象站，用于测定距地面约 1.5 m 高度处的大气湿度；无线电探空仪是利用安置于热气球上的湿度测量仪测定不同高度处自由大气的湿度，虽然仍然是点测量，但能探测到不同高度大气层的水汽状况，其缺点是时间分辨率低，一天只测量两次（一般为0:00和 12:00）；太阳光度计是一种能同时测定大气气溶胶光学厚度和水汽含量的仪器，它主要利用近红外波段反演大气水汽含量，但仅能测定晴好天气条件下的大气水汽，由于仪器相对较贵，一般只在少数的地面站使用；地基微波辐射计是星载微波辐射探测系统的基础，可以为星载微波辐射遥感系统提供经验和数据，它主要利用 22.2 GHz 和 180 GHz 附近的水汽吸收特性来反演大气水汽，多通道辐射计能够反演水汽密度廓线、积分水汽含量、云中液态水含量和降水强度等，具有较好的测量精度，并能在有云条件下

探测大气水汽含量；Raman 雷达是一种采用外差技术的 Raman 激光雷达探测水汽的方法，其原理与地基微波辐射计相似，但使用的电磁波频率不同；GPS 接收机是通过测量 GPS 信号在大气湿延迟的大小来估算大气中水汽总量。地基大气水汽测量方法的优缺点见表 3-1。

**表 3-1　地基大气水汽测量方法的优缺点**

| 地基测量方法 | 经典算法 | 优点 | 缺点 |
| --- | --- | --- | --- |
| 湿度计 | — | 成本低、易于实现 | 不能代表整层大气水汽 |
| 无线电探空仪 | — | 精度好，垂向分辨率高 | 干冷空气测量精度差，海域站点少 |
| 太阳光度计 | 单通道、双通道 | 时间分辨率高 | 阴雨天气的观测精度差 |
| 地基微波辐射计 | 线性回归、神经网络 | 精度高、能获取水汽剖面 | 仪器易受到降水的影响 |
| Raman 雷达 | 简化辐射传输方程 | 无需选择激光波长 | 易受太阳辐射的影响 |
| GPS 接收机 | 湿延迟计算模型 | 时间精度高 | 需要专业的数据处理 |

2. 关键参量数据集

目前，可以从多种气象观测网数据集中获取计算近地表饱和水汽压差所需的气温和湿度等资料，主要包括中国气象数据网（http://data. cma. cn）与国外的气象服务网等。

中国气象数据网的“中国高空气象站定时值观测资料”包括了中国 119 个探空站点规定等压面和压温湿特性层的位势高度、温度、露点温度、风向、风速观测数据，其中最低气压层的数据可视为近地表气象数据；同时中国气象数据网的“中国地面气象站逐小时观测资料”包括了中国国家级地面观测站逐小时数据，如气温、气压、相对湿度、水汽压、风、降水量等要素小时观测值，通过这些数据可内插出某时刻的气象要素值。

国外的气象服务网，主要包括美国国家气候数据中心（NCDC）、全球长期通量观测网络（https://fluxnet. fluxdata. org/）以及欧洲天气在线（https://www. woeurope. eu/），这些观测数据中心与观测网包含了不同的气象站实时的气压、气温、相对湿度、降水量等观测值等。

## 3. 2　近地表空气饱和水汽压差与地表水热因子变化的关系

由 3. 1 节近地表空气饱和水汽压差的关键参量及其测量方法可知，近地表空气饱和水汽压差与地表水热因子（如近地表空气温度与湿度）具有非常密切的关系，且随着地表水热因子日过程时间的变化，近地表空气饱和水汽压差呈现出线性或非线性的变化。本节首先分析近地表空气温度与湿度的变化，然后论述地表空气饱和水汽压差与地表水热因子之间的关系。

### 3. 2. 1　近地表空气温度的日变化

近地表空气温度在一日之内的变化随时空变化差异较大，变化幅度跟地理位置、季节、天气状况、大气水汽含量等因素有关。由于大气中的热累积相对于太阳辐射有一定的滞后性，气温最高的时刻比中午太阳高度角最大、太阳辐射最强的时间落后 2 h 左右。夜晚由于地面没有太阳辐射热能补充，并不断放出长波辐射热能，使得日出前地表储存的热能最少。因此，一天中 2:00 ~ 6:00 气温最低，随后气温逐渐升高，到 14:00 左右达到最高，之后气温逐渐回落。气温的日变化可以用正弦函数来描述，并可建立一种从日最高、日最低气温估算一天中其余时刻气温的模型（Hashimoto et al., 2008），即

$$T_t=\frac{T_{\max}-T_{\min}}{2}\sin\left(\frac{2\pi}{24}t-\frac{\pi}{2}\right)+\frac{T_{\max}+T_{\min}}{2} \tag{3-16}$$

式中，$T_t$为第 $t$ 小时的气温；$T_{\max}$、$T_{\min}$为日最高、日最低气温。

不同学者研究发现，地表气温的日变化曲线呈分段函数的特征，即白天的变化符合正弦函数规律，夜间的变化则接近线性函数形式，因而可以用分段函数来描述气温日变化过程模型（丛振涛等，2005；杨红娟，2009；欧阳斌等，2012）。张红梅（2017）通过分析我国不同地表地面观测站的气温日变化规律发现，气温日变化具有近乎一致的规律，日变化与正弦曲线类似，且在夜间变化较小，而在白天气温的变化符合正弦函数规律；在同一地点，气温的日变化幅度也差异较大，有时日最高、日最低气温相差不到 10℃，有时则相差 20℃以上。

## 3.2.2 近地表空气湿度的日变化

近地表空气湿度反映的是大气湿度廓线最底层的大气含水量状况。近地表空气湿度与地理纬度、季节、天气情况、地面性质、水陆分布等因素有关。大气绝对湿度的日变化取决于气温和紊流强度，在仅有蒸发作用时，水汽压在一天中仅出现一个高值和一个低值，并与气温日变化同位相；在蒸发和紊流作用都存在时，水汽压在一天中会出现两个高值、两个低值。

总体来说，水汽的时空变化极大，且相态可在短时间内变化，近地表水汽的日变化规律没有气温这么明显。张红梅（2017）对黑河流域水热通量观测网中的第 15 号超级站实测湿度数据按 24 h、12 h 和 6 h 三种时间分辨率进行统计分析，表明三种样本的数量分别为 92 个、184 个和 368 个；24 h 内水汽压变化的最大值为 1.02 kPa，最小值为 0.2 kPa，平均值为 0.54 kPa，平均相对偏差为 49.1%；12 h 内水汽压变化的最大值为 0.83 kPa，最小值为 0.09 kPa，平均值为 0.37 kPa，平均相对偏差为 28.8%；6 h 内水汽压变化的最大值为 0.75 kPa，最小值为 0.02 kPa，平均值为 0.23 kPa，平均相对偏差为 18.2%。另外，随着时间尺度的变小，水汽的变化幅度明显缩小。

张红梅（2017）研究表明，当采用相对湿度来表征大气湿度时，假设空气中含水量不变的情况下，相对湿度的日变化取决于气温，白天相对湿度小，夜间相对湿度大，其与气温变化反相位，如图 3-2 所示。

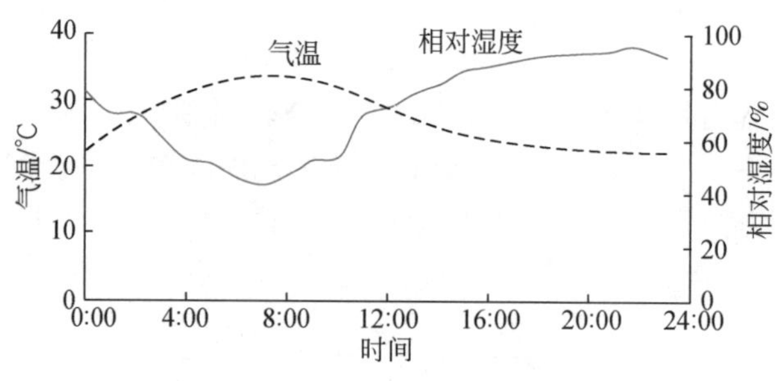


图 3-2　气温和相对湿度的日变化示意

## 3.2.3　近地表空气饱和水汽压差与温湿度的关系

由 3.1 节的论述可知，近地表空气饱和水汽压与气温之间呈指数函数关系［见式（3-8）］，无论是修正的 Tetens 公式、Clausius-Clapeyron 方程，还是式（3-8），都描述了饱和水汽压随气温变化而变化的关系，即饱和水汽压随气温升高而增长的速率约为 7%/℃（Ivancic and Shaw，2016；Yuan et al.，2019）。

同时当相对湿度 RH 不变时，近地表空气饱和水汽压差与气温之间也呈指数函数关系，张红梅（2017）根据我国不同地面观测站点观测数据给出了不同相对湿度条件下近地表空气饱和水汽压差随气温的变化情况，如图 3-3 所示。在一般空气湿度条件下，近地表空气饱和水汽压差随气温的升高而升高；在干燥的大气条件下，近地表空气饱和水汽压差随气温的升高迅速升高；在湿润条件下，近地表空气饱和水汽压差随气温的升高缓慢升高，取值范围小很多，当空气相对湿度为 100% 时，近地表空气饱和水汽压差不再随气温的升高而升高。而由公式 $\mathrm{VPD}=e_s\times(1-\mathrm{RH})$ 可知，当气温不变时，近地表空气饱和水汽压不变，近地表饱和水汽压差随相对湿度的增加呈线性递减。

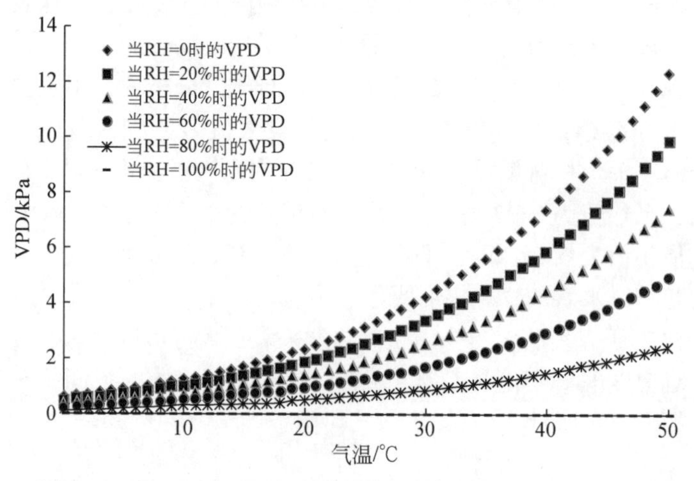


图 3-3　不同相对湿度（RH）条件下近地表饱和水汽压差（VPD）随气温的变化

实际上，无论是年尺度、月尺度，还是日尺度，气温和相对湿度都是随时空的变化而发生变化的，因而近地表饱和水汽压差的变化是气温和相对湿度变化的综合结果。当两者同向增减时，近地表饱和水汽压差值可能不变，当两者增减变化刚好相反时，近地表饱和水汽压差会大幅度增减。

## 3.3 瞬时近地表空气饱和水汽压差的遥感估算方法

常用的近地表空气饱和水汽压差时间尺度包括小时、日、周、旬和月，其中日、周、月尺度数据应用较多。近地表空气饱和水汽压差的获取有两种方法，一种是从地面气象观测资料中获取近地表空气的气温和湿度，直接计算近地表空气饱和水汽压差（Allen et al.，1998a，1998b；张红梅等，2014），具体计算方法在 3.1 节中已经进行了论述。另一种是利用陆表温度、大气柱大气可降水量等参数与近地表空气温度、湿度的关系，通过建模从遥感数据估算近地表空气饱和水汽压差（Choudhury et al.，1987；Granger，1991，2000；Prince et al.，1998）；由于遥感对地观测是瞬时观测，日、周或月尺度的近地表空气饱和水汽压差需要利用时间拓展模型进行估算，因而瞬时近地表空气饱和水汽压差估算是日及以上时间尺度近地表空气饱和水汽压差的基础。

### 3.3.1 瞬时近地表空气饱和水汽压差

遥感估算瞬时近地表空气 VPD 的方法有两类。一类为简单的经验统计法，即通过建立遥感反演参数与 VPD 之间的经验关系方程，直接估算 VPD，这种方法总体简单易行，但精度不高、通用性差。另一类为解析计算法，即分别利用遥感数据估算近地表气温和湿度，采用式（3-17）计算获得瞬时 VPD，因此，利用遥感数据准确提取近地表气温和湿度是其关键。

$$\mathrm{VPD}=e_{\mathrm{s}}(T_{\mathrm{a}})-e_{\mathrm{a}} \tag{3-17}$$

式中，$e_{\mathrm{s}}(T_{\mathrm{a}})$ 为空气温度为 $T_{\mathrm{a}}$ 时的饱和水汽压；$e_{\mathrm{a}}$ 为实际水汽压。$e_{\mathrm{s}}$ 的计算方法众多，如 Goff-Gratch 方程、Magnus 经验公式及其改进形式、Tetens 经验公式及其改进形式等（Smith，1966），目前最常用的公式为 FAO 推荐的计算模式，形式见式（3-8）。

解析计算法精度更高，但需要从遥感数据准确估算近地表气温和湿度，难度较大。最常用的遥感数据包括大气温湿廓线数据、陆表温度、归一化植被指数（normalized differeace vegetation index，NDVI）和大气柱大气可降水量影像数据。

大气温湿廓线数据的垂向分辨率一般为 1 ~ 2 km，甚至更粗，用温湿廓线中近地表层的数据来计算地形复杂地区的 VPD 会带来很大的误差，难以满足应用的需要，因此，该方法仅适用于对 VPD 数据精度要求不高的情况。鉴于陆表温度与近地表气温之间、大气柱大气可降水量与近地表实际水汽压之间都具有强相关关系（Smith，1966；Hashimoto et al.，2008；Kalma et al.，2008），可以利用遥感反演的陆表温度和大气柱大气可降水量估算 VPD。

尽管陆表温度与近地表气温、大气柱大气可降水量与近地表水湿度之间都具有强相关关系，但它们之间的关系会随时空变化而变化，首先需先确定陆表温度与近地表气温、大气柱大气可降水量与露点温度（相对湿度或比湿）之间的函数关系，进而再推算出近地表气温和湿度，最后计算近地表空气的瞬时饱和水汽压、实际水汽压和 VPD。

Prince 等（1998）最早提出了用 AVHRR 遥感资料估算陆表温度、近地表气温、大气柱大气可降水量和 VPD 的方法。该方法的大致步骤为：先用分裂窗技术从 AVHRR 遥感数据反演陆表温度，并获取 NDVI 数据，接着用温度－植被指数法（temperature- vegetation index method，TVX）从陆表温度和 NDVI 数据估算近地表气温，然后用 AVHRR 第4、第5波段数据估算大气柱大气可降水量，计算公式为

$$W=17.32\left(\frac{\Delta T-0.6831}{T_s-291.97}\right)+0.5456 \tag{3-18}$$

式中，$W$ 为大气柱大气可降水量（cm）；$T_s$ 为陆表温度（K）；$\Delta T$ 为两个水汽通道的辐射温度差（K）。用 Smith（1966）建立的经验公式估算近地表空气的露点温度，计算公式为

$$T_{dew}=\frac{\ln(\lambda+1)+\ln W-0.1133}{0.0393} \tag{3-19}$$

式中，$\lambda$ 为 Smith 给定的一个与纬度和季节有关的常数；露点温度 $T_{dew}$ 的单位为℉。

最后将估算的气温、露点温度代入式（3-14）计算 $e_s$、$e_a$，得到 VPD 值。

Sahin 等（2013）用 24 景 AVHRR 数据对土耳其进行了类似的实验研究，与 Prince 方法不同的是，他们没有把陆表温度转换成近地表气温，而是直接用陆表温度计算饱和水汽压。通过与气象站数据对比发现，估算的瞬时 VPD 的 RMSE 为 5.67 hPa，相关系数 $R$ 为 0.957，月平均 VPD 的 RMSE 和 $R$ 分别为 2.67 hPa 和 0.991。

总体来说，采用解析计算法估算瞬时近地表空气饱和水汽压差的关键是要有较高精度的瞬时陆表温度和大气柱大气可降水量产品数据，以及稳健且高精度的瞬时近地表气温和湿度的估算模型。

### 3.3.2 瞬时近地表空气温度

目前瞬时近地表空气温度的估算通常是建立遥感反演的陆表温度与近地表气温之间的关系模型，由陆表温度估算出近地表气温。Lin 等（2012）研究表明，陆表温度与近地表气温之间的差值（$T_s-T_a$）与陆表覆盖类型、太阳天顶角、大气水汽含量和高程有关；根据陆表温度与近地表气温之间的关系，Zaksek 和 Schroedter（2009）建立了一种基于多参数的近地表气温估算方法，计算公式为

$$\begin{aligned}T_a=&T_s+1.82-10.66\cos z_v(1-\mathrm{NDVI})+0.566\,a_v\\&-3.72(1-\alpha)\left(\frac{\cos S_a}{\cos z_v}+\frac{\pi-s}{\pi}\right)S_0-3.41\Delta h\end{aligned} \tag{3-20}$$

式中，$T_a$ 为近地表气温；$T_s$ 为陆表温度；NDVI 为归一化植被指数；$z_v$、$a_v$ 为太阳天顶角和方位角；$\alpha$ 为地表反照率；$S_a$ 为太阳入射角；$s$ 为斜率；$S_0$ 为到达地面的太阳入射辐射；$\Delta h$ 为邻近 20 km 范围平均高程与站点高程的差值，经检验此模型的 RMSE 为 2 K（Sun et al., 2012)。

张红梅(2017)研究表明，以遥感陆表温度、NDVI、大气状况表征参数和高程为自变量，陆表温度与近地表气温的差值为因变量，借助少量的地面实测气温数据则可以估算瞬时近地表气温，而大气状况表征参数可以选择遥感大气柱大气可降水量，因此，构建了基于植被指数、地表温度与大气柱大气可降水量数据的近地表气温估算方法：

$$T_s - T_a = K_0 + K_1 \cdot \text{NDVI} + K_2 \cdot W \tag{3-21}$$

式中，$T_s$为陆表温度(℃)；$T_a$为近地表气温(℃)；NDVI为归一化植被指数；$W$为大气柱大气可降水量(cm)；$K_0$、$K_1$、$K_2$为模型系数，在这三个模型系数中，$K_2$需要最先确定，假定气温在小范围内是相同的，则$K_2$的估算方法为对落入某一1°×1°网格中的每个地面气象站，划定一个5×5个像元窗区并假定每个窗区中的25个像元的气温等于实测气温，然后计算所有窗区像元的$\Delta T = T_s - T_a$，并统计得到$\Delta T$的最小值$\Delta T_{min}$，若$\Delta T_{min}>0$，则$K_2=0$，若$\Delta T_{min}<0$，说明此网格区域内所有点的$T_s$都小于$T_a$，这与实际情况不符，则认为这是由$T_s$反演中高估了水汽的吸收造成的，因而$K_2 = \Delta T_{min}/W$。当$K_2$确定后，公式中剩余的系数$K_0$和$K_1$则可以用窗区像元的$T_s$、$T_a$、NDVI、$W$和$K_2$值进行回归统计计算得到。最后可用此模型估算网格中其余像元的近地表气温。

对于系数$K_0$和$K_1$的估算，若某一1°×1°网格中只有一个地面气象站，则有1×25个像元参与了拟合系数$K_0$和$K_1$，若该1°×1°网格中有两个地面气象站，则有2×25个像元参与了拟合系数$K_0$和$K_1$，依此类推。但对于地面气象站分布非常稀疏的地区，可能出现整个1°×1°网格内也没有一个地面站的情况，这时网格内像元气温的估算需要借用邻近网格的回归方程，相当于扩大了大气条件相同这个假设条件应用的范围，这对近地表气温的估算精度有一定影响。

### 3.3.3 瞬时近地表空气湿度

准确估算近地表空气湿度是遥感估算近地表饱和水汽压差的关键之一。地表处的露点温度和上空大气水汽密度之间具有强相关性(Reitan, 1963；Ojo, 1970)，因而可以用地面气象站测得的湿数据估算大气柱大气可降水量。

Reitan(1963)通过实验发现，月平均大气柱大气可降水量($W$)与近地表露点温度($T_{dew}$)之间存在强相关关系，即

$$\ln W = A + B \cdot T_{dew} \tag{3-22}$$

后来，Bolsenga(1965)通过实验也发现，式(3-22)对小时、日尺度的$W$和$T_{dew}$同样成立，只是相关性比月尺度的弱一些。根据这一关系，还可以推导适用全球尺度的估算大气柱大气可降水量的公式(Smith, 1966)，即

$$\ln W = [0.1133 - \ln(\lambda + 1)] + 0.0393\, T_{dew} \tag{3-23}$$

式中，$W$为大气柱大气可降水量(cm)；$T_{dew}$为近地表露点温度(℉)；$\lambda$为一个随地理纬度和季节变化而变化的参数。式(3-23)所确立的近地表空气湿度与大气柱大气可降水量之间的关系已被广泛用于基于地面气象站观测的空气湿度估算大气柱大气可降水量。

随着遥感大气柱大气可降水量技术的日益成熟，关于大气柱大气可降水量和近地表空气湿度的研究主要集中在用遥感反演的大气柱大气可降水量估算近地表实际水汽压。例如，杨景梅和邱金恒（1996）建立了大气柱大气可降水量与近地表实际水汽压的经验关系 $W=\alpha_0'+\alpha_1'\times e_a$，其中 $\alpha_0'$、$\alpha_1'$为与地理纬度和高程有关的经验系数；Sobrino 等（2003）建立了遥感大气柱大气可降水量与近地表实际水汽压的回归关系式 $W=a\times e_a+b$（$a=0.1046$、$b=0.0586$）；Peng 等（2006）建立了大气柱大气可降水量与空气比湿之间的经验公式，实现了由遥感大气可降水产品数据估算近地表空气的相对湿度；Han 等（2005）则建立了一个以 $T_s$、NDVI、$W$、DEM、儒略日和当地时间 6 个参数为输入数据的三阶多元回归方程，用于估算近地表空气的相对湿度，验证表明，该方法估算相对湿度的精度约为 10%；Recondo 等（2013）提出了一种直接利用 MODIS NIR 波段辐射数据估算近地表水汽压的算法：$e_a=a+bL_2+cL_{17}$，其中 $L_2$、$L_{17}$分别为第 2、第 17 波段的辐射率。

对于非干旱地区，特别是热带和亚热带湿润地区，大气湿度廓线比较接近标准廓线，因而在获得大气柱大气可降水量影像数据后，可基于 Smith 提出的近地表空气露点温度与大气柱大气可降水量之间的关系，推导出近地表空气的露点温度 $T_{dew}$（℃）（张红梅，2017），其计算公式为

$$T_{dew}=a\times\ln W+b=14.136\ 39\ln W+b \tag{3-24}$$

式中，$W$ 为大气柱大气可降水量（cm）；$a$、$b$ 为模型系数（$a=14.136\ 39$），$b$ 随季节和纬度的变化而变化，具体取值见表 3-2。计算出露点温度后，可采用式（3-9）计算近地表空气的实际水汽压。

**表 3-2　近地表露点温度计算模型系数 $b$ 的取值**

| 纬度带 | 春季 | 夏季 | 秋季 | 冬季 |
|---|---|---|---|---|
| 0°～10°N | -0.322 69 | -0.507 48 | -1.115 58 | 1.468 23 |
| 10°～20°N | 0.288 124 | -0.884 47 | -0.031 96 | 0.182 23 |
| 20°～30°N | 0.217 619 | 0.146 76 | -0.031 96 | 2.193 33 |
| 30°～40°N | 0.601 118 | -0.067 97 | 0.003 968 | 0.358 28 |
| 40°～50°N | 0.039 802 | -0.619 52 | -0.846 31 | -0.884 4 |
| 50°～60°N | 0.462 864 | -0.999 55 | -0.031 96 | -1.589 4 |
| 60°～70°N | -0.922 73 | -1.232 57 | -1.232 57 | -5.027 8 |
| 70°～80°N | -5.496 49 | -2.761 19 | -1.154 47 | -5.872 0 |
| 80°～90°N | -6.769 89 | -4.134 73 | -3.755 21 | -8.824 0 |

根据大气柱大气可降水量与近地表露点温度之间的相关关系［式（3-23）］，近地表水汽压可以从遥感反演的大气柱大气可降水量估算得到［式（3-24）和式（3-9）］。但是，这一算法是基于大气湿度廓线为标准廓线的假设条件下推导的，而实际上，对于小时、日尺度而言，大气湿度廓线可能偏离标准廓线较远，这种情况在气候干燥的地区尤为常见。图 3-4 给出了几种大气湿度廓线的典型分布形式，其中 $P_1$ 为标准廓线，$P_2$ 为近地表湿度大高空干燥的大气廓线，$P_3$ 为近地表干燥而高空湿度大时的大气廓线（即出现高空湿

度逆增现象的大气廓线）。为了定量地表征非标准大气湿度廓线与标准廓线的形态，定义三个参数 $A_1$、$A_2$和 $R$，其中 $A_1$为地表到高空 500 hPa 的大气柱内水汽含量与整个大气柱水汽总量的比值，$A_2$为地表到高空 500 hPa 的大气柱内平均水汽密度与近地表水汽密度的比值，$R$ 为地表到高空 500 hPa 的大气柱内平均相对湿度与近地表空气相对湿度的比值。因此，对于瞬时和日尺度的近地表水汽压遥感估算而言，在近地表空气湿度估算模型中引入大气湿度垂直分布信息可提高估算精度。

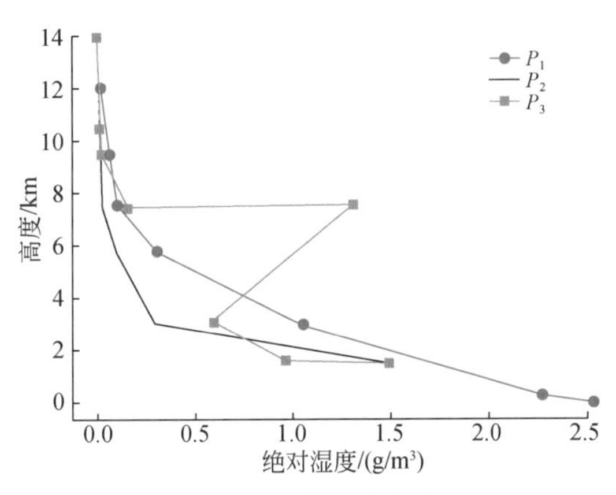


图 3-4　大气湿度廓线

$P_1$为标准廓线，$R$=1.05，$A_1$= 0.92，$A_2$=0.46；$P_2$为近地表湿度大高空干燥的大气廓线，$R$=0.53，$A_1$=0.94，$A_2$=0.36；$P_3$为出现高空湿度逆增现象的大气廓线，$R$=3.53，$A_1$=0.8，$A_2$=0.85

空气绝对湿度（$a$）的计算公式为（Houborg and Soegaard，2004）：

$$a=e_a/[\Re_v(T_a+273.15)] \tag{3-25}$$

式中，$\Re_v$为常数，$1/\Re_v=216.679$ g · K/J；$e_a$为实际水汽压（hPa），$T_a$为空气气温（℃）。从此式可推导出实际水汽压（$e_a$）与绝对湿度之间的换算关系：

$$e_a=0.126a(1+T_a/273.15) \tag{3-26}$$

其中，实际水汽压 $e_a$的单位为 kPa，绝对湿度 $a$ 的单位为 g/m³，空气温度 $T_a$的单位为℃。由于大气柱大气可降水量（$W$）可由各个高度处的绝对湿度进行积分算得（Smith，1966），即

$$W=\frac{1}{100g\rho}\int_{P_0}^{P}q\mathrm{d}P\cong\frac{1}{100g\rho}\sum_{i=1}^{n}\bar{q}_i\cdot\Delta P \tag{3-27}$$

式中，$W$ 为大气柱大气可降水量（cm）；$g$ 为重力加速度（m/s²）；$\rho$ 为水的密度（g/cm³）；$P$ 为气压（hPa）；$P_0$为地球表面的气压（hPa）；$q$ 为水汽的混合比（g/kg）；$\bar{q}_i$为大气中第 $i$ 层的平均混合比；$\Delta P$ 为层内气压差（hPa）；$n$ 为大气总的分层数。若把混合比转换为绝对湿度，则大气柱大气可降水量可表示为

$$W'=\sum_{i=1}^{n}\bar{a}_i\cdot\Delta H \tag{3-28}$$

式中，$\bar{a}_i$为第 $i$ 层的平均绝对湿度（g/m³）；$\Delta H$ 为层厚（m）。由于一般的遥感产品的大

气柱大气可降水总量$W$为等效液态水柱的高度（cm），把其转换为大气柱的总水汽含量 $W''$（g/cm$^2$）需要除以水的密度（g /cm$^3$），即 $W''=W'/\rho$。

从式（3-28）可知，如果在垂向对大气进行水平分层，则大气柱大气可降水量等于各个层的平均绝对湿度与层高的累积和。而从图 3-4 可知，大气水汽主要集中于距地表 10 km以下的空中，此高度以上的水汽可忽略不计。另外，地表到 500 hPa 高度处的大气柱水汽含量约占整个大气柱的 80%，如果用 $A_1$ 表示地表到 500 hPa 高度处的大气柱水汽含量与整个大气柱水汽总量的比值，则 $W\cdot A_1/(H_{500}-H)$ 是地表到 500 hPa 高度处的平均绝对湿度。因此，近地表的绝对湿度可由 $W$ 和大气湿度廓线估算得到（张红梅，2017）：

$$a=10\ 000\frac{W''\cdot A_1}{H_{500}-H}\cdot\frac{1}{A_2} \tag{3-29}$$

式中，$a$ 为空气的绝对湿度（g /m$^3$）；$W''$为大气柱的总水汽含量（cm）；$H_{500}$ 为大气压为 500 hPa 处的高程（m）；$H$ 为地表高程（m）；$A_1$ 和 $A_2$ 为两个表征大气湿度廓线的参数，其中 $A_1$ 为地表到 500 hPa 高度处的大气柱水汽含量与整个大气柱水汽总量的比值，$A_2$ 为地表到 500 hPa 高度处的大气柱平均水汽密度与近地表水汽密度的比值。张红梅（2017）对 2012 年 4 月 1 日 ~9 月 30 日全国 119 个探空站和 2012 年 HiWATER 项目观测的大样本探空数据进行了研究，发现地表到 500 hPa 高度处的大气柱水汽含量约占整个大气柱的 90%，而近地表处的水汽密度与 500 hPa 以下的水汽廓线形态有关，因此，提出了估算 $A_1$ 和 $A_2$参数的模型，即

$$A_1=c_0+c_1\cdot[1-0.5(\mathrm{RH}_{500}+\mathrm{RH}_{400})/\mathrm{RH}_{\mathrm{middle}}] \tag{3-30}$$

$$A_2=c_2+c_3\ln R \tag{3-31}$$

$$R=\mathrm{RH}_{\mathrm{middle}}/\mathrm{RH}_{\mathrm{lowest}} \tag{3-32}$$

式中，$\mathrm{RH}_{400}$、$\mathrm{RH}_{500}$ 分别表示大气廓线中 400 hPa、500 hPa 高度处空气的相对湿度；$\mathrm{RH}_{\mathrm{middle}}$为地表到 400 hPa 或 500 hPa 高度处的大气柱平均相对湿度；$\mathrm{RH}_{\mathrm{lowest}}$为近地表的相对湿度；$R$ 为 $\mathrm{RH}_{\mathrm{middle}}$与 $\mathrm{RH}_{\mathrm{lowest}}$的比值（图 3-5）；$c_0$、$c_1$、$c_2$、$c_3$为模型系数，其中 $c_0$接近 0.9，$c_1$约等于 0.1，$c_2$在 0.4 ~1.0，$c_3$在 0.1 ~ 0.3，这些系数取值由探空数据拟合得到，见表 3-3。

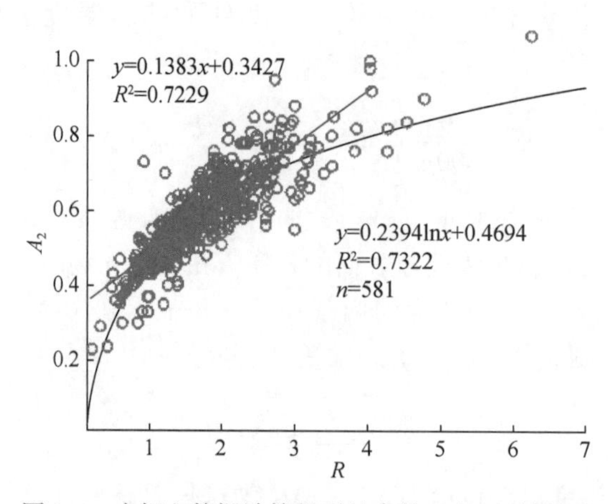


图 3-5　由探空数据计算得到的参数 $R$ 与 $A_2$ 的关系

表 3-3　计算参数 $RH_{middle}$、$A_1$和 $A_2$的参考模型

| 最低层气压/hPa | 计算 $A_1$和 $A_2$的公式 | $RH_{middle}=\sum_{i=1}^{n} w_i \cdot RH_i$ |
| --- | --- | --- |
| 1000 | $A_1=0.91+0.1\ [1-0.5\ (RH_{400}+RH_{500})/RH_{middle}]$<br>$A_2=0.41+0.22\ln R$ | $RH_{middle}=0.16RH_{950}+0.21RH_{920}+0.28RH_{850}+0.29RH_{700}+0.07RH_{500}$ |
| 950 | $A_1=0.9+0.1\ [1-0.5\ (RH_{400}+RH_{500})/RH_{middle}]$<br>$A_2=0.42+0.22\ln R$ | $RH_{middle}=0.26RH_{920}+0.34RH_{850}+0.32RH_{700}+0.08RH_{500}$ |
| 920 | $A_1=0.9+0.1\ [1-0.5\ (RH_{400}+RH_{500})/RH_{middle}]$<br>$A_2=0.43+0.26\ln R$ | $RH_{middle}=0.44RH_{850}+0.45RH_{700}+0.11RH_{500}$ |
| 850 | $A_1=0.89+0.1\ [1-0.5\ (RH_{400}+RH_{500})/RH_{middle}]$<br>$A_2=0.45+0.22\ln R$ | $RH_{middle}=0.39RH_{780}+0.37RH_{700}+0.24RH_{500}$ |
| 780 | $A_1=0.88+0.1\ [1-0.5\ (RH_{400}+RH_{500})/RH_{middle}]$<br>$A_2=0.47+0.22\ln R$ | $RH_{middle}=0.39RH_{700}+0.36RH_{620}+0.25RH_{500}$ |
| 700 | $A_1=0.87+0.1\ [1-0.5\ (RH_{400}+RH_{500})/RH_{middle}]$<br>$A_2=0.57+0.22\ln R$ | $RH_{middle}=0.49RH_{620}+0.32RH_{500}+0.19RH_{400}$ |
| 620 | $A_1=0.65+0.1\ [1-0.5\ (RH_{400}+RH_{500})/RH_{middle}]$<br>$A_2=0.69+0.13\ln R$ | $RH_{middle}=0.63RH_{500}+0.37RH_{400}$ |
| 500 | $A_1=0.62+0.1\ [1-0.5\ (RH_{400}+RH_{500})/RH_{middle}]$<br>$A_2=0.72+0.13\ln R$ | $RH_{middle}=0.64RH_{500}+0.36RH_{400}$ |

注：$w_i$是 $RH_i$的权，取决于其在按式（3-28）计算 $W$ 时的贡献大小，表中数值由探空数据拟合得到，$RH_{620}$由 $RH_{500}$和 $RH_{700}$按线性内插计算得到。

遥感大气廓线产品数据与探空数据具有近乎一致的气压层分布，当大气湿度廓线与大气柱大气可降水量产品数据来自同一卫星时，从理论上看，利用式（3-30）~式（3-32）从遥感大气湿度廓线产品数据中提取估算参数 $A_1$和 $A_2$是可行的，因为这些公式的建立是基于以下几方面的事实：①实际水汽压 $e_a$是饱和水汽压 $e_s$与相对湿度 RH 的乘积，对于一给定的大气温度廓线，400 hPa 左右高度处的湿度增加会使得 500 hPa 高度以下大气柱的水汽含量占整个大气柱水汽含量的比率降低，即造成近地表绝对湿度 $a$ 的计算公式中参数 $A_1$减小。如图 3-4 所示，$P_1$的 $A_1=0.92$，$P_2$的 $A_1=0.94$，而 $P_3$的 $A_1=0.8$。②对流层中层相对高的水汽密度会造成 $RH_{middle}/RH_{lowest}$变大，从而使参数 $A_2$的值增大。如图 3-4 所示，$P_1$的 $A_2=0.46$，$P_2$的 $A_2=0.36$，而 $P_3$的 $A_2=0.85$。③求取参数 $A_1$和 $A_2$比值形式的公式减小了由于探空廓线和遥感大气湿度廓线数据源不同的影响。此外，与 Smith 计算模式不同，计算参数 $A_1$和 $A_2$的模型系数由遥感传感器观测得到的真实湿度廓线数据确定，而不是由月平均探空廓线数据确定。

另外，由于地形的变化，大气温湿廓线数据中的最低层气压是变化的。例如，在黑河流域，巴音毛道气象站的高程为 1325.9 m，该站大气温湿廓线数据中的最低层气压为 850 hPa；阿柔气象站的高程为 2990 m，该站大气温湿廓线数据中的最低层气压为 700 hPa；而在中国东南低海拔地区，最低层气压可能是 1000 hPa 或 950 hPa。为了使上述模式能在全球使用，表 3-3 给出了估算 $A_1$和 $A_2$参数的完整模型，其适用于全球不同区域。

### 3.3.4 瞬时近地表饱和水汽压差

利用上述方法中遥感反演的大气可降水产品数据，可以估算近地表空气水汽压，而利用遥感反演的陆表温度产品数据，可以基于陆表温度与近地表气温的关系模型推算出近地表气温，进而可通过式（3-14）计算得到瞬时近地表饱和水汽压差。

瞬时近地表饱和水汽压差遥感估算法的优点是可以获得整个区域的饱和水汽压差影像数据，缺点是饱和水汽压差的精度往往不如地面气象观测资料计算的结果好。此外，如果卫星过境时有云，则云覆盖区没有数据，仍难以得到整个区域连续的饱和水汽压差数据，需要采用特定的方法完成云覆盖区的填补。

## 3.4 日平均近地表空气饱和水汽压差的遥感估算方法

由于直接从遥感数据估算的近地表气温、水汽压以及饱和水汽压差只是观测对象瞬时的信息，而在实际的水文循环、植被碳循环和蒸散估算模型中，往往需要日和周尺度数据，因此，需要研究利用瞬时观测数据估算日均近地表气温、湿度以及饱和水汽压差的方法。利用遥感数据估算日平均饱和水汽压差有两类方法：一是统计方法，即直接建立瞬时遥感观测量与日平均饱和水汽压差的统计关系，进而计算日平均饱和水汽压差；二是数值解析法，即建立近地表气温、水汽压以及饱和水汽压差的时间拓展模型，利用瞬时值估算日和周尺度的近地表气温、水汽压以及饱和水汽压差。

### 3.4.1 统计方法

陆表温度（$T_s$）与饱和水汽压差（VPD）之间有很强的相关关系（Granger，1991；Hashimoto et al.，2008）。回归统计法就是建立陆表温度与饱和水汽压差之间的回归统计方程，直接反演得到日或周尺度的饱和水汽压差。其中 $T_s$为遥感反演结果，验证数据一般使用地基实测的温湿数据。

最早的直接利用遥感反演的陆表温度估算日尺度饱和水汽压差的方法出现于 20 世纪 90 年代初。不同学者从陆表能量平衡关系出发，通过公式推导和数值模拟实验，找到了饱和水汽压与饱和水汽压差之间的关系，并建立了经验模型，用于估算日尺度饱和水汽压差（Granger，1991，2000），即

$$\mathrm{VPD}=0.668e_s(T_s)-0.015T_{\mathrm{ltm}}-0.278 \tag{3-33}$$

式中，$e_s(T_s)$ 为用 $T_s$计算的饱和水汽压（kPa）；$T_{\mathrm{ltm}}$为该点长期平均的空气温度（℃）。

Hashimoto 于 2008 年提出了一种更简单地用遥感瞬时观测数据估算日尺度和周尺度饱和水汽压差的模型，这种模型不再需要地面长期的气温观测资料，具体模型如下：

$$\mathrm{VPD}_{\mathrm{day}}=0.321\,e_s(T_s)-0.255 \qquad (R=0.77,n=340) \tag{3-34}$$

$$\mathrm{VPD}_{\mathrm{8day}}=0.348\,e_s(T_s)+0.129 \qquad (R=0.91,n=29\,890) \tag{3-35}$$

式（3-34）中的模型系数是用地面站观测的温度和湿度数据进行回归统计得到的，式（3-35）中的模型系数则是用遥感观测数据和通量塔观测的饱和水汽压差数据进行回归统计得到的。

与传统的空间内插技术相比，这种简单的统计模型所需的计算量较小，易于实现，但模型的建立需要大量样本数据，且模型的普适性一般较差。

### 3.4.2 数值解析法

空气的温度和湿度在一天内往往是持续变化的，因而简单的统计方法难以获得较高精度的结果。如3.2节所述，气温日变化规律可以用正弦函数或分段函数进行描述。根据当地的日最高、日最低气温出现的时间和气温日变化规律，用小时观测气温计算日平均气温可提高精度。张红梅（2017）假设气温在0:00～5:00呈线性变化，其余时刻变化符合正弦函数规律，最高气温出现在14:00，则根据式（3-16），推导出如下日平均气温计算公式：

$$T_{\mathrm{daily}}=\frac{T_{\max}-T_{\min}}{2\times 24}\left\{5\sin\left[\frac{\pi}{12}(t-2)-\frac{\pi}{2}\right]+\sum_{t=5}^{23}\sin\left[\frac{\pi}{12}(t-2)-\frac{\pi}{2}\right]\right\}+\frac{T_{\max}+T_{\min}}{2} \tag{3-36}$$

式中，$T_{\mathrm{daily}}$为日平均气温（℃）；$T_{\max}$为日最高气温（℃）；$T_{\min}$为日最低气温（℃）。如此，可建立一种用日最高、日最低气温推算日平均气温的模型，即

$$T_{\mathrm{daily}}=-0.014\,\frac{T_{\max}-T_{\min}}{2}+\frac{T_{\max}+T_{\min}}{2} \tag{3-37}$$

式中，$T_{\mathrm{daily}}$为日平均气温（℃）；$T_{\max}$为日最高气温（℃）；$T_{\min}$为日最低气温（℃）。式（3-37）可用于处理地面气象数据和遥感观测数据。

以MODIS数据为例，当估算日平均气温时，$T_{\max}$可以取遥感估算的白天瞬时近地表气温；由于夜间的陆表温度与日最低气温比较接近，偏差一般小于2 ℃，$T_{\min}$可以用夜间的陆表温度代替，即$T_{\min}$可以取夜间的MODIS MYD11产品数据的温度值。

鉴于水汽压随时间没有很明显的变化规律，假设近地表空气湿度随时间呈线性变化，因此，日平均水汽压则是多个时刻观测值的加权平均值。利用MODIS每天4次过境数据，可获得一天4个时相的大气水汽数据，即白天和夜晚的水汽含量数据产品MODIS MOD05与MYD05。

受云覆盖影响的区域，张红梅（2017）提出可利用AIRS标准产品中的大气水汽产品数据来填补，因此，通过计算可以获得白天平均的实际水汽压以及夜间平均的实际水汽压，进而可估算出日平均实际水汽压。

总体来说，日平均饱和水汽压差（$\mathrm{VPD_{daily}}$）的估算可转换为日平均气温和水汽压的估算，在完成日平均气温和水汽压的估算后，结合日平均饱和水汽压与日平均实际水汽压的计算结果，即可获得日平均饱和水汽压差。具体计算公式为

$$\mathrm{VPD_{daily}}=\bar{e}_{\mathrm{s}}-\bar{e}_{\mathrm{a}} \tag{3-38}$$

式中，$\bar{e}_s$为日平均饱和水汽压（kPa），由日平均气温计算得到；$\bar{e}_a$为日平均实际水汽压（kPa）。同理，利用日平均饱和水汽压差（$VPD_{daily}$）按加权平均法可得到周和月尺度的饱和水汽压差。

## 3.5 饱和水汽压差案例分析

以黑河流域为例，采用3.3节与3.4节中论述的瞬时与日平均近地表空气饱和水汽压差的遥感估算方法，估算了黑河流域瞬时与日平均近地表空气饱和水汽压差，并结合地面观测站点数据对遥感估算的近地表空气饱和水汽压差数据进行了验证。

### 3.5.1 瞬时近地表空气饱和水汽压差

首先，基于地面观测数据与遥感数据，开展3.3节中瞬时近地表气温计算公式［式(3-21)］的参数标定，获得模型系数$K_0$、$K_1$、$K_2$的值，并基于MODIS数据开展整个黑河流域近地表气温的估算，空间分布如图3-6所示。采用地面独立的观测数据开展估算的黑河流域瞬时近地表气温的验证，验证结果如图3-7（a）为基于Terra MODIS数据估算的近地表气温的验证结果，图3-7（b）为基于Aqua MODIS数据估算的近地表气温的验证结果。从图中可以看出，基于Terra MODIS和Aqua MODIS数据估算的近地表气温与地面实测的气温非常接近，两者的$R^2$都大于0.85，平均绝对误差（mean absolute error，MAE）和RMSE都小于2.5 K，表明遥感估算近地表气温可以满足对气温数据精度低于2.5 K的模型应用需求。

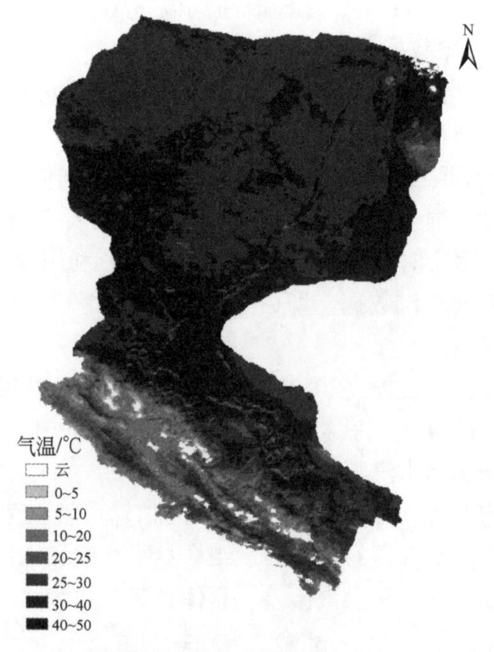


图3-6　利用Aqua MODIS数据估算的黑河流域2013年8月2日瞬时近地表气温分布

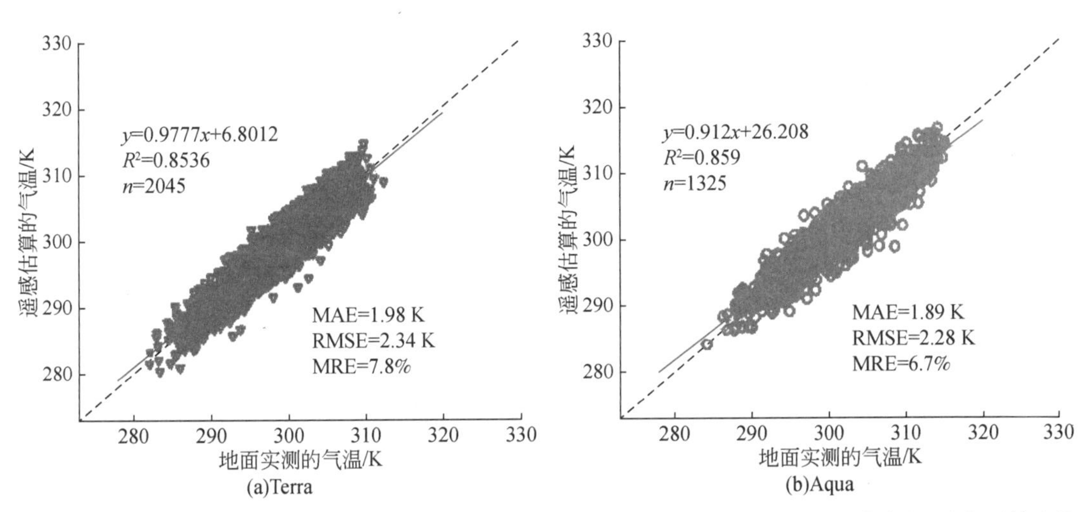


图 3-7　地面实测的气温与 Terra/Aqua MODIS 数据估算的黑河流域 2013 年 8 月 2 日瞬时近地表气温的比较

MAE 指平均绝对误差（mean absolute error）；RMSE 指均方根误差（root mean square error）；
MRE 指平均相对误差（mean relative error）

其次，利用 MODIS 大气可降水影像数据与 AIRS 大气廓线数据，采用式（3-22）~式（3-32），计算获得黑河流域2013 年 8 月 2 日瞬时近地表实际水汽压，空间分布如图 3-8 所示。总体来说，瞬时近地表实际水汽压与海拔、下垫面类型没有明显的关系，主要受大气环流影响。

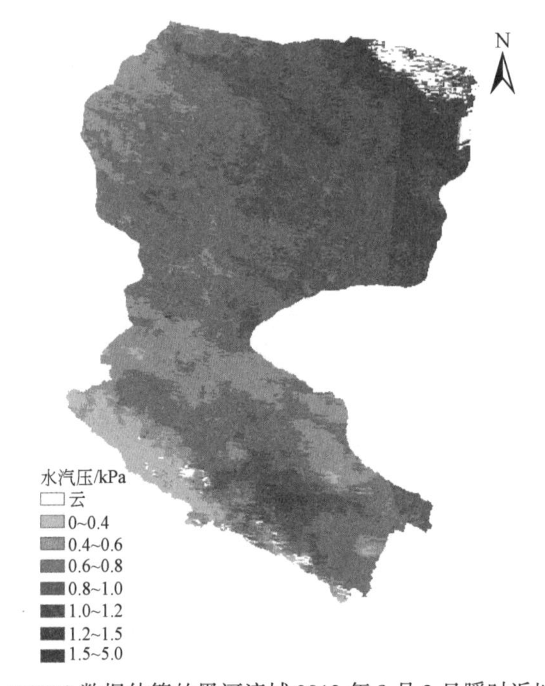


图 3-8　利用 Terra MODIS 数据估算的黑河流域 2013 年 8 月 2 日瞬时近地表实际水汽压分布

利用地面气象观测的实际水汽压数据对 2013 年 8 月的 Terra MODIS 数据估算的近地表实际水汽压结果进行验证，结果如图 3-9 所示。三角点是数值解析法的估算值（$e_a$_Z）与实测值（$e_a$_0）绘制的散点，十点是 Smith 算法的估算值（$e_a$_Smith）与实测值（$e_a$_0）绘制的散点。数值解析法估算结果的 $R^2$、MAE、RMSE 和 MRE 分别为 0.8504、0.276 kPa、0.386 kPa 和 24.63%，Smith 算法估算结果的 $R^2$、MAE、RMSE 和 MRE 分别为 0.8326、0.291 kPa、0.372 kPa和 24.7%，两者的精度非常接近。但相比 Smith 算法，数值解析法的拟合线更接近 1∶1 线。从图 3-9 还可以看出，当水汽压低于 2.0 kPa 时，数值解析法的估算精度较高。

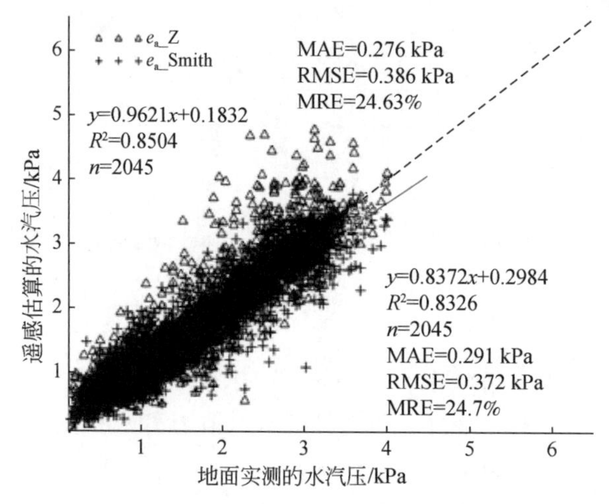


图 3-9　两种算法估算的近地表实际水汽压与实测值的比较

为了进一步明确数值解析法在干旱半干旱地区的执行效果，张红梅（2017）以大气柱大气可降水量（$W$）阈值为 5 cm 对 2013 年 8 月的大气廓线进行了筛选，对所有符合要求的样本（$W<5$ cm），用数值解析法估算的近地表实际水汽压被用于与实测值进行比较，结果如图 3-10 所示。此验证结果表明，$R^2$、MAE、RMSE 和 MRE 分别为 0.8335、0.249 kPa、0.331 kPa 和 26%。

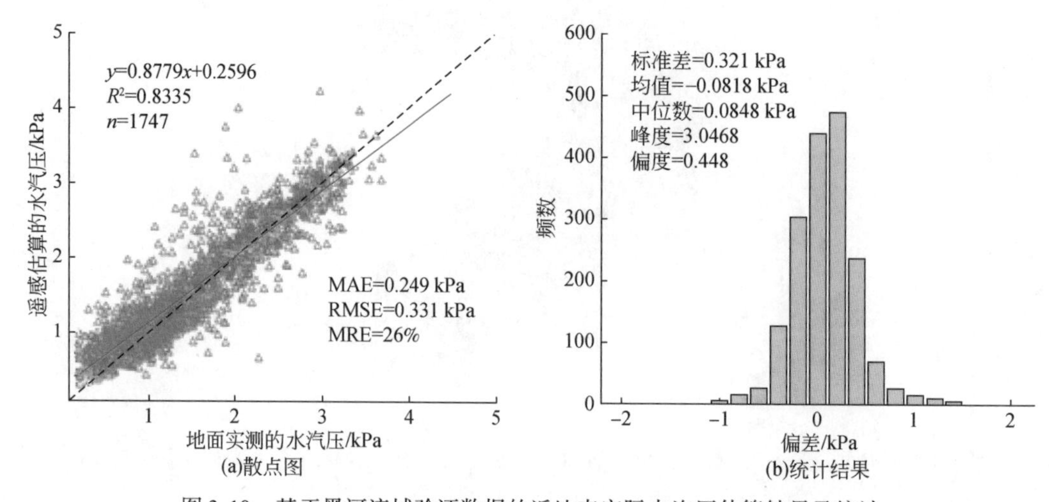


图 3-10　基于黑河流域验证数据的近地表实际水汽压估算结果及统计

在完成近地表气温和水汽压估算后，可以用式（3-14）计算瞬时饱和水汽压差。实验得到了 2013 年 8 月的瞬时 VPD 影像数据，其中 2013 年 8 月 2 日白天黑河流域的瞬时饱和水汽压差分布如图 3-11 所示。从图 3-11 中可以看出，黑河流域南部高山区饱和水汽压差较小，而中、下游的荒漠地带饱和水汽压差较大。

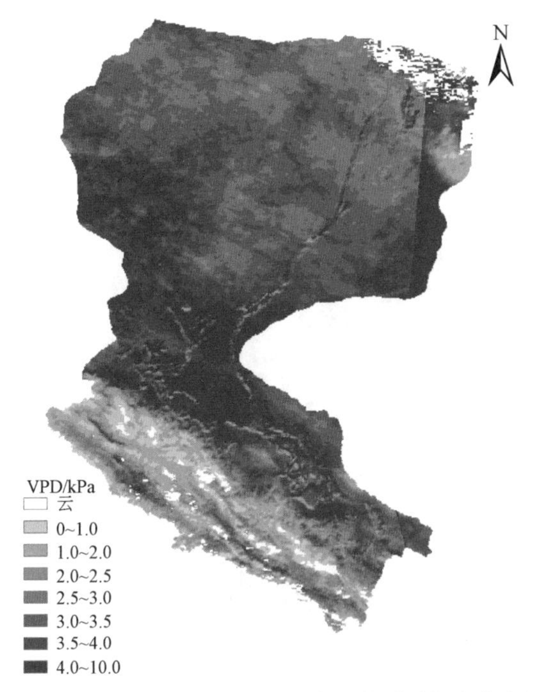


图 3-11　遥感估算的 2013 年 8 月 2 日白天的瞬时饱和水汽压差分布

用 2013 年 8 月的 119 个探空站的实测近地表气温和湿度数据计算的饱和水汽压差对遥感估算的瞬时饱和水汽压差进行验证，如图 3-12 所示。验证结果表明，结合大气湿度廓线和大气柱大气可降水量遥感数据的数值解析法估算的饱和水汽压差与地面数据吻合度较好，$R^2$ 大于 0.88，MAE 等于 0.278 kPa。

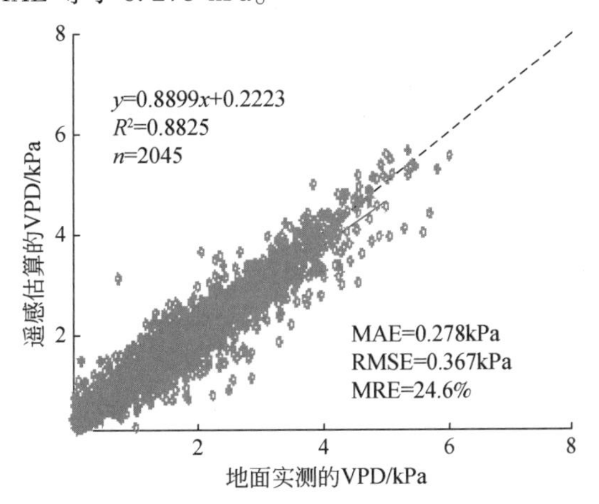


图 3-12　遥感估算的瞬时饱和水汽压差与 2013 年验证数据的比较

### 3.5.2 日平均近地表空气饱和水汽压差

在完成MODIS数据与ARIS数据处理的基础上，采用3.4节中的数值解析法，开展黑河流域2013年8月的日平均$T_a$的计算，图3-13为计算获得的黑河流域2013年8月2日的日平均$T_a$分布图；从空间分布上看，黑河流域上游的高山区日平均$T_a$较低，而中、下游的沙漠地区日平均$T_a$较高，部分地区超过25 ℃。

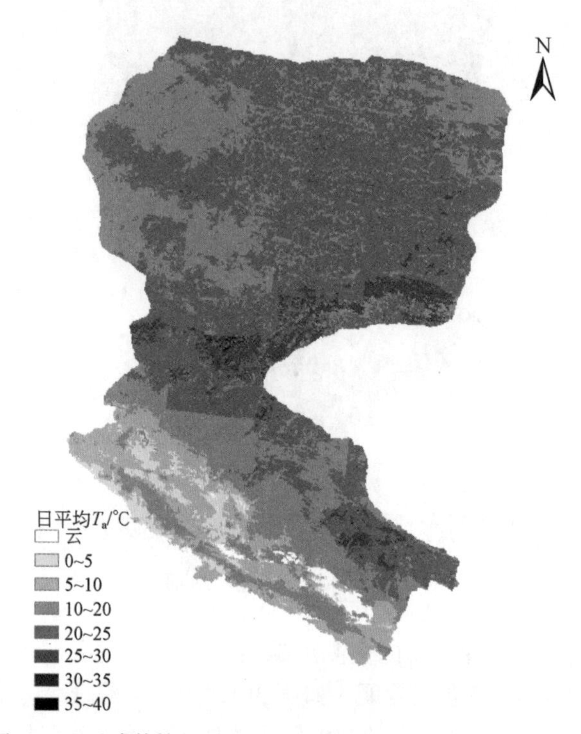


图3-13　遥感估算的黑河流域2013年8月2日平均$T_a$分布

采用地面观测数据对2013年8月17~24日估算的地表日平均$T_a$结果进行验证，结果表明，估算的日平均$T_a$与地面实测值较为一致，$R^2$达0.9328，MAE为1.2 ℃，RMSE为1.6 ℃，MRE为5.2%。对于所有样本数据的绝对偏差的统计如图3-14所示，其中56%的样本绝对偏差在±1 ℃，81.5%的样本绝对偏差在±2 ℃，95%的样本偏差在±3.2 ℃。这说明从遥感影像数据提取日平均$T_a$比较可靠。

同样采用地面气象站点观测数据计算的日平均$e_a$对遥感估算结果进行验证，验证如图3-15所示，结果表明，遥感估算的日平均$e_a$与地面实测值较为一致，$R^2$达0.8512，MAE为0.256 kPa，RMSE为0.339 kPa，MRE为17.1%。对于所有样本，其中65%的样本绝对偏差在±0.3 kPa，88%的样本绝对偏差在±0.5 kPa，95%的样本绝对误差小于0.64 kPa。

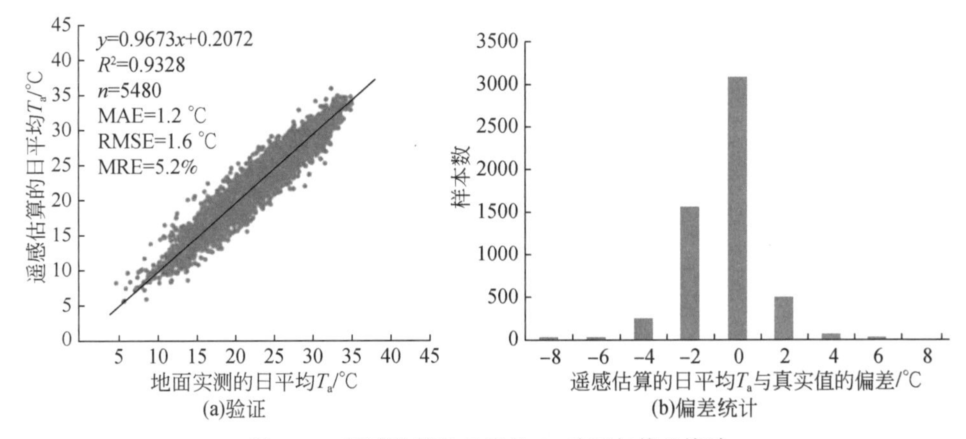


图 3-14　遥感估算的日平均 $T_a$ 验证与偏差统计

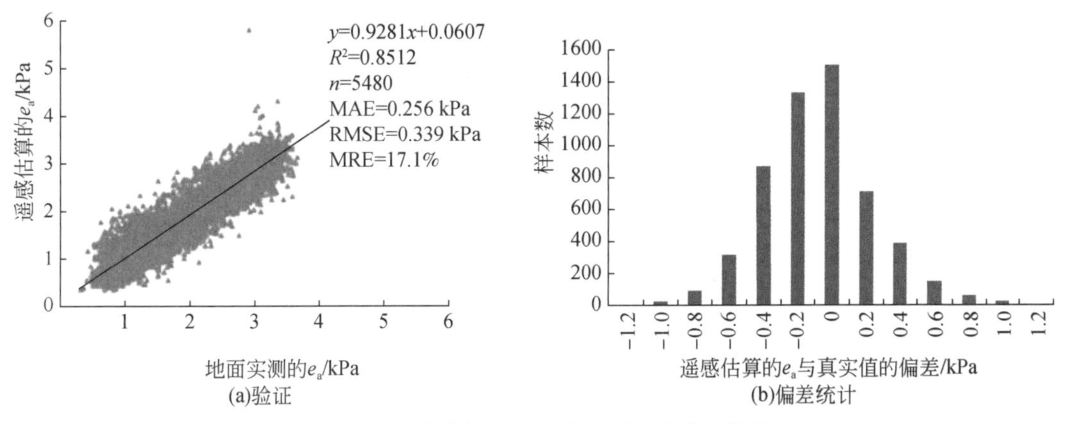


图 3-15　遥感估算的日平均 $e_a$ 验证与偏差统计

采用3.4 节的数值解析法［式（3-38）］估算了黑河流域 2013 年 8 月的日均近地表 VPD（$VPD_{daily}$），图 3-16 展示了黑河流域 2013 年 8 月 2 日的日平均 VPD 的空间分布。整体来说，黑河流域 2013 年 8 月的日平均VPD在 0 ~ 6. 25 kPa，随空间和时间变化较大；其中高海拔的祁连山地区日平均 VPD 普遍较小，其值一般小于 1kPa，荒漠地区日平均 VPD 较大，气候干燥。

以黑河流域为实验区，用基于地面气象站实测数据计算 2013 年 8 月 17 ~ 24 日的日平均 VPD 对遥感估算的日平均 VPD 进行了验证，验证结果如图 3-17 所示。从图 3-17 中可看出，遥感估算的日平均 VPD 与地面实测值基本一致，$R^2$ 为 0. 6252，MAE 为 0. 28 kPa，RMSE 为 0. 366 kPa，MRE 为 26. 2%。对于所有测试样本，其中 25% 的样本绝对偏差在±0. 1 kPa，62% 的样本绝对偏差在±0. 3 kPa，84% 的样本绝对偏差在±0. 5 kPa，95% 的样本绝对偏差在±0. 69 kPa。

图 3-16　遥感估算的黑河流域 2013 年 8 月 2 日的日平均 VPD 分布

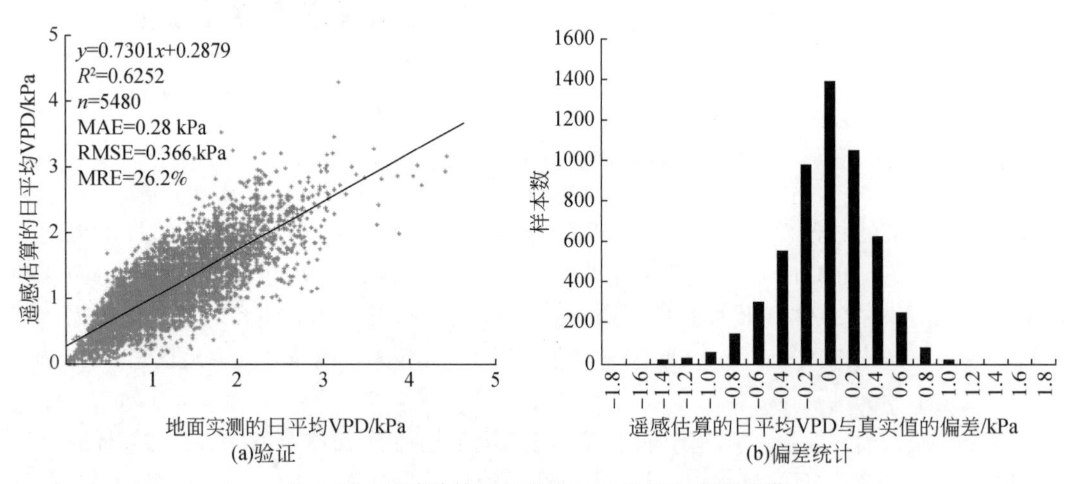


图 3-17　遥感估算的日平均 VPD 验证与偏差统计

## 3.6　小　　结

VPD 是反映空气距离水汽饱和状态的一个参数，能反映空气的干燥程度。VPD 影响着植物气孔的闭合，从而控制着植物蒸腾、光合作用等生理过程，对森林生态系统蒸散过程及水分利用效率有着重要影响。饱和水汽压差数据是陆面过程模型、蒸散估算模型的重要输入数据，而基于站点观测数据内插得到的饱和水汽压差数据带有较大误差，所以利用先进的遥感技术获取饱和水汽压差数据具有很重要的实际应用价值。

虽然遥感技术在过去的几十年里发展迅猛，但由于基于卫星观测数据的定量遥感技术本身的复杂性，目前遥感观测数据及其反演的产品数据中都还存在一定的误差。这使得基于经验统计模型和解析计算模型估算的近地表饱和水汽压差数据都存在 20%~30% 的误差，实际应用时需考虑其精度问题。饱和水汽压差遥感估算的误差源包括原始数据误差、反演模型误差和时间拓展模型误差。在使用解析模型进行饱和水汽压差遥感估算时，需综合考虑遥感产品数据的时空分辨率及数据精度。另外，优化估算近地表气温、湿度估算模型和建立更合理的时间拓展算法对提高饱和水汽压差遥感估算非常重要。

在估算近地表瞬时饱和水汽压差时，虽然可以用其他卫星数据产品（如 AIRS 水汽和近地表气温数据）填补特定卫星遥感数据（MODIS 产品数据）中的云覆盖区，但需要注意的是，不同卫星遥感数据的空间分辨率、光谱分辨率和辐射分辨率可能不同，需要采用一定的技术手段融合多源遥感数据，今后的研究可以考虑采用大数据技术融合更多的遥感数据。

在日平均饱和水汽压差估算中，日平均近地表气温和水汽压是由一天中 4 个时刻的观测值推算的。也就是说，如果一整天都无云，则一个观测值代表了 6 h 的情况，但实际上 6 h 内近地表空气湿度可能存在约 0. 19 kPa 的变化，这一误差将会累积到最终的饱和水汽压差结果中。而当一天中出现一次以上的有云观测时，日平均饱和水汽压差实际上是由一天 2 次的遥感观测数据估算得到，此时一个观测值代表了 12 h 的情况，水汽压的可能偏差为 0. 31 kPa。而微波反演结果中，更低空间分辨率造成的混合像元效应和微波数据反演的更低精度都会使 AIRS 数据精度更差，从而造成近地表气温和湿度估算偏差加大，进而使日平均饱和水汽压差的估算误差迅速增加。因此，考虑到低空间分辨率遥感产品的气温偏差较大，对于需要高精度饱和水汽压差数据的应用模型，用地面实测气温插值结果填补遥感陆表温度推算的近地表气温影像是更为可靠的办法。

随着新一代高分、高光谱遥感技术的发展，以及反演算法的不断改进，获取误差小于 1 ℃的陆表温度和偏差小于 10% 的水汽产品成为可能。GPS 测量大气水汽技术已经成熟，在全球拥有众多站点，通过融合卫星遥感大气水汽和 GPS 水汽数据，可以提高遥感大气湿度探测的时空分辨率。

此外，单一高空间分辨率卫星星座的重返周期较长，难以满足陆表蒸散估算模型及其他陆面过程模型的需要，而多源遥感数据融合是解决时空分辨率难以兼顾问题的方法。

# 第 4 章 空气动力学粗糙度

空气动力学粗糙度源自现代流体力学，其物理定义为“因地表起伏不平或地物本身几何形状的影响，风速廓线上风速为零的位置高度”，用于表征地球、行星表面与大气之间动量、能量的交换过程，是蒸散遥感、大气边界层理论研究领域的一个重要因子（Monteith，1973）。起初空气动力学粗糙度是在风浪区完全均匀的条件下建立的，反映单一均匀下垫面的粗糙程度。微气象学研究人员在某些特定条件下通过野外观测得到了均一下垫面的粗糙度数据，这些数据实际上是地表粗糙元的几何粗糙度。20 世纪 80 年代后，人们逐渐认识到地表的非均一性，对遥感像元尺度的粗糙度以及由规则起伏地形所引起的风速变化开始进行研究，从而在概念上提出了等效几何粗糙度，认为等效几何粗糙度在非均匀地表上产生与均匀地表同样拖曳力的效果，它是风浪区内的非均匀粗糙元几何粗糙度共同作用的结果（Wieringa，1986；Taylor et al.，1987）。随着进一步研究发现，地表粗糙元的结构、种类、密度等分布很不均匀，对风浪区内气流的拖曳和阻碍作用与均匀地表有很大不同，地表粗糙度不仅与地表状况有关，而且与大气气流状况有关，是在湍流和水平平流等动力与热力学作用下，风浪区内所有粗糙元几何粗糙度共同作用的结果（Zhang et al.，2004；Zhou et al.，2009）。近年来，围绕空气动力学粗糙度在区域尺度的表征计算，已经发展了基于粗糙元特征的形态学模型、基于植被长势特征的模型、基于不同来源遥感数据的反演模型等多种方法。本章从空气动力学粗糙度的影响因素、空气动力学粗糙度的地面测量方法和空气动力学粗糙度估算模型三个方面阐述空气动力学粗糙度的国内外最新研究进展，并对空气动力学粗糙度定量遥感领域目前存在的问题及未来发展趋势进行展望。

## 4.1 空气动力学粗糙度基本原理

### 4.1.1 几何粗糙度

地表几何粗糙度（$z_0$）是对地表几何形状和起伏状况（包括粗糙元的大小、排列等特征）的表达，理论上与气流无关。几何粗糙度在概念上与像元表面的高度均方差（即标准离差）一致，数量级通常在厘米至米级，对气流具有拖曳作用。空气动力学粗糙度（$z_{0m}$）可以理解为地表几何粗糙度叠加近地表空气动力学条件后，表征粗糙地表影响近地表水汽传输与转化效率的物理量，在平坦光滑的地表状况下，一般假设 $z_{0m}=z_0$。大量研究表明，地表几何粗糙度与粗糙元的平均高度（$h_0$）有关，如耕地地表几何粗糙度与作物高度的简

单转换关系为 $z_0=h_0/7.35$（Paeschke，1937），相似的关系式也应用于其他研究（Tanner and Pelton，1960；Plate，1971）。另外，在特定条件下，微气象学法试验实现了一些地表几何粗糙度的度量，常见地表几何粗糙度见表4-1。

**表4-1　常见地表几何粗糙度**　　（单位：cm）

| 地表类型 | 几何粗糙度 |
|---|---|
| 冰面、泥滩 | 0.001 |
| 路面（机场跑道） | 0.002 |
| 平原裸土 | 0.005 |
| 平坦水面 | 0.01～0.06 |
| 草地（1～50cm） | 0.1～5 |
| 植被（1～2m） | 20 |
| 热带灌丛（稀疏灌丛） | 40 |
| 城市 | 165 |

资料来源：Garratt（1992）。

除了地表几何粗糙度和空气动力学粗糙度的概念外，在表征热量和水汽湍流传输效率过程中还经常涉及热力学粗糙度（$z_{0h}$）的概念，它与近地面的温湿度廓线密切相关（Kitaygorodskiy，1969）。在有关边界层水热通量的计算中，早期假定热力学粗糙度 $z_{0h}$ 等于空气动力学粗糙度 $z_{0m}$，但实际上两者并不能等同（Brutsaert and Han，1979；Garratt and Hicks，2010）。不同下垫面 $z_{0h}$ 与 $z_{0m}$ 有如下关系（Verseghy et al.，1993）。

$$
\begin{aligned}
&\text{森林：} && z_{0h}=z_{0m}/2 \\
&\text{农田：} && z_{0h}=z_{0m}/7 \\
&\text{草地：} && z_{0h}=z_{0m}/12 \\
&\text{裸土：} && z_{0h}=z_{0m}/3
\end{aligned}
\tag{4-1}
$$

同时与空气动力学粗糙度有如下转换关系，其中 $kB^{-1}$ 为热传输阻尼（Matsushima，2007）：

$$z_{0h}=z_{0m}\exp(-kB^{-1}) \tag{4-2}$$

在非常粗糙和稠密的植被表面，计算风速对数廓线的有效参考高度为地面和植被冠层顶之间的某一高度，这些致密的粗糙元在计算风速时可近似认为将地面抬升到某一高度，这个高度称为零平面位移高度（$d$），为了简便计算，在实际应用中，常近似认为零平面位移高度与粗糙元平均高度的关系为 $d=\frac{2}{3}h_0$。

### 4.1.2　莫宁–奥布霍夫相似理论

大气边界层的最下部约10%的部分称为近地层，近地层的最底部是粗糙度层，层内的运动受个别粗糙元的影响，是不规则的。在近地层，大气受地球表面的动力和热力的强烈影响，地球自转对该层大气产生的科里奥利力（Coriolis force）可以略去不计。由于近地层内的气象变量具有较大的垂向梯度，近地层是物质、动量、热量交换最显著的场所，气象站和通量塔等长时间序列观测仪器通常位于近地层内。因此，从模拟陆面地表通量的角度来看空气动力学粗糙度，近地层的相关理论尤为重要。

从流体力学的理论出发，准确地求解流体运动控制方程是非常困难的，而相似理论是一种实验组织和分析检验的方法，它对所关心的变量进行量纲分析和归纳分类，建立无因次变量之间的经验关系。相似理论作为一种典型的零阶闭合理论，不需要湍流闭合的假设，通过寻找相似关系来建立风、温、湿以及其他变量随时间变化的平衡关系。Monin 和 Obukhov（1954）根据 $\pi$ 定理和量纲分析原理，提出了描述风速、空气温度剖面与动量通量、感热通量之间定量关系的相似性原理，即莫宁-奥布霍夫相似理论。这类相似通常适用于近地层，因此，也被称作近地层相似理论。近地层相似理论指出，在表面层内，通量在垂直方向上保持不变，且风速和气温在垂直方向上呈现对数分布，数据界限内的任一高度上的变量值都可以通过相似关系来估计。实验表明，某些关键变量通常出现在一般类型的边界层相似问题中，它们通常称为该类问题的特征尺度变量。此外，一些变量的组合能构成新的边界层尺度，如与摩擦力、感热通量和潜热通量有关的特征量，包括摩擦风速 $u_*$、摩擦温度 $\theta_*$、摩擦湿度$q_*$等。

大气边界层的结构和气象要素变化是在动力因子及热力因子相互作用下形成的，不同因子的作用力形成了大气边界层的不同特征和层结结构，故又可分为中性层结边界层和非中性层结边界层（其中非中性层结又可分为稳定层结和不稳定层结）。大气稳定度是指近地层大气进行垂直运动的强弱程度。在浮力作用下空气微团垂直方向运动的稳定性，以平均温度梯度或反映浮力做功的指标为判据。若位温随着高度增加而递减，浮力做功增加空气微团的动能，上下运动能继续发展，为不稳定状态；若位温随着高度增加而递增（逆温状态），空气微团反抗重力做功损耗动能，上下运动受到抑制，为稳定状态；若位温不随高度变化，空气微团处于随意平衡状态，为中性稳定状态。

判断近地层大气稳定或不稳定对湍流计算非常重要，一般用一个不稳定因子和一个稳定因子相配合，把这两个因子写成无量纲之比，如理查森数（$R_i$）、莫宁-奥布霍夫长度（$L$）等，都常用作近地层的稳定度参数，一般根据这些量的数值和正负判断稳定度。理查森数定义的出发点是将湍流克服重力所做的功（或消耗的能量）与湍流应力能够产生的能量相比较，是浮力与由风引起的惯性因子之间的无量纲比率，$R_i$的符号由温度梯度的方向确定，负值代表不稳定层结，正值代表稳定层结，从而判断湍流能否发展。

$$R_i = \frac{\partial \overline{\theta_v}}{\partial z} \Big/ \left(\frac{\partial u}{\partial z}\right)^2 \tag{4-3}$$

在气象学观测中，由于边界层观测和数值模拟所能提供的都是垂向不连续点的风温和风速观测，在理查森数实际计算中，通常使用将原式中的微分形式改造为差分形式的总体理查森数（$R_B$）：

$$R_B = \frac{g\Delta \theta_v \Delta z}{\theta_v \left[(\Delta \overline{U})^2 + (\Delta \overline{V})^2\right]} \tag{4-4}$$

式中，$\Delta\overline{U}$和$\Delta\overline{V}$为两个观测高度的风速之差；$\theta_v$为观测高度处的虚位温；$R_B$为临界值，一般取 0.25。需要指出的是，理查森数本身的大小并不代表湍流的强度，只能表示有无湍流存在。

### 4.1.3 粗糙度在近地层通量计算中的应用原理

不同层结条件下近地层各气象要素的垂直分布与大气稳定度的关系对大气湍流交换、近地层通量模拟有重要意义。这里主要介绍地表几何粗糙度（$z_0$）在不同近地表条件下与通量计算要素的作用关系。

1. 中性层结

中性层结条件下，位温不随高度变化，因此热力影响可以不予考虑，影响近地层大气风场、温度场和湿度场等变化的主要因素是动力因子，即地面应切力，用摩擦风速（$u_*$）表征。根据 π 定理的量纲理论，在均匀条件下，平均风速梯度表示形式如下：

$$\frac{\partial u}{\partial z}=\frac{u_*}{kz} \tag{4-5}$$

式中，$k$ 为冯卡门（von Karman）数，一般取值为 0.4。对式（4-5）积分，得风速廓线为

$$u=\frac{u_*}{k}\ln\left(\frac{z}{z_{0m}}\right) \tag{4-6}$$

式（4-6）即中性层结条件下近地层风速廓线的典型形式——对数风速廓线。式中，$u_*$为高度 $z$ 处的摩擦风速；$z_{0m}$为空气动力学粗糙度。计算湿度的梯度和廓线变化与计算速度的梯度和廓线方法类似，影响其变化的因子还有下垫面水汽通量$(-\overline{w'q'})_0$，定义其尺度因子$q_*$为

$$q_*=\frac{(-\overline{w'q'})_0}{u_*} \tag{4-7}$$

则水汽通量可表示为

$$q=\frac{q_*}{k}\ln\left(\frac{z}{z_{0q}}\right) \tag{4-8}$$

式中，$z_{0q}$为水汽通量的粗糙度，一般认为$z_{0q}=z_{0h}\neq z_{0m}$。

2. 非中性层结

中性层结条件下，控制近地层湍流运动的主要变量是动力因子，而非中性层结条件下，湍流运动特征除了与动力因子有关外，还受热力因子影响。不同的热力因子会促进湍流或抑制湍流的交换。因此，由相似理论得到的湍流运动平均场和脉动场与诸变量之间的相似关系将不同于中性层结条件下得到的结果。

根据梯度风测得风速和温度对数分布廓线，利用最小二乘拟合迭代得到地表空气动力学粗糙度。通常将多层风速和温度廓线表示为如下的对数关系（Brutsaert，1982b）：

$$u=\frac{u_*}{k}\left[\ln\left(\frac{z-d}{z_{0m}}\right)-\Psi_m\left(\frac{z-d}{L}\right)\right] \tag{4-9}$$

$$\theta=\frac{\theta_*}{k}\left[\ln\left(\frac{z-d}{z_{0h}}\right)-\Psi_h\left(\frac{z-d}{L}\right)\right]+\theta_0 \tag{4-10}$$

式中，$z_{0h}$为热力学粗糙度；$d$ 为零平面位移；$\Psi_m$和$\Psi_h$为稳定度订正函数；$u_*$为摩擦风速；$\theta_*$为摩擦温度 $\theta_0$ 为拟合系数。其中，莫宁-奥布霍夫长度 $L$ 可表示为

$$L=\frac{u_*^2\theta}{\theta_* kg} \tag{4-11}$$

空气位温 $\theta$ 通过气温 $T$ 与大气压强 $P$ 的关系计算：

$$\theta=T\left(\frac{P_0}{P}\right)^{0.286} \tag{4-12}$$

式中，$P_0$ 为标准大气压，通常取 1000 hPa。

当 $z/L<0$ 时，认为大气处于不稳定层结：

$$\Psi_m=\ln\frac{1+x^2}{2}+2\ln\frac{1+x}{2}-2\mathrm{arctg}x+\frac{\pi}{2} \tag{4-13}$$

$$\Psi_h=2\ln\frac{1+y}{2} \tag{4-14}$$

$$x=\left(1-15\frac{z-d}{L}\right)^{\frac{1}{4}},\ y=\left(1-16\frac{z-d}{L}\right)^{\frac{1}{2}} \tag{4-15}$$

当 $z/L>0$ 时，认为大气处于稳定层结：

$$\Psi_m=\Psi_h=-5\frac{z-d}{L} \tag{4-16}$$

根据以上关系式，若已知$u_*$、$\theta_*$和高度 $z$ 处的稳定度 $z/L$，就能求出该高度上的风速和温度。然而，由于对$u_*$和$\theta_*$直接测量比较困难，通常是在已知平均风速、温度廓线的情况下利用通量-廓线方程来估计通量。由于理查森数可较方便地利用平均风速、温度廓线资料求取，一种简单的方法是寻找 $R_i$ 与 $z/L$ 的关系，通过 $R_i$ 来确定 $z/L$（Pandolfo，2010）。

不稳定条件下：

$$R_i=\frac{z}{L} \tag{4-17}$$

稳定条件下：

$$\frac{z}{L}=\frac{R_i}{1-5R_i} \tag{4-18}$$

## 4.2 空气动力学粗糙度的影响因素

空气动力学粗糙度是地表叠加空气动力学因子和热力学因子综合作用下提出的概念，虽然已经在流体力学和地气通量反演等流域得到了广泛应用，但现阶段对于空气动力学粗糙度的影响要素分析还很单薄，现有的研究也难以形成统一的结论。

对于不均一的下垫面，大气边界层受到下垫面植被或粗糙元离散分布的影响，风廓线

不再遵循对数规律。Schmid 和 Bunzli（1995）认为近地层风速大小影响空气动力学粗糙度，空气动力学粗糙度甚至在一定程度上依赖近地层大气的动力和热力条件。周艳莲等（2006）的研究发现，在非均匀地表，空气动力学粗糙度还与风向有关。本节根据海河和黑河流域的 6 个地面气象与通量站点的实测数据，分别从风速、风向、大气稳定度和植被等角度分析单一要素与空气动力学粗糙度在不同下垫面和植被覆盖条件下的变化关系，从而揭示空气动力学粗糙度的影响因子（于名召，2018）。

## 4.2.1 风速与空气动力学粗糙度的关系

根据莫宁-奥布霍夫相似理论［式（4-9）］，中性条件下忽略一项大气订正函数，空气动力学粗糙度可以表示为

$$z_{0m} = (z-d) \cdot e^{-\frac{ku}{u_*}} \tag{4-19}$$

可见 $z_{0m}$的取值与风速的大小密切相关。选择分别代表不同气候类型作用下的农田、森林和草地下垫面的气象站点，计算获取瞬时的 $z_{0m}$，并根据理查森数筛选出稳定大气条件下的数据，按 0.1 m/s 的风速间隔汇总，分别计算每个风速间隔内 $z_{0m}$的均值和标准偏差。海河流域的 3 个下垫面为农田的站点 $z_{0m}$随风速变化关系如图 4-1 ~ 图 4-3 所示。可以发现，在下垫面以春玉米为主的密云站和怀来站，$z_{0m}$在作物生长旺盛的夏季月份要显著高于冬季无植被覆盖的月份，$z_{0m}$的绝对值有一个数量级的差距，馆陶站在 1 ~2 月冬季作物处于越冬期，冬小麦出苗高度有限，$z_{0m}$低于夏玉米生长的夏季月份。另外，$z_{0m}$随风速的增加有明显的变化规律。当风速低于 4 m/s 时，馆陶站 $z_{0m}$基本处于一个稳定的水平，当风速超过 4 m/s 时，$z_{0m}$有下降的趋势，在冬季月份，当风速达到一定水平时，$z_{0m}$不再继续随风速增加而减小。另外，夏季 $z_{0m}$在每个风速区间内的标准偏差整体要小于冬季月份，表明夏季 $z_{0m}$更稳定，随风速的变化规律更可靠。密云站 $z_{0m}$随风速的变化规律在冬季和夏季基本一致，均随风速的增加而减小。怀来站冬季下垫面基本为裸土，$z_{0m}$基本维持在一个较低的水平，并不随风速增加而发生明显变化，在夏季春玉米生长高峰，呈现出和馆陶站与密云站相似的变化特征，$z_{0m}$随风速增加而减小。

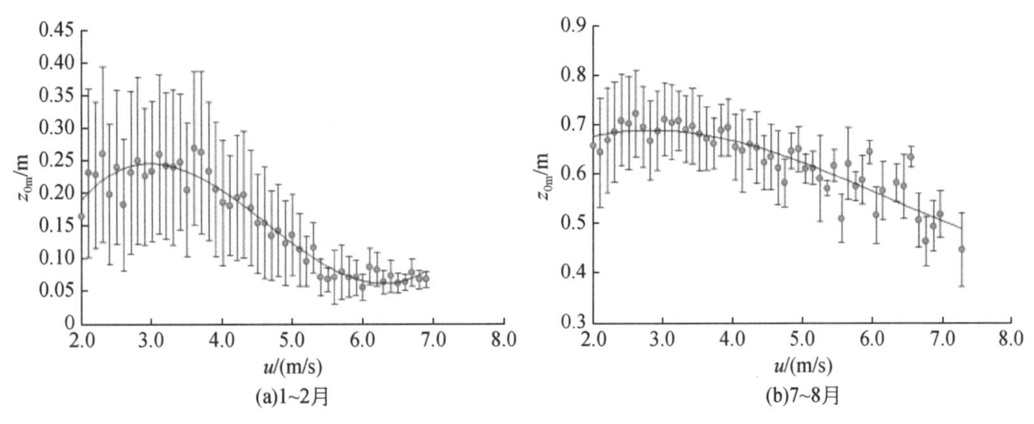


图 4-1 馆陶站 $z_{0m}$随风速变化关系

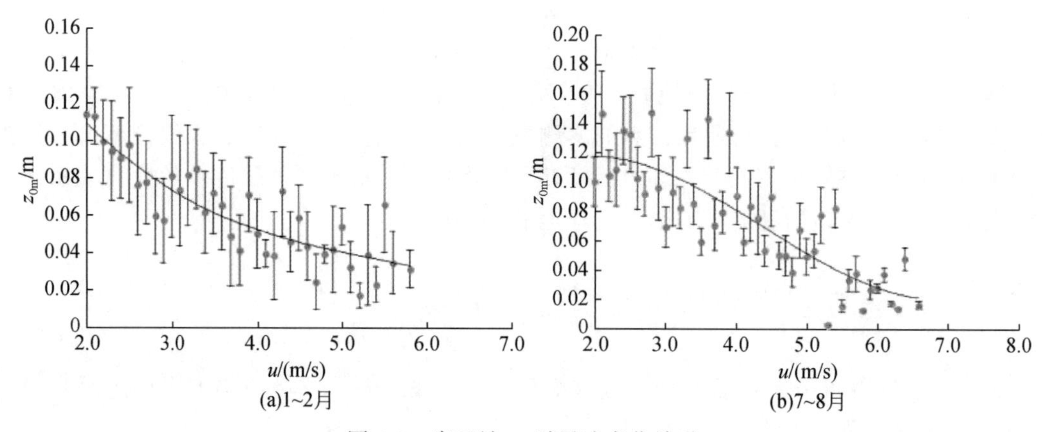


图 4-2　密云站 $z_{0m}$ 随风速变化关系

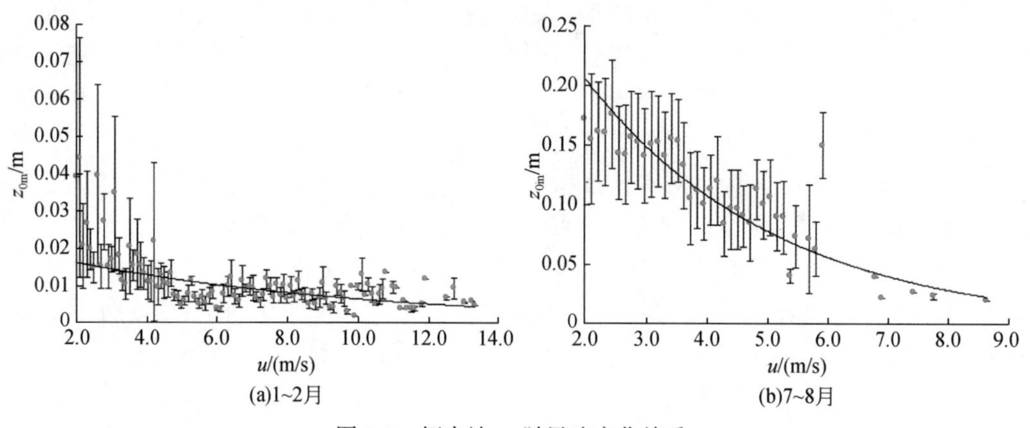


图 4-3　怀来站 $z_{0m}$ 随风速变化关系

黑河流域的关滩站和四道桥站下垫面为林地，但林木种类和分布上存在较大差异。关滩站（图 4-4）气象梯度架设于高 15 ~ 20 m 的云杉之中，周边树木的屏障作用使得观测到

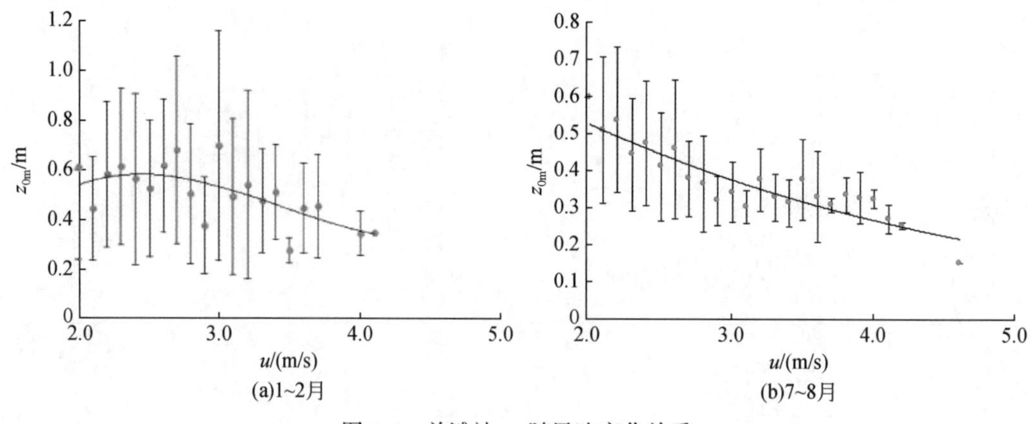


图 4-4　关滩站 $z_{0m}$ 随风速变化关系

的风速处在较小范围内，最大风速仅为 4 m/s 左右。在夏冬两季，$z_{0m}$随风速的变化相似，均随着风速的增加有减小的趋势。四道桥站（图 4-5）下垫面较为特殊，处于柽柳和胡杨混合分布的戈壁地带，随着风速的增加，$z_{0m}$在冬季和夏季均表现为先增加再减小的特征。两个站点在夏季月份的标准偏差均小于冬季月份。

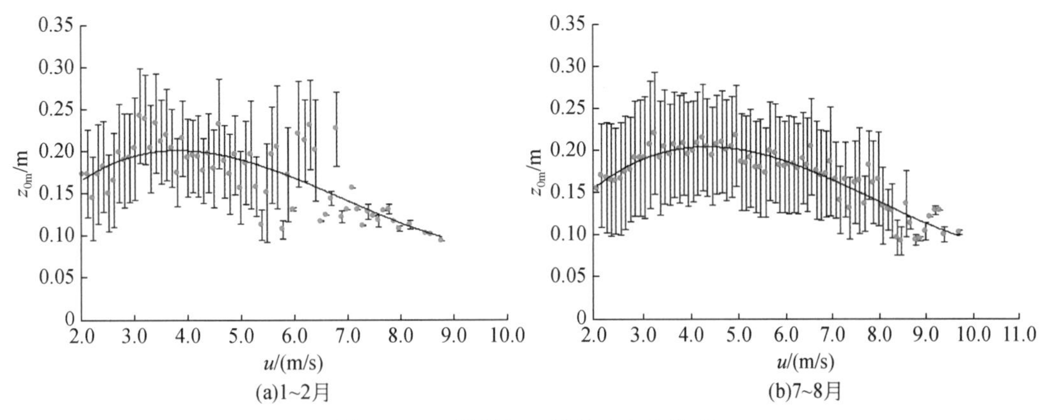


图 4-5　四道桥站 $z_{0m}$随风速变化关系

位于黑河上游的阿柔站下垫面为高寒草地，如图 4-6 所示，冬季和夏季随风速的增加 $z_{0m}$均表现出显著下降的趋势，其中夏季最为明显，风速增大到一定程度时，$z_{0m}$维持在某一个较低的水平。

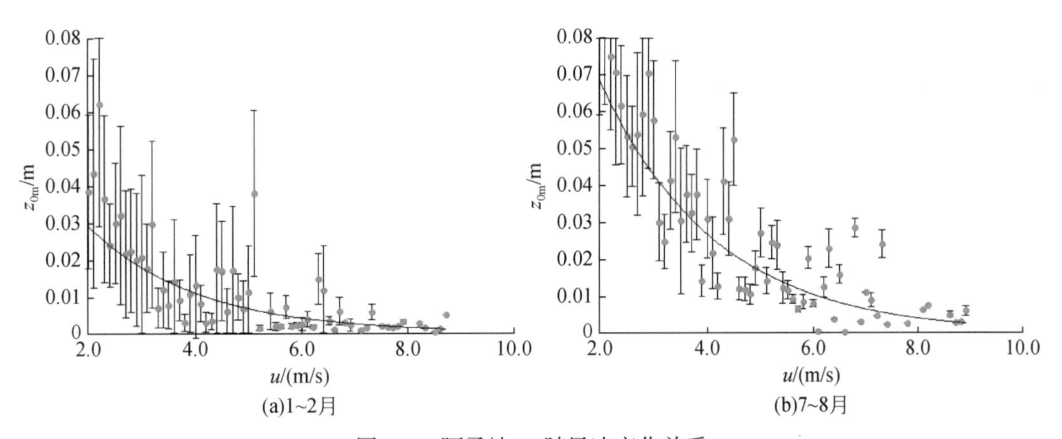


图 4-6　阿柔站 $z_{0m}$随风速变化关系

总体来看，在植被覆盖地区，无论是否处于生长季，$z_{0m}$都随风速的增加而整体上呈现下降的趋势，并最终趋于稳定，即 $z_{0m}$与风速基本满足指数负相关的关系，相关研究也得到了类似结论（Zhang Q et al.，2012）。另外，当风速较小时，$z_{0m}$在风速区间内的整体标准偏差普遍较大，可能是由于较小的风速在植被内部形成了不规则湍流，造成同等风速条件下 $z_{0m}$的差异性变化。

根据不同站点的数据分析结果，风速改变使空气动力学粗糙度变化，这主要有两个原因：①风速越大，近地表风力形成的湍流越强，风动量作用于粗糙元迎风切面上的位置更靠近地面，空气动力学粗糙度越小；②在风速增加的过程中，风力在某一程度上可以改变地表上方非刚体（如植被）的几何形态，如植株茎秆或叶片在风力作用下向同一方向倾斜，使粗糙元对气流的拖曳作用强度发生变化，当风速持续增加时，也必定存在一个风速临界点，使植株达到静力稳定平衡状态，形态不再随风力增大而改变，粗糙度不再随风速增加而发生变化。

### 4.2.2 风向与空气动力学粗糙度的关系

风向与空气动力学粗糙度的关系应更多考虑地形地貌等固定的下垫面条件对风向的影响以及不同风力来向所形成的粗糙元作用面的差异。在地形起伏不均、下垫面分布复杂的地区，不同风力来向对粗糙元的作用存在差异，造成地表对湍流的拖曳作用不同，因此空气动力学粗糙度也存在方向性特征。

本节同样从农田、森林和草地下垫面的角度出发，结合气象站源区地形，分别分析不同风向上的 $z_{0m}$ 分布特征。

馆陶站和密云站冬季与夏季的空气动力学粗糙度方向分布如图 4-7 ~ 图 4-10 所示。馆

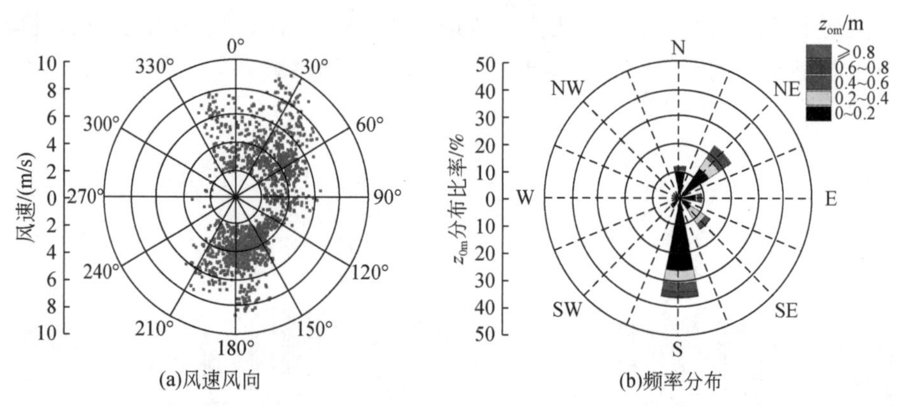


(a)风速风向　　(b)频率分布

图 4-7　馆陶站冬季（1 ~ 2 月）风速风向图与 $z_{0m}$ 频率分布图

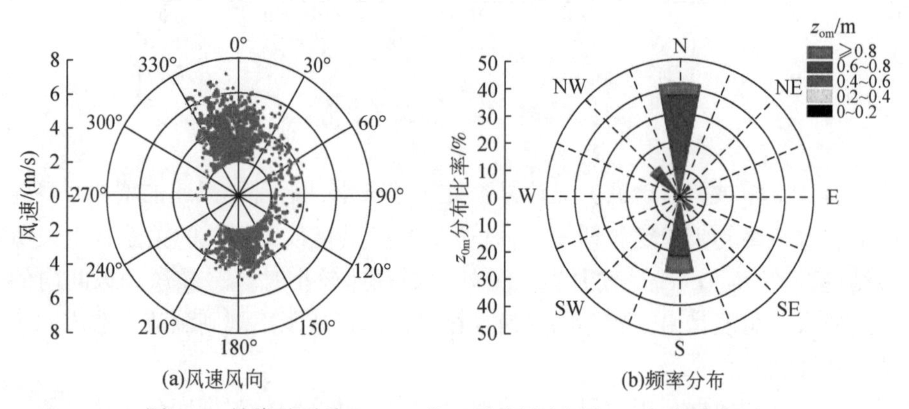


(a)风速风向　　(b)频率分布

图 4-8　馆陶站夏季（7 ~ 8 月）风速风向图与 $z_{0m}$ 频率分布图

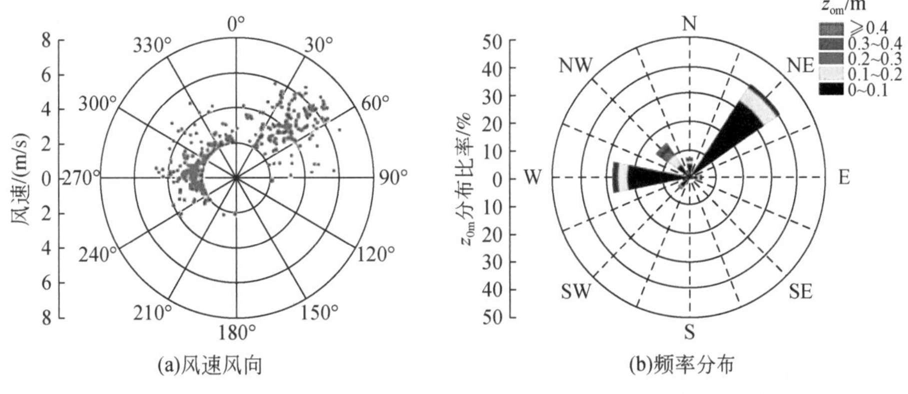


(a)风速风向　　(b)频率分布

图 4-9　密云站冬季（1～2 月）风速风向图与 $z_{0m}$ 频率分布图

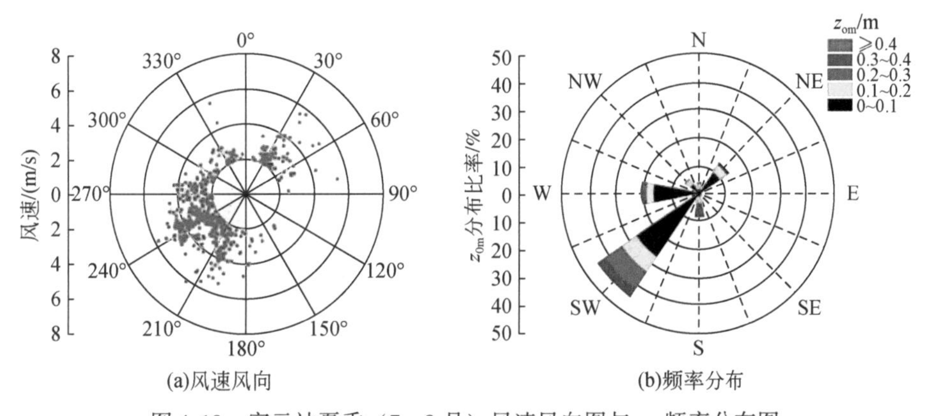


(a)风速风向　　(b)频率分布

图 4-10　密云站夏季（7～8 月）风速风向图与 $z_{0m}$ 频率分布图

陶站冬季以南风和东北风为主，夏季以南风和北风为主，$z_{0m}$表现出明显的季节差异，但随风向的变化较小，两个主要风向区间的 $z_{0m}$ 分布基本一致。密云站冬季以东北风和西风为主，夏季以西南风为主，冬季在两个风向区间 $z_{0m}$ 分布基本一致，因此馆陶站和密云站 $z_{0m}$ 与风向关系不显著。

关滩站冬季以偏南风和西北风为主，虽然在两个主风向上风速分布相似，基本在 2～4 m/s的范围浮动，但 $z_{0m}$ 在不同风向上表现出明显的差异分布（图 4-11），南风风向时约 89% 的 $z_{0m}$ 分布在 0～0.4 m 的范围，而西北风向分布在该范围的 $z_{0m}$ 频率仅为 6%，有 52% 以上的 $z_{0m}$ 超过 0.8 m。夏季 $z_{0m}$ 在风向上的差异特征更为显著（图 4-12），偏南风方向上有超过 90% 的 $z_{0m}$ 小于 0.4 m，$z_{0m}$ 平均值为 0.35 m，而西北方向 $z_{0m}$ 平均值为 1.02 m，绝大部分 $z_{0m}$ 超过 0.4 m。这种差异很可能是由地形起伏形成的，关滩站位于大野口子流域关滩阴坡的森林中，气象塔源区内坡度较大，对于相同的源区粗糙元，南风和北风的作用面却不相同，阴坡对于偏北风的屏蔽面积更大，因此北风风向 $z_{0m}$ 存在更多的高值分布。

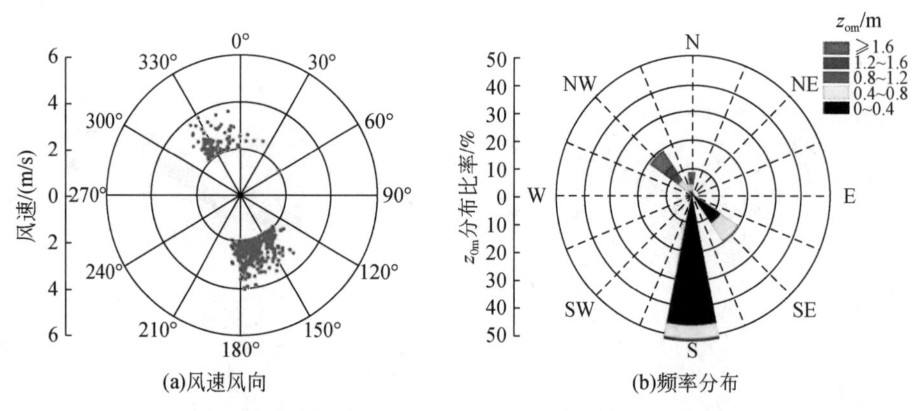


图 4-11 关滩站冬季（1～2 月）风速风向图与 $z_{0m}$ 频率分布图

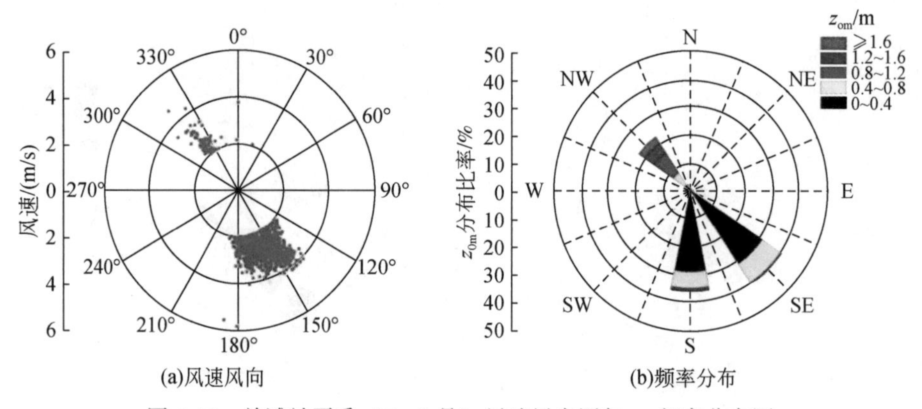


图 4-12 关滩站夏季（7～8 月）风速风向图与 $z_{0m}$ 频率分布图

四道桥站下垫面同样有乔木覆盖，$z_{0m}$ 与风向的关系并不显著。冬季四道桥站以西风和东风为主，$z_{0m}$ 在两个风向上的分布比率近似（图 4-13）。夏季风向频率分布较均匀（图 4-14），并不存在主风向，$z_{0m}$ 随风向有一定的变化，偏西风略高，但由于各个风向中风速分布较离散，并不能排除风速对 $z_{0m}$ 的影响，因此难以得出四道桥站的 $z_{0m}$ 存在方向性差异分布的结论。

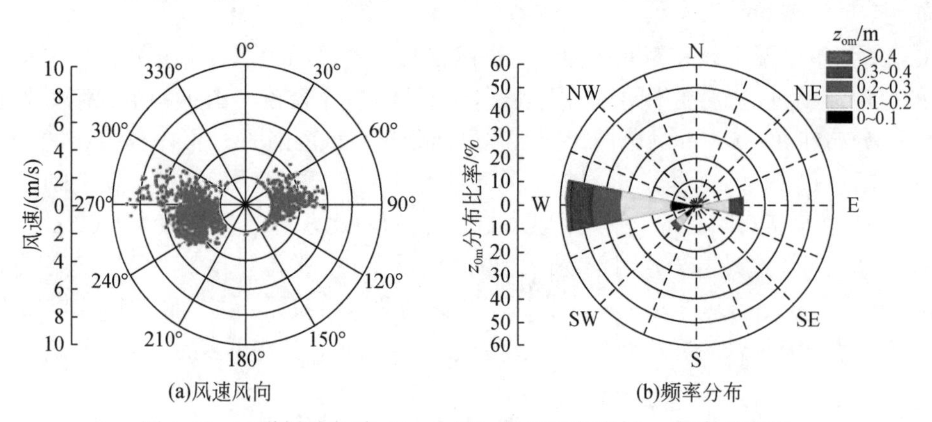


图 4-13 四道桥站冬季（1～2 月）风速风向图与 $z_{0m}$ 频率分布图

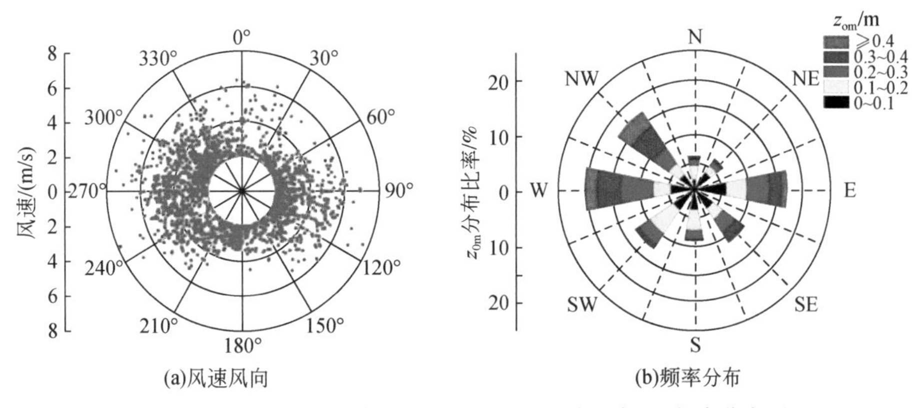


图 4-14　四道桥站夏季（7 ~ 8 月）风速风向图与 $z_{0m}$ 频率分布图

阿柔站位于河谷内，两面环山，源区地形走向特征明显，$z_{0m}$ 随风向变化较大（图 4-15 和图 4-16）。因河谷整体呈现自西向东南蜿蜒的走向，阿柔站风向受地形影响明显，冬夏两季的主风向分别表现为西风和东南风，西风、东风和东风。冬季西风风向 $z_{0m}$ 较小，东南风向 $z_{0m}$ 较大，且在草地生长茂盛的夏季风向对 $z_{0m}$ 的影响更显著，西风方向上约 98% 的 $z_{0m}$ 小于 0.04 m，而东南风向 $z_{0m}$ 超过 0.04 m 的比率达到 58%。

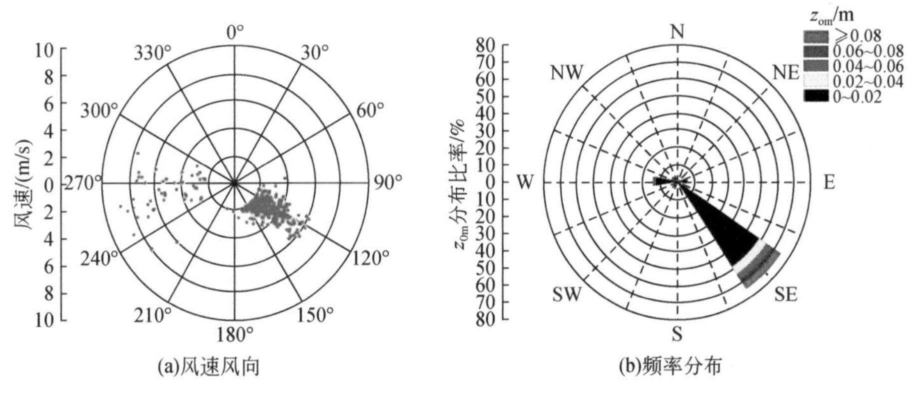


图 4-15　阿柔站冬季（1 ~ 2 月）风速风向图与 $z_{0m}$ 频率分布图

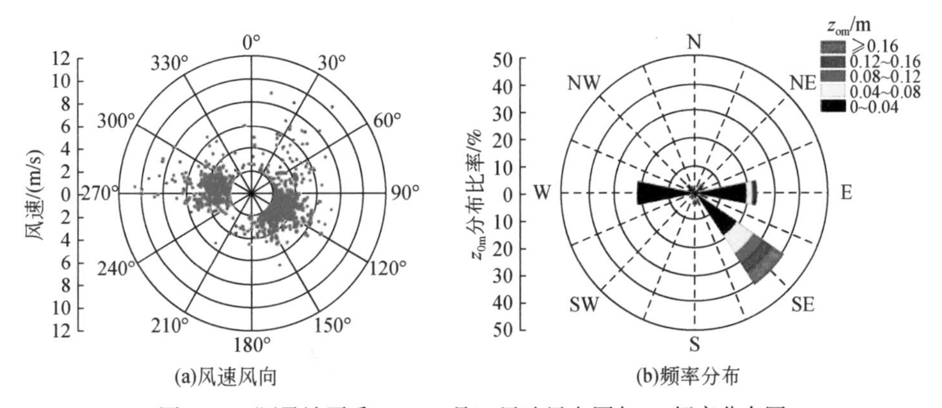


图 4-16　阿柔站夏季（7 ~ 8 月）风速风向图与 $z_{0m}$ 频率分布图

根据风向的频率分布，分别计算各个站点在不同季节两个盛行风向的 $z_{0m}$ 平均值，来比较不同风向上 $z_{0m}$ 的差异，见表 4-2。其中，关滩站和阿柔站在两个不同主风向上 $z_{0m}$ 的差异最显著，且这种差异与植被生长季的选择无关，考虑到这两个站点源区范围地形在所有参与分析的站点中起伏特征最为明显，因此地形起伏是风向对 $z_{0m}$ 产生影响的最可能的原因，而与下垫面植被类型无关，地形较复杂的非均匀区域，不同风向所代表的粗糙元密度和分布均不同，地表拖曳力大小不同，$z_{0m}$ 与风向呈现显著规律。因为每个固定的粗糙元地形走向是固定的，所以在某一时刻对于特定的粗糙元，必定存在一个风向，使 $z_{0m}$ 的值达到最大，也必定存在另一个近似相对的风向，使 $z_{0m}$ 的值表现为最小。密云站、馆陶站和四道桥站由于站点源区范围地形较为平坦，在同一季节内 $z_{0m}$ 基本不随风向发生变化，且对于密云站和馆陶站，在作物生长季两个主风向上 $z_{0m}$ 的均值更接近，这很可能是由于密集有序分布的植株使粗糙元表面更加平坦和均一，等效地形的影响降至最低。根据以上结论，风向对 $z_{0m}$ 的影响是其与地形共同作用的结果，在瞬时 $z_{0m}$ 反演建模的过程中，对于平坦均一的植被地表可以不考虑风向，但要考虑粗糙元形态特征与瞬时风向的综合作用效果。

**表 4-2　各站点主风向 $z_{0m}$ 均值与相对偏差统计**　　（单位：m）

| 指标 | 馆陶站 | | 密云站 | | 关滩站 | | 四道桥站 | | 阿柔站 | |
|---|---|---|---|---|---|---|---|---|---|---|
| | 冬季 | 夏季 | 冬季 | 夏季 | 冬季 | 夏季 | 冬季 | 夏季 | 冬季 | 夏季 |
| $\overline{z_{0m}}$（第一主风向） | 0.158 (S) | 0.670 (N) | 0.056 (NE) | 0.107 (SW) | 0.278 (S) | 0.349 (SE) | 0.196 (W) | 0.236 (W) | 0.016 (SE) | 0.072 (SE) |
| $\overline{z_{0m}}$（第二主风向） | 0.182 (NE) | 0.694 (S) | 0.079 (W) | 0.093 (NE) | 1.334 (NW) | 1.021 (NW) | 0.185 (E) | 0.189 (E) | 0.009 (W) | 0.009 (W) |
| $z_{0m}$ 相对偏差 | 0.152 | 0.036 | 0.411 | 0.131 | 3.799 | 1.926 | 0.056 | 0.199 | 0.438 | 0.875 |

## 4.2.3　大气稳定度与空气动力学粗糙度的关系

除风速、风向外，大气稳定度是另一个影响 $z_{0m}$ 的重要空气动力学指标。因为缺乏相关方面的研究，以往在 $z_{0m}$ 计算和应用的过程中，常常在中性稳定的大气条件假设下，用中性大气层结时的粗糙度长度等价于 $z_{0m}$，这在考虑瞬时大气条件下 $z_{0m}$ 的计算中存在严重的弊端。本节根据馆陶、怀来、关滩、阿柔四个站点的数据分析 $z_{0m}$ 随大气稳定度在日间的变化以及不同大气条件下 $z_{0m}$ 的差异。

将剔除异常值的站点数据分别按 3～4 月、7～8 月和 11～12 月三个时段的日内时刻汇总统计，其中馆陶站的数据间隔为 10 min，其余站点的数据间隔为 30 min，$z_{0m}$ 日内变化过程如图 4-17 所示。可以发现，$z_{0m}$ 在昼夜交替的过程中存在明显的变化规律。白天受太阳辐射的影响，植被与大气之间湍流交换频繁，近地层大气表现为不稳定层结，$z_{0m}$ 维持在一个较低的水平；夜间湍流交换作用弱，大气层结稳定，$z_{0m}$ 相比白天显著增加，且在夜间波动更加剧烈。另外，怀来站在 11 ~ 12 月和 3 ~ 4 月两个时段下垫面并无作物生长，$z_{0m}$在日内并不随大气稳定度的变化而变化，馆陶站 11 ~ 12 月和 3 ~ 4 月处于冬小麦的生长期，$z_{0m}$在日内仍然表现出明显差异，因此可以推断大气稳定度在裸土下垫面条件下对 $z_{0m}$并无影响，而在植被下垫面条件下对 $z_{0m}$的影响明显，稳定层结下较大，不稳定层结下较小，且这种差异的存在与植被类型和植被是否处于生长季无关。

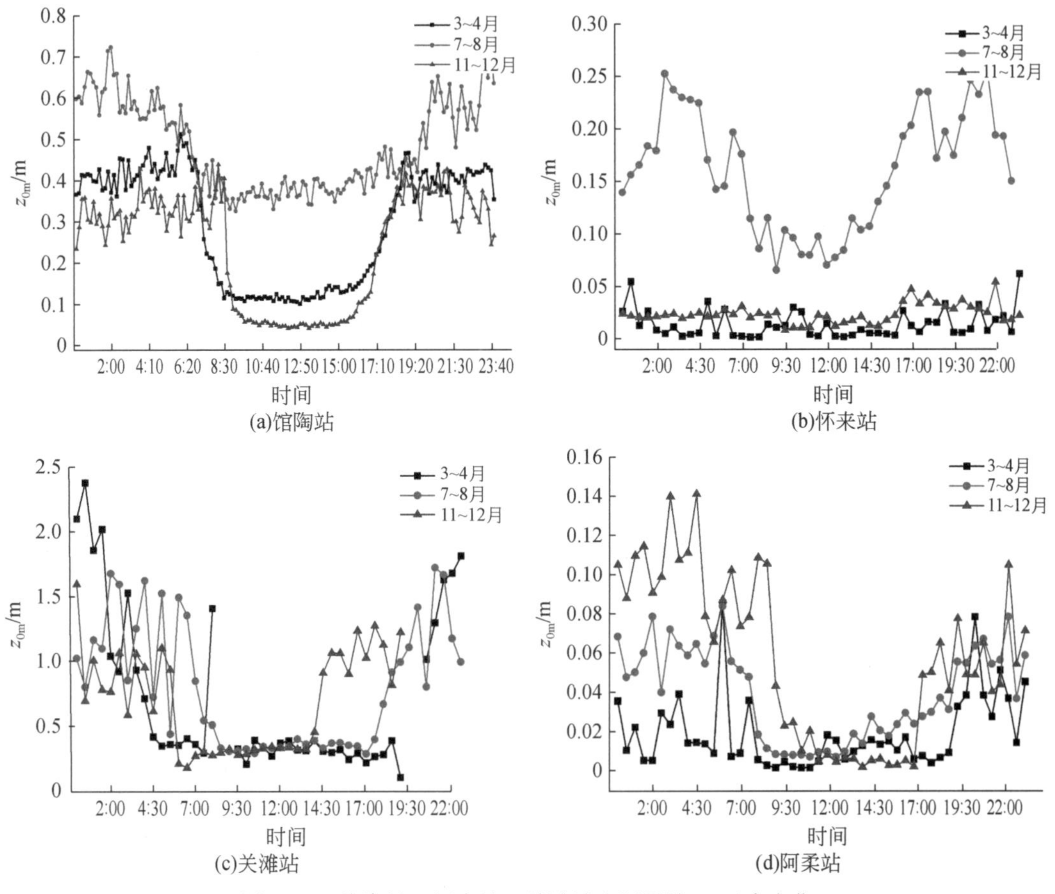


图 4-17　馆陶站、怀来站、关滩站和阿柔站 $z_{0m}$日内变化

为了排除风速风向的干扰，在各站点取植被生长季的数据（7 ~ 8 月），通过大气稳定度参数总体理查森数（$R_B$）的大小来判断大气稳定状况，其中$R_B \geq 0.03$ 判定为稳定层结，$R_B<0.03$ 判定为不稳定层结。筛选各站点在 7 ~ 8 月的主风向数据，并按 1 m/s 的风速间隔分类汇总，对比不同风速区间不同大气条件下 $z_{0m}$的差异（图 4-18）。

不难发现，不同大气稳定条件下的 $z_{0m}$差异明显，稳定条件下的 $z_{0m}$在数值上显著高于不稳定条件，不稳定条件下 $z_{0m}$的离散程度较小。风速变化对 $z_{0m}$随风速增加而减小的关系在稳定条件下十分突出，但在不稳定条件下并不明显，且随着风速的增加，大气稳定度对 $z_{0m}$的差异性作用开始削弱。另外，相比风速变化对 $z_{0m}$的影响，大气稳定度的影响更加显著。

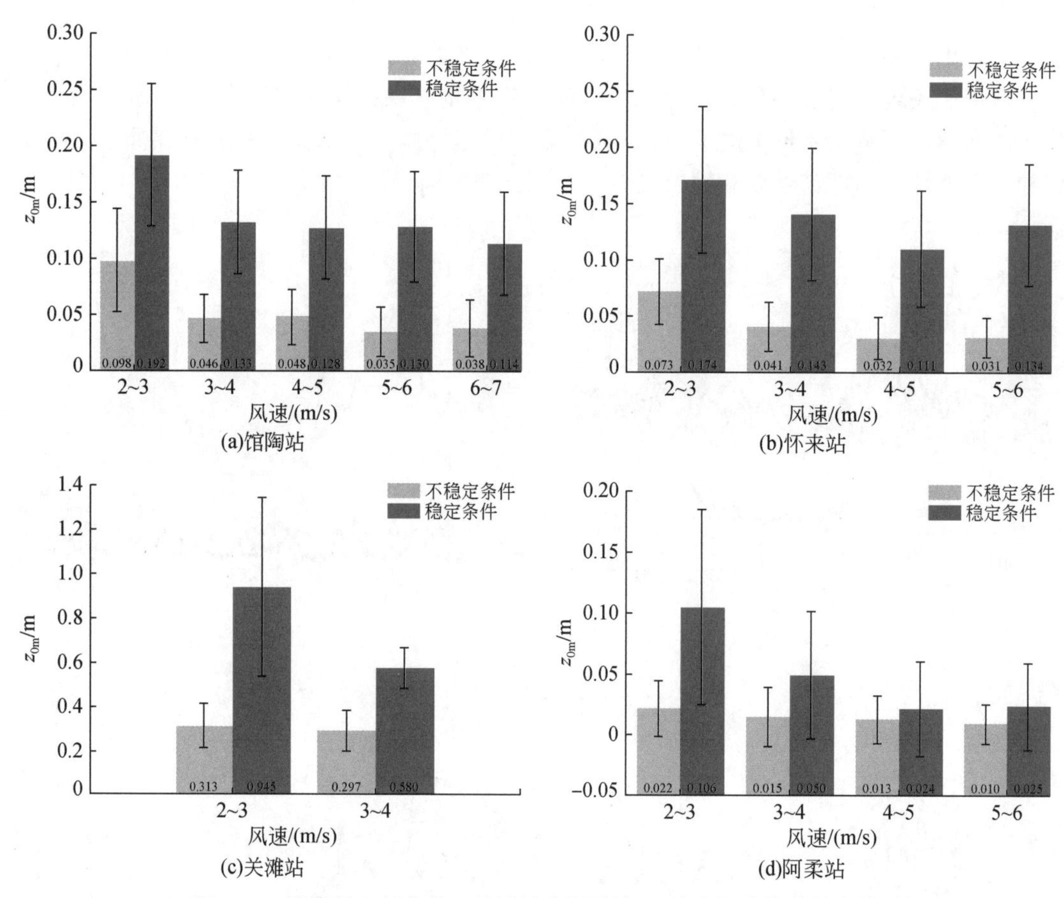


图 4-18　馆陶站、怀来站、关滩站和阿柔站 $z_{0m}$ 随大气稳定度的变化

根据上述分析，空气动力学粗糙度在日间随着大气条件的改变有着明显的变化，而在大尺度研究中，尤其是通量计算中，很多模型只考虑了日尺度上的空气动力学粗糙度以简化模型输入，换句话说，这些模型更多地把短时间内不发生变化的下垫面作为衡量空气动力学粗糙度大小的唯一要素，而对于瞬时通量计算，这些没有考虑瞬时空气动力学条件的方法就存在弊端。

## 4.2.4　植被与空气动力学粗糙度的关系

地表植被在生长过程中的季节性变化是造成粗糙元形态特征动态变化的重要因素，有关地表粗糙度与植被高度之间的线性经验关系也已经广泛使用，本节采用统计学中的相关分析法找到影响不同下垫面 $z_{0m}$ 的主要驱动因子，明确植被生长与空气动力学粗糙度的作用关系。本节选择集中分布在黑河流域上游和中游的阿柔站、关滩站和大满站的观测数据分别作为草地下垫面、森林下垫面和农田下垫面的代表。另外，根据各站点多层风温廓线数据计算得到的 $z_{0m}$ 按逐半小时和逐日两个时间尺度汇总取平均值，并分析瞬时尺度和日

尺度 $z_{0m}$ 影响因子的差异（于名召，2018）。

利用 NDVI 和 LAI 两个植被指数来表达植被生长变化过程对 $z_{0m}$ 的影响，同时考虑其他气象因子联合分析 $z_{0m}$ 与各影响要素在日尺度和瞬时尺度之间的相关关系。为了和 $z_{0m}$ 的时间尺度相匹配，在下垫面植被短时间内生长状况保持不变的假设下，赋予某一临近时刻相同的 NDVI 和 LAI 值。另外，选择风速（WS）、风向（$\theta$）、空气相对湿度（RH）、空气温度（$T$）、大气压（$P$）和莫宁-奥布霍夫长度（$L$）等空气动力学因子与热力学因子作为可能影响 $z_{0m}$ 的气象要素。莫宁-奥布霍夫长度是描述大气稳定条件的瞬时态参数，日平均值并无实际意义，因此不参与日尺度 $z_{0m}$ 的相关性分析。

获取的数据资料中，风向 $\theta$ 为风力来向与正北方向的夹角，单位为度（°），但其本质上是一个分类变量，并不适用于皮尔逊（Pearson）积差相关分析，因此，这里提出了风偏角（$\Delta\theta$）的概念来度量风向特征，风偏角定义为一个站点瞬时风向（$\theta$）与盛行主风向（$\theta_p$）的夹角：

$$\Delta\theta=\begin{cases}|\theta-\theta_p| & \text{当}\ |\theta-\theta_p|\leqslant 180°\text{时}\\ 360°-|\theta-\theta_p| & \text{当}\ |\theta-\theta_p|>180°\text{时}\end{cases} \tag{4-20}$$

各站点的盛行主风向通常与周边地形情况、海陆位置和纬度有关，因此 $\Delta\theta$ 在因子分析中被认为是地形因子，而非空气动力学因子，根据站点历史测量数据，阿柔站、关滩站和大满站的盛行主风向分别定义为 162°、121°和 318°。

表 4-3 给出了三个站点逐半小时 $z_{0m}$ 和逐日 $z_{0m}$ 与每个可能的驱动因子之间的双变量相关分析结果，结果显示，$z_{0m}$ 的驱动因子在不同的站点存在差异。对阿柔站和关滩站来说，$z_{0m}$ 与风偏角的大小呈正相关关系，与风速的大小呈负相关关系，而与代表植被生长特征的 NDVI 和 LAI 等植被指数并无显著相关关系；相反，在大满站，$z_{0m}$ 与 NDVI 和 LAI 呈显著的正相关关系，$z_{0m}$ 与风速同样呈负相关关系，而与风偏角的大小无关。另外，莫宁-奥布霍夫长度在各站点都与逐半小时的 $z_{0m}$ 呈正相关关系，即莫宁-奥布霍夫长度越大，近地表大气条件越稳定，瞬时 $z_{0m}$ 越大。

**表 4-3　各站点逐半小时 $z_{0m}$ 和逐日 $z_{0m}$ 与各因子的相关系数统计**

| 因子 | 阿柔站 | | 关滩站 | | 大满站 | |
|---|---|---|---|---|---|---|
| | 逐半小时 | 逐日 | 逐半小时 | 逐日 | 逐半小时 | 逐日 |
| WS | -0.592** | -0.488** | -0.409** | -0.326* | -0.326* | -0.345* |
| $\Delta\theta$ | 0.574** | 0.641** | 0.725** | 0.407** | 0.027 | 0.123 |
| RH | 0.274 | 0.040 | 0.137 | 0.093 | 0.011 | 0.061 |
| $T$ | -0.125 | -0.200 | 0.223 | 0.180 | 0.149 | 0.263 |
| $L$ | 0.608** | — | 0.602** | — | 0.542** | — |
| $P$ | 0.113 | 0.079 | 0.276 | 0.151 | 0.009 | 0.056 |
| NDVI | 0.161 | 0.282 | 0.018 | 0.130 | 0.546** | 0.639** |
| LAI | 0.081 | 0.177 | -0.069 | 0.052 | 0.571** | 0.671** |

*代表在 95% 的置信度水平上显著相关，** 代表在 99% 的置信度水平上显著相关。

### 4.2.5 空气动力学粗糙度影响因子贡献率

在相关性分析的基础上，采用因子分析法对因子进行归类，计算各类别因子的贡献率，从变量群中提取共性因子，将变量归类，并判断归类后的变量对 $z_{0m}$ 的重要性。作为特征提取方法，因子分析法通过线性变换实现因子降维，计算各因子组分系数，并给出不同站点植被因子、地形因子和气象因子在影响 $z_{0m}$ 过程中的贡献率。

因子分析旋转成分矩阵结果见表4-4，影响 $z_{0m}$ 的各因子特征值与贡献率见表4-5。其中，阿柔站和关滩站逐半小时 $z_{0m}$ 的首要影响因素是气象因子，包括风速和代表大气稳定度的莫宁-奥布霍夫长度，气象因子对阿柔站和关滩站逐半小时 $z_{0m}$ 的方差贡献率分别为44.03%和42.87%，次要影响因素是用风偏角来表示的地形因子，方差贡献率分别为38.33%和38.66%。大满站逐半小时 $z_{0m}$ 的首要影响因素是植被因子，方差贡献率为53.14%，其中NDVI和LAI两个植被指数在植被因子中的比重系数分别是0.959和0.941。由风速和莫宁-奥布霍夫长度占主要比重组成的气象因子的方差贡献率为30.29%。与逐半小时的结果类似，大满站逐日 $z_{0m}$ 的首要影响因素同样是植被因子，贡献率为54.46%，只考虑风速的气象因子贡献率为30.67%。

**表4-4　因子分析旋转成分矩阵**

| 因子 | 阿柔站逐半小时 | | 关滩站逐半小时 | | 大满站逐半小时 | | 大满站逐日 | |
|---|---|---|---|---|---|---|---|---|
| | 气象 | 地形 | 气象 | 地形 | 植被 | 气象 | 植被 | 气象 |
| WS | -0.765 | -0.003 | -0.799 | -0.232 | -0.239 | -0.514 | -0.350 | -0.667 |
| $\Delta\theta$ | -0.042 | 0.998 | -0.026 | 0.829 | — | — | — | — |
| $L$ | 0.764 | -0.052 | 0.662 | 0.095 | 0.010 | 0.973 | — | — |
| NDVI | — | — | — | — | 0.959 | -0.068 | 0.969 | -0.023 |
| LAI | — | — | — | — | 0.941 | -0.058 | 0.960 | -0.047 |

**表4-5　影响 $z_{0m}$ 的各因子特征值与贡献率**

| 站点 | 分析对象 | 驱动因子 | 特征值 | 方差贡献率/% | 累积方差贡献率/% |
|---|---|---|---|---|---|
| 阿柔站 | 逐半小时 $z_{0m}$ | 气象因子 | 1.971 | 44.03 | 44.03 |
| | | 地形因子 | 1.202 | 38.33 | 82.36 |
| 关滩站 | 逐半小时 $z_{0m}$ | 气象因子 | 1.706 | 42.87 | 42.87 |
| | | 地形因子 | 1.280 | 38.66 | 81.53 |
| 大满站 | 逐半小时 $z_{0m}$ | 植被因子 | 2.125 | 53.14 | 53.14 |
| | | 气象因子 | 1.052 | 30.29 | 83.43 |
| | 逐日 $z_{0m}$ | 植被因子 | 2.178 | 54.46 | 54.46 |
| | | 气象因子 | 1.057 | 30.67 | 85.13 |

通过相关分析和因子分析方法，列举了多个可能影响 $z_{0m}$ 的因子，在不同下垫面不同时间尺度的情景下，分析 $z_{0m}$ 的主要驱动因子并找出各因子的作用权重。结果显示，不同下垫面植被类型和地形条件下，影响 $z_{0m}$ 的要素不同，气象因子和地形因子是影响阿柔站和关滩站 $z_{0m}$ 的主要驱动因子，植被因子和气象因子为影响大满站 $z_{0m}$ 的主要驱动因子，因子分析的结果也与单因子和 $z_{0m}$ 作用关系的分析相吻合。值得注意的是，作为植被生长情况代表的 NDVI 与 LAI，植被指数与森林和草地下垫面的 $z_{0m}$ 没有显著相关关系，而与农田下垫面的 $z_{0m}$ 相关关系显著，这表明用植被指数来反演 $z_{0m}$ 存在严格的下垫面限制条件，在复杂下垫面只考虑植被指数的空间差异来估算 $z_{0m}$ 存在严重的弊端。植被指数对农田下垫面 $z_{0m}$ 更加敏感的原因可能是其与植被生长特性有关，农作物生长周期短，相比森林和草地生长更快，相同生长季内植被空间结构变化差异显著，对 $z_{0m}$ 的影响起主导作用。

## 4.3 空气动力学粗糙度的地面测量方法

目前基于站点数据的空气动力学粗糙度估算大都应用了莫宁-奥布霍夫相似理论的变式，结合应用较为普遍的三种通量观测仪器，主要发展了梯度廓线法、涡度相关法和大孔径闪烁仪法来计算空气动力学粗糙度。

### 4.3.1 梯度廓线法

梯度廓线法针对各气象要素垂直空间分布测量的需求，通常在野外适当位置架设高精度的气象监测系统，在多层固定高度处布置相同的气象要素传感器，连续地收集相同位置不同高度处的风、温、湿、压等大气特征要素，同时开展湍流特征的直接测量，实现对能量、辐射、多种物质交换、阻尼和扰动的观测与研究。根据梯度风测得的风速和温度的对数分布廓线，式（4-9）可以表示为如下线性形式：

$$u = ax + b \tag{4-21}$$

式中，$a = u_* / k$，$x = \ln(z-d) - \Psi_m$，$b = -\ln z_{0m} \cdot a$，将零平面位移 $d$ 以一定步长在一定范围内变化，对于每一个给定的 $d$ 值，分别拟合风速和温度廓线，计算得到空气动力学粗糙度及其所对应的拟合相关系数，拟合相关系数最高时的零平面位移所对应的空气动力学粗糙度即为最终结果。

### 4.3.2 涡度相关法

涡度相关作为目前最常见的通量观测仪器，在计算实测的空气动力学粗糙度中有广泛的应用。通过对瞬时风速、温度、水汽和二氧化碳等其他痕量气体浓度的高频观测（通常为 10 ~ 20 Hz），应用雷诺平均和分解理论（Reynolds，1995），在泰勒（Taylor）假设及常通量层假设条件下，求得垂直风速和水平风速协方差、水汽浓度、温度及痕量气体浓度的协方差来计算地表动量通量、水、热通量及二氧化碳等其他痕量气体通量。超声观测的摩擦风速$u_*$可以直接从涡动观测资料中获取，同时结合平均风速和湍流量测定值确定地表空气动力学粗糙度。另外，根据莫宁-奥布霍夫相似理论，将计算零平面位移和粗糙度简化为一个可通过最小二乘法求解单变量的过程，即对于式（4-9），在同一高度上有多组平均量时，可用最小二乘法估算 $d$ 和$z_{0m}$（Martano，2000；高志球等，2002）。

$$\min(z_{0m},d)=\frac{1}{N}\sum_{i=1}^{N}\left[\frac{ku}{u_*}-\ln\left(\frac{z-d}{z_{0m}}\right)+\Psi_m\left(\frac{z-d}{L}\right)\right]^2 \tag{4-22}$$

$\min(z_{0m}, d)$ 表示关于$z_{0m}$和 $d$ 的函数取最小值，式（4-22）可以写为

$$\min(z_{0m},d)=\frac{1}{N}\sum_{i=1}^{N}\left[S(z_{0m},d)-p(z_{0m},d)\right]^2 \tag{4-23}$$

式中，$S(z_{0m},d)=\frac{ku}{u_*}+\Psi_m\left(\frac{z-d}{L}\right)-\Psi_m\left(\frac{z_{0m}}{L}\right)$为统计量，$p(z_{0m},d)=\ln\left(\frac{z-d}{z_{0m}}\right)$为参数，则 $S(z_{0m},d)$ 的标准差$\sigma_s^2$可表示为

$$\frac{1}{N}\sum_{i=1}^{N}\left\{S(z_{0m},d)-p(z_{0m},d)-\frac{1}{N}\sum_{i=1}^{N}\left[S(z_{0m},d)-p(z_{0m},d)\right]^2\right\}=$$

$$\left[S(z_{0m},d)-\frac{1}{N}\sum_{i=1}^{N}S(z_{0m},d)\right]^2=\sigma_s^2 \tag{4-24}$$

即 $S(z_{0m},d)$ 的标准差最小时，可求得 $d$ 和$z_{0m}$。

### 4.3.3 大孔径闪烁仪法

大孔径闪烁仪有发射和接收两部分，光程在大气中传输时，湍流与大气温度、湿度和气压的差异引起大气折射系数的波动，导致波束的方向无规则折射而影响接收波束的频率和强度，并用空气折射指数结构参数（$C_n^2$）来表达大气的湍流强度。

在可见光和近红外范围，温度的波动对$C_n^2$影响最大。在温度和湿度的脉动强相关的假设下，引入波文比（$\beta$）联结两者，则可以通过$C_n^2$来计算大气的温度结构参数（$C_T^2$）：

$$C_T^2=C_n^2\left(\frac{T^2}{-0.78\cdot 10^{-6}P}\right)^2\left(1+\frac{0.03}{\beta}\right)^{-2} \tag{4-25}$$

根据莫宁-奥布霍夫相似理论，温度结构参数和感热通量有如下关系：

$$\frac{C_T^2(z-d)^{2/3}}{T^{*2}}=f_T\left(\frac{z-d}{L}\right) \tag{4-26}$$

式中，温度尺度$T^*$可表示为

$$T^*=\frac{H}{\rho c_p u_*} \tag{4-27}$$

式中，$H$ 为大孔径闪烁仪测量的感热通量；$\rho$ 和 $c_p$分别为空气的密度和定压比热；$f_T$为仅与大气稳定度相关的普适函数。在不稳定层结下，一般采用（Wyngaard，1971）：

$$f_T\left(\frac{z-d}{L}\right)=c_{T_1}\left(1-c_{T_2}\frac{z-d}{L}\right) \tag{4-28}$$

式中，$c_{T_1}$和$c_{T_2}$为相似函数常数，在稳定大气层结下，普适函数为如下形式：

$$f_T\left(\frac{z-d}{L}\right)=5 \tag{4-29}$$

在实际应用过程中，大孔径闪烁仪数据需要和当地气象站提供的气温、风速数据配合计算空气动力学粗糙度。联立式（4-25）~式（4-29），采用逐次迭代法可获得同步观测的空气动力学粗糙度（Hemakumara et al.，2003）。相比梯度廓线法和涡度相关法，大孔径闪烁仪由于控制的源区面积更大，更适合计算大尺度上的地面空气动力学粗糙度。

## 4.3.4 地面测量方法评述

除了以上三种较为常见的空气动力学粗糙度野外测量方法，其他方法也可用于计算 $z_{0m}$，包括质量守恒法（Molion and Moore，1983）、压力中心法（Thom，1971）、无因次化风速法（Shaw and Pereira，1982）、雷达反射仪（Greeley et al.，1991）等。受限于地面观测的仪器性能、传感器类型、操作规范和天气条件等多方面的差异，地面测量方法存在诸多不确定性，也存在各自的缺陷。

梯度廓线法对风速精度要求较高，风速微小的误差就能导致空气动力学粗糙度计算较大的误差。因此运用风速廓线计算空气动力学粗糙度时，都要不同程度地分析风速廓线带来的空气动力学粗糙度误差。同时，梯度廓线法需要布设多层风温湿传感器，相比其他方法仪器成本较高，在区域性研究中，廓线梯度往往因架设的数量劣势而缺少空间上的模拟和差异分析。当然，梯度廓线法的计算从相似理论的源头出发，没有过多参量和中间量的引入，测量的空气动力学粗糙度的准确性更高。

涡动相关法从通量的角度间接测量空气动力学粗糙度。由于系统采样误差、仪器测量偏差、其余能量吸收项的作用、高频与低频湍流通量损失以及平流效应的作用，涡动相关系统测得的能量存在能量不闭合的状况，往往需要结合气象数据对通量进行能量平衡的订正。另外，每个涡动相关站点的代表性源区通常只有几百米左右的圆径范围。在非均匀下垫面一个较大尺度上，需要多套相关设备组成的观测网，而由点观测的方法在推广到面上时都会受到地表异质性的影响。但是，目前有关地表通量的研究中，涡动相关仪使用最为广泛，架设数量最多，数据处理方法也更加成熟。

大孔径闪烁仪观测通量的数据质量会受到许多限制，首先，大孔径闪烁仪观测记录的空气折射指数结构参数和信号强度等数据质量受到周围天气状况（如露水、降水、雾霾等）的影响；其次，大孔径闪烁仪观测的折射参数值计算感热通量等步骤的差异也会造成计算结果的较大偏差；最后，大孔径闪烁仪还需要相同站点的气象数据输入共同计算空气动力学粗糙度，数据获取要求更加苛刻，计算过程更为复杂，增加了计算结果的不确定性，所以，除了研究空气动力学粗糙度的尺度问题外，很少将大孔径闪烁仪计算空气动力学粗糙度作为地面观测方法。

# 4.4 空气动力学粗糙度估算模型

由于空气动力学粗糙度输入的模型与应用的领域不同，采用的估算方法与模型估算的精度要求也不尽相同。传统的微气象学方法在估算区域尺度空气动力学粗糙度上已经不再适用，只能从地表形态空间分布或遥感数据间接获取下垫面或植被特征，建立粗糙度时空分布的遥感估算模型。

## 4.4.1 粗糙元形态学方法

粗糙元形态学方法从地表粗糙元的不规则形状与分布对气流的阻挡产生拖曳力作用的角度出发，量化粗糙元的形态特征。目前应用比较广泛的是根据粗糙元高度、粗糙元密度、粗糙元顶部面积、粗糙元迎风面积等计算 $z_{0m}$。相比传统的以粗糙元高度为单一变量的一次简化经验关系，引入具有物理基础的粗糙元迎风面积与粗糙元顶部面积的模型精度有所提高，将$z_{0m}$表达为粗糙元高度（$h_0$）与密度（$\rho$）的函数（张强和吕世华，2003）：

$$z_{0m}=h_0 f(\rho) \tag{4-30}$$

当粗糙元较稀疏时，随着粗糙元密度的增加，其对大气的拖曳力增加，粗糙度也会增加；当粗糙元较密集时，粗糙元密度的增加导致气流更不易进入粗糙元的空隙，而在粗糙元的上空掠过，这时粗糙元的“屏障效应”减少了粗糙元吸收气流动量的能力，因此有效粗糙度反而减少。$f(\rho)$ 随 $\rho$ 的变化是一个先递增再递减的函数（Garratt，1992），粗糙元在某一密度状态下，对气流的阻滞作用最明显，在不考虑粗糙元高度时，粗糙度最大。在考虑空气动力学条件的情况下，粗糙元密度并不是固定的，粗糙元的迎风面积和顺风面积的相对值与绝对值都决定了粗糙元密度。以粗糙元的平均垂直高度、粗糙元出现在风中的垂直截面积（$A_f$）以及每个粗糙元的占地面积（$A_d$）为输入项，发展了量化 $z_{0m}$ 的方法（Lettau，1969）：

$$z_{0m}=0.5\, h_0 \cdot \frac{A_f}{A_d} \tag{4-31}$$

式（4-31）在使用中有严格的限制，仅适用于粗糙元素较稀疏的地表（$A_f/A_d$较小），对粗糙元稠密地表不能很好表达，为此 Macdonald 等（1998）引入拖曳系数，提出了更具普适性的 $z_{0m}$表达式：

$$\frac{z_{0m}}{h}=\left(1-\frac{d}{h}\right)\exp\left[-\left(0.5c\frac{C_D}{k^2}\left(1-\frac{d}{h}\right)\frac{A_f}{A_d}\right)^{-0.5}\right] \tag{4-32}$$

$$\frac{d}{h}=1+A^{-1.67\frac{A_f}{A_d}}\times\left(\frac{A_f}{A_d}-1\right) \tag{4-33}$$

式中，$C_D$为粗糙元拖曳系数；$c$ 为粗糙元遮掩系数；$A$ 为常量参数。随着粗糙元密度的增加，$z_{0m}$呈现先增加再减少的趋势。

以上方法更适用于面向单个粗糙元素的城市或裸土下垫面，难以刻画下垫面随时间变化显著的植被地表。另外，该方法完全依赖于粗糙元的特征与分布，考虑的因素过于简单，对分布不均匀的粗糙元 $z_{0m}$ 估算还存在问题。为此，从考虑粗糙元冠层遮掩对湍流影响的角度出发，引入单位地表面上迎风面积（$\lambda$）和冠层面积指数（$\Lambda$），提出了著名的计算 $z_{0m}$ 的形态学模型，即 R92 模型（Raupach，1992）：

$$\frac{z_{0m}}{h}=\left(1-\frac{d}{h}\right)\exp\left(-k\frac{U_h}{u_*}-\Psi_h\right) \tag{4-34}$$

$$1-\frac{d}{h}=\frac{1-\exp\left(-\sqrt{c_d\Lambda}\right)}{\sqrt{c_d\Lambda}} \tag{4-35}$$

其中

$$\frac{U_h}{u_*}=\begin{cases}(C_s+C_R\lambda)^{-1/2}\exp\left(\frac{c\lambda}{2}\cdot\frac{U_h}{u_*}\right) & \lambda\leq\lambda_{max}\\ \left(\frac{u_*}{U_h}\right)_{max} & \lambda>\lambda_{max}\end{cases} \tag{4-36}$$

$$\Psi_h=\ln(c_w)-1+c_w^{-1} \tag{4-37}$$

式中，$\Psi_h$ 为粗糙度影响函数；$C_s$ 为地表阻力系数；$C_R$ 为粗糙元阻力系数；$c$ 为粗糙元遮掩系数；$c_w$、$c_d$ 为经验系数。通过对多个形态学动力参数计算方法进行评估，认为 R92 模型相比其他形态学模型在计算 $z_{0m}$ 和 $d$ 时的效果比较理想，但仍同实际观测数据有较大误差（Grimmond and Oke，1999）；根据国际地圈生物圈计划（International Geosphere-Biosphere Programme，IGBP）的标准划分出常绿针叶林、草地、耕地和灌木四种植被类型，分别模拟 R92 模型中的计算系数（Jasinski et al.，2005）；推导了美国南部平原植被区域时间序列上的 $z_{0m}$ 和 $d$（Borak et al.，2005）。另外，通过风速实验模拟，发现有植被覆盖的下垫面 $z_{0m}$ 随迎风面积的增大而增大，两者的变化规律符合指数函数形式，但增加率随迎风面积的增大而减小，最终趋于零（夏建新等，2007）。

### 4.4.2 植被指数模型

相比不透水面、水体、裸地等下垫面类型，植被覆盖地表类型多样、动态变化特征明显，在通量计算中更加重要，也最为复杂。植被指数是反映地表植被生长特征的最重要信息之一，也是植被最容易提取的遥感特征，已广泛用于评价植被生长过程中的形态学特征，在 R92 模型中已经尝试引入植被指数对部分模型参数定量表达，来达到模型的空间化和时序化。

通常用 NDVI 计算 LAI、植被覆盖度等参数，再通过经验模型计算 $z_{0m}$。最早计算水热通量的 SEBAL 模型中将 $z_{0m}$ 表示为 NDVI 的函数（Moran，1990）；在我国西北干旱区进行地气相互作用的实验研究中，利用 TM 数据以及与之相近时刻的地面站点的观测资料，建立 NDVI 与 $z_{0m}$ 之间的指数关系式，从而将这一关系式扩展到区域，以此确定区域地表粗糙度（贾立等，1999）；针对大气环流模型（general circulation model，GCM）动态应用的需求，基于 NOAA AVHRR 数据 NDVI 和地表过程参数反演 $z_{0m}$（Gupta and Kaushik，2009）。

研究表明，$z_{0m}$随着LAI有规律性的变化，即先随LAI的增加而增加，直至出现冠层的“超遮蔽”现象，相邻的叶片互相遮蔽，表面变得更加动力学光滑，$z_{0m}$与LAI的线性关系不再适用，即LAI对$z_{0m}$的描述存在饱和现象，对于冠层稠密的植被不再适用。LAI与热力学粗糙度呈指数关系（Qualls and Brutsaert，1996）；分别考虑针叶林、阔叶林和针阔混交林三种类型，迎风面积指数（frontal area index，FAI）的概念被提出，并将FAI表示为LAI、植株高度和植被覆盖度的函数来计算$z_{0m}$和$d$（Schaudt and Dickinson，2000）；利用MODIS数据，根据地表粗糙度与LAI之间的关系式反演区域植被覆盖下垫面地表粗糙度在季节上的动态变化（Jordan and Lewis，1994）；在源区的假设下，赋予源区内粗糙元素的权重，通过TM影像计算的LAI利用经验关系计算获得高分辨率尺度的$z_{0m}$（Zhou et al.，2009）；在改进的形态学模型基础上，利用遥感数据获取的LAI计算阻力系数，配合美国国家环境预报中心（National Centers for Environmental Prediction，NCEP）再分析风速数据间接计算$z_{0m}$（张杰等，2010）。

Allen等（2007a）在通量计算中针对不同的植被和地形特征采取不同的$z_{0m}$计算方法：对于裸土下垫面固定$z_{0m}$为最小值0.005 m，对于低矮植被通过土壤调整植被指数（SAVI）计算的LAI与$z_{0m}$的经验关系来表达，对于较高植被按景拟合NDVI与$z_{0m}$的指数关系，同时在山区引入坡度因子校正$z_{0m}$：

$$z_{0m\_mtn}=z_{0m}\left(1+\frac{\left(\frac{180}{\pi}\right)\text{slope}-5}{20}\right) \tag{4-38}$$

也有学者在R92模型的基础上，通过冠层面积指数（$\Lambda$）与LAI之间的关系，利用遥感数据将粗糙度形态学模型空间化，其中冠层面积指数定义为单位面积内地上植物各元素面积之和，或单位面积上植被对风阻挡的有效面积：

$$\Lambda=\text{LAI}+\text{LAI}_d+\text{LAI}_s \tag{4-39}$$

式中，$\text{LAI}_d$为单位面积地上枯死叶片的总面积；$\text{LAI}_s$为植株地上茎秆的总面积。两者可用LAI结合植被生长过程采用经验方法估算（Zeng et al.，2002），其中$n$代表第$n$个月，$1-\alpha$代表每月枯叶凋落比率：

$$L_s^n=\text{LAI}_d+\text{LAI}_s=\max\left\{\left[\alpha L_s^{n-1}+\max(\text{LAI}^{n-1}-\text{LAI}^n,0)\right],L_{s,\min}\right\} \tag{4-40}$$

基于以上LAI与$\Lambda$的转换关系，利用MODIS的LAI产品计算中国东部时间序列上的$z_{0m}$（杨阿强等，2011）；根据黑河中游绿洲的作物类型，引入作物高度与LAI、LAI与NDVI的经验关系，估算绿洲区$z_{0m}$的时空分布（Chen et al.，2015）。

除了NDVI和LAI两种常用的植被指标外，植被密度、植被覆盖度等植被空间结构量化指标同样与空气动力学粗糙度密切相关。近地表气流通过植被覆盖区域时，植株个体对气流有削弱作用，当植被密度增加时，植株间形成涡流，作用在植被上的气流强度减弱，当植株密度增加到一定程度时，空气动力学粗糙度不再随植株密度的增加而增大。植被覆盖度是指植被冠层在下垫面的投影面积占地表总面积的比率，研究表明，空气动力学粗糙度与植被覆盖度之间存在幂函数的关系（董治宝和陈渭南，1996）。由于植株个体形态复杂，空间尺度上的植被密度往往难以量化，而植被覆盖度可以通过地面和光学传感器平台观测同步获取，具有简单、直观、准确的优点，因此在实际研究中广泛用于植被条件下空气动力学粗糙度的度量。

实践表明，通过遥感数据提取植被指数可以度量时间序列上的空气动力学粗糙度变化，大多表示为与植被指数或其变式的经验关系，模型形式多样，没有统一的定式，近年来的研究方法归纳总结见表 4-6。

**表 4-6　植被指数计算空气动力学粗糙度方法归纳**

| 出处 | 主要表达式 | 备注 |
|---|---|---|
| Brutsaert（1982b） | $z_{0m}=0.13\ h$ | $h$ 为植被高度 |
| Moran（1990） | $z_{0m}=a\dfrac{\text{NIR}}{\text{RED}}$ | |
| Teixeira 等（2009） | $z_{0m}=\exp\ (a\text{NDVI}+b)$ | |
| Monteith（1973） | $z_{0m}=\begin{cases}z_{0s}+0.28h\ \sqrt{0.2\text{LAI}} & 0\leqslant \text{LAI}<1\\ 0.3h(1-d/h) & 1\leqslant \text{LAI}\leqslant 10\end{cases}$ | $z_{0s}$ 为土壤表面粗糙度，一般取 0.01 m |
| Lettau（1969） | $z_{0m}=0.5\cdot h\cdot \text{FAI}$ | $\text{FAI}=A_f/A_d$ |
| Counihan（1971） | $z_{0m}=h(1.8\text{FAI}-0.08)$ | 在 $0.06<\text{FAI}<0.15$ 条件下可用 |
| Qualls 和 Brutsaert（1996） | $z_{0h}=\exp(a/\text{LAI}+b)$ | $z_{0h}$ 为热力学粗糙度 |
| Bastiaanssen 和 Bandara（2001） | $z_{0m}=h\exp(-\text{LAI}\times 0.5)\ [1-\exp(-\text{LAI}\times 0.5)]$ | |
| Allen 等（2007a） | $z_{0m}=\begin{cases}0.018\text{LAI} & \text{低矮植被}\\ \exp\left(\dfrac{a_1\text{NDVI}}{\alpha}+b_1\right) & \text{较高植被}\end{cases}$ | $z_{0m}$ 在山区利用式（4-38）中的坡度因子校正 |
| Schaudt 和 Dickinson（2000） | $z_{0m}=\begin{cases}\text{LAI} & \text{低矮植被}\\ \exp\left(\dfrac{a_1\text{NDVI}}{\alpha}+b_1\right) & \text{较高植被}\end{cases}$ | |
| Yu 等（2018） | $z_{0m}=a\times\text{HDVI}+b$ | HDVI 为归一化冷热点植被指数 |
| 董治宝和陈渭南（1996） | $z_{0m}=0.025+2.464\ V_c^{3.56}$ | $V_c$ 为植被密度 |
| 张华等（2004） | $z_{0m}=-5\times 10^{-4}\ V_c^2+0.0052\ V_c+0.0148$ | |
| 贾立等（1999） | $z_{0m}=\exp\ (-7.13+9.33\text{NDVI})$ | |
| 张杰等（2010） | $z_{0m}=h\left[-0.07+1.97\exp\left(-\dfrac{u}{u_*}\right)+0.02\ln(n)\right]$ | $n$ 为用叶面积指数表示的植株数：$n=300\text{LAI}+50$ |
| 夏建新等（2007） | $z_{0m}=a+b\exp\ (c\text{FAI})$ | $a$、$b$、$c$ 为调节系数 |

在植被指数的基础上，Yu 等（2016）结合双向反射分布函数（bidirectional reflection distribution function，BRDF）多角度参数提出了针对农田植被的空气动力学粗糙度新的估算方法。在植被冠层 BRDF 模型中，半经验的核驱动模型介于经验模型和物理模型之间，既能做到物理模型的简化，又能保证模型一定的物理意义，易于计算和业务化实现。核驱动模型是对水平均一冠层的辐射传输模型和冠层几何光学模型的结合，用具备一定物理意义的核的线性组合来描述地表的二向性反射特征，即把每一个地表非朗伯

(Lambert) 像元的表面散射表示为各向同性散射、体散射和几何光学散射三个组分加权和的形式：

$$R(\theta_i,\theta_r,\varphi)=f_{iso}(\lambda)+f_{vol}(\lambda)K_{vol}(\theta_i,\theta_r,\varphi)+f_{geo}(\lambda)K_{geo}(\theta_i,\theta_r,\varphi) \tag{4-41}$$

式中，$R(\theta_i, \theta_r, \varphi)$ 为太阳天顶角$\theta_i$、观测天顶角$\theta_r$和相对方位角 $\varphi$ 处的方向反射率，其中 $\varphi$ 为太阳方位角$\varphi_i$和观测方位角$\varphi_r$的相对角（$\varphi=\varphi_i-\varphi_r$）；$K_{vol}(\theta_i, \theta_r, \varphi)$ 为体散射核，表示由冠层内随机分布组分的间隙率引起的多次散射；$K_{geo}(\theta_i, \theta_r, \varphi)$ 为几何光学核，表示由多个植株冠层的间隙率引起的单次散射；$f_{iso}(\lambda)$、$f_{vol}(\lambda)$ 和$f_{geo}(\lambda)$ 分别为各向同性核、体散射核和几何光学核的比例系数，仅与波长 $\lambda$ 有关，与入射角和观测角无关。核驱动模型随核函数的组合不同而有所差异，针对农作物稠密冠层，一般选择应用较为广泛的 RossThick 核和 LiSparse 核作为体散射核及几何光学核参与核驱动模型的运算。

在太阳主平面内，植被冠层反射率的变化受冠层光照叶片和阴影叶片的数量变化的影响很大，这种变化可以用冷热点指数来表达：

$$\text{HDS}=\frac{\rho_{HS}-\rho_{DS}}{\rho_{DS}} \tag{4-42}$$

式中，HDS 为冷热点指数；$\rho_{HS}$为热点反射率，即观测方向与太阳入射方向同侧（后向散射区）存在的最强反射率；$\rho_{DS}$为暗点反射率，即观测方向与太阳入射方向异侧（前向散射区）存在的最弱反射率。HDS 表征了反射率在冷点和热点之间的差异，在一定程度上反映了冠层表面的粗糙程度。Leblanc 等（2001）在冷热点指数的基础上，设计了归一化形式的冷热点指数（即归一化冷热点指数，NDHD）：

$$\text{NDHD}=\frac{\rho_{HS}-\rho_{DS}}{\rho_{HS}+\rho_{DS}} \tag{4-43}$$

根据大满站和馆陶站的作物生长物候期，分别计算 5 天时间间隔的 NDVI、NDHD、HDVI，并根据两个站点的风、温、湿廓线计算得到逐日的 $z_{0m}$ 平均值，绘制变化曲线如图 4-19所示。结果显示，NDVI 和 $z_{0m}$随作物生长期的变化呈规律性变化，以大满站春玉米为例［图 4-19（a）］，NDVI 从春玉米出苗期到拔节期增长迅速，在第 184 ~ 第 244 个儒略

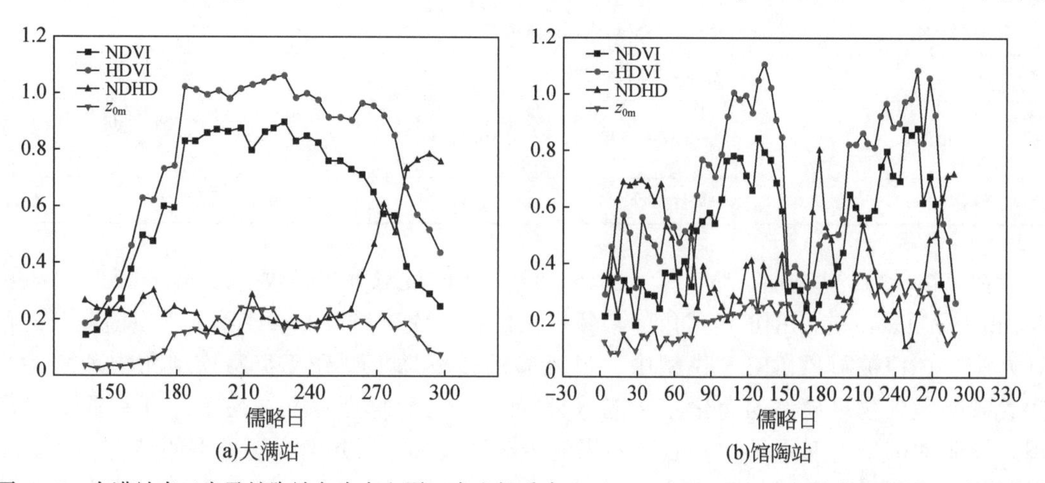


图 4-19　大满站春玉米及馆陶站冬小麦和夏玉米生长季内 NDVI、NDHD、HDVI 与站点观测的 $z_{0m}$ 变化曲线

日达到高峰，NDVI 维持在较高的水平，进入成熟期后，NDVI 开始下降，这与 $z_{0m}$ 的变化特征相一致。NDHD 则表现出与 NDVI 相反的变化趋势，春玉米生长初期，叶片迅速生长，植被覆盖率增加，冠层叶片从稀疏趋于密集，$z_{0m}$ 有缓慢减小的趋势，进入收获期后，NDHD 迅速增加，并在第 264 ~ 第 299 个儒略日维持在一个较高的水平。馆陶站种植冬小麦和夏玉米双季作物，因此 NDVI 和 $z_{0m}$ 均表现为双峰的特征，不考虑第 150 ~ 第 180 个儒略日的种植间歇期，在两季作物生长期内曲线变化特征与大满站的春玉米类似。

研究发现，BRDF 形状在热点和冷点的反射对比明显；而对于紧密均一的植被冠层，其散射类型以体散射为主，BRDF 形状在热点和冷点的反射对比要稍弱一些。因此，NDHD 更能反映植被冠层结构变化的信息。由于 NDVI 与 NDHD 从不同的角度描述了植被冠层的粗糙程度，用表征作物长势的 NDVI 反映冠层粗糙度的垂直方向分量，用表征作物冠层结构的 NDHD 反映冠层粗糙度的水平方向分量，构造新的反演冠层空气动力学粗糙度的指数：

$$\mathrm{HDVI}=\mathrm{NDVI}\times(1+\mathrm{NDHD}) \tag{4-44}$$

式中，HDVI 为归一化冷热点植被指数。对于平坦均匀的耕地，地形变化可以忽略不计，空气动力学粗糙度可分解为两部分，与作物长势相关的垂向粗糙度（用 NDVI 来表达）和与作物种植结构相关的水平粗糙度（用 NDHD 来表达），两者在解释冠层粗糙度方面互相独立，前者为主，后者为辅。因此，平坦的农作物覆盖地表的空气动力学粗糙度可以用 HDVI 来线性表达：

$$z_{0m}=a\times\mathrm{HDVI}+b \tag{4-45}$$

图 4-20 展示了大满站春玉米生长季实测的 $z_{0m}$ 与 NDVI 和 HDVI 的相关关系。虽然 NDVI 与 $z_{0m}$ 存在明显的相关关系（$R^2=0.636$，$n=33$），相比之下，用 HDVI 线性拟合 $z_{0m}$ 的相关性更为显著，离散程度更低（$R^2=0.772$，$n=33$）。另外，在春玉米生长的末期和成熟期，对应图中标记的点 A ~ F，远离用 NDVI 拟合的直线，却密集分布在用 HDVI 拟合的直线周边。HDVI 和 NDVI 在春玉米成熟期同 $z_{0m}$ 的拟合结果出现明显差异的原因可能是春玉米进入成熟期后，叶片中叶绿素含量减少，叶片迅速萎黄，NDVI 从一个较高的水平

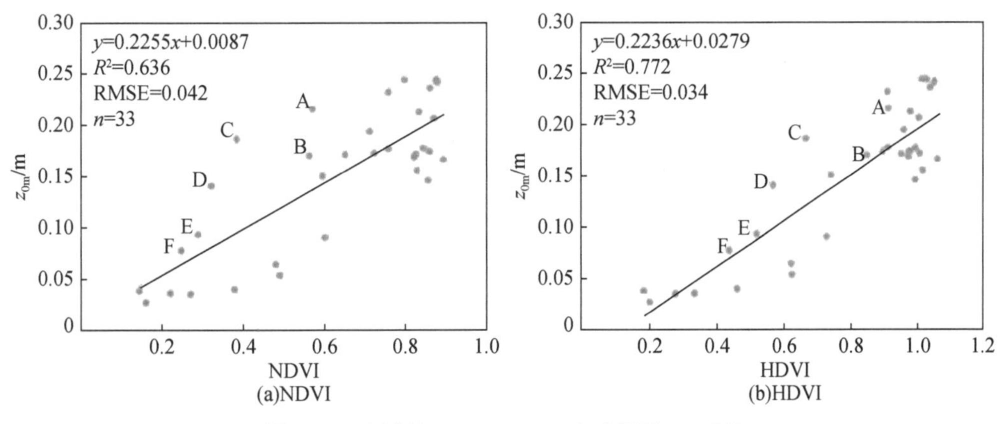


图 4-20　大满站 NDVI、HDVI 与实测的 $z_{0m}$ 对比

骤减，但实际上这个阶段植被冠层形态和粗糙程度并无明显改变，因此仅考虑 NDVI 的模型会低估 $z_{0m}$。相比之下，HDVI 由于考虑了冠层结构信息，在作物生长末期（点A ~ F）更能反映作物覆盖地表的粗糙度情况。

图 4-21 展示了馆陶站夏玉米和冬小麦生长季内实测的 $z_{0m}$ 与 NDVI 和 HDVI 的相关关系。相比 NDVI，夏玉米生长季的 HDVI 与实测 $z_{0m}$ 线性拟合的 $R^2$ 由 0.670 提高至 0.793，冬小麦生长季的 HDVI 相比 NDVI，$R^2$ 由 0.764 提高至 0.790。因此，对于馆陶站冬小麦和夏玉米两种作物，HDVI 模拟 $z_{0m}$ 的能力均有不同程度的提升，HDVI 较 NDVI 更能表征作物覆盖地表的 $z_{0m}$。

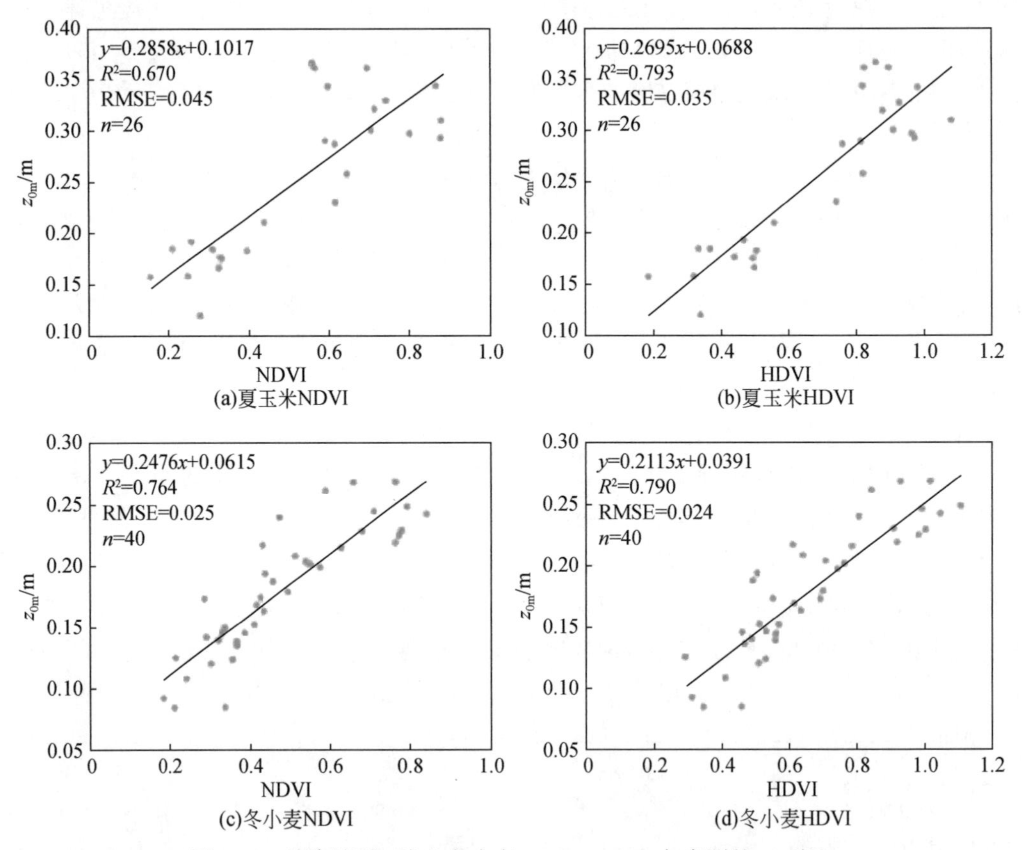


图 4-21　馆陶站夏玉米和冬小麦 NDVI、HDVI 与实测的 $z_{0m}$ 对比

根据 HDVI 指数线性模型，分别计算研究区内作物生长季 $z_{0m}$ 的空间分布。图 4-22 展示了黑河中游绿洲区春玉米生长季中 $z_{0m}$ 的时空变化，其中玉米掩膜数据取自黑河 30 m 土地利用数据集。$z_{0m}$ 变化范围为 0 ~ 0.25 m，变化趋势与作物长势基本一致，在春玉米生长旺盛的 7 月，$z_{0m}$ 达到峰值，8 月，春玉米进入生长末期以后，$z_{0m}$ 开始下降。而春玉米不同的生长阶段，$z_{0m}$ 在空间分布上存在差异，其中 $z_{0m}$ 在 6 月像元间的偏差最大，这种差异主要是由不同地区（地块）春玉米的播种时间、播种密度和施肥方式不同造成的，另外，不同地块作物生长速度的差异也会有所体现。

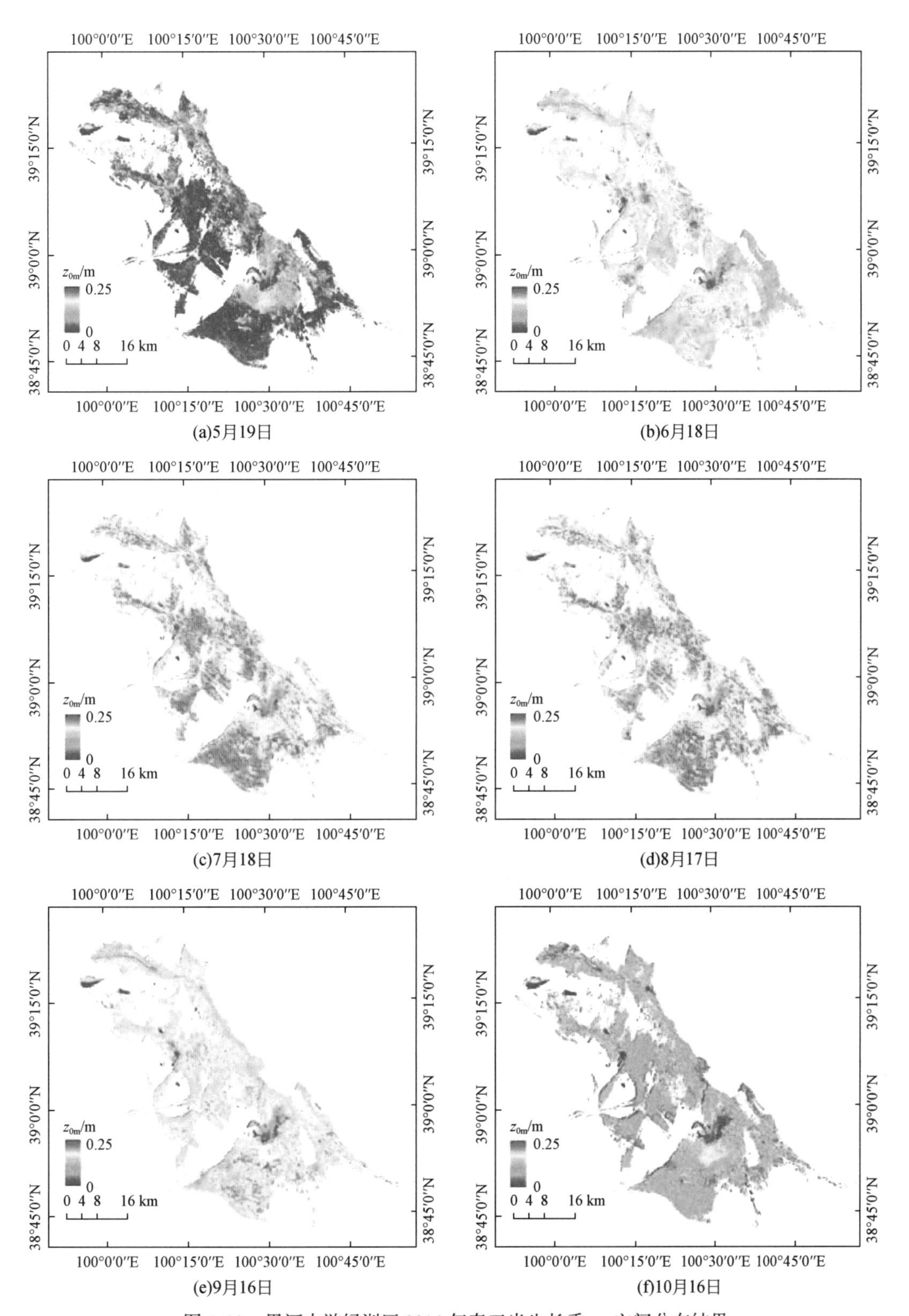


图 4-22 黑河中游绿洲区 2014 年春玉米生长季 $z_{0m}$ 空间分布结果

### 4.4.3 微波遥感方法

相比光学遥感手段在大尺度和植被生长季的广泛应用，主动微波（雷达或散射计）数据则更偏重于刻画微地貌起伏特征，可以通过极化、干涉相位等技术获得更多地表信息。雷达后向散射系数对表面粗糙度十分敏感，通常粗糙度越大，则传感器接收到的后向散射回波就越强。后向散射系数（$\sigma^0$）与雷达系统的波长、入射角、极化方式和地物目标的相对介电常数（$\varepsilon_r$）与表面粗糙度密切相关，其中，相对介电常数与土壤水分有关，而地表粗糙度是影响雷达后向散射回波的主要因素（Ulaby et al.，1997）。

微波散射模型通常可分为经验模型、半经验模型和物理模型三大类。经验模型是根据数理统计分析，按最小误差原则归纳出土壤水分与地表粗糙度同雷达后向散射系数的数学关系式，如 Zribi 模型（Zribi et al.，2005）：

$$\sigma^0 = \delta m_v + \mu \ln(\xi^2 / l) l + \tau \tag{4-46}$$

式中，$m_v$为土壤含水量；$l$ 为表面相关长度；$\xi$ 为均方根高度；$\delta$、$\mu$ 和 $\tau$ 为经验系数。经验模型的特点是简单易用，但往往仅适用于特定的波段、极化方式和入射角，限制了模型的应用。相比较而言，L 波段的交叉极化方式 L-HV 下的后向散射系数能更好地表达地表粗糙度（Greeley et al.，1991）；有研究利用 ERS/SAR、ENVISAT/ASAR、RadarSAT 数据的后向散射系数获得干旱区 30 m 分辨率的地表粗糙度（Marticorena et al.，2006）；进而用 ERS/SAR 数据获取了全球干旱区的地表粗糙度分布。雷达后向散射系数$\sigma^0$与地表几何粗糙度 $z_0$之间通常存在以下关系（Prigent et al.，2005）：

$$\sigma^0 = \alpha \ln(z_0) + \beta \tag{4-47}$$

典型的半经验模型有 Oh 模型、Dubois 模型和 Shi 模型。Oh 模型（Oh，2004）以基尔霍夫近似和小扰动法的分析为基础，认为水平极化与垂直极化的相位差平均值以及两者之间的极化相关系数与地表粗糙度和土壤含水量之间存在联系，模型形式如下：

$$\begin{cases} p = 1 - (2\theta/\pi)^{0.35 m_v - 0.65} \mathrm{e}^{-0.4 (z_0)1.4} \\ q = 0.1 \left( \dfrac{s}{l} + \sin 1.3\theta \right)^{1.2} (1 - \mathrm{e}^{-0.9 (z_0) 0.8}) \\ \sigma^0_{\mathrm{HV}} = 0.11 m_v^{0.7} (\cos\theta)^{2.2} (1 - \mathrm{e}^{-0.32 (z_0) 1.8}) \end{cases} \tag{4-48}$$

式中，$\sigma^0_{\mathrm{HV}}$为交叉极化后向散射系数；$\theta$ 为电磁波的入射角；$s$ 为表面高度标准离差；$z_0$为地表几何粗糙度。

物理模型是由随机粗糙地表的电磁波理论发展建立起来的，典型的物理模型包括基尔霍夫近似模型、物理光学模型、几何光学模型和积分方程模型（integrated equation model，IEM）等。其中，IEM 由于能在一个很宽的地表粗糙范围内再现真实地表后向散射情况，模型应用的限制相对较少。通过利用 IEM 模拟不同表面粗糙度和土壤含水量条件下的裸土表面后向散射值，建立 L 波段 VV 和 HH 极化后向散射系数与介电常数、地表粗糙度功率谱之间的相关关系（Shi et al.，1997）。该模型利用理论模型模拟克服了对特定站点的依赖，具有一定的普适性。

$$\lg\left(\frac{1}{z_0}\right)=\lg\left(\frac{|\alpha_{pp}|^2}{\sigma_{pp}^0}\right)/b_{pp}(\theta)-\alpha_{pp}(\theta)/10\ b_{pp}(\theta) \tag{4-49}$$

式中，$\alpha_{pp}$为同极化状态下的极化幅度；$\sigma_{pp}^0$为同极化状态下的后向散射系数；$b_{pp}$为交叉极化状态下的极化幅度。以上模型是针对裸露地表或稀疏植被地表建立的，如果应用于植被覆盖度较高的地区会造成土壤含水量的低估和地表粗糙度的高估。

雷达数据还可与其他遥感数据一起计算地表粗糙度。运用 SAR 图像和 TM 热红外图像定量反演地表空气动力学粗糙度的二维分布，利用 SAR 后向散射系数与空气动力学粗糙度之间的相关性，建立 TM 像元尺度的等效几何粗糙度向空气动力学粗糙度的尺度转换模型（朱彩英等，2004）；Saatchi 等（2007）利用 L 波段 JERS 雷达后向散射系数信息、纹理信息、MODIS 植被覆盖度信息、SRTM DEM 地形信息结合野外大量实测的植被几何粗糙度数据，反演了整个亚马孙流域的空气动力学粗糙度和零平面位移高度。

### 4.4.4 激光雷达方法

近 20 年间，机载激光雷达（LiDAR）技术的快速发展为地物的精细化识别提供了有效途径。LiDAR 可以获取亚米级的地物形态和粗糙元素的空间分布特征，并通过植被高度的标准差与植被高度的比值描述地表几何粗糙度（Menenti and Ritchie，1994）：

$$z_0=\frac{1}{N}\sum\left[(\sigma_i-\sigma_0)/h_i\right]\bar{h} \tag{4-50}$$

式中，$\sigma_i$为像元 $i$ 内植被高度的标准差；$\sigma_0$为地物高度为零时的激光扫描仪器系统误差；$h_i$为像元 $i$ 内植被的平均高度；$\bar{h}$为实验区内植被的平均高度。在草地，应用上述方法进行实验，对比风廓线获取粗糙度真值，发现 76% 的$z_0$变化是由植被高度的变化引起的（Hugenholtz et al.，2013）；利用黑河中游绿洲的 LiDAR 点云数据获得 DEM 和 DSM，对比 Macdonald 模型、R92 模型和流体动力学（CFD）模型计算 $z_{0m}$的效果，实验表明，CFD 模型在不同下垫面条件下适用性更强（Colin and Faivre，2010）；利用 LiDAR 和 SPOT-5 HRG 数据对比分析不同植被指数反演 $z_{0m}$的精度，结果显示，基于冠层面积指数的方案有最佳的反演效果（Tian et al.，2011）；通过利用 LiDAR 对针叶林砍伐前后的复杂地表的观测数据直接计算 $z_0$，与超声风速仪观测结果具有较好的一致性，证明 LiDAR 在估算复杂下垫面空气动力学粗糙度上有独特的优势（Paul-Limoges et al.，2013）。

现阶段，机载和星载激光雷达技术已经取得了长足的进步。随着激光雷达观测的常态化和区域化，高精度的地表粗糙度动态观测将迎来更为广阔的发展空间。

### 4.4.5 多源数据的参数化方法

由于不同的遥感观测平台和传感器的差异，不同的数据源对空气动力学粗糙度的反演有各自的特征和适用性，考虑多源数据的特点发展更具普适性的空气动力学粗糙度遥感模型是现阶段模型发展的方向。通过 NDVI、BRDF 和雷达、DEM 等遥感数据依次刻画影响空气动力学粗糙度的叶片长势、几何结构、微地貌和地形因子，并采用主成分分析法开展四种因子间的耦合与解耦研究，最终建立空气动力学粗糙度综合反演模型（吴炳方等，2008），表达式如下：

$$A_{zom}=(Z_{om}^{V}+Z_{om}^{nir})\cdot\left(1+\frac{(Slope-a_1)>0}{a_2}\right)+Z_{om}^{r} \quad (4\text{-}51)$$

式中，$A_{zom}$为综合空气动力学粗糙度；Slope 为地形坡度分量；$a_1$和 $a_2$为地形改正模型的标定系数。模型实现了空气动力学粗糙度的时间序列计算；另外，粗糙度的模型集成到 ETWatch 地表蒸散估算系统，改善了蒸散数据产品的空间异质性和产品精度。

式（4-51）中，$Z_{om}^{V}$为空气动力学粗糙度植被叶片动态长势分量，用 NDVI 来表示（$b_1$和 $b_2$为模型标定系数）：

$$Z_{om}^{V}=b_1+b_2\times\left(\frac{(NDVI)\ \ >0}{NDVI_{max}}\right)^{b_3} \quad (4\text{-}52)$$

通过 MODIS BRDF 产品中几何光学散射与各向同性散射系数的比值得到的面散射因子 $R$ 来刻画地表几何结构，并收集全球零散站点数据建立的统计关系模型得到每 8 天的空气动力学粗糙度地表几何结构分量 $z_0$，该模型表达式如下（其中 $c_1$ 和 $c_2$ 为模型标定系数）：

$$Z_{0m}^{nir}=e^{c_1\times R+c_2} \quad (4\text{-}53)$$

结合 C 波段 ERS 数据进行空气动力学粗糙度与 ERS 数据的相关性分析，利用 C 波段雷达数据进行微地貌粗糙度分量的计算：

$$Z_{0m}^{r}=e^{d_1\times\sigma^0+d_2} \quad (4\text{-}54)$$

其中，$Z_{0m}^{r}$为空气动力学粗糙度微地貌分量；$d_1$和 $d_2$为模型标定系数。在上述基于多源遥感数据反演的空气动力学粗糙度不同分量的基础上，再引入 DEM 的坡度信息（Slope），对反演结果进行地形改正，从而将地形因子考虑到模型当中，进而提出空气动力学粗糙度综合参数化估算模型。

## 4.5 小　结

在众多的包含动量通量、感热通量和潜热通量的陆面–大气通量参数化模型中，空气动力学粗糙度是一个非常重要的输入参数，它反映近地表气流与下垫面之间的物质、能量交换等相互作用的特征，已被广泛应用于表征各种地表的空气动力学性质。

本章主要介绍了空气动力学粗糙度概念相关的基本原理，分析了空气动力学粗糙度的主要影响因素，汇总了目前较为成熟的空气动力学粗糙度地面测量方法，同时综述了应用多源遥感数据计算空气动力学粗糙度的模型。尽管最近几十年来空气动力学粗糙度的机理与模型研究得到了快速发展，但不同的模型各具特点，同时在应用过程中都存在一定的限制和缺陷，各种粗糙度模型共存的现状也反映了该领域研究尚处于不成熟、不完备的阶段，空气动力学粗糙度的参数反演仍然是制约区域尺度地表通量准确计算的瓶颈。

在现有的空气动力学粗糙度反演方法中，粗糙元形态学模型具有较强的机理性，但对于下垫面动态变化的植被覆盖地表，植被高度、迎风面积等重要参量在大范围、区域内难以准确地、动态地刻画，另外，模型涉及的阻力系数、经验系数众多，目前的方法只是根据前人的研究经验对不同的下垫面类型赋以数值，缺乏对这些系数本身物理机理的探究，极大地影响了模型反演的精度和可信度。

植被指数模型是在植被生长季节植被特征动态变化的基础上建立的，并不适用于植被不生长的季节。NDVI 或 LAI 与空气动力学粗糙度之间的指数关系可能是普遍适用的，但对于不同的研究区域，由于下垫面差异，必须采用不同的经验系数。另外，通过植被指数捕获的只是植被冠层表面的信息，而忽略了植被内部的叶片结构信息和植株之间的分布结构信息。

微波遥感手段虽然在地表粗糙度反演方面开展了广泛的应用实践，但这种方法在应用过程中有严格的约束条件，模型仅在植被覆盖度较低的地区较为可靠，如裸土、沙地、冰川、城市等下垫面类型，而对于水热通量传输过程起主导作用的植被区域，反演效果并不理想。另外，目前星载的微波遥感平台，集成多波段、多角度、多极化方式的数据仍较难获取，机载的激光雷达数据同样存在成本高昂、时空不连续的特点，难以满足大尺度、长时间序列空气动力学粗糙度的反演研究需要，在现阶段还着重于方法研究，难以在短时间内推广利用。

实际上，由于空气动力学粗糙度是风浪区内地表粗糙元、动力与热力学因子共同作用的结果，其影响因子包括地表几何粗糙度、地形、地表温度、大气温度、风速、风向等。雷达影像、光学影像、热红外影像、地形数据以及气象数据等都可用于复杂地表有效空气动力学粗糙度计算，而不同数据源计算得到的粗糙度影响因子之间又存在相互重叠和耦合的问题。多源数据的参数化计算模型受限于多源数据各自反演得到的粗糙度因子之间存在的相互耦合问题、多源数据的时空尺度匹配问题，在大范围推广应用中存在局限性，究其原因还是缺乏对不同下垫面空气动力学粗糙度影响因素的深入分析，模型搭建过程中没有评估特殊下垫面瞬时近地层气象条件下影响空气动力学粗糙度的主导因子。

空气动力学粗糙度参数化方案研究是陆面过程研究的重要组成部分，也是多种地表观测技术、地学统计分析方法、空间尺度效应、光学与微波遥感模型的交叉方向，无论在理论研究方面还是应用实践方面，都有较高的研究价值。随着遥感技术的日新月异，遥感所能提供的植被参数更加丰富精细。由于传感器技术的缺陷，参数之间存在空间分辨率不匹配等问题，但是遥感在区域尺度空气动力学粗糙度动态估算中有得天独厚的优势，应该积极发展基于多源遥感数据的遥感模型，构建机理性强、易于计算的空气动力学粗糙度遥感模型。

# 第5章 地表净辐射

太阳辐射经过大气传输到达地表被地表吸收，地表吸收的能量又以长波辐射、潜热与感热的形式返回大气，为大气运动提供能量。受地表异质性、大气环境以及纬度分布等变化的影响，地球表面辐射收支与区域分布不均匀。这种地表入射与出射的辐射之差即为地表净辐射。

地表净辐射是陆-气水热循环过程的重要驱动力（Bisht and Bras，2010），直接影响人类及生物生存空间的温度、湿度和光环境，供地表及近地大气层的增温或降温及蒸发、蒸腾的耗热；同时它作为驱动大气运动的首要能量来源，控制着进入大气中的感热通量和潜热通量，影响着地表能量平衡、水分循环、地表蒸散、地表生物化学过程及气候变化等。因此，准确估算地表净辐射及其他辐射分量对生态、水文、气象等模型的应用，以及数据模型、全球环境变化、地表蒸散的估算和区域水资源规划管理等研究有着重要的意义。

地表净辐射是能量平衡收支中重要的组成部分，作为地表与大气之间水汽运动的主要能量来源，直接影响着陆表蒸散的估算精度。本章将主要介绍了辐射与地表净辐射的相关概念、地表净辐射估算方法、地表净辐射案例。

## 5.1 地表辐射

太阳辐射的能量交换有三种方式：对流、传导和辐射。地球能量的大部分输入来源于太阳辐射，这部分能量为短波辐射。太阳辐射（短波辐射）会被地球表面或大气层吸收与反射，地球表面和大气层也会发出辐射（长波辐射），各分量包括向下（又称下行）短波辐射、地表向上（又称上行）短波辐射、大气向下长波辐射和地表向上长波辐射。入射到地球表面的太阳辐射，即短波辐射，一部分能量被反射，形成地表向上短波辐射，重新回到大气中，一部分被地表吸收，这部分被吸收的太阳辐射就是净短波辐射。太阳辐射在传输过程中会在大气层内发生吸收、反射与散射等现象，形成大气向下长波辐射，它的一部分被地表吸收，一部分被反射回大气中；另外，地球表面本身也会向大气发射长波辐射，它与被反射的向下长波辐射一起称为向上长波辐射。向下长波辐射和向上长波辐射之差就是地表的净长波辐射。净短波辐射和净长波辐射的矢量和即为地表净辐射（图5-1）。

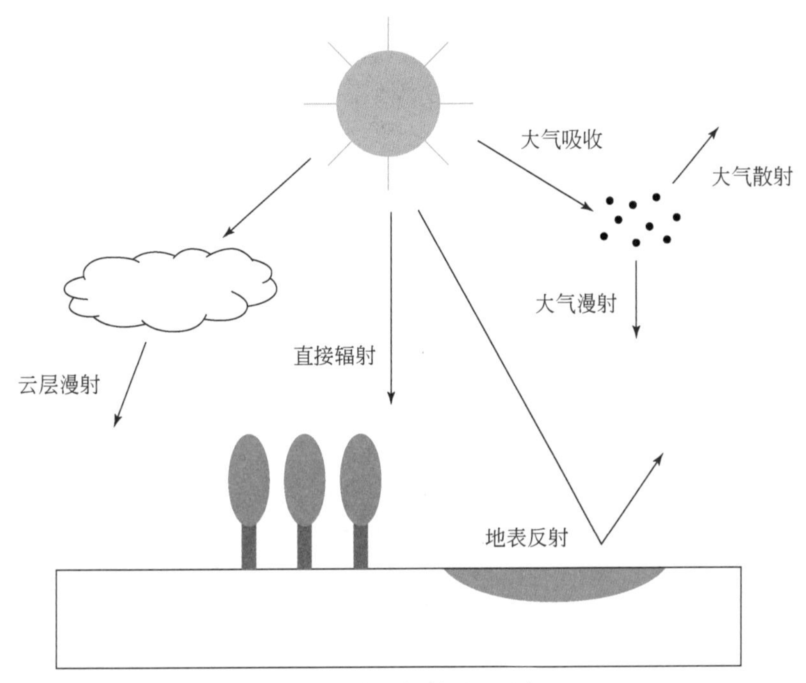


图 5-1　太阳辐射过程示意

## 5.1.1　基本概念

### 1. 太阳常数

到达地球大气上界的太阳辐射能量称为天文太阳辐射量。当地球位于日地平均距离处时，地球大气上界垂直于太阳光线的单位面积在单位时间内所受到的太阳辐射的全谱总能量，称为太阳常数。太阳常数的常用单位是 $W/m^2$。世界气象组织（World Meteorological Organization，WMO）于 1981 年公布的太阳常数值为 1368 $W/m^2$（Hartmann et al.，1999），根据美国国家航空航天局（National Aeronautics and Space Administration，NASA）太阳辐射与气候实验中太阳总辐照度监测仪的测量结果，最准确的太阳常数值为 $1360.8\pm0.5$ $W/m^2$（Kopp and Lean，2011）。

### 2. 太阳高度角与方位角

太阳高度角（$\alpha_e$）是太阳光线与水平面的夹角。太阳方位角（$\alpha_a$）是太阳光线在水平面上的投影与当地子午线的夹角，正北为0°。它们与地理纬度、太阳直射地球时的位置（赤纬）及时角有关。其计算公式为

$$\sin\alpha_e = \sin L\sin\delta_s + \cos L\cos\delta_s \cos h_s \tag{5-1}$$

$$\sin\alpha_a = \cos\delta_s \sin h_s/\cos\alpha_e \tag{5-2}$$

式中，$L$ 为地理纬度；$\delta_s$ 为太阳赤纬；$h_s$ 为时角。

赤纬是在赤道坐标系中，从天赤道起沿太阳的赤经圈到太阳的角距离，计算公式为

$$\delta_s = 0.409\sin\left(\frac{2\pi}{365}J - 1.39\right) \tag{5-3}$$

式中，$J$ 为日期在一年中的日序（童成立等，2005）。时角是一个角度的概念，表征太阳的运动情况，以当地真太阳时正午为0°，下午为正，上午为负，每一小时为15°。

在太阳高度角为0°的时刻，即日出日落时刻，通过式（5-1）可以确定日出的时角（$h_{sr}$）。

$$h_{sr} = \cos^{-1}(-\tan L\tan\delta_s) \tag{5-4}$$

### 3. 太阳总辐射

太阳辐射通过大气，一部分到达地表，称为直接太阳辐射；另一部分为大气的分子、微尘、水汽等吸收、散射和反射。被散射的太阳辐射一部分返回宇宙空间，另一部分到达地表，到达地表的这部分称为散射太阳辐射。到达地表的散射太阳辐射和直接太阳辐射之和称为太阳总辐射。目前，常采用FAO推荐的太阳辐射的计算方法计算太阳辐射（Allen，1998a，1998b），公式如下：

$$R_s = \left(a_s + b_s\frac{n}{N}\right)R_a \tag{5-5}$$

式中，$R_s$ 为太阳总辐射，即太阳短波辐射，又称向下短波辐射；$n/N$ 为相对日照时间；$R_a$ 为天文辐射；$a_s$、$b_s$为经验常数。因大气条件不同（混浊/干洁）和日倾角不同，$a_s$、$b_s$的取值会发生较大的变化。其中，天文辐射 $R_a$ 的计算方法为

$$R_a = \frac{1}{\pi} \times G_{sc} \times E_0 \times (\cos L \times \cos\delta_s \times \sin\omega_s + \sin L \times \sin\delta_s \times \omega_s) \tag{5-6}$$

式中，$G_{sc}$为太阳常数；$E_0$为地球轨道偏心率校正因子；$L$ 为地理纬度；$\delta_s$为太阳赤纬；$\omega_s$为日出或日落时刻的时角（单位为弧度），其中

$$E_0 = 1 + 0.033\cos\left(\frac{2\pi}{365}J\right) \tag{5-7}$$

$$\omega_s = h_{sr} = \cos^{-1}(-\tan L\tan\delta_s) \tag{5-8}$$

### 4. 地表向上短波辐射

地表接收的太阳总辐射在地表反射过程的作用下，向上反射到大气中的短波辐射称为地表向上短波辐射；地表反射的比例由地表反照率决定，地表反照率取决于地表的光学特性，因此，地表向上短波辐射表示为

$$R_{s,up} = \alpha \cdot R_s \tag{5-9}$$

式中，$R_{s,up}$ 为地表向上短波辐射；$\alpha$ 为地表反照率；$R_s$为太阳短波辐射，可由式（5-5）计算获得。

### 5. 地表净短波辐射

地表接收的向下太阳短波辐射与地表向上反射的向上短波辐射的矢量和即为地表净短

波辐射；可由式（5-5）与式（5-9）联合进行估算，如式（5-10）所示：

$$R_{s,net} = (1 - \alpha) R_s \tag{5-10}$$

式中，$R_{s,net}$ 为地表净短波辐射；$\alpha$ 为地表反照率；$R_s$为太阳短波辐射，可由式（5-5）计算获得。

### 6. 地表向上长波辐射

地表在吸收太阳向上短波辐射的同时，又将其中的大部分能量以长波辐射的方式传输到大气中；地表这种以其本身的热量日夜不停地向大气传输的长波辐射，称为地表向上长波辐射，且主要决定于地面本身的温度。辐射能力随辐射体温度的增高而增强，所以，白天地表温度较高，地表向上长波辐射较强；夜间地表温度较低，地表向上长波辐射较弱。具体的计算公式为

$$R_{l,up} = \varepsilon_s \sigma T_s^4 \tag{5-11}$$

式中，$R_{l,up}$ 为地表向上长波辐射；$\varepsilon_s$ 为地表发射率；$T_s$为地表温度；$\sigma$ 为斯特藩-玻尔兹曼（Stefan-Boltzmann）常数［$5.67\times10^{-8}$ W/($K^4 \cdot m^2$)］。

### 7. 大气向下长波辐射

地表向上短波辐射和向上长波辐射在经过地球大气时的遭遇是不同的；大气对太阳向上短波辐射来说是近似透明的，而它却强烈吸收地表向上长波辐射；大气在吸收地表向上长波辐射的同时，本身也向外辐射波长更长的长波辐射，大气向下发射的长波辐射称为大气向下长波辐射。其主要与大气本身的发射率以及温度有关，具体的计算公式为

$$R_{l,down} = \varepsilon_a \sigma T_a^4 \tag{5-12}$$

式中，$R_{l,down}$ 为大气向下长波辐射；$\varepsilon_a$ 为大气发射率；$T_a$为大气温度；$\sigma$ 为斯特藩-玻尔兹曼常数［$5.67\times10^{-8}$ W/($K^4 \cdot m^2$)］。

### 8. 地表净长波辐射

地表接收的大气向下长波辐射与地表向上反射的向上长波辐射的矢量和，即为地表净长波辐射，可由式（5-11）与式（5-12）联合进行估算，计算公式为

$$R_{l,net} = R_{l,down} - R_{l,up} = \varepsilon_a \sigma T_a^4 - \varepsilon_s \sigma T_s^4 \tag{5-13}$$

式中，$R_{l,net}$ 为地表净长波辐射；$R_{l,up}$ 为地表向上长波辐射；$\varepsilon_s$ 为地表发射率；$T_s$为地表温度；$R_{l,down}$ 为大气向下长波辐射；$\varepsilon_a$ 为大气发射率；$T_a$为大气温度；$\sigma$ 为斯特藩-玻尔兹曼常数（$5.67\times10^{-8}$ W/$m^2$）。

### 9. 地表净辐射

地表净辐射是指地表向上与向下的总辐射之差，是地表所获取的净辐射能量（于贵瑞和孙晓敏，2006），基于辐射能量平衡方程可以表示为

$$R_n = R_{s,net} + R_{l,net} = (1 - \alpha) R_s + R_{l,down} - R_{l,up} = (1 - \alpha) R_s + \varepsilon_a \sigma T_a^4 - \varepsilon_s \sigma T_s^4 \tag{5-14}$$

式中，$R_n$ 为地表净辐射；$R_{s,\ net}$ 为地表净短波辐射；$R_{l,\ up}$ 为地表向上长波辐射；$R_s$ 为地表向下短波辐射；$\varepsilon_s$ 为地表发射率；$T_s$为地表温度；$R_{l,\ down}$ 为大气向下长波辐射；$\varepsilon_a$ 为大气发射率；$T_a$为大气温度；$\sigma$ 为斯特藩-玻尔兹曼常数［$5.67\times10^{-8}$ W/($K^4$ · $m^2$)］。

地表净辐射包括瞬时净辐射与日尺度或更长尺度的净辐射。在遥感蒸散模型中，瞬时净辐射指的是卫星过境时刻净辐射，日净辐射指的是一天中总的净辐射。

## 5.1.2　地表净辐射影响因子

地表净辐射的大小及其变化特征是由短波辐射之差和长波辐射之差两部分决定的，总体来说，影响这两部分的因子也影响地表净辐射，包括昼夜变化、季节变换、地理纬度、地表性质以及大气中的温湿状况、大气成分和云量云状的不同而不同，其数值可正可负，正值代表地面收入的辐射能量超过支出的辐射能量。

通常来说，地表净辐射的主要影响因素包括云、地理纬度、大气质量和地形等（高扬子等，2013；Wu et al.，2016）。云覆盖了地球约 60% 的表面，它可以调节地表反照率、温度分布和大气的总体循环，影响着地球大气系统的辐射收支，是地球气候最重要的调节方式之一。就纬度而言，高纬度地区的净辐射一般为负，即净长波辐射超过净短波辐射，而中低纬度地区则正好相反；中低纬度和高纬度地区之间的净辐射不平衡，驱动了极向热传递，是大规模大气环流和洋流的动力来源之一。地球表面往往存在一定的地形起伏，不同坡度和坡向的倾斜面与水平面的净辐射水平由于接收到不同能量的太阳辐射而不同，倾斜面上太阳光线入射角受坡度、坡向、纬度、赤纬和时角的控制，并可能受到周围地形遮蔽，在实际的复杂地形下，地表净辐射能量的空间分布存在很大差异。

## 5.1.3　地表净辐射时空变化

地表净辐射在夜晚通常为负值，主要是由于没有入射的太阳辐射，净长波辐射由地表长波辐射控制。在白天，地表净辐射往往会随太阳高度角的增大而增大。在晴天无云的条件下，白天往往会有两个时间点净辐射为 0。第一个时间点为地表净辐射由夜间的负值转变为白天的正值时，该时间点一般出现在日出之后的一段时间内，此时正处清晨，地表温度较低，净长波辐射较小，只需要很少的太阳辐射，即可达到平衡的状态。第二个时间点一般出现在日落前的一段时间内，此时正处下午时分，地面温度较高，净长波辐射较大。

图 5-2 以美国三个处在不同环境条件下站点的能量平衡观测数据为例来对地表净辐射的日变化过程进行分析，结果表明，三个站点的通量变化模式基本相似，在日出之前/日落之后地表净辐射和（大多数）传热源为负值，在正午前后具有明显的正峰值（能量汇）。但是，每个站点的地表净辐射及能量平衡分量则显示出相当大的变化，主要与地表水的可用性（或其他方面）相关。如图 5-2（a）展示的是威斯康星州草原的地表净辐射随潜热通量、感热通量和土壤热通量的减小而逐渐消散，图 5-2（b）展示的是亚利桑那州的苏丹草地表净辐射变化，该站点的潜热通量在一天中均超过地表净辐射；图 5-2（c）

展示的是加利福尼亚州的干旱区湖泊与裸土地区地表净辐射变化，蒸散速率和相关的潜热通量接近于零。尽管日出至 9：30（土壤热通量达到最大值）土壤热通量占主导地位，但主要能量汇为感热通量。

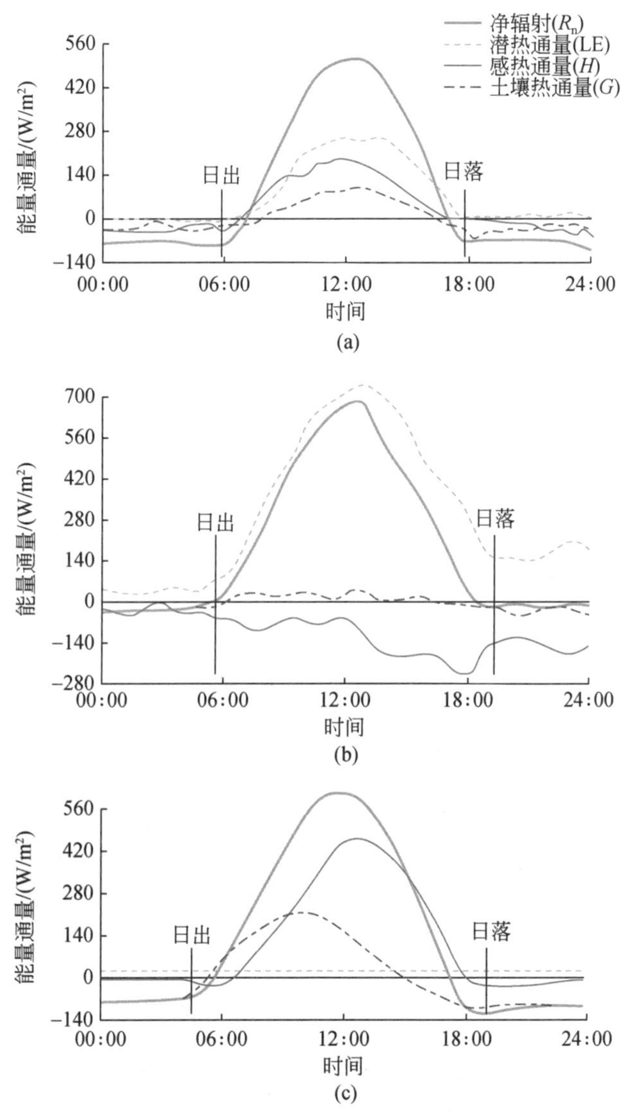


图 5-2　三种不同环境条件下平均日能量平衡趋势

资料来源：Sellers（1965）

总体来说，地表辐射平衡的各个分量在很长时间内是处于平衡状态的，但在较短时间内地表辐射能在地球表面是分布不均的。地表净辐射可以为正值、负值或零。当入射辐射多于出射辐射时，地表净辐射为正值，这通常发生在白天；当入射辐射和出射辐射处于平衡时，地表净辐射为零，这种情况很少发生。在 40°N～40°S，地球拥有净辐射增益，图 5-3 显示了全球净辐射的增益与损失（Hartmann，2016）；在 40°N 以北和 40°S

以南的区域，会有地表净辐射损失；地表热量的重新分配是通过洋流和大气的全球循环来完成的。

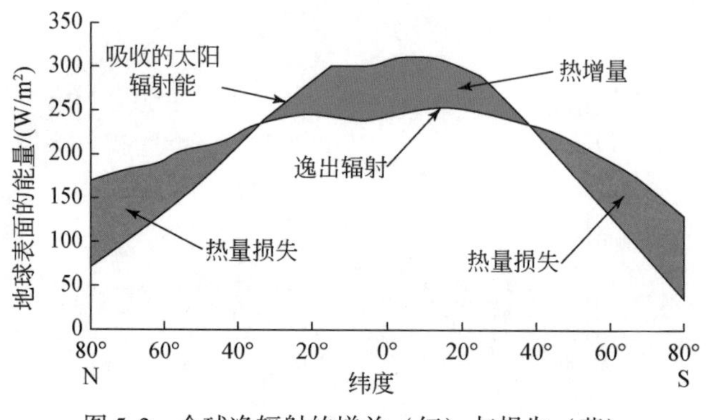


图 5-3 全球净辐射的增益（红）与损失（蓝）

图 5-4 给出了全球地表净辐射分布，地表净辐射在两极附近为负，在热带为正。处于南半球夏季的亚热带海域出现约 140 W/m$^2$的最高正值，此时日照充足且地表反照率较低，这两种条件均有助于地表吸收大量的太阳辐射。地表净辐射的最大损失发生在北半球冬季产生极夜的地区，此时上行长波辐射没有太阳辐射的补偿。北非的撒哈拉沙漠地区尽管与亚热带纬度相近，但年平均地表净辐射为负值，这与干旱沙漠相对较高的地表反照率有关。

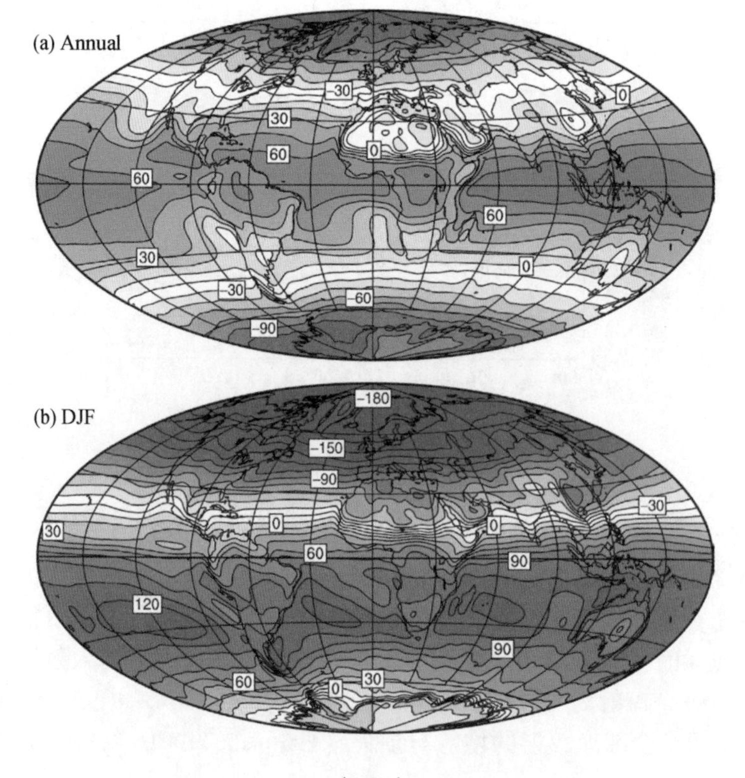

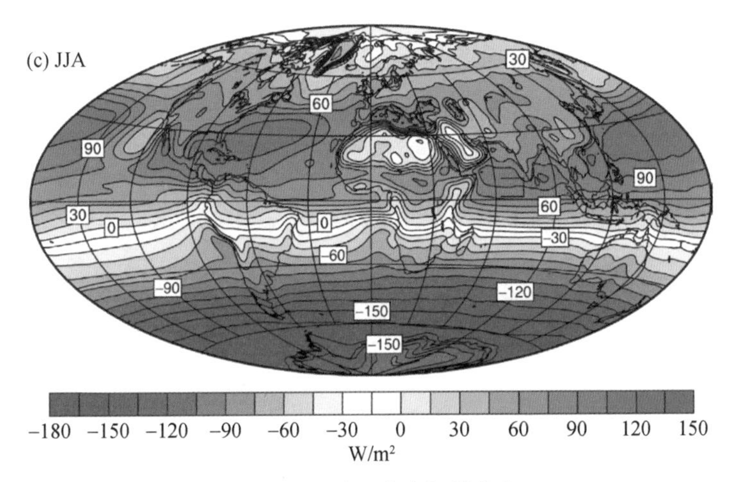


图 5-4　全球地表净辐射分布

资料来源：CERES 卫星 2000 ~ 2013 年的数据

## 5.2　地表净辐射估算方法

地表净辐射的研究始于地表辐射观测站的建立。自 20 世纪 50 年代起，世界范围开始建设地表辐射观测站点网络，目前已经建成的辐射观测网络有基线地表辐射观测网（BSRN）（Ohmura et al.，1998）、地表辐射能量收支观测网（SURFRAD）（Augustine et al.，2000）、大气辐射观测项目（ARM）（Stokes，1994）、美洲区域通量观测网络（AmeriFlux）（桂胜，2010）等。亚洲区域通量观测网络（AsiaFlux）于 1999 年建立，其主要目的是增进对不同陆地地球生态系统和大气之间控制 $CO_2$、水汽和能量交换的物理与生物过程的理解，到目前为止，AsiaFlux 一共有 71 个站点分布在整个亚洲地区（桂胜，2010）。

目前全国共有观测站 98 个，其中一级站 17 个、二级站 33 个、三级站 48 个。一级站有要素五项，即总辐射、净辐射、散射辐射、直接辐射和反射辐射；二级站有要素两项，即总辐射、净辐射；三级站只有一项要素，即总辐射。这些辐射观测站的建立是了解一个地区辐射情况的一个重要手段（杜建飞，2004）。

1988 年开始组建成立的中国生态系统研究网络（CERN），对辐射的观测项目包括向上短波辐射、向下短波辐射、向上长波辐射、向下长波辐射四个分量。目前，该研究网络由 16 个农田生态系统试验站、11 个森林生态系统试验站、3 个草地生态系统试验站、3 个沙漠生态系统试验站、1 个沼泽生态系统试验站、2 个湖泊生态系统试验站、3 个海洋生态系统试验站、1 个城市生态站，以及水分、土壤、大气、生物、水域生态系统 5 个学科分中心和 1 个综合研究中心所组成。

然而，地表辐射观测站点数量有限，而且仪器的维护、天气因素、人为故障和下垫面的破坏等原因，影响净辐射的正常观测，很难保证获得长期的净辐射资料。利用卫星遥感方法，能够得到具有良好的时间连续性和空间均一性的地球辐射收支资料，因此，卫星遥感方法成为目前研究地表辐射收支的一个重要手段，有很多研究人员提出用卫星数据来估算地表辐射信息的方法（Cess et al.，1991；Li et al.，1993a，1993b；Masuda et al.，1995；柳树福，2013；Wu et al.，2016）。

在目前计算地表净辐射的方法中，有直接利用气象站点的气象数据计算地表净辐射，也有利用遥感数据反演地表的净辐射通量计算地表净辐射。为了满足不同的需求，地表净辐射的研究中有从瞬时净辐射计算的角度考虑，也有从全天净辐射计算的角度考虑。

### 5.2.1 基于气象数据的净辐射估算方法

基于气象数据计算净辐射研究可以分为两类：使用辐射传输模式的物理模型和使用统计回归的经验模型。

1. 物理模型

基于气象数据的物理模型是结合地面台站气象数据和大气辐射传输模型来计算地表直射太阳辐射与散射太阳辐射，然后两者相加即得到地表总太阳辐射，如果再知道地表反照率就可以计算出地表净短波辐射。这种方法主要是利用大气辐射传输模型，结合地面站点提供的气象参数，计算大气的吸收、散射、反射量，最后计算出到达地表的辐射通量。常用的大气辐射传输模型有低波谱分辨率的大气辐射传输模型 LOWTRAN 和中等波谱分辨率的大气辐射传输模型 MODTRAN（Berk et al.，1998）。另外，还有其他辐射传输模型可计算到达地表的直射太阳辐射（高国栋和陆渝蓉，1982；祝昌汉，1985；翁笃鸣，1986）和散射太阳辐射（Liu and Jordan，1960；朱志辉，1982）。

利用地面台站气象数据结合大气辐射传输模型方法的优点是概念清楚，计算精度也较高，但是计算复杂，需要输入很多的参数，如云和气溶胶等，而云和气溶胶类型、含量及其分布很难准确获取，这给计算带来了一定的困难和误差，而且该方法获取的只是一个点上的数据，面上的数据难以获取。同时，该方法需要大量的地面观测气象数据，因而在地面观测台站很少的地区该方法就受到很大的限制（朱君和唐伯惠，2008）。

2. 经验模型

基于气象数据的经验模型是利用地表净辐射（或者各分量）的实际观测资料与地面气象要素进行相关性分析，建立两者间的联系，然后通过已知的常规气象观测资料估算地表净辐射的方法（杜建飞，2004）。江灏和瞿章（1991）利用一年青藏高原野外热源试验期间的资料，建立了地面气象要素与地表净辐射之间的经验公式，并据此推算了拉萨站 1953 ~ 1980 年的地表净辐射值，并分析了其年变化特征及其与 $500\times10^6$ Pa 高度的关系。翁笃鸣和高庆先（1993）在分析实测总辐射与地表净辐射月平均通量密度相关性的基础上，建立了回归方程以推算地表净辐射年平均通量密度分布，同时分析了坡地总辐射与净辐射气候计算值间的相关特点。但在实际工作中地表净辐射的实测资料非常少，致使回归法的推广受到限制。朱克云等（2001）利用青藏高原自动气象站（AWS）观测资料和相应的常规测站资料，计算了拉萨、日喀则、那曲和林芝的大气热量及各热力分量的贡献状况，地面净辐射由向下的总净辐射和向上的总净辐射的差，得出各热力分量都存在夏季大冬季小的现象。Niemelä 等（2001a）介绍了利用卫星反演的地表温度信息计算晴空和全天候条件下的地表长波辐射的方法，并比较了八种不同的长波辐射计算模式，发现晴空条件下大部分模型计算的长波辐射偏低。

Bilbao 和 Miguel（2007）比较了四种下行长波辐射的方法（Brutsaert、Swinbank、Idso 和 Brunt），四种方法都用到了近地表的气温和水汽压数据，是计算地表长波辐射的经验方法。Kjaersgaard 等（2007）比较了六种计算日净辐射的方法，根据计算结果，推荐了两种用于计算温带气候的净辐射方法。Wang 和 Liang（2008）利用地表净短波辐射、地表的气象观测数据，用回归统计的方法估算了地表日净辐射量。黄妙芬等（2005）对现有的 10 种晴天大气下行辐射估算模型和两种有云大气下行辐射估算模型进行了评价与分析。任鸿瑞等（2006）比较了几种常用净辐射计算方法在黄淮海平原的应用，不同方法的差异主要在于计算长波辐射的模式不一样，分别介绍了别尔良德法、Penman 法、布朗特法和邓根云法等几种长波辐射计算方法的差异。

净辐射中的大气下行长波辐射是地表净辐射的一个重要组成部分，可以采用气象站常规观测资料中的气温和空气湿度信息来推算大气下行辐射（Culf and Gash，1993；Prata，1996；Niemelä et al.，2001a，2001b；Iziomon et al.，2003；吴鹏飞等，2003；Ma，2003；杜建飞等，2004；黄妙芬等，2005；Ma et al.，2005；任鸿瑞等，2006；Jin and Liang，2006）。

刘新安等（2006）利用我国气象系统现有的 50 个净辐射站 1993 ~ 2000 年的辐射及相关气象资料，采用五种方法计算了地表净辐射月值。这五种方法都是从利用地表净辐射的实际观测资料与地面气象要素建立关系，从而计算地表净辐射，这五种方法介绍如下。

**（1）余项法**

基于地表净辐射定义，把它看成地表得到的净短波辐射与支出的净长波辐射的余项，采取分项计算然后求代数和的方法，即

$$R_n = (1 - \alpha) R_s - L_n \tag{5-15}$$

式中，$R_n$ 为地表净辐射；$R_s$ 为地面总辐射；$\alpha$ 为地表反照率；$L_n$ 为地表有效长波辐射。式中的总辐射采用站点实测数据；地表有效辐射采用经验公式计算生成的数据；地表反照率采用卫星数据波段经线性组合而得到。

**（2）多因子综合法**

多因子综合法利用地表净辐射与总辐射及其他要素之间的关系来构建估算模型。在选用因子时考虑到总辐射已经隐含天空遮蔽状况及大气透明度的影响，因此侧重选用对地表有效辐射影响较大的因子。刘新安等（2006）的具体做法是以 40 个站 1993 ~ 2000 年累积平均的地表净辐射占总辐射的比例为因变量，以同期的月平均气温、地面温度、相对湿度、降水量和测站海拔（依次为 $x_1$，$x_2$，…，$x_5$）为自变量，建立如式（5-16）的逐步回归方程，预留 10 个站进行检验。

$$R_n = R_s(b_0 + \sum_{j=1}^{5} b_j x_j) \tag{5-16}$$

式中，$b_0$为常数；$b_j$（$j$ = 1，2，3，…）为各因子的回归系数。

**（3）Penman 修正式**

该方法取自 FAO 于 1979 年推荐的用于计算参考作物蒸散量的 Penman 修正式，公式如下：

$$R_n = 0.75R_a\left(a_s + b_s \frac{n}{N}\right) - \sigma T_k^4(0.56 - 0.079\sqrt{e_a})\left(0.1 + 0.9\frac{n}{N}\right) \tag{5-17}$$

式中，$R_n$ 为地表净辐射（$MJ/m^2$）；$R_a$ 为天文辐射（$MJ/m^2$）；$\sigma$ 为斯特藩-玻尔兹曼常数［$5.67\times10^{-8}$ W/($K^4 \cdot m^2$)］；$T_k$为平均气温（K）；$e_a$为实际水汽压（hPa）；$n$ 为实际日照时数（h），$N$ 为可照时数（h），其比值为相对日照时间；$a_s$、$b_s$为经验常数。

**（4）Penman-Monteith 公式**

该方法取自 FAO 于 1998 年推荐用于计算参考作物蒸散量的 Penman-Monteith 公式，公式如下：

$$R_n = (1-\alpha)R_s - \sigma\left[\frac{T_{max,k}^4 + T_{min,k}^4}{2}\right](0.34 - 0.14\sqrt{e_a})\left(1.35\frac{R_s}{R_{so}} - 0.35\right) \tag{5-18}$$

$$R_{so} = (0.75 + 2z\times10^{-5})R_a \tag{5-19}$$

式中，$R_n$ 为地表净辐射（$MJ/m^2$）；$\alpha$ 为地表反照率；$R_{so}$和 $R_s$ 分别为晴天地表短波辐射和实际地表短波辐射［$R_s$ 可由式（5-5）获得］；$\sigma$ 为斯特藩-玻尔兹曼常数［$5.67\times10^{-8}$ W/($K^4 \cdot m^2$)］；$T_{maz,k}$和 $T_{min,k}$分别为月平均最高和最低气温（K）；$e_a$为实际水汽压（kPa）；$R_a$ 为天文辐射（$MJ/m^2$）；$z$ 为海拔（m）。

**（5）Chang Jen-Hu 修正式**

日本学者曾用 Chang Jen-Hu 公式计算地表净辐射，并制作 10 km×10 km 气候图，公式如下：

$$R_{n,i} = (1-\alpha_i)R_{si} - \sigma(T_{a,i})^4[286.18 + 202.6\times B_i - (45.24 + 10.92\times B_i)\sqrt{e_{a,i}}] \tag{5-20}$$

式中，$R_{si}$为第 $i$ 月的总辐射（$MJ/m^2$）；$\alpha_i$为月平均地表反照率；$\sigma$ 为斯特藩-玻尔兹曼常数；$T_{a,i}$为月平均气温（℃）；$B_i$为月平均气候透射率（总辐射与天文辐射之比）；$e_{a,i}$为月平均水汽压（hPa）。其中 $\alpha_i$采用加权平均求得，积雪日取 0.65，非积雪日取 0.15；天文辐射月总量均采用精确累积计算法求算。

利用地表净辐射的实际观测资料，可分析地表净辐射与常规气象要素之间的关系。基于气象数据的经验模型方法在气象站点分布比较密集的地区应用效果较好，但在地广站稀的地区，以及无台站地区，无法满足该方法的应用条件。

### 5.2.2 基于遥感数据的净辐射估算方法

基于遥感数据的净辐射研究方法可以从两方面考虑，一是利用遥感数据直接估算地表净辐射；二是利用遥感数据反演出地表相关参量（地表温度、植被指数、近地表温湿压信息等），然后通过反演的相关参量间接估算地表净辐射，主要包括瞬时净辐射与日净辐射。

1. 直接估算方法

直接估算方法是直接利用大气顶部卫星测量值来计算地表净短波辐射或其他辐射分量，这种方法是通过研究依赖太阳天顶角、卫星观测角的大气顶辐射与地表净辐射或各辐射分量之间的回归关系，从而估算地表净辐射（唐伯惠，2007）。直接估算方法的优点是能够计算出整个面上的地表净短波辐射值而不用输入地面观测数据。

Pinker 和 Corio（1984）通过研究极地轨道卫星 NOAA5 上大气顶部的净辐射（全波长）值与地面观测值（或模拟的净辐射值），发现大气顶部的净辐射和地面的净辐射存在很强的相关性。Pinker 和 Ewing（1985）、Pinker 和 Tarpley（1988）通过研究静止卫星 GOES-E 观测的加拿大和美国大气顶部每天的净辐射值，也得到了相同的结论。Cess 和 Vulis（1989）利用大气辐射传输模型进一步研究了大气顶部净短波辐射和地表净短波辐射之间的线性关系。在各种地表和大气条件下，对于不同的太阳天顶角，大气顶部净短波辐射和地表净短波辐射之间几乎总是存在一种线性关系。Cess 等（1991）随后又进一步阐明了大气顶部净短波辐射与地表净短波辐射之间线性关系的有效性。他们把位于科罗拉多州博尔德（Boulder）地区一个塔上的日射强度计测量数据和地球辐射收支卫星（ERBS）观测数据联系起来，发现用一个斜率偏移的线性算法（a linear slope-offset algorithm）可以很好地反演特定地区晴空的地表净短波辐射。但是，当天空有云时，这种晴空的算法就会产生一个负的偏差。这是因为该算法没有考虑太阳天顶角、云以及与地表反照率有关的大气吸收的影响。Chou（1989，1991）证明，在大气顶部净短波辐射和地表净短波辐射的关系中，太阳天顶角有着显著的影响。Schmetz（1984，1989）和 Rawlins（1989）分别从蒙特卡罗（Monte Carlo）的计算和机载测量数据中注意到行星反照率与大气吸收之间存在一种线性关系。Chertock 等（1991，1992）、Frouin 和 Chertock（1992）提出用参数化模型来计算所有天气状况下的大气吸收，他们以宽视场角的 Nimbus-7 卫星观测的行星反照率作为输入参数，推导出了海洋表面向下的地表短波辐射（DSSR）。因为云的光学厚度会显著地改变行星反照率和大气吸收，所以他们通过辐射传输模型，用先验的行星反照率信息来估算云对大气吸收的影响（Pinker and Laszlo，1992）。Schmetz（1993）研究了云的光学厚度和云顶高度对大气顶部净短波辐射与地表净短波辐射关系的影响，发现如果模型不考虑云的影响是不能精确估算地表净短波辐射（NSSR）的。因此，本研究提出了一个简单的参数化模型，利用太阳天顶角和可降水蒸气含量来计算晴空条件下的大气吸收：

$$S_{abs}(\theta_0) = \frac{S_{ABS}}{S_0 \cos\theta_0} = 1 - a\,b^m \tag{5-21}$$

式中，$S_{abs}$ 为大气吸收比例；$\theta_0$ 为太阳天顶角；$a$ 和 $b$ 为线性回归参数；$S_{ABS}$ 为大气吸收；$\cos\theta_0$ 为平面平行大气的相对光学空气质量；$S_0$ 为太阳常数。

Li 等（1993a）在 Cess 和 Vulis（1989）线性关系的基础上，考虑了太阳天顶角、云以及大气吸收的影响，提出应把太阳天顶角作为一个显式的输入参数，并改进了 Cess 等

(1993) 建立在经验方法上的晴空算法，在形成不同的太阳天顶角（变化范围为6°～90°)、不同地表类型（如海洋、陆地、沙漠、冰雪)、不同云类型（St、Sc、Cu、Ci；云的光学厚度变化范围为0～40，具体取值为0、5、10、20和40）和不同大气条件下的100种组合的基础上，假定一个水平面均一而垂直面非均匀的大气-地表系统，将垂直面分为9层大气，然后利用倍加法（doubling-adding）大气辐射传输模型（Masuda and Takashima，1990）来模拟净短波辐射。但Li等（1993a）的参数化模型假设气溶胶是相对不吸收的，且没有测试云滴大小分布和云顶高度对参数化模型的敏感性，也没有考虑大气压强对水汽吸收的影响。Masuda等（1995）改进了Li等（1993a）的参数化模型，考虑了地表压强、臭氧数量、气溶胶类型与含量、云顶高度和云的类型等影响。随后，不同学者基于Li等(1993a)、Masuda等（1995）的参数化模型，利用不同卫星数据计算了不同地区地表短波辐射通量（Rossow and Zhang，1995；Hatzianastassiou and Vardavas，1999；Fung and Ramaswamy，1999；Waliser et al.，1999；Hollmann et al.，2002；Deneke et al.，2005；Tang et al.，2006；Yang et al.，2006，2008)。

Kim和Liang（2010）发展了一种混合算法直接从MODIS各波段的大气顶部反射率和地表反射率估算地表净短波辐射：

$$S_{\downarrow(\theta_0,\theta,\varphi)} = A_{\theta_0,\theta,\varphi} + \sum_{i=1}^{7} B_{i,\theta_0,\theta,\varphi} \cdot \rho_{\mathrm{TOA}i,\theta_0,\theta,\varphi} \tag{5-22}$$

$$S_{\mathrm{n}(\theta_0,\theta,\varphi)} = a_{\theta_0,\theta,\varphi} + \sum_{i=1}^{7} b_{i,\theta_0,\theta,\varphi} \cdot \rho_{\mathrm{TOA}i,\theta_0,\theta,\varphi} + \sum_{i=1}^{7} c_{i,\theta_0,\theta,\varphi} \cdot \rho_{\mathrm{S}i,\theta_0,\theta,\varphi} \tag{5-23}$$

式中，$\theta_0$为太阳天顶角；$\theta$为观测天顶角；$\varphi$为相对方位角；$A_{\theta_0,\theta,\varphi}$、$B_{i,\theta_0,\theta,\varphi}$、$a_{\theta_0,\theta,\varphi}$、$b_{i,\theta_0,\theta,\varphi}$和$c_{i,\theta_0,\theta,\varphi}$为多元线性回归的系数；$i$代表MODIS短波波段的编号（1～7)；$\rho_{\mathrm{TOA}i,\theta_0,\theta,\varphi}$和$\rho_{\mathrm{S}i,\theta_0,\theta,\varphi}$分别为MODIS的大气顶层反射率和地表反射率。这种算法的优点是直接利用遥感数据，不需要依赖地表数据，但这种算法估算的是地表瞬时净短波辐射。

Lu等（2010）用辐射传输模型（SBDART）和查找表的方法从GMS5可见光数据估算了短波下行辐射，该方法利用遥感数据直接估算地表短波辐射。Huang等（2012）在前人研究的基础上，基于辐射传输模型，发展了一种计算短波辐射简化的理论算法，并与三个经验算法进行了对比分析，通过地面验证，得出新的方法能够显著地提高精度。这种方法也是通过利用传感器接收各波段信息直接估算地表短波辐射。Liang等（2006）提出了一种基于查找表的方法，并估算了晴天和阴天条件下的光合有效辐射，该方法直接利用传感器接收到的辐射通量与地表光合有效辐射建立经验关系，然后结合确立的经验关系使用MODIS数据估算光合有效辐射，该方法的结果得到了广泛的验证。

Zheng等（2008）基于查找表的方法利用静止气象GOES可见光数据估算了入射光合有效辐射，首先建立入射光合有效辐射和地表反射率、大气状况信息以及太阳、传感器相对位置的查找表，然后通过查找表的方法估算地表入射光合有效辐射。Wang等（2010）在前人的基础上，利用查找表的方法估算了瞬时光合有效辐射，同时利用正弦插值和查找表的方法外推到一天的光合有效辐射，得到用MODIS数据估算的一天的光合有效辐射。Huang等（2011）提出了一个基于查找表的方法，结合MODIS和MTSAT数据估算了地表太阳辐射。

Wang 等（2010）利用 GOES 大气垂直探测器和 GOES-R ABI 数据，采用混合模型的方法估算了晴空条件下的瞬时地表长波辐射。混合模型的方法直接使用 MODIS 各波段的辐射通量估算地表长波辐射。利用该方法分别估算了地表的下行长波辐射和上行长波辐射，最后得到瞬时地表净长波辐射。

Tang 和 Li（2018）在前人研究工作的基础上，发展了晴空条件下的地表净长波辐射的估算方法。该方法是直接通过下行辐射与大气顶传感器接收到的辐射通量的经验关系估算瞬时下行长波辐射，并结合 MODIS 的地表温度产品估算地表净长波辐射。

总体来说，直接估算方法是直接利用大气顶部卫星测量值来计算地表净短波辐射或其他辐射分量，这种方法首先需要建立地表辐射分量与大气顶部卫星接收到辐射通量或大气顶反射率的关系，然后通过经验关系得到地表辐射分量。

### 2. 间接估算方法

马耀明和王介民（1997）利用卫星遥感信息和黑河试验期间收集的地面观测资料，两者结合起来计算区域尺度上的地表反射率及地表温度，进而估算区域尺度地表净辐射通量分布和季节变化特征：

$$R_n = (1 - \alpha) K^{\downarrow} + X_a \sigma T_a^4 - L_0^{\uparrow} \tag{5-24}$$

$$T_{sat} = \frac{C_1}{\ln\left(\frac{C_2}{L} + 1\right)} \tag{5-25}$$

$$L_{TOA}^{\uparrow} = \sigma T_{sat}^4 \tag{5-26}$$

$$L_0^{\uparrow} = a L_{TOA}^{\uparrow} + b \tag{5-27}$$

$$X_a = 1.08 (-\ln \overline{f_{sw}})^{0.265} \tag{5-28}$$

式中，$\alpha$ 为地表反照率；$K^{\downarrow}$ 为太阳辐照度；$X_a$ 为大气比辐射率；$\sigma$ 为斯特藩–玻尔兹曼常数；$T_a$ 为空气温度（与地表温度拟合得到）；$L_0^{\uparrow}$ 为上行长波辐射；$T_{sat}$ 为辐射温度；$L$ 为红外波段辐射强度；$C_1$ 和 $C_2$ 分别为经验常数；$a$ 和 $b$ 分别为线性回归系数；$L_{TOA}^{\uparrow}$ 为大气顶层的上行长波辐射；$\overline{f_{sw}}$ 为大气平均短波透射率。

马耀明和王介民（1999）利用 LANDSAT-TM 数据进行非均匀陆面上区域能量平衡参数化方案的研究，先使用 TM 数据获取地表特征参数信息（地表反射率、NDVI 和地表温度），再通过获取的地表特征信息推算能量平衡各分量。

张杰等（2004）应用定西地区的气象资料和 MODIS 卫星资料，对典型的西北半干旱雨养农业区的基本地表特征参数进行了反演，求取了地表特征参数（地表反照率、地表温度和植被指数），并在此基础上对地表净辐射量进行了估算，结果与实际观测值基本接近：

$$R_n = Q(1 - \alpha) + \varepsilon_a \sigma T_a^4 + \varepsilon_s \sigma T_s^4 \tag{5-29}$$

式中，$Q$ 为太阳总辐射通量，用 MODTRAN3 辐射传输模式计算；$\alpha$ 为地表反照率；$\varepsilon_a$ 为空气比辐射率（其为大气平均短波透射率 $\overline{\tau_s w}$ 的函数，可以表示为 $\varepsilon_a = 1.08(-\ln \overline{\tau_s w})^{0.265}$；

$\tau_s w$ 可以通过 MODTRAN 辐射传输模式获得）；$T_a$ 为空气温度（根据区域内 5 个气象台站的地表温度和气温的关系获得）；$\sigma$ 为斯特藩-玻尔兹曼常数 [ $\sigma = 5.67 \times 10^{-8}$ W/($m^2 \cdot K^4$) ]；$\varepsilon_s$ 为地表比辐射率（其为植被指数 NDVI 的函数，可以表示为 $\varepsilon_s = 1.009 + 0.047\ln NDVI$）；$T_s$ 为地表温度；$\varepsilon_a \sigma T_a^4$ 为大气长波辐射；$\varepsilon_s \sigma T_s^4$ 为地表长波辐射。

Niemelä 等（2001b）介绍了计算多个短波辐射估算的参数化方法，比较了六种晴空状态下的短波瞬时辐射计算模式，不同的计算模式都引入了太阳常数和太阳天顶角，且考虑大气透射率的方法也不一样。

Ryu 等（2008）使用参数化方法，首先从 MODIS 数据中反演地表净辐射计算的各项参数，然后估算晴天条件下地表净辐射的所有分量，分析两种不同的地表（平坦的农田和地形复杂的森林）误差源，取得了较好的结果。Li 等（2012）用卡尔曼（Kalman）滤波和粒子滤波方法对 MODIS 地表温度产品进行了同化，并计算了西藏高原地区的地表净辐射，与地面观测的 8 月数据相比，效果较好。

Jiang 等（2016）使用多元自适应回归样条法（MARS）生成了全球陆地卫星（GLASS）的净辐射产品，同时使用其他卫星产品计算得到 NDVI 和反照率，以及 MERRA 数据气象参量，转换 GLASS 的下行短波辐射产品，将 MARS 模型应用于全波段净辐射产品。

总体来说，基于遥感数据间接估算净辐射的方法通过反演地表的相关参量间接估算地表净辐射，这种方法思路明确、适用性强、计算效率高。

### 3. 瞬时净辐射估算方法

利用遥感数据估算地表瞬时净辐射的方法一般都是用遥感数据计算出净辐射的各个分量，再进行代数求和得到地表净辐射。遥感数据记录的是地表瞬间的信息，用上述介绍的直接估算方法和间接估算方法可以直接得到地表瞬时净辐射。

Van Laake 和 Sanchez-Azofeifa（2004）提出了一个简单的辐射传输模型，即用 MODIS 大气产品估算地表瞬时入射光合有效辐射，该方法计算了辐射计算所需的各项分量。Bisht 等（2005）给出了仅利用 MODIS 数据估算晴天条件下地表净辐射各分项的计算方案，该方案主要通过一些简单的参数化方法来计算地表净辐射的长波辐射和短波辐射，但没有给出各辐射分量的估算精度，实际上，地表的非均一性很容易给它们带来误差。Bisht 和 Bras（2010）随后给出了适用于阴天和晴天条件下的地表净辐射估算方法，主要方案仍然是一些参数化的方法，并充分利用了 MODIS 数据，但是其阴天条件下的算法依然没有完全摆脱对地面实测数据的依赖，在计算阴天条件下的气温和露点温度时，是通过 MODIS 反演的地表温度与近地表气温建立关系，外推其他时刻的近地表气温数据，最后计算出适用于阴天和晴天条件下的地表净辐射。这种计算方法以物理模型为基础，用遥感数据估算物理模型所需的参数，进而计算地表净辐射。Wang 等（2005）使用 MODIS 数据，根据斯特藩-玻尔兹曼定律计算了晴天条件下的上行长波辐射，其更侧重于对 MODIS 窄-宽波段发射率产品本身的研究，对上行长波辐射算法的探讨非常有限。Liang 等（2006）提出了一种基于查找表的方法，并估算了晴天和阴天条件下的光合有效辐射。首先基于 MODIS 遥感数据直接估算辐射分量，建立能见度、大气顶辐射通量、大气透射率、地表反射率的查找表，然后通过查找表估算晴天和阴天条件下的光合有效辐射。Wang 和 Liang（2009a，2009b）用物理方法和回归统计相结合的方法，利用 MODIS 估算了晴天条件下地表净辐射通量长波辐射的所有分量，计算结果在北美地区进行了验证，直接利用传感器接收的各波段辐射通量，回归统计出地表的下行长波辐射，这也是一种基于遥感数据直接估算辐射分量的方法。Tang 等（2006）、唐伯惠（2007）提出了将大气顶窄波段反射率转换到整个短波宽波段反照率的窄-宽波段反照率的转换方法，然后利用参数化的方法，根据大气顶宽波段反照率和地表净短波辐射之间的关系估算了晴天和阴天条件下的地表瞬时净短波辐射，并进行了验证。该方法直接用大气顶的宽波段反照率估算地表净短波辐射，也是基于 MODIS 遥感数据直接估算辐射分量的方法。Tang 和 Li（2008）在长波辐射研究中使用 MODIS 遥感数据利用回归分析方法对晴天条件下的地表长波辐射进行了估算，该方法建立了下行长波辐射与传感器接收辐射的关系，并进行了验证，但该方法仅仅适用于晴天条件。Ryu 等（2008）对两种不同的地表（平坦的农田和地形复杂的森林）使用参数化方法验证仅用 MODIS 反演地表净辐射的可靠性，估算了晴天条件下地表净辐射的所有分量，并分析了误差源，取得了较好的结果。朱君和唐伯惠（2008）则根据大气顶部输出的短波通量和地表吸收的短波通量之间的参数化关系，利用 MODIS 数据对晴天和阴天条件下的中国范围内的短波辐射所有分量进行了反演。这是一种基于遥感数据直接估算辐射分量的方法。叶晶等（2010）尝试只利用 MODIS 数据，使用多种参数化的方法计算了退化草地和农田两种地表类型晴空条件的净辐射。该方法以 Bisht 和 Bras（2010）的方法为基础，用遥感数据估算辐射分量计算所需的参数，进而计算净辐射。

#### 4. 日净辐射估算方法

日净辐射是地表一天中净辐射的总量。在实际应用中，日净辐射比瞬时净辐射更有意义，基于能量平衡模型的蒸散模型估算中均需要日净辐射作为输入数据。

在利用地表能量平衡方法时，基于蒸发比在一天当中基本保持不变的思想，将瞬时蒸散外推到日间总蒸散的过程，需要日净辐射的输入（Bastiaanssen et al.，1998a，1998b；Su，2002；吴炳方等，2008；Wu et al.，2020）。已有研究采用卫星反演得到的非连续的瞬时辐射通量估算日总地表辐射（Lagouarde and Brunet，1993；Bisht et al.，2005；van Laake and Sanchez-Azofeifa，2005）。Lagouarde 和 Brunet（1993）用 NOAA-AVHRR 数据，通过物理模型的方法计算了卫星过境时刻的瞬时上行长波辐射，同时使用卫星过境时刻、日长及地表温度日变化模型将瞬时上行长波辐射外推到白天的日上行长波辐射。van Laake 和 Sanchez-Azofeifa（2005）在其 2004 年研究的基础上用 MODIS 遥感数据估算的地表瞬时光合有效辐射外推到一天的光合有效辐射和月平均光合有效辐射，计算结果与地面数据进行了验证，取得了较好的效果。Bisht 等（2005）采用参数化的方法，利用 MODIS 数据产品获取了净辐射计算所需的各项参数，估算了晴空条件下的瞬时净辐射，然后使用正弦模型将瞬时净辐射外推到日净辐射。

也有相关研究采用参数化模型的方法直接估算地表的日净辐射量。张杰等（2004）利用 MODIS 资料估算了西北雨养农业区地表净辐射，对典型的西北半干旱雨养农业区的基本地表特征参数进行了反演，求取了地表特征参数（地表反照率、地表温度和植被指数），然后推算了地表净辐射。Wang 和 Liang（2008）利用地表净短波辐射数据、地表的气象观测站点数据，用回归统计的方法分析了地表日净辐射总量与地表参量的关系，从而估算了地表日净辐射量。Gao 等（2008）、Long 等（2010）利用地面日照时数和地表温度数据计算了复杂地形下日净辐射总量，该方法考虑了复杂地形的太阳辐射日变化，并结合地表温度计算了长波辐射，最后得到净辐射。Blonquist 等（2010）评价了在美国土木工程师学会（ASCE）标准里的参考蒸散发计算方法中净辐射的估算方法，该方法通过经验模型的方法计算地表一天中接收到的日净辐射，并用于地表蒸散的估算。

使用遥感估算净辐射也具有一定的不确定性。Sellers 等（1995）提出气候模型要求地表反照率的绝对精度达到 0.02。如 Jacob 等（2002）所述，在计算蒸散量时，地表反照率的准确性可能导致净辐射的绝对误差为 20 $W/m^2$。同时，地表反照率的精度会直接传递到净辐射计算式中发射项的精度中，但是这种影响往往会被吸收项抵消。表面发射率 0.1 的不确定性会导致净辐射产生 15 ~ 20 $W/m^2$ 的不确定性（Ogawa and Schmugge，2004）。此外，要获得优于 50 $W/m^2$ 瞬时热通量的整体精度，需要地表温度的估算具有优于 1 K 的精度（Norman et al.，1995a；Seguin et al.，1999）；而对于净辐射而言，地表温度 1 K 的误差将导致净辐射产生 6 $W/m^2$ 左右的误差。

## 5.2.3 复杂地形下的地表瞬时净辐射估算

当下垫面为复杂的地形区域时，计算地表净辐射时需要考虑地形对辐射平衡的影响。由于太阳位置的季节变化和昼夜变化、倾斜复杂地形表面元素的仰角、方位角和倾斜角的变化（地形暴露）、表面元素的物理和植被特性以及周围地形的阴影传播等的影响，短波辐射收支的组成部分在复杂的地形区域中可能变化很大。

Duguay（1993）总结了部分辐射分量与地形之间的相互作用，晴天日情况下地形对辐射平衡最大源项（直接太阳辐射）的影响可以准确表达，但在天空散射辐射和周边地形反射辐射的参数化方面仍存在较大的不确定性。Oliphant 等（2003）用有限的观测数据和附加的模型计算方法厘清了不同地形或特定地点特征对辐射收支空间变异性的重要性，发现坡度和坡向是最主要的特征，其次是海拔、反照率、阴影、天空视野系数和叶面积指数。Chen 等（2006）表明，在较大天顶角的情况下，散射辐射分量的比重会有所增加；而在冬季（地表反照率较高）和深度较大的山谷中，周边地形反射辐射的比重也会有所增加。Whiteman 等（2010）发现，晴天日情况下，坡面上不同坡位的辐射收支情况有所差异，太阳入射辐射会随海拔的增加而增加；在山脊顶部，白天的净辐射增益较高，而夜间的净辐射损失较高，这归因于其不受遮挡的天空视野。

在早期，李占清和翁笃鸣（1988）、翁笃鸣（1997）提出一些复杂地形的总辐射计算模型。限于当时的条件，只能借助于地形小网格进行图解，而且计算繁琐、计算量大。由于成本，气象站点数据有限，另外受地理条件、维护条件等因素的限制，气象站点的布设很不均匀，实测的太阳辐射资料有限，一般都采用理论推导公式来计算。Dozier 和 Frew 于

1990 年提出了利用 DEM 模拟太阳辐射的方法。Gratton 等（1993）用 TM5 数据和 DEM 数据计算了加拿大落基山冰川地区的净辐射。李新等（1999）、王开存等（2004）利用 DEM 进行了山地太阳辐射的计算和区域试验。Wang 等（2000）用 TM5 数据和 DEM 数据计算了 FIFE 实验站地区的地表净短波辐射。田辉等（2007）结合 MODIS 数据计算了西北地区黑河流域的地表太阳直接辐射和总辐射。曾燕等（2008）通过基于 DEM 数据的起伏地形下天文辐射模型和地形开阔模型，综合考虑地面因素对散射辐射的影响，依据各向异性散射机理，建立了起伏地形下太阳散射辐射的分布式计算模型，并对黄河流域 1 km 分辨率的太阳散射辐射进行了模拟。Allen 等（2006）发展了一个计算特定坡度和坡向地表的日总太阳辐射的数值方法，该方法可以计算晴空条件下的太阳辐射日总量，计算结果与地面站点的数据匹配较好，但该方法没有考虑邻近像元的影响。

本节在参考前人研究的基础上，通过将复杂地形下的太阳辐射计算方法引入地表净辐射的计算中来获得复杂地形下的地表瞬时净辐射。

复杂地形下净辐射的估算主要需要考虑复杂地形坡度和坡向对太阳辐射的影响；在地表，存在一定坡度和坡向的倾斜面与水平面接收到的太阳辐射不同，倾斜面上太阳光线入射角受坡度、坡向、纬度、赤纬和时角的控制，从而影响不同地形下的太阳辐射（王开存等，2004）。因此，在计算地表总入射太阳辐射的过程中，辐射可分为三个主要部分：太阳直接辐射、天空散射辐射和地形附加辐射，如图 5-5 所示。

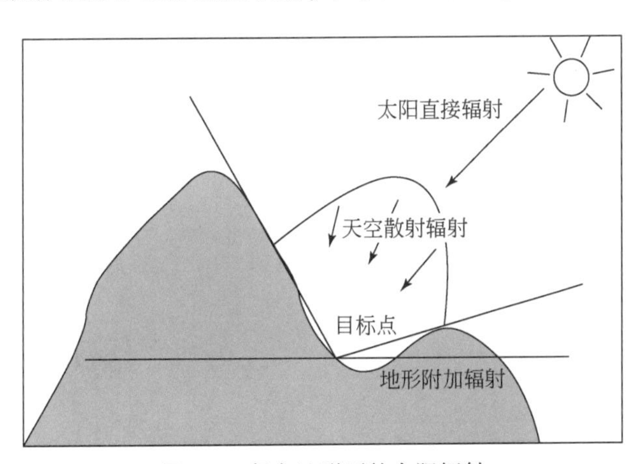


图 5-5　复杂地形下的太阳辐射

复杂地形下的地表总入射太阳辐射 $R_s$ 可以表示为（Dubayah，1992；Wang et al.，2005）：

$$R_s = R_{dir} + R_{dif} + R_{adj} \tag{5-30}$$

式中，$R_{dir}$ 为太阳直接辐射；$R_{dif}$ 为天空散射辐射；$R_{adj}$ 为地形附加辐射。

### 1. 太阳直接辐射

地表太阳直接辐射 $R_{dir}$ 可采用 FAO 推荐的太阳辐射计算公式进行计算，如式（5-31）和式（5-33）所示；其中，$a_s$ 和 $b_s$ 为回归系数，分别代表直射与散射部分；$R_a$ 为天文辐射[MJ/(m$^2$ · d)]，具体公式为

$$R_{dir} = b_s \times \frac{n}{N} R_a \tag{5-31}$$

式中，$n$ 为日照时数；$N$ 为最大可能的日照时间。

2. 天空散射辐射

复杂地形下的天空散射辐射 $R_{dif}$ 计算可以通过对平坦地形下的天空散射辐射进行天空视角因子 $\Phi_{sky}$ 进行修订获得。

$$R_{dif} = R_{dif\_flat} \cdot \Phi_{sky} \tag{5-32}$$

式中，平坦地形下的天空散射辐射 $R_{dif\_flat}$，可使用 FAO 推荐的太阳辐射计算公式中由 $a_s$ 决定的分量来计算，即

$$R_{dif\_flat} = a_s \times \frac{n}{N} R_a \tag{5-33}$$

其中，天空视角因子通过如下方法确定：

$$\Phi_{sky} = \frac{A_{sky}}{(\pi/2)} \tag{5-34}$$

式中，$A_{sky}$ 为天空视角。当地面平坦时，天空视角为 π/2，天空视角因子 $\Phi_{sky}$ 为 1；当地面下凹时，天空视角小于 π/2，$\Phi_{sky}$ 小于 1；天空视角为 0，完全遮蔽时 $\Phi_{sky}$ 为 0。

在计算天空视角因子 $\Phi_{sky}$ 时（Yokoyama and Pike，2002），选取水平面内的八个方向（图 5-6），分别计算各个方位半径 $L$ 之内的最小天空视角，再求八个方位最小视角的平均值作为该像元的天空视角。

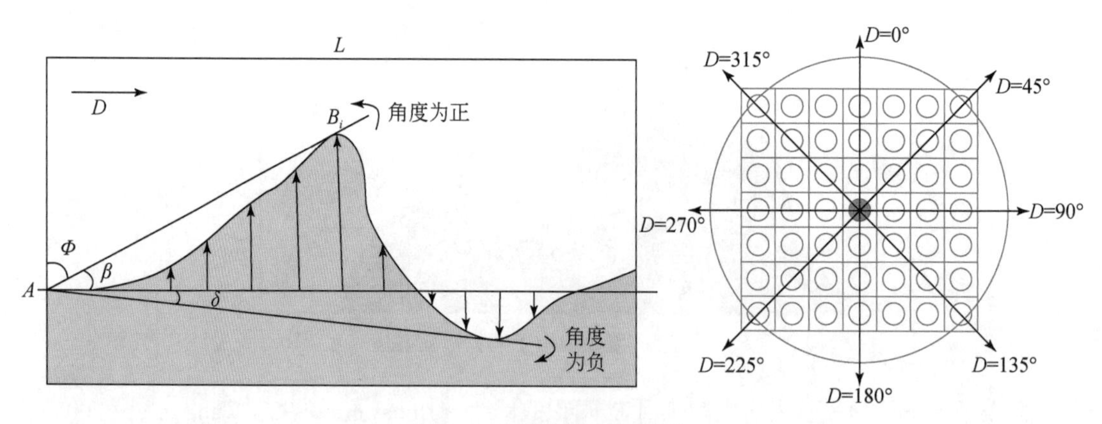


图 5-6　天空视角计算示意

对于中心像元 $A(I_A, J_A, H_A)$，$I_A$、$J_A$ 是 $A$ 像元的行列号，$H_A$ 是 $A$ 像元的海拔，对于 $D$ 方向上 $L$ 距离内的每一个像元 $B_i(I_B, J_B, H_B)$，计算中心像元 $A$ 所有八个方向上对 $B_i$ 像元的仰角 $\theta$：

$$\theta = \tan^{-1}\left\{\frac{(H_B - H_A)}{P}\right\} \tag{5-35}$$

$$P = M\sqrt{(I_A - I_B)^2 + (J_A - J_B)^2} \tag{5-36}$$

式中，$M$ 为像元的分辨率。$A$ 对所有 $B_i$ 像元的天顶角 $\Phi_i$ 为

$$\Phi_i = \frac{\pi}{2} - \theta \tag{5-37}$$

在 $A$ 对所有 $B_i$ 像元的仰角中有一个最大值 $\beta$ 和一个最小值 $\delta$，当 $\theta = \beta$ 时，$\Phi_i$ 出现最小值，此时的 $\Phi_i$ 为在 $D$ 方向上的最小天空视角。

因此，对于 $L$ 距离内的 $n$ 个像元，有 $n$ 个 $\Phi$ 和一个最小值，即 $D$ 方向上的最小天空视角 $\Phi_{D\text{-sky}}$：

$$\Phi_{D\text{-sky}} = \min(\Phi_1, \Phi_2, \cdots, \Phi_n) \tag{5-38}$$

对八个方向上的最小天空视角求平均，即认为是 $A$ 点的天空视角。

$$\Phi_L = ({}_0\Phi_{D\text{-sky},45}\Phi_{D\text{-sky},\cdots,315}\Phi_{D\text{-sky}})/8 \tag{5-39}$$

3. 地形附加辐射

地形附加辐射的计算主要采用 Dozier 和 Frew（1990）简化的近似计算方法，结合周围像元点的平均反射率、坡度和天空视角因子，获得附加辐射 $R_{\text{adj}}$ 的计算公式为

$$R_{\text{adj}} = C_t \rho_{\text{mean}}(R_{\text{dir}} + R_{\text{dif}}) \tag{5-40}$$

式中，$R_{\text{dir}}$ 为地表太阳直接辐射；$R_{\text{dif}}$ 为天空散射辐射；$\rho_{\text{mean}}$ 为附近地形的平均地表反射率；$C_t$ 为地形结构参数，可以采用式（5-41）进行计算：

$$C_t = \left[\frac{1 + \cos S}{2}\right] - \Phi_{\text{sky}} \tag{5-41}$$

式中，$\Phi_{\text{sky}}$ 为天空散射因子；$S$ 为地表像元的坡度。地形结构参数 $C_t$ 中包括周围地形贡献的反射辐射的各向异性特征，以及像元间的几何效应。

## 5.2.4 云影响下的地表日净辐射估算

云直接影响地气系统的辐射平衡、热量平衡和温湿分布（刘瑞霞等，2004）。云的变化会引起近地表气温、水汽和日照时数的变化（Angell，1990；Dai et al.，1999；Eerme，2004）。Angell（1990）分析了 1950～1988 年美国地区云信息和日照时数的变化，在整个美国地区，年平均云变化和日照时数呈负相关关系，相关系数为-0.92；在秋季相关系数的绝对值最高，为 0.98，在春季最低，为 0.78。从不同的时间段变化上来看，1962～1963 年云量下降了 1.9%，而日照时数增加了 2.2%；1979～1980 年云量增加了 2.2%，而日照时数减少了 2.5%；1981～1982 年云量增加了 3.9%，而日照时数减少了 3.9%。Palle 和 Butler（2001）从爱尔兰地面观测站点的观测数据发现，日照时数因子和卫星影像获得的云因子存在强烈的负相关关系，即云覆盖减少时，日照时数存在下降的趋势；并用日照时数因子指示云因子的长时间变化。柳树福（2013）、Wu 等（2016）在研究中国海河流域和黑河流域的日地表净辐射与日照时数变化关系时也得出同样的变化规律。因此，可以通过遥感数据对云的刻画来估算日照时数时空分布，进而可结合 5.2.2 节中的日净辐射估算方法来监测地表日净辐射的变化。

云对日照时数会产生明显的影响，不同云对太阳辐射的削弱作用会导致地面日照时数

变化；Wu 等（2016）采用国产静止气象卫星云分类产品数据（积雨云、密卷云、卷层云、高层云或雨层云等类别），针对不同云对太阳辐射的吸收、散射特性，经过与地面气象站点观测的日照时数数据的比较，柳树福（2013）、Wu 等（2016）以黑河流域为例，采用 SCE-UA（Shuffled Complex Evolution-University of Arizona）算法模拟了黑河流域 FY-2 卫星不同云类型对应的日照时数影响因子（FY 日照因子），见表 5-1。

**表 5-1 FY 日照因子定义**

| 云分类 | 云类型代码 | 日照因子 |
| --- | --- | --- |
| 晴空海面/陆地 | 0/1 | 0.90 |
| 混合像元 | 11 | 0.21 |
| 高层云或雨层云 | 12 | 0.25 |
| 卷层云 | 13 | 0.51 |
| 密卷云 | 14 | 0.24 |
| 积雨云 | 15 | 0.13 |
| 层积云或高积云 | 21 | 0.35 |

确定了每种云类型对应的日照因子后，即可用 FY 日照因子计算区域尺度的时照时数。式（5-42）为柳树福（2013）、Wu 等（2016）研究给出的黑河流域每个像元对应的在有云条件下的 FY 日照时数：

$$\mathrm{FY}_{\mathrm{sunt}} = \sum_{i=h_{\mathrm{sr}}+0.25}^{i=h_{\mathrm{ss}}-0.25} \mathrm{SF}_i \times T_{\mathrm{gap}} \tag{5-42}$$

式中，$\mathrm{FY}_{\mathrm{sunt}}$为日照时间［从日出开始后 15 min（+0.25 h）至日落前 15 min（-0.25 h）之间日照因子的累积］；$i$ 为当地日出和日落之间的时间序列；$\mathrm{SF}_i$ 为不同时刻的 FY 日照因子（表5-1），它是从日出到日落的每小时 FY-2 云类型数据的索引；$T_{\mathrm{gap}}$ 为一个小时的时间间隔，其值为 1；$h_{\mathrm{sr}}$ 和 $h_{\mathrm{ss}}$ 分别为日出时间和日落时间，可以根据当天的纬度和太阳偏角来计算。

柳树福（2013）将估算得到的日照时数数据代入日净辐射的计算方法中，估算出基于日照因子的黑河流域日净辐射数据。采用的日净辐射中短波辐射的计算方法取自 FAO 推荐的用于计算参考作物蒸散量的 Penman-Monteith 公式，公式如下：

$$R_{\mathrm{n}} = (1 - \alpha) R_{\mathrm{s}} - R_{\mathrm{nl}} \tag{5-43}$$

式中，$R_{\mathrm{s}}$ 为太阳短波辐射［MJ/(m² · d)］，可以采用5.1 节中的式（5-5）计算获得；$\alpha$ 为地表反照率。Wu 等（2016）基于辐射站点与通量站点观测的数据，对黑河流域地表净长波辐射的计算公式进行了标定，获得了新的净辐射方法：

$$R_{\mathrm{nl}} = \sigma\left(\frac{T_{\max}^4 + T_{\min}^4}{2}\right)(0.33 + 0.01\mathrm{LAI} - 0.15\sqrt{e_{\mathrm{a}}})\left(0.84\frac{R_{\mathrm{s}}}{R_{\mathrm{so}}} + 0.15\right) \quad 当\ \mathrm{LAI}<3 \tag{5-44}$$

$$R_{nl} = \sigma\left(\frac{T_{max}^4 + T_{min}^4}{2}\right)(0.36 - 0.15\sqrt{e_a})\left(0.84\frac{R_s}{R_{so}} + 0.15\right) \quad 当 LAI \geqslant 3 \tag{5-45}$$

式中，$\sigma$ 为斯特藩-玻尔兹曼常数；$T_{max}$和 $T_{min}$分别为 24 h 最高和最低气温（K）；$e_a$为实际的水汽压（kPa）；$R_s/R_{so}$为相对太阳短波辐射；$R_s$为太阳短波辐射［MJ/(m² · d)］；$R_{so}$为晴空太阳辐射［MJ/(m² · d)］；其余参数为经验系数。

### 5.2.5 水体净辐射估算方法

1. 水体光渗透

太阳辐射在水生生态系统中主要影响水生植物的光合作用。用于光合作用的光照几乎完全在电磁光谱的可见范围内，但可见光谱仅占太阳向地球电磁输入的44%。红外辐射占剩余电磁输入的53%，进入水体的大部分太阳辐射都在可见光或红外范围内。本研究将重点放在水对光能的吸收上。图 5-7 表明在 0.01 ~0.1μm 的波长范围内，水对光有很强的吸收，但只有相对较少的太阳辐射处于该范围内。

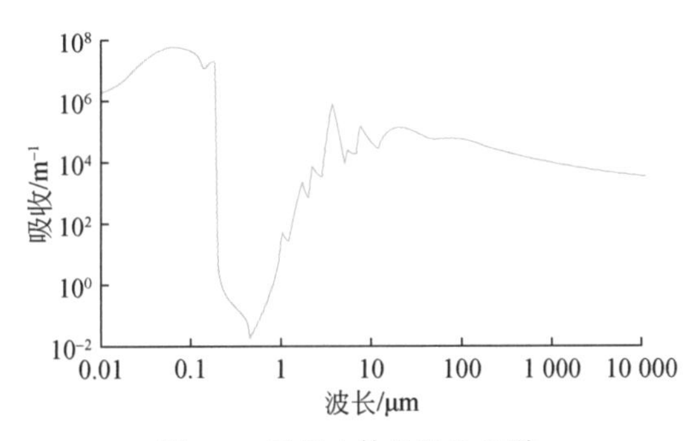


图 5-7 透明水体的吸收光谱

吸收系数（$k$）是波长的函数，以米的单位倒数（1/m）表示，入射光（$I_o$）穿透到特定深度（$I_z$）的比例可以表示为

$$\frac{I_z}{I_o} = e^{-kz} \tag{5-46}$$

式中，e 为自然对数的底数；$z$ 为深度（m）。可以将比尔-朗伯（Beer-Lambert）定律的方程式进行积分，以得出：

$$\ln I_o - \ln I_z = kz \tag{5-47}$$

光的强度可以表示为照度或能量，以能量的方式进行度量，使用焦耳（1 J=1 W · s）为单位。并非入射辐射中的所有能量都被水吸收且转化为热量，一些光会被散射和反射，但是大多数被转换成热量。比尔-朗伯定律的方程式揭示出，相等的连续深度增量在水中会吸收相同的光线增量。结果，第一个 1 cm 层吸收了一定百分比的入射光。第二个 1 cm 层吸收的光百分比相同，但是到达第二个 1 cm 层的光量小于到达第一个 1 cm 层的光量。

每个相等的连续深度增量吸收的光能量随深度的增加而减少。图 5-8 为透明水体中的光穿透曲线。

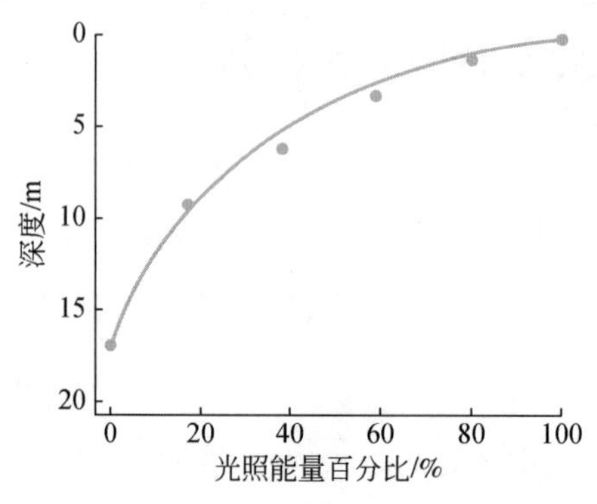


图 5-8　透明水体中的光穿透曲线

### 2. 辐射与水温

温度是水内部热能含量的量度，它是可以用温度计直接检测和测量的属性。热容通常被认为是高于 0 ℃液态水所保持的热量，它是温度和体积的函数。与 500 万 $m^3$ 的水库中 20 ℃的水相比，烧杯中的 1 L 沸水（100 ℃）具有较高的温度，但热量却很少。太阳辐射通常与气温高度相关（图 5-9），可以通过季节和地点来预测水温。图 5-10 提供了热带地区（厄瓜多尔的瓜亚基尔，2.1833°S，79.8833°W）和温带地区（美国亚拉巴马州的奥本，32.5977°N，85.4808°W）两个站点处各一个小坑塘的月平均温度的情况。温带地区亚拉巴马州的水温随季节变化明显，但热带地区瓜亚基尔的水温随季节变化较小。瓜亚基尔的气温在较温暖的雨季（1～5 月）也比较凉爽的干旱季节高，这两个季节之间的气温差也反映在水温上。给定位置的气温可能会在特定时期内偏离正常值，从而导致水温出现偏差。

水可以储存大量热量，较大的水域需要一定的时间才能在春季预热并在秋季冷却。因此，大型水库和湖泊温度的变化往往落后于空气温度。湖泊的热量收支显然与湖泊的体积密切相关，但深水的湖泊比相同体积而表面积更大的浅水湖泊拥有更多的热量（Gorham，1964）。

### 3. 水体净辐射计算方法

水体净辐射 $R_n$ 可以表示为

$$R_n = (1 - \alpha) R_s + L_d - L_u \tag{5-48}$$

式中，$R_n$ 为水体净辐射；$\alpha$ 为水体表面的反照率；$R_s$ 为到达水面的太阳总辐射；$L_d$为水面大气向下长波辐射；$L_u$为水面向上长波辐射。

在多云天空的条件下，使用地面观测数据来计算地表反照率。在晴天没有散射辐射的情况下，可以使用相关遥感数据产品获得的太阳天顶角来估算水面的反照率，这里使用非

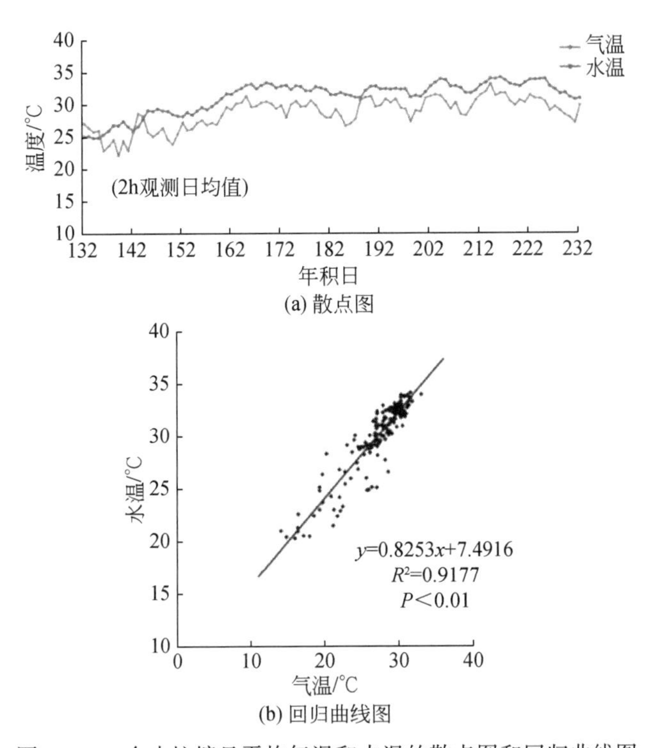


图 5-9　一个小坑塘日平均气温和水温的散点图和回归曲线图

资料来源：Prapaiwong 和 Boyd（2012）

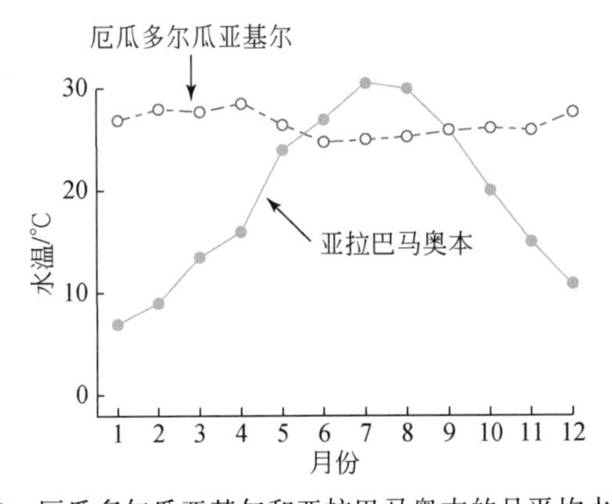


图 5-10　厄瓜多尔瓜亚基尔和亚拉巴马奥本的月平均水温变化

偏振辐射的菲涅耳（Fresnel）反射方程（Nunez et al.，1972），该方程可写为

$$\alpha(\theta,n)=\frac{1}{2}\left[\frac{\sin^2(\theta-n)}{\sin^2(\theta+n)}+\frac{\tan^2(\theta-n)}{\tan^2(\theta+n)}\right] \tag{5-49}$$

式中，$\theta$ 为太阳天顶角；$n$ 为水面的折射角。其折射角正弦值存在如下关系：

$$\sin n=\sin\frac{\theta}{m} \tag{5-50}$$

式中，$m$ 为折射率（可见光频谱区域为 1.33）。

到达水面的太阳总辐射 $R_s$ 主要采用式（5-5）计算获得；水面大气下行长波辐射主要采用斯特藩–玻尔兹曼定律，利用水面大气气温和空气发射率计算晴空条件下的下行长波辐射：

$$L_d = \sigma \varepsilon_a T_a^4 \tag{5-51}$$

式中，$T_a$ 为地表 31 m 处的空气温度；$\varepsilon_a$ 为有效空气发射率（无量纲）；$\sigma$ 为斯特藩–玻尔兹曼常数［$5.67\times10^{-8}$ W/(m$^2$ · K$^4$)］。有效空气发射率由 Prata（1996）的方法来计算：

$$\varepsilon_a = 1 - (1 + \vartheta)\, e^{\sqrt{1.2+3\vartheta}} \tag{5-52}$$

式中，$\vartheta = 46.5e_0/T_a$。对于水面上行长波辐射同样由斯特藩–玻尔兹曼定律进行计算：

$$L_u = \sigma \varepsilon_s T_s^4 \tag{5-53}$$

式中，$T_s$ 为水体表面的温度（K）；$\varepsilon_s$ 为水体表面的发射率。

## 5.2.6　不同尺度条件下的净辐射

### 1. 叶片的净辐射

植物的叶片一般均可以吸收来自太阳的短波辐射能量，其中只有很小一部分入射的太阳辐射被反射、投射或用于其他过程。在日光充足的条件下，净辐射就是叶片主要的能量输入来源。

太阳短波辐射是叶片白天能量输入的主要来源。在太阳辐射中，紫外波段辐射的波长是最短的，量子能量最高，约占太阳总辐射的 7%，且其对植株具有潜在的危害；植物大约会吸收 97% 的入射紫外辐射。太阳总辐射能 50% 左右（集中于可见光波段）的辐射被称为光合有效辐射，主要用于驱动叶片的光化学反应；大多数植物能吸收 85% 的光合有效辐射。被反射的太阳入射辐射仅占 5% ~ 10%，主要由叶片表面反射和内部反射两部分构成，前者具有较强的波长依赖性，后者因为色素的吸收作用而往往表现出波长特异性。此外，叶片所吸收的太阳辐射中有一小部分以荧光的形式发散（图 5-11）。

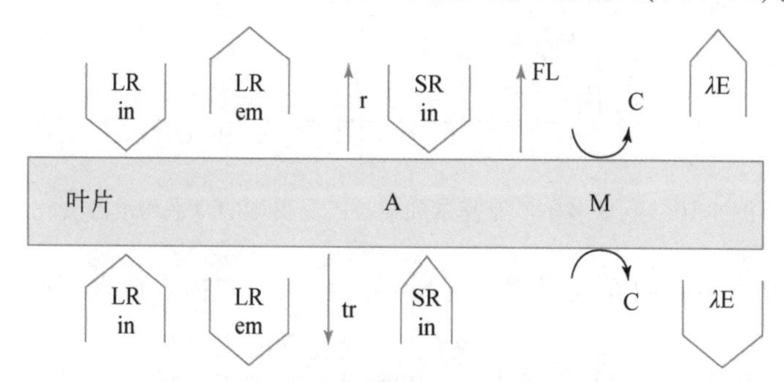


图 5-11　叶片能量平衡的组成部分原理

包括入射（in）与发射（em）的短波辐射（SR）、长波辐射（LR）、对流传热（C）和蒸发热损失（λE）；反射（r）、透射（tr）和荧光发射（FL）仅针对入射短波辐射，并仅在叶片的上侧进行示意。A 和 M 分别代表 $CO_2$ 同化和生热的代谢过程

一切温度高于绝对零度的物体均向外释放能量，所以叶片也会通过长波红外辐射向外释放热量。叶片通过长波红外辐射所散失的热量是其能量平衡中的主要部分，有时它可能为来自周围物体和天空的大量长波辐射所平衡；叶片的高辐射率决定了它对周围长波辐射的高吸收率，其吸收的长波辐射能量通常占冠层总收入能量的一半。

在白天，叶片接收到的辐射能量变化很快，并且与天空中云量多少是密切相关的。对于那些不能接受阳光直射或受冠层遮阴的叶片，它们只会吸收很少的辐射能量。一般来说，晴天时叶片吸收的长波辐射能量占吸收总能量的一半以上；在阴天或有冠层遮阴的条件下，叶片还会吸收来自周围叶片或其他地物的长波辐射能量，且占吸收总能量的比例要高于晴天时的状况。无论是晴天还是阴天，叶片获得的总净辐射能量只占吸收总能量的很小一部分。叶片吸收总能量的大部分都将被耗散掉，这种能量的耗散机制，使得叶片在吸收太阳辐射能量的同时能够保持较为适宜的温度以正常进行各种生理活动。

### 2. 树的净辐射

树木的冠层具有复杂的几何形状，其受体（叶子）并不都面向相同的方向，也不是全部暴露于直接的太阳辐射下。因此，冠层不同部分的光合作用与蒸腾作用和呼吸作用在时间及空间上的变化很大。除了在已知的光照条件下度量单个叶片的气体交换的情况外，有必要考虑到冠层内的辐射是具有异质性的，并且光合作用对辐照度显示出非线性的响应（Sinclair et al., 1976）。光合作用会受到植物可利用光谱范围的限制。由于人类和陆生植物都是在相同的辐射光谱下进化的，人类的视觉和光合作用覆盖了范围相同的光谱。根据定义，光合有效辐射的波长范围为 400 ~ 700 nm，其中蓝光和红光优先被光合色素吸收，而绿光倾向于被反射，使叶子具有绿色（图 5-12）。吸收、散射和透射会改变辐射与叶子或植物冠层的相互作用，这些相互作用会影响辐射强度、光谱分布以及直接扩散辐射的比

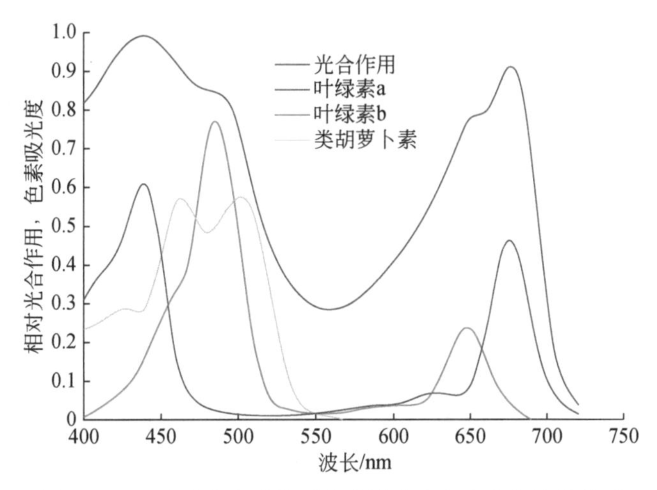


图 5-12　叶片光合色素的吸收光谱和光合速率与波长关系

资料来源：Singhal 等（1999）；Lodish 等（2000）

率。叶子吸收或散射的辐射量还取决于入射角，该入射角决定了在辐射方向上投影的叶子面积。单个叶子并不总是平坦的，且它们在冠层中的倾斜角度也不是恒定的，而是符合一定的统计概率分布（Wang W M et al.，2007）。

3. 辐射利用效率

对于所有植物而言，其生长速率（干物质积累速率）完全取决于波长范围为 400 ~ 700 nm 的太阳辐射，即光合有效辐射。光合作用会利用这种能量来合成碳水化合物和植物必需的其他生物分子。植物和农作物的生长与冠层截留利用的辐射能量密切相关，这里引入辐射利用效率（radiation use efficiency，RUE）的概念。RUE 是在给定时间段内单位截留的辐射所产生干物质的量。通常实测多个连续收获季之间的生物量差异（即累积的截留生长）与累积截留辐射，通过作图的方式来计算 RUE；两者通常是线性关系，且 RUE 即为线性回归方程的斜率值（图 5-13）。进行测量的时间很关键，这是因为 RUE 会根据发育状态而变化。

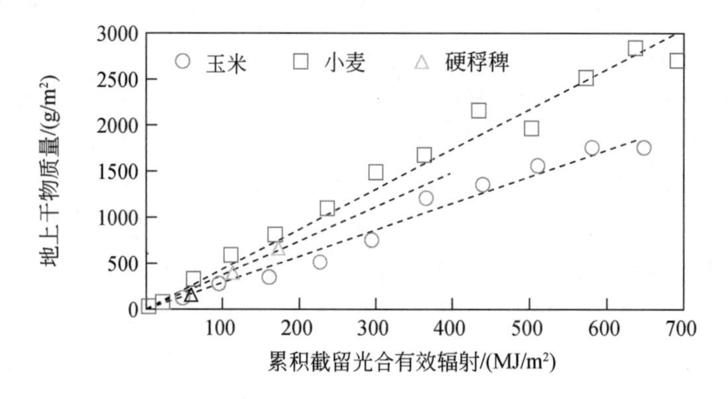


图 5-13　三种作物的累积截留光合有效辐射与地上干物质量累积之间的关系

资料来源：Sheehy 等（2008）

RUE 对于特定的物种、生长阶段和生长环境而言往往是稳定的，但不同的作物种类和植物类型之间会由于植被覆盖度和叶面积指数等方面存在较大差异而导致不同地块之间的 RUE 存在较大差异。

## 5.3　地表净辐射案例分析

以黑河流域为例，采用 5.2 节所论述的复杂地形下地表净辐射估算方法与云影响下地表净辐射的计算方法，估算了黑河流域地表净辐射；并结合地面观测站点数据对遥感估算的净辐射数据进行了验证。

## 5.3.1 复杂地形下地表净辐射的计算实例

1. 不同天空视角因子和地形结构参数下的相对误差

结合 5.2 节的复杂地形下地表净辐射估算方法，利用 1 km 分辨率的 DEM 数据计算黑河流域 1 km 分辨率的天空视角因子和地形结构参数，如图 5-14 所示。从图 5-14 中可以看出，在黑河下游地区，地势相对平坦，天空视角因子大，接近于 1，地形结构参数较小；在黑河中上游地区，地形相对复杂，天空视角因子和地形结构参数的空间变异性大，地形越复杂，天空视角因子越小，地形结构参数也就越大。

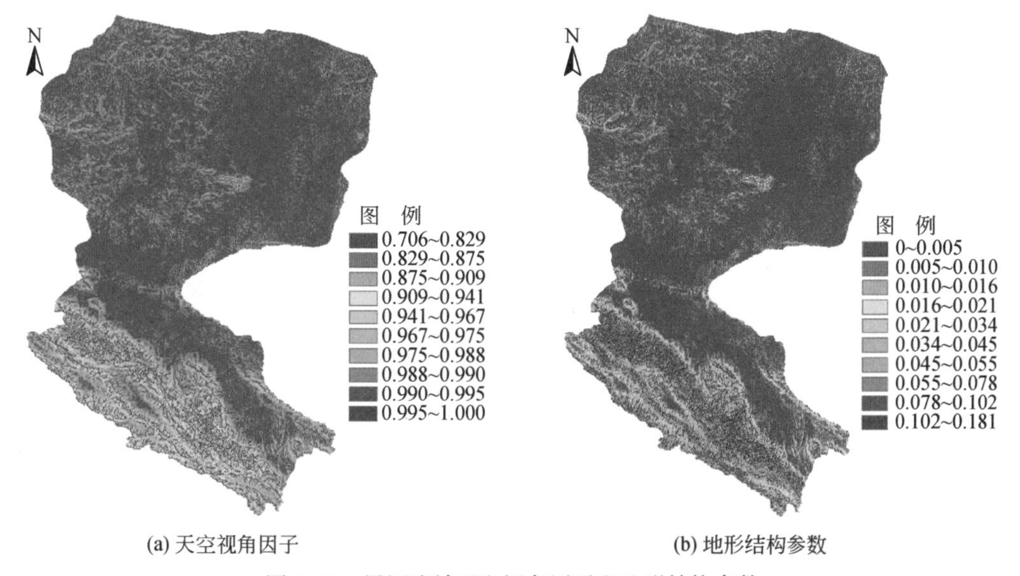


(a) 天空视角因子　　(b) 地形结构参数

图 5-14　黑河流域天空视角因子和地形结构参数

结合 5.2 节的复杂地形下太阳辐射估算方法，计算得到复杂地形下的入射总短波辐射 $R_s$，将其作为实际的入射总辐射值，与平坦地形上的入射总短波辐射（$R_{s\text{-flat}}$）进行对比，计算地表入射短波辐射的相对误差（$R_{err}$）。

$$R_{err} = \frac{R_s - R_{s\_flat}}{R_{s\_flat}} \times 100\% \tag{5-54}$$

以 2008 年 6 月 9 日数据为例，计算出平地的总短波辐射和复杂地形下的入射总短波辐射，然后计算相对误差，如图 5-15 所示；在地形平坦的中游和下游，总辐射相对误差小；而在地形起伏较大的上游，总辐射相对误差大。

2. 不同海拔下的相对误差

将 DEM 数据按照<1.5 km、1.5 ~ 2.0 km、2.0 ~ 3.0 km、3.0 ~ 4.0 km、>4.0 km 五个海拔分带，划分不同的分区，统计不同高度下的平均总辐射相对误差（表 5-2）。

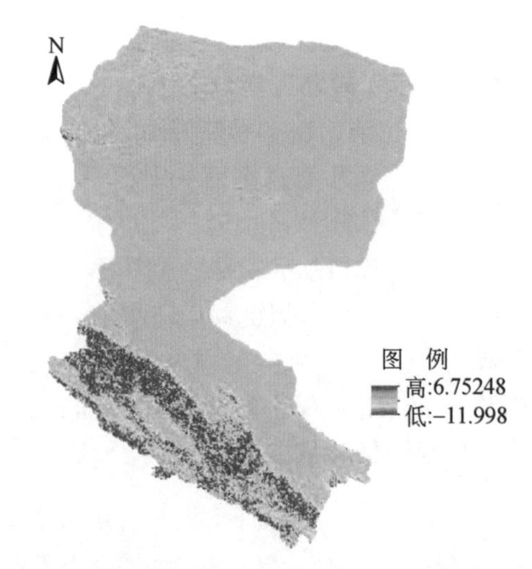


图 5-15　黑河流域总辐射相对误差分布（2008 年 6 月 9 日）

**表 5-2　不同海拔下的总辐射相对误差**

| 海拔/km | 面积比例/% | 总辐射相对误差/% |
|---|---|---|
| <1.5 | 62.43 | -0.05 |
| 1.5 ~2.0 | 14.80 | -0.09 |
| 2.0 ~3.0 | 7.24 | -0.70 |
| 3.0 ~4.0 | 10.23 | -1.13 |
| >4.0 | 5.30 | -0.49 |

表 5-2 和图 5-16 显示，总辐射相对误差最小值出现在<1.5 km 的区域，这是因为在海拔地区地势相对平坦，总辐射受到邻近像元的影响小；总辐射相对误差最大值出现在 3.0 ~4.0 km 的区域，而并不是出现在海拔最高的地区，这是因为在 3.0 ~4.0 km 的区域目标受到邻近像元的影响最大。

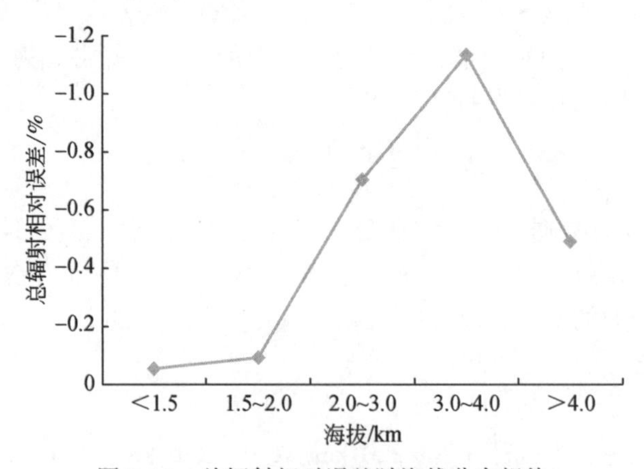


图 5-16　总辐射相对误差随海拔分布规律

### 3. 不同坡度下的相对误差

在对黑河流域坡度分布规律进行分析时，将坡度数据分为<5°、5° ~ 10°、10° ~ 15°、15° ~ 20°、20° ~ 25°、>25°共六级。<5°为平坡，5° ~ 10°和 10° ~ 15°为缓坡，15° ~ 20°和 20° ~ 25° 为斜坡，>25° 为陡坡。统计不同坡度带的面积和对应的总辐射相对误差（表 5-3）。

**表 5-3　不同海拔下的总辐射相对误差**

| 坡度/(°) | 面积比例/% | 总辐射相对误差/% |
|---|---|---|
| <5 | 88.24 | -0.10 |
| 5 ~ 10 | 7.52 | -0.94 |
| 10 ~ 15 | 2.96 | -1.26 |
| 15 ~ 20 | 1.04 | -1.65 |
| 20 ~ 25 | 0.22 | -2.02 |
| >25 | 0.02 | -2.10 |

表 5-3 和图 5-17 显示，总辐射相对误差最小值出现在坡度<5°的区域，在地势相对平坦的地区，总辐射受到邻近像元的影响小；总辐射相对误差最大值出现在坡度>25°的区域，这是因为坡度越大，受到邻近像元的影响越大。总辐射相对误差随着坡度的增加而增大。

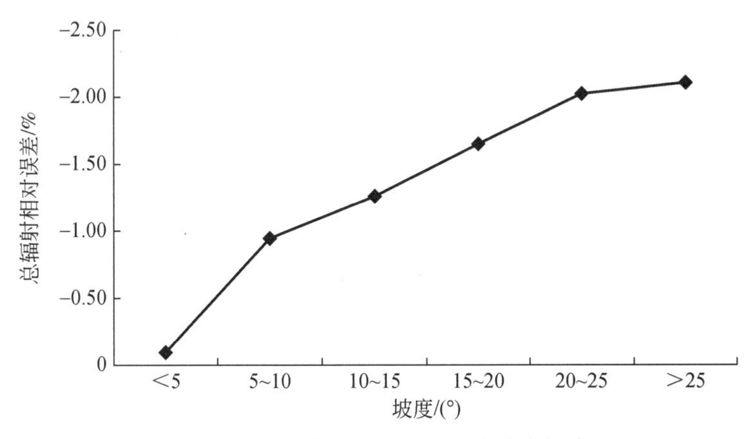


图 5-17　总辐射相对误差随坡度分布规律

### 4. 不同坡向下的相对误差

按照坡向分级标准对坡向数据进行分类，可将坡向分为 9 类，统计不同坡向对应区域的面积和对应的平均总辐射相对误差，见表 5-4。

表 5-4 不同坡向的总辐射相对误差

| 坡向分级 | 方位 | 坡向范围/(°) | 面积比例/% | 总辐射相对误差/% |
|---|---|---|---|---|
| 1 | 平向 | -1 | 0.85 | -0.11 |
| 2 | 北向 | 0 ~ 22.5, 337.5 ~ 360 | 16.51 | -0.24 |
| 3 | 东北向 | 22.5 ~ 67.5 | 21.01 | -0.26 |
| 4 | 东向 | 67.5 ~ 112.5 | 13.54 | -0.23 |
| 5 | 东南向 | 112.5 ~ 157.5 | 10.72 | -0.19 |
| 6 | 南向 | 157.5 ~ 202.5 | 10.21 | -0.22 |
| 7 | 西南向 | 202.5 ~ 247.5 | 9.55 | -0.28 |
| 8 | 西向 | 247.5 ~ 292.5 | 7.43 | -0.28 |
| 9 | 西北向 | 292.5 ~ 337.5 | 10.18 | -0.23 |

表 5-4 和图 5-18 显示，总辐射相对误差随坡向变化差异明显，最小值出现在平坦区域，这是因为在地势相对平坦的地区，总辐射基本不受邻近像元的影响；总辐射相对误差最大值出现在西南向和西向的区域。

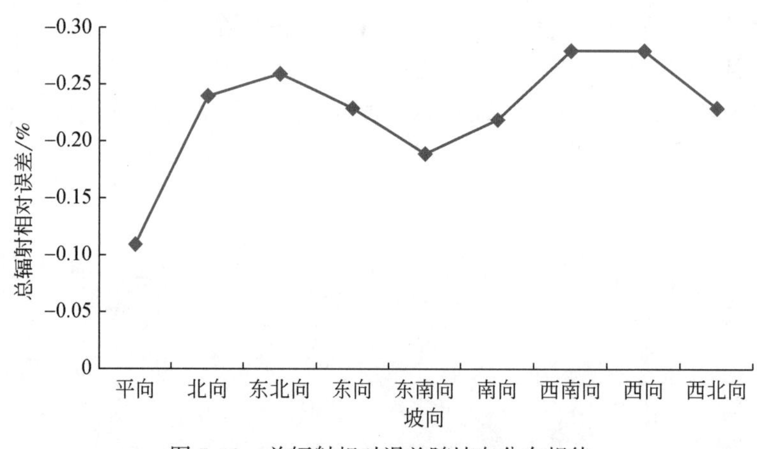

图 5-18 总辐射相对误差随坡向分布规律

## 5. 不同站点下的相对误差

基于本节的方法与估算结果，获取黑河流域四个站点的地形参数，见表 5-5。从计算的地形参数中可以看出，盈科和临泽站地形平坦，天空视角因子接近于 1，地形结构参数接近于 0；马莲滩站地形起伏较大，天空视角因子最小，地形结构参数最大；阿柔站地形起伏不大，但受到周围山地的影响，天空视角因子为 0.9764，地形结构参数为 0.0233。

表 5-5　地面站点的地形参数

| 站点 | 坡度/(°) | 坡向/(°) | 天空视角因子 | 地形结构参数 |
| --- | --- | --- | --- | --- |
| 阿柔 | 2. 00 | 353. 00 | 0. 9764 | 0. 0233 |
| 盈科 | 0. 00 | 80. 00 | 0. 9968 | 0. 0032 |
| 临泽 | 0. 00 | 9. 00 | 0. 9976 | 0. 0024 |
| 马莲滩 | 10. 00 | 35. 00 | 0. 9451 | 0. 0473 |

计算各站点 2008 年地形影响下的总辐射和净辐射，进而计算各站点的总辐射年平均相对误差、净辐射年平均相对误差（表 5-6）。

表 5-6　各站点总辐射和净辐射年平均相对误差　　（单位:%）

| 站点 | 总辐射年平均相对误差 | 净辐射年平均相对误差 |
| --- | --- | --- |
| 阿柔 | -0. 87 | -1. 16 |
| 盈科 | -0. 14 | -0. 33 |
| 临泽 | 0. 00 | 0. 00 |
| 马莲滩 | -1. 97 | -2. 53 |

表 5-6 和图 5-19 显示，在地形平坦的临泽和盈科站，总辐射和净辐射的年平均相对误差最小，绝对值均小于 0. 5%。而在地形起伏较大的马莲滩站，总辐射和净辐射的年平均相对误差最大，分别为-1. 97% 和-2. 53%。在阿柔站，总辐射和净辐射的年平均相对误差分别为-0. 87% 和-1. 16%。分析可见，地形平坦，总辐射和净辐射的年平均相对误差小；地形起伏越大，总辐射和净辐射的年平均相对误差越大。

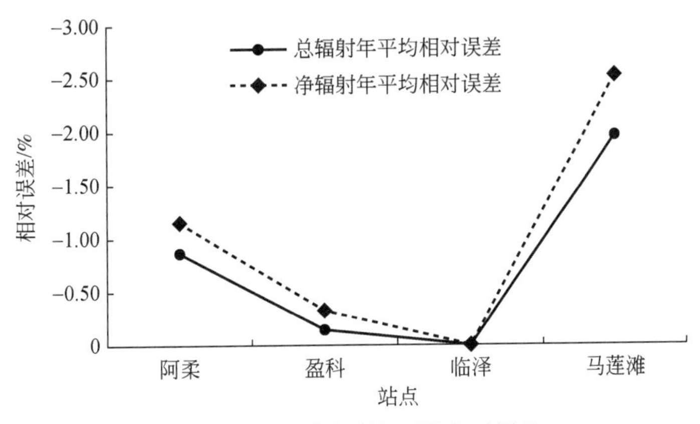


图 5-19　各站点辐射年平均相对误差

## 5. 3. 2　云影响下地表净辐射的计算实例

采用 5. 2 节中云影响下地表净辐射的计算方法，基于 FY 日照因子数据，结合其他遥感与气象数据，计算获得2008年黑河流域1 km分辨率地表净辐射的估算值，并与地面观测数据进行对比，且进行验证误差统计及空间变化分析。总体来说，估算值与观测值之间的相关性较好，各站点的决定系数都达到0.69以上（图5-20）。

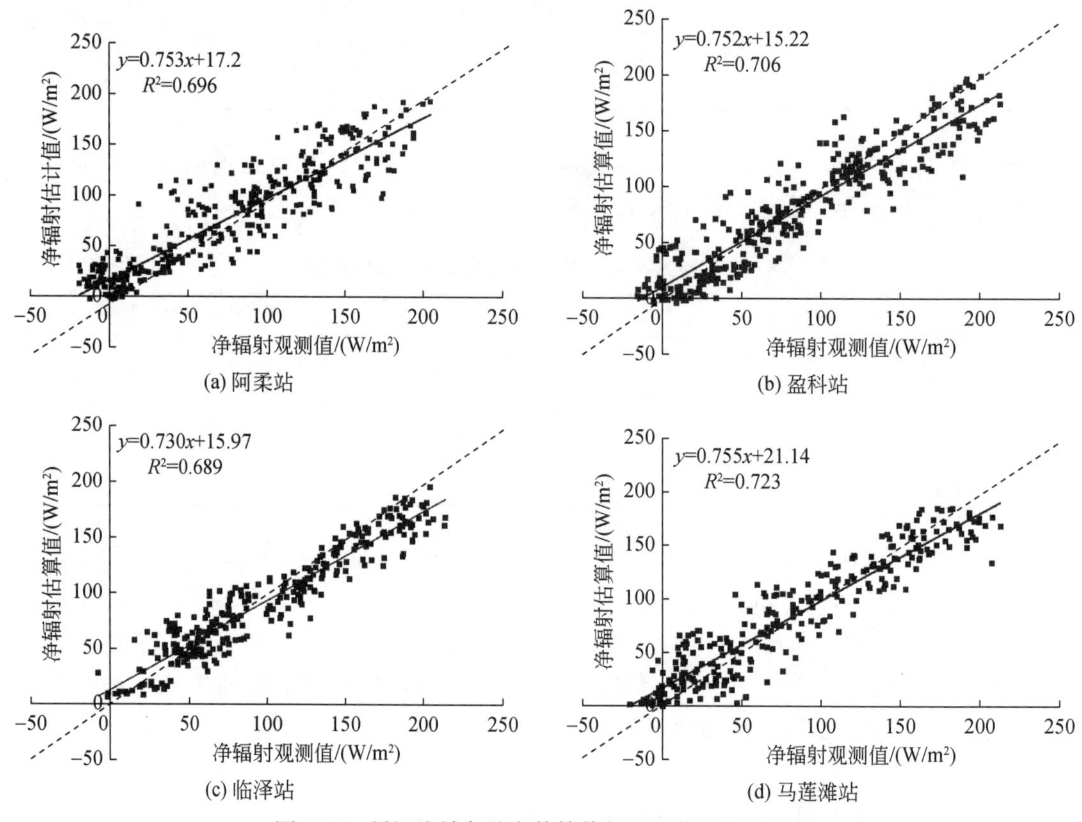


图5-20　黑河流域各站点估算值与观测值的对比结果

通过对黑河流域阿柔、盈科、临泽、马莲滩四个站点2008年的地表净辐射数据和基于FY日照因子估算的地表净辐射数据进行分析，得出Pearson相关系数（$R$）、决定系数（$R^2$）、均方根误差（RMSE）和平均相对误差（MRE），见表5-7。

**表5-7　黑河流域各站点估算净辐射精度分析**

| 站点 | $R$ | $R^2$ | RMSE/(W/m²) | MRE/% |
|---|---|---|---|---|
| 阿柔 | 0.83 | 0.70 | 33.27 | -0.01 |
| 盈科 | 0.84 | 0.71 | 34.17 | -0.05 |
| 临泽 | 0.83 | 0.69 | 32.68 | -0.08 |
| 马莲滩 | 0.85 | 0.72 | 33.42 | 0.03 |

图5-21为阿柔站和盈科站估算的净辐射值与观测值的时间过程线，可以看出，两者之间匹配较好，估算值与观测值保持一致的趋势。阿柔站的估算值与观测值的年内平均偏差为

-2.31 W/m²，盈科站的估算值与观测值的年内平均偏差为-6.02 W/m²。

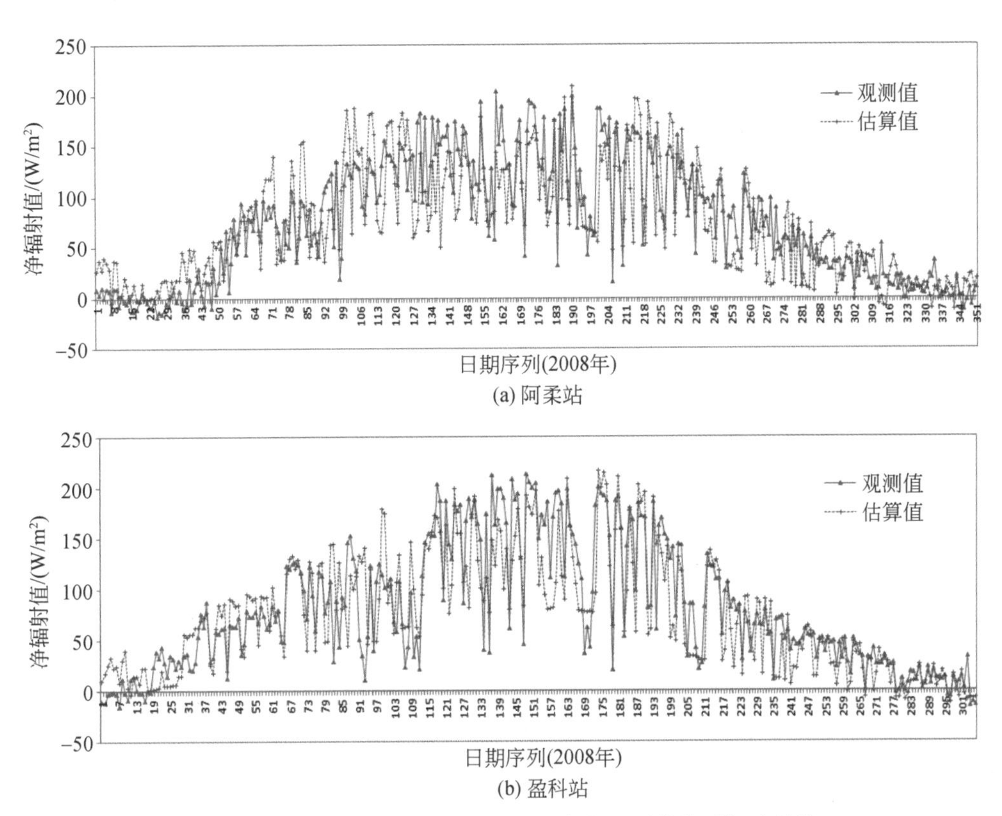


图 5-21　阿柔站和盈科站估算的净辐射与观测值的时间过程线

从图 5-22 的空间分布来看，基于 FY 日照因子估算的净辐射结果在空间上反映了

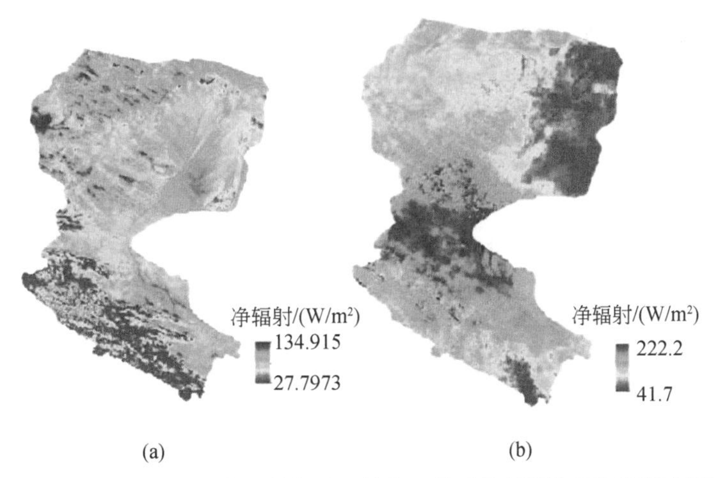


图 5-22　黑河流域 FY 数据估算的净辐射与基于站点日照时数观测数据估算的净辐射的空间分布
(a) 2008 年 3 月 14 日基于站点日照时数估算净辐射；(b) 基于 FY 日照时数估算净辐射

FY 日照时数的分布，而基于站点日照数据估算的结果没有体现出日照时数的空间分布特征。2008 年 7 月 6 日的 FY 日照时数在黑河流域东北地区存在一个低值区，致使该地区的地表净辐射估算值比其他地区小。2008 年 3 月 14 日，黑河流域大部分地区为晴空状态，只有在南部山区有云分布，基于 FY 日照时数估算的地表净辐射在南部山区与基于站点日照时数估算的地表净辐射结果也存在差异，而在中部和北部地区差异不大。

因此可以看出，基于 FY 日照时数估算的地表净辐射方法可以更好地反映云相变化对辐射的影响，以及地表的净辐射空间分布。

## 5.4 小　结

地表净辐射是陆-气水热循环过程的重要驱动力（Bisht and Bras，2010），影响着地表能量平衡、水分循环、地表蒸散、地表生物化学过程及气候变化等。准确估算地表净辐射及其他辐射分量对地表蒸散的估算、区域水资源规划与管理以及全球变化研究等领域的研究有着重要的意义。

本章首先介绍了地表净辐射及其关键参量的相关概念，然后综述了地表净辐射估算方法，并基于黑河流域已有研究基础，对黑河流域地表净辐射估算案例进行了介绍。

卫星遥感能够提供良好的时间连续性和空间均一性的地球辐射收支资料，使卫星遥感成为目前研究地表辐射收支的一个重要手段。目前，已经出现了多种利用遥感卫星数据估算地表辐射收支的全球产品。这些产品的应用，可以满足宏观尺度的需求。全球能量与水循环试验-地表能量收支（GEWEX-SRB）小组发布了 1983 ~ 2007 年的全球辐射数据产品，其空间分辨率为 1°×1°，并提供了 3 h、日均和月均三种时间分辨率供用户选择（Pinker et al.，2003）。国际卫星云气候计划（ISCCP）发布了 1983 ~ 2000 年的全球辐射数据产品，其时间分辨率为 3 h，分布在 280 km 的等面积全球格网上（Zhang et al.，2004）。云和地球辐射能量系统（CERES）科学研究小组（Wielicki et al.，1998）提供了 2000 ~ 2007 年的全球辐射产品，此产品为瞬时辐射通量产品（CERES- FSW），空间分辨率为 1°×1°。国家卫星气象中心（NSMC）发布了基于 FY-2 卫星数据生产的地面入射太阳辐射产品，产品范围为 60°N ~ 60°S、45°E ~ 165°E，空间分辨率为 1°×1°。北京师范大学梁顺林教授团队基于多源遥感数据和地面实测数据，反演与发布了全球陆表特征参量数据产品（GLASS 产品），包括光合有效辐射（PAR）、下行短波辐射（DSR）、净辐射（NR）、光合有效辐射吸收比（FAPAR）等多种辐射产品。Tang 等（2019）基于改进的物理参数化方案并以 ISCCP- HXG 云产品、ERA5 再分析数据及 MODIS 气溶胶和反照率产品为基础，研发与发布了 1983 年 7 月 ~2018 年 12 月的全球高分辨率地表太阳辐射数据集，其时间分辨率为3 h/(d · 月)，空间分辨率为 10 km，数据单位为 $W/m^2$。

目前，利用卫星数据估算地表净辐射的研究存在的问题以及对应未来的发展方向如下：一方面，现在的模型虽然考虑了云的影响，但仅仅考虑的是云类型的变化对日照与辐射的影响，而未考虑云的大小、云的厚度、云量等同样会影响日照与辐射的因素；另一方面，采用目前常用的 FAO 推荐的净辐射模型方法，在净长波辐射及太阳辐射计算的过程中，有很多参数需要大量的地面观测数据来进行标定，未来急需发展直接基于遥感数据的高精度净辐射遥感估算模型。

# 第6章　地表土壤热通量

当太阳辐射的能量到达地表后，除一部分被地表直接反射及地表自身向天空发射长波辐射外，大部分能量被土壤或植物冠层吸收（邵明安等，2006）。到达土壤表面或植物冠层的净吸收到的辐射能量，一部分用于加热土壤和空气（感热通量 $H$），另一部分用于土壤蒸发和作物蒸腾（潜热通量 LE），还有一部分辐射能量通过土壤表层进入土壤中（土壤热通量，$G_0$）。进入土壤中的这部分辐射能量会借助分子传导的形式把热量由上层土壤传递到深层土壤，使深层土壤逐渐增温，吸收能量，而在夜间，由于没有了直接的太阳辐射，地表层土壤的温度逐渐下降，当其温度下降到比深层土壤的温度低时，土壤中的热量开始由深层土壤向地表层土壤传递，土壤散热；这种由地表层土壤与深层土壤之间产生的净热交换量，称为地表土壤热通量（又称土壤热流）。通常定义能量由地表层土壤向深层土壤传输时，地表土壤热通量的值为正；能量由深层土壤向地表层土壤传输时，地表土壤热通量的值为负（李韧等，2005；李国平等，2008）。

地表土壤热通量是地表能量平衡的重要组成部分，它在地气耦合过程中起到能量纽带的作用（Zhang and Cao，2003），特别是影响着陆表蒸散的估算。本章主要介绍地表温度、地表土壤热通量测量方法和估算方法、瞬时与日尺度地表土壤热通量遥感估算方法，以及目前存在的问题和未来发展趋势。

## 6.1　地表土壤热通量测量与估算原理

地表土壤热通量不同于太阳辐射与湍流通量，后两者均可以采用在地上架设一定的观测仪器进行直接的观测得到，但考虑到地表土壤热通量的内在定义及地表与大气之间的复杂环境变化，很难在地表层直接观测到地表土壤热通量的值，因此研究人员常把传感器（土壤热通量板）埋在土壤一定深度处进行观测，但观测的是此深度处的土壤热通量，为了得到精确的地表土壤热通量，还需要观测一些辅助数据，然后采用一维热传导方程方法获得地表土壤热通量。总体来说，此类方法理论性较强、精度较高。

### 6.1.1　地表土壤热通量的影响因子

太阳辐射能量到达地表后，由地表层土壤与深层土壤之间产生净热交换量，即为地表土壤热通量。在整个地表、地表层、土壤表层与土壤深层之间能量交换过程中，首先，在年度与年内以及区域尺度上，太阳辐射达到地表的能量随着太阳高度角的变化而变化（Clothier et al.，1986；Gao et al.，1998）。其次，太阳辐射到达地表层后，受到地表植被状况的影响（Choudhury et al.，1987；Kustas and Daughtry，1990；Almhab and Busu，2008），地表植被对太阳辐射产生一定的吸收后，太阳辐射能量进一步达到地表层，然后再进入土壤；而在夜间，植被、地表层与土壤之间的能量传输方向将变化为反方向，即从土壤层传输到地表层再穿过植被达到空气中，进而导致地表温度与空气温度的变化。因此，近地表空气温度与地表温度因子又是指示地表土壤热通量变化量（谢仁波，1996；Wang and Bras，1999；Matsushima，2007）。最后，白天穿透植被与地表层达到表层土壤的太阳辐射能量将再传输到深层土壤，以及夜间时，深层土壤中的能量向上传输到表层土壤时，受到土壤温度与土壤湿度剖面的影响（Yang and Wang，2008；Jacobs et al.，2011），以及热质地类型属性因子的影响（Chelkin，1953；Cole et al.，1995；张宏等，2012）。

因此，不同学者在开展土壤热通量的观测、地表土壤热通量的空间差异性分析以及模型构建时均考虑了以下这些影响因子，主要包括土壤热属性因子（Chelkin，1953；Cole et al.，1995；Liebethal et al.，2005）、土壤孔隙度因子（Murray and Verhoef，2007a，2007b）、土壤多层温度因子（Yang and Wang，2008；Jacobs et al.，2011；van der Tol，2012）、土壤多层水分因子（Yang and Wang，2008）、地表温度因子（Bastiaanssen et al.，1998a，1998b；Wang and Bras，1999；Tasumi et al.，2000；Verhoef et al.，2012）、空气温度因子（翁笃鸣等，1981；谢仁波，1996；徐兆生和马玉堂，1984；Matsushima，2007）、太阳高度角因子（Clothier et al.，1986；Gao et al.，1998；洪刚等，2001）、植被指数因子（Kustas and Daughtry，1990；Allen et al.，1998a，1998b，2007b；Almhab and Busu，2008）、植被覆盖度因子（Choudhury et al.，1987；Azooz et al.，1997；Su，2002）、土壤类型因子（李亮等，2012；张宏等，2012）等。基于这些影响因子，大量的经验或半经验、理论与半理论方法被提出，并开展了地表土壤热通量的估算（Guaraglia et al.，2001；Heusinkveld et al.，2004；Meyers and Hollinger，2004；Oliphant et al.，2004；Gao，2005；Liebethal et al.，2005；Holmes et al.，2008；Yang and Wang，2008；Wang Z H et al.，2011；Wang and Bou-Zeid，2012）。

### 6.1.2 地表土壤热通量的测量方法

通常所说的土壤热通量的测量是指测量土壤中一定深度的土壤热通量，一般采用土壤热通量板直接测量土壤热通量的值，通常把土壤热通量板埋在地表以下一定深度，如下垫面为农田、裸地、砂质土壤，这个深度一般为5～10 cm（Fuchs and Tanner，1968；小田桂三郎等，1976；董振国，1984）。测量的值代表着土壤热通量板埋深处的土壤热通量，表征着土壤热通量板的上层土壤中向下传递的能量与下层土壤中向上传递的能量的矢量和。

目前土壤热通量板可分为两大类，一类是没有自校正功能的传统土壤热通量板，另一类是带有自校正功能的土壤热通量板。在实际工作中，当土壤热通量板埋置于土壤一定深度时，土壤热通量板本身的热传导率和周围土壤的热传导率一般都会存在差异，同时由于土壤热通量板与周围土壤常出现接触不良，接触层存在夹杂的空气，土壤热通量板本身的热传导率和周围土壤的热传导率更不会相同，所以测量值不等于实际值，但带有自校正功能的土壤热通量板会根据热通量板本身的热传导率和周围土壤的热传导率的差别，自动校正测量值，使测量值等于实际值（Philip，1961；Mogensen，1970；Schwerdtfeger，1976；van Loon，1998）。因此我们平时在野外进行观测时常推荐使用带有自校正功能的土壤热通量板，其测量精度在实验室检验可达到95%以上，满足了野外土壤热通量的观测精度需求。

为了可以更加直接方便地测量地表土壤热通量的值，Heusinkveld 等（2004）在以色列沙漠地区进行地表通量平衡研究时，提出了一种新的地表土壤热通量的测量方法，即把土壤热通量板埋在近地表层（小于1 cm）处，测量值即为地表土壤热通量的值，无需进行土壤温度与湿度剖面及土壤热属性数据的观测。考虑到土壤热通量板自身厚度与气候条件对热通量板上层土壤的影响，该方法可操作性不强。

当土壤热通量板直接安置在地表上测量地表土壤热通量时，土壤热通量板的上界面裸露在空气中，会受到太阳辐射的影响，也容易阻碍水分的上下渗透，同时还会受地表杂物和非均一性的影响，因此一般我们通常采用土壤热通量板埋于地下一定深度（5 ~ 15 cm）处进行站点观测（Philip，1961；Mogensen，1970；Howell and Tolk，1990），但是这个深度的观测值正如前面所论述的，观测的是土壤一定深度的热通量值，而土壤热通量板至地表存在一定厚度的土层，其对热量有一定的储存，为了得到站点上地表土壤热通量的值，还需要在站点上观测不同的土壤物理量，然后把这个土壤层储存的能量修正到地表土壤热通量中。通常站点观测的土壤物理量包括不同层的土壤温度、土壤湿度及土壤热属性参数等数据。

一般来说，土壤中能量传输主要包括热传导和热对流。若不考虑热对流，且土壤中没有其他热源和热汇，土壤能量传输可由一维热传导方程（one dimensional thermal diffusion equation）（Wang and Bras，1999）表示：

$$\rho_s c_s \frac{\partial T}{\partial t} = -\frac{\partial G}{\partial z} \tag{6-1}$$

$$G = -k \frac{\partial T}{\partial z} \tag{6-2}$$

式中，$G$、$z$ 分别为土壤热通量和土壤深度（两者均向下为正）；$T$、$t$ 分别为土壤温度和时间，根据 Liebethal 等（2005）建议及土壤热通量板安装状况，取参考深度为 $z_r$；$k$ 为土壤热传导率，由于 $k$ 难以准确观测，采用最小二乘法拟合式（6-2）可得到观测站参考深度处土壤热传导率；$\rho_s c_s$ 为土壤容积热容量，根据式（6-3）可以计算得到：

$$\rho_s c_s = \rho_d c_d + \rho_w c_w \theta \tag{6-3}$$

$$\rho_d c_d = 2.1 \times 10^6 (1 - \theta_{sat}) \tag{6-4}$$

式中，$\rho_d c_d$ 为干土壤容积热容量参数；$\rho_w c_w$ 为纯水容积热容量，为 $4.186 \times 10^6 \mathrm{J/(m^3 \cdot K)}$；$\theta_{sat}$ 与 $\theta$ 分别为土壤孔隙度和土壤含水量参数。结合埋置在参考深度 $z_r$ 处的土壤热通量板实测值（$G_{z_r, obs}$）与其上热储存量获取地表土壤热通量，称为实测土壤热通量和热储存量的结合方法，通过积分式（6-1），可得地表土壤热通量 $G_0$ 计算公式，为

$$G_0 = G_{z_r,\mathrm{obs}} + \int_{z=0}^{z=z_r} \frac{\partial \rho_s c_s T(z)}{\partial t} \mathrm{d}z \tag{6-5}$$

## 6.1.3 站点估算地表土壤热通量方法

6.1.2 节论述到在站点尺度无法直接方便地获得地表土壤热通量，需要结合站点观测的不同土壤物理量，利用一定的方法才能够估算出地表土壤热通能量，下面主要是介绍估算原理及方法，包括气候学估算方法、微气象法、平均土壤热电偶法、热传导方程校正法、谐波分解法、耦合热传导-对流法、半阶法、数值分析法等。

### 1. 气候学估算方法

早期气候学估算站点地表土壤热通量最经典、最古老的方法是台站规范法，最早由苏联杜勃罗文于 1953 年提出；同时翁笃鸣等（1981）根据北京等 6 个热平衡站的资料，分析地温与实际土壤热通量值之间的关系，提出了五种计算土壤热通量的气候学计算方法，包括热传导方法、热传导方程的改进方法、土柱热含量法、以热传导方程为基础的经验集成方法、改进的经验集成方法。

**（1）台站规范法**

杜勃罗文采用与求土壤热传导率相似的办法，对土壤热传导方程进行数学变换，并分别对公式中的时间和深度两个变量进行积分，得到计算两个时间段（$t_2-t_1$）内土壤热通量的表达式；当台站进行不同层土壤深度的土温观测时，经过简化地表土壤热通量的表达式可以直接计算出地表土壤热通量值：

$$G_0 = \frac{C_m}{t_2 - t_1}\left[S_1 - \frac{K}{H - h}S_2\right] \tag{6-6}$$

式中，$C_m$ 为容积热容量；$S_1$、$S_2$、$H$、$h$ 均有相应的表达式，可根据观测的不同层土壤深度的土温观测资料计算得到。式（6-6）右侧第一项表示不同层土壤深度的平均热存储变化，式（6-6）右侧第二项表示不同层土壤深度的平均土壤热通量，通过地表的土壤热通量值是这两部分值和。

**（2）热传导方法**

根据一维土壤热传导方程，地表土壤热通量的估算公式可以简写为

$$G_0 = -k\left.\frac{\partial T}{\partial z}\right|_{z=0} \tag{6-7}$$

式中，$k$ 为土壤热传导率；$\left.\frac{\partial T}{\partial z}\right|_{z=0}$ 为地面土温梯度，它采用地面和 1 cm 深度土壤温度差（分）来代替，而 1 cm 深度土壤温度则由地表土壤下层（约 20 cm）各层地温按拉格朗日（Lagrange）内插公式得到，因此地面土温梯度计算公式为

$$-\left.\frac{\partial T}{\partial z}\right|_{z=0} = T_0 - T_1 = 0.362T_0 - 0.638T_5 + 0.425T_{10} - 0.182T_{15} + 0.054T_{20} \tag{6-8}$$

式中，$T_0$、$T_1$、$T_5$、$T_{10}$、$T_{15}$、$T_{20}$分别为地面及土壤表层以下 1 cm、5 cm、10 cm、15 cm、20 cm 深处的土壤温度。在气候学方法中，通常假设土壤热传导率 $k$ 稳定不变，把地面土温梯度公式代入一维热传导方程中，可以得出下面公式：

$$G_0 = -k\frac{\partial T}{\partial z}\bigg|_{z=0} \approx k(T_0 - T_1) + k'(T_0 - T_1)' \approx k(T_0 - T_1) + \Delta_1 \tag{6-9}$$

令 $X_1 = \overline{T_0} - \overline{T_1} = 0.362T_0 - 0.638T_5 + 0.425T_{10} - 0.182T_{15} + 0.054T_{20}$，则可得热传导方法估算地表土壤热通量的估算公式为

$$G_0 = b_1X_1 + a_1 \tag{6-10}$$

式中，$a_1$、$b_1$、$\Delta_1$ 为系数，可通过经验拟合得到。

**(3) 热传导方程的改进方法**

土壤一维热传导方程中土壤热传导率主要是土壤湿度和孔隙度的函数，并且土壤导热率存在明显的时空变化和地理差异，因此充分考虑土壤湿度的影响有助于改进地表土壤热通量估算结果。

土壤湿度影响土壤热传导率 $k$ 的变化，所以土壤热传导率改写成

$$k_{0i} = k_\infty f_{(\omega_i)} \tag{6-11}$$

在计算过程中以空气相对湿度 $r$ 代替土壤湿度 $\omega_i$，同时假定$f_{(\omega_i)}$ 是 $r$ 的线性函数，因此可以得到改进后的热传导方法：

$$G_0 = k_\infty(d + cr)X_1 = b_2X_1 + C_2X_1r + \Delta_2 \tag{6-12}$$

式中，$k_\infty$ 为土壤热传导率的平均值；$d$、$c$、$b_2$、$C_2$、$\Delta_2$为系数，可通过经验拟合得到。

**(4) 土柱热含量法**

根据土柱热含量公式（翁笃鸣等，1981）：

$$G_0 = \frac{1}{t_2 - t_1}\int_0^z C_\mathrm{m}[\theta_{(z,t_2)} - \theta_{(z,t_1)}]\mathrm{d}z \tag{6-13}$$

经过时间平均和数值积分后，可得出各月平均土壤热通量式子：

$$\begin{aligned}\overline{G_0} &= \frac{\overline{C_\mathrm{m}}}{T}\sum \frac{1}{2}\Delta\,\overline{\theta_j}\Delta h_j + \Delta \\ &= \frac{\overline{C_\mathrm{m}}}{T}\left[\begin{aligned}&2.5\Delta\,\overline{\theta_0} + 5(\Delta\,\overline{\theta_5} + \Delta\,\overline{\theta_{10}} + \Delta\,\overline{\theta_{15}}) + 12.5\Delta\,\overline{\theta_{20}} + 30\Delta\,\overline{\theta_{40}} \\ &+ 60\Delta\,\overline{\theta_{80}} + 120\Delta\,\overline{\theta_{160}} + 80\Delta\,\overline{\theta_{320}}\end{aligned}\right] + \Delta\end{aligned} \tag{6-14}$$

式中，$\overline{C_\mathrm{m}}$ 为平均容积热容量；$T$ 为计算时段的时数；$\Delta\,\bar{\theta}$ 表示各层当月与前月的平均地温差，下标 0、5、10、15、20、40、80、160、320 表示相应土层深度（cm）；$\Delta$ 为数值积分时对 $\overline{C_\mathrm{m}}$ 取平均（深度和时间平均）及把土壤年变化恒温层深度取 320 cm 所导致的误差校正项。若以新变量 $X_2$代替式（6-14）右边括号中各项之和，则可得到新的地表土壤热通量估算方法。

$$\overline{G_0} = b_3X_2 + a_3 \tag{6-15}$$

式中，$b_3$、$a_3$ 为系数，可通过经验拟合得到。

**(5) 以热传导方程为基础的经验集成方法**

针对热传导方法及热传导方程的改进方法存在的不足，结合徐兆生（1984）在研究土壤热通量估算时，通过地面观测数据的经验拟合效果，获得新的经验方程：

$$G_0 = a_0 + \sum a_i \Delta\theta_i \tag{6-16}$$

式中，$\Delta\theta_i$ 为各土壤层间的地温差，0～20 cm 土壤层可以展开 10 种可能的 $\Delta\theta_i$ 项。拟合时可用逐步回归方法得到最佳的计算式。式（6-16）的物理意义仍比较清晰，右边第 2 项实际上表示利用各土壤层温度梯度计算土壤热交换量的某种经验集成，而 $a_0$ 则是误差校正项。

**(6) 改进的经验集成方法**

改进的经验集成方法的基本思路与未改进之前的思路基本相同，但考虑到地-气温差可以从地面加热角度反映土壤中热交换的传热情况，以及陆渝蓉和高国栋（1987）研究土壤热通量时采用拟合的经验，在式（6-16）中引入地-气温差 $\Delta T$ 项，即

$$G_0 = a_0 + \sum a_i \Delta\theta_i + b\Delta T \tag{6-17}$$

徐兆生（1984）的研究表明，地表及浅层土壤的温度受人为和当时云量的影响较大，与土壤热通量难以形成较好的相关关系。例如，地下 5～10 cm、10～15 cm 及 15～20 cm 土壤温差较小，相关系数不够理想。只有 5～20 cm 土壤温差与实测土壤热通量相关最好，因此该方法在研究过程中提出了基于土壤温差的地表平均土壤热通量估算方法。

$$G_0 = 3.8 + 8.9\Delta T_{5-20} \tag{6-18}$$

式中，$G_0$为地表平均土壤热通量；$\Delta T_{5-20}$ 为同时期 5～20 cm 土壤平均温差。

## 2. 微气象法

微气象法是张仁华等（2002）在估算沙坡头地表能量平衡时提出的，其在研究地表能量平衡时，发现沙坡头观测数据中沙土的土壤热通量与净辐射存在较好的非线性关系，沙土的土壤热通量增大速率随净辐射通量的增大而变小，另外，沙土土壤热通量也与热传导系数及垂直方向的土壤湿度梯度有关，因此其采用地表土壤热通量与净辐射、沙土表面温度的日振幅进行拟合，最终得出每一时刻的地表土壤热通量值的估算表达式：

$$\begin{aligned} G_i = {} & 0.00521(T_i - T_{\min} - 0.0017)R_{ni} - [0.0011\ (T_i - T_{\min})^{\frac{1}{2}} \\ & + 0.0039]R_{ni}^2 + 3.17(T_i - T_{\min}) - 85 \end{aligned} \tag{6-19}$$

式中，$G_i$、$R_{ni}$、$T_i$和 $T_{\min}$分别为某一时刻 $i$ 的土壤热通量、净辐射通量、土壤表面辐射温度和土壤表面辐射温度日变化过程的最小值。

同时 Matsushima（2007）在蒙古国克鲁伦河流域（Kerulen River）研究地表土壤通量空间分布特征时，通过流域内观测站点数据分析，基于净辐射数据，提出季节性日尺度日地表土壤热通量，估算的日地表土壤热通量主要与儒略日及日净辐射有关。具体估算表达式如下：

$$G_0 = -5\cos\left[\frac{2\pi(\mathrm{DOY} + 15)}{365} + 0.33\right] + \frac{1}{4}(R_n - 60) \tag{6-20}$$

式中，DOY 为儒略日；$R_n$ 为日净辐射；公式右侧的第一项表示地表土壤热通量的季节性变化特征；公式右侧的第二项表示地表土壤热通量的日变化特征。

微气象法既可估算出地表土壤热通量的日变化过程，对日、月、季同样适用，只是精度有高有低。

### 3. 平均土壤热电偶法

采用两个土壤热电偶观测土壤热通量板（埋深深度为 $z_r$）至地表层之间的平均土壤温度，通过温度梯度的变化计算出热储存量，结合 $z_r$处实测土壤热通量得到地表土壤热通量的方法称为平均土壤热电偶法（Choudhury et al., 1987）。平均土壤热电偶法中两个土壤热电偶探头一般分别埋置于土壤层以下 0.02 m、0.06 m 深度处，用于测量土壤热通量板埋置深度以上土层中平均土壤温度随时间的变化，同时结合土壤含水量观测数据，可以计算土壤热通量板以上土层中热存储量，再加上土壤热通量板埋置深度 $z_r$（一般为 8 cm）处的土壤热通量观测值，即可得到地表土壤热通量。地表土壤热通量的计算公式为

$$G_0 = G_{z_r,\mathrm{obs}} + \frac{\rho_s c_s \Delta T}{\Delta t}\Delta z \tag{6-21}$$

式中，$G_{z_r,\mathrm{obs}}$ 为 $z_r$ 处土壤热通量板观测值的平均值；$\Delta T$、$\Delta t$ 分别为平均热电偶观测得到的土壤温度及其时间分辨率（30 min）；$\Delta z$ 为 $z_r$之上的土壤层厚度。

### 4. 热传导方程校正法

阳坤和王介民（2008）基于土壤温湿度资料发展了计算地表土壤热通量的热传导方程校正法（TDEC 法）。该方法首先求解一维热扩散方程得到土壤温度的基本廓线，然后校正所求温度廓线与观测值的偏差，最后积分温度廓线得到土壤各层的热通量。

$$G_z = G_{z_{\mathrm{ref}}} + \rho_s c_s \int_{z_{\mathrm{ref}}}^{z} \frac{\partial T(z)}{\partial t}\mathrm{d}z \tag{6-22}$$

式中，$z_{\mathrm{ref}}$为土壤热通量板埋置深度（参考深度）；$G_{z_{\mathrm{ref}}}$为参考深度 $z_{\mathrm{ref}}$处的土壤热通量板观测值，如果已知土壤温湿度廓线 $T(z_i, t)$、$\theta(z_i, t)$，则式（6-22）的离散形式可以写为

$$G_{z,t} = G_{z_{\mathrm{ref}}} + \frac{\rho_s c_s}{\Delta t}\sum_{z_{\mathrm{ref}}}^{z}\left[T(z_i, t+\Delta t) - T(z_i, t)\right]\Delta z \tag{6-23}$$

根据式（6-23）可以计算出任意土壤层深度、任意时间的土壤热通量。当参考深度 $z_{\mathrm{ref}}$足够深时，$G_{z_{\mathrm{ref}}}$相对于地表土壤热通量 $G_0$可以忽略不计，即 $G_{z_{\mathrm{ref}}}=0$。用式（6-23）来计算土壤热通量的关键是如何从有限的温度观测资料插值得到合理的温度廓线。

阳坤和王介民（2008）提出将一维热传导方程的离散形式表示为三角方程的插值方法，将土壤层垂直分为 $n$ 层，简单的描述过程如下。

第 1 层：

$$T_1 = T_{\mathrm{sfc}} \tag{6-24}$$

第 $i$ 层：

$$\left[\frac{1}{2}\rho_s c_s(\Delta z_{i-1}+\Delta z_i)+\frac{k_{s,i-1}\Delta t}{\Delta z_{i-1}}+\frac{k_{s,i}\Delta t}{\Delta z_i}\right]T_i^{t+\Delta t}$$
$$=\frac{k_{s,i}\Delta t}{\Delta z_i}T_{i+1}^{t+\Delta t}+\frac{k_{s,i-1}\Delta t}{\Delta z_{i-1}}T_{i-1}^{t+\Delta t}+\frac{1}{2}\rho_s c_{s,i}(\Delta z_{i-1}+\Delta z_i)T_i^t \tag{6-25}$$

分别令 $A_i=\frac{1}{2}\rho_s c_{s,\ i}(\Delta z_{i-1}+\Delta z_i)+\frac{k_{s,\ i-1}\Delta t}{\Delta z_{i-1}}+\frac{k_{s,\ i}\Delta t}{\Delta z_i}$、$B_i=\frac{k_{s,\ i}\Delta t}{\Delta z_i}$、$C_i=\frac{k_{s,\ i-1}\Delta t}{\Delta z_{i-1}}$、$D_i=\frac{1}{2}\rho_s c_{s,\ i}(\Delta z_{i-1}+\Delta z_i)T_i^t$，则有

$$A_i T_i^{t+\Delta t}=B_i T_{i+1}^{t+\Delta t}+C_i T_{i-1}^{t+\Delta t}+D_i \tag{6-26}$$

第 $n$ 层：

$$T_n=T_{\text{bot}} \tag{6-27}$$

已知边界条件：地表温度 $T_{\text{sfc}}$ 和底层观测温度 $T_{\text{bot}}$，假设 $k$ 不随土壤深度及时间变化，即为一常数 1.0 W/(m · K)，求解上述公式可得土壤温度模拟梯度 $T_{\text{TDE},i}$。然后计算 $T_{\text{TDE},i}$ 与土壤温度观测梯度 $T_{\text{OBS}}$ 之间的偏差 $\Delta T_k$，将此偏差线性插值，获取每个模拟节点上的温度偏差 $\Delta T_i$，最后将 $\Delta T_i$ 叠加到土壤温度模拟梯度 $T_{\text{TDE},i}$ 上，即可得到最终土壤温度梯度 $T_{\text{TDE},i}$。

当最下面的模拟节点深度足够深，满足 $G_{z_{\text{ref}}}=0$ 时，自下而上逐层积分，即可得到各层土壤热通量，包括地表土壤热通量的值。

与其他方法不同，热传导方程校正法不需要事先给定不易准确测量和推求的土壤热传导（或热扩散）系数值，计算结果稳定可靠，对土壤表层数厘米深度内有无观测资料也不敏感。左金清等（2010）使用此方法计算了黄土高原半干旱草地下垫面的地表土壤热通量，结果十分理想。丁闯（2012）在研究海流域地表土壤热通量时发现，热传导方程校正法估算结果与实测的土壤热通量验证结果效果最好。郭阳等（2019）利用包括热传导方程校正法在内的 3 种土壤热通量计算方法对观测数据偏差的敏感性进行了分析。任雪塬等（2021）利用热传导方程校正法对中国北方四类典型下垫面能量分配特征及其环境影响因子进行了研究，同样提到该方法估计效果最好。

### 5. 谐波分解法

谐波分解法又称温度梯度法（van Wijk and de Vries，1963；翁笃鸣等，1981；Horton and Wierenga，1983；Verhoef，2004），对于质地均一的土壤，如果土壤含水量不随土壤深度变化或其变化对土壤热特性参数（土壤热扩散率 $k$ 和土壤热传导率 $\lambda_s$）的影响可以忽略，则可以把这两个参数当作常数。通过公式推导，式（6-1）简化为

$$\frac{\partial T}{\partial t}=D_h\frac{\partial^2 T}{\partial z^2} \tag{6-28}$$

式中，$D_h=k/\rho_s c_s$ 为土壤总体热扩散率，取如下初始条件与边界条件。

初始条件：
$$T_{0,\ z}=T_0-\gamma z \quad z\geqslant 0 \tag{6-29}$$

边界条件：
$$T_{t,\ 0}=T_0+\sum_{n=1}^{M}A_{0n}\sin(n\omega t+\Phi_{0n}) \quad t>0 \tag{6-30}$$

式中，$n$ 为波数；$\omega$ 为圆频率（$\omega=2\pi/N$，$N$ 为总样本数），$M=N/2$ 为最大谐波数；$A_{0n}$ 和

$\Phi_{0n}$为对应的振幅和位相；$\gamma$ 为土壤温度随土壤深度的递减率。利用分离变量法求解式（6-28）可以得出：

$$T_{z,t} = T_0 - \gamma z + \sum_{n=1}^{M} A_{0n}\exp(-Bz)\sin(n\omega t + \Phi_{0n} - Bz) \tag{6-31}$$

式中，$B = \sqrt{n\omega/2\pi}$，当 $z$ 很小时，$\gamma z$ 的影响很小，令 $\gamma z = 0$，即假设平均土壤温度恒定，则

$$T_{z,t} = T_0 + \sum_{n=1}^{M} A_{0n}\exp(-Bz)\sin(n\omega t + \Phi_{0n} - Bz) \tag{6-32}$$

对式（6-32）的 $z$ 进行求偏导，并乘以 $k$（或 $\rho_s c_s D_h$），可得到土壤热通量计算公式：

$$G_{z,t} = \rho_s c_s D_h \sum_{n=1}^{M}\left[A_{0n}\sqrt{\frac{n\omega}{\pi}}\exp(-Bz)\sin\left(n\omega t + \Phi_{0n} + \frac{\pi}{4} - Bz\right)\right] \tag{6-33}$$

当 $z = 0$ 时，分别可得到地表处的土壤热通量。

谐波分解法是目前估算地表土壤热通量使用较多的方法。基于谐波分解法，通过变换地表土壤热惯量信息，在估算地表土壤热通量过程中，均能够取得较高的精度，如 Murray 和 Verhoef（2007a，2007b）基于谐波分解法，采用美国地质勘探局（United States Geological Survey，USGS）公布的土壤质地类型属性数据，通过数学变换估算出土壤热惯量数据，结合观测的红外地表温度数据，通过谐波分解得出地表土壤热通量数据，同时分析了地表土壤热通量的影响因素，包括地表温度、土壤水分、植被指数、太阳高度角等信息。Heusinkveld 等（2004）在以色列干旱沙丘的研究表明，谐波分解法能够精确地计算地表土壤热通量，同时指出该方法在质地均一、土壤热特性参数恒定的土壤中计算效果比较好，但具有一定的局限性，这个局限性主要存在于地表温度正余弦日变化的假设。Li 等（2017）在开展有冻土存在下的地表土壤热通量估算时，确认了上述假设对估算结果的影响。在样本数充足时，谐波变化时，地表温度模拟较好，反之，一般模拟精度不太好，最终会影响地表土壤热通量的估算精度。

### 6. 耦合热传导-对流法

耦合热传导-对流法是由 Gao（2005）在进行地表土壤热通量计算时提出的，它考虑了土壤垂直与水平方向的能量流动，改进了谐波方法中的假设条件，指出土壤热扩散率随深度的增加而变化（Gao et al.，2003；Heusinkveld et al.，2004；李毅和邵明安，2005）。考虑到土壤中存在热对流，土壤热传导方程改写成

$$\frac{\partial T}{\partial t} = D_h \frac{\partial^2 T}{\partial z^2} - \frac{\rho_w c_w}{\rho_d c_d} w\theta \frac{\partial T}{\partial z} \tag{6-34}$$

式中，$w$ 为液体渗流速度（向上为正）。令 $W = -\frac{\rho_w c_w}{\rho_d c_d} w\theta$，则有

$$\frac{\partial T}{\partial t} = D_h \frac{\partial^2 T}{\partial z^2} - W\frac{\partial T}{\partial z} \tag{6-35}$$

其中，$W$ 被称为液态水通量密度（向下为正）。

给定边界条件：

$$T_{t,0} = \overline{T_0} + A\sin\omega t \tag{6-36}$$

式中，$\overline{T_0}$ 为地表平均温度；$A$ 为地表温度振幅。根据边界条件求解土壤热传导方程［式(6-34)］，可得其解析解：

$$T_{z,t} = T_0 + A\exp\left[\left(-\frac{W}{2D_{\mathrm{h}}} - \frac{\sqrt{2}}{4D_{\mathrm{h}}}\sqrt{W^2 + \sqrt{W^4 + 16\pi^2\omega^2}}\right)z\right] \times \sin\left[\omega t - z\frac{\sqrt{2}\omega}{\sqrt{W^2 + \sqrt{W^4 + 16\pi^2\omega^2}}}\right] \tag{6-37}$$

如果已知深度 $z_1$ 处土壤温度振幅与位相 $A_1$、$\Phi_1$，深度 $z_2$ 处土壤温度振幅与位相 $A_2$、$\Phi_2$，且 $z_1>z_2$，由于随深度增加，土壤温度振幅降低，位相延迟，即 $A_1<A_2$、$\Phi_1>\Phi_2$。将 $A_1$、$\Phi_1$、$A_2$、$\Phi_2$ 代入上述公式中可求解土壤热扩散率。

$D_{\mathrm{h}}$ 和 $W$：

$$D_{\mathrm{h}} = -\frac{(z_1 - z_2)^2\omega\ln(A_1/A_2)}{(\Phi_1 - \Phi_2)[(\Phi_1 - \Phi_2)^2 + \ln^2(A_1/A_2)]} \tag{6-38}$$

$$W = \frac{\omega(z_1 - z_2)}{\Phi_1 - \Phi_2}\left[\frac{\ln^2(A_1/A_2) - (\Phi_1 - \Phi_2)^2}{(\Phi_1 - \Phi_2)^2 + \ln^2(A_1/A_2)}\right] \times \frac{\omega(z_1 - z_2)}{\Phi_1 - \Phi_2}\left[\frac{2\ln^2(A_1/A_2)}{(\Phi_1 - \Phi_2)^2 + \ln^2(A_1/A_2)} - 1\right] \tag{6-39}$$

式（6-34）表示土壤热交换包括土壤热传导和土壤热对流，指出地表吸收的太阳辐射被土壤以热对流和热传导的形式耗散。该公式经常被用来计算土壤热扩散率 $k$、液态水通量密度 $W$ 和某一深度处土壤温度，也可用于地表与某一深度 $z$ 之间，土壤平均温度的计算，通过公式迭代，可得地表土壤热通量计算公式：

$$G_0 = G_{z_{\mathrm{ref}}} + \rho_{\mathrm{s}}c_{\mathrm{s}}k\frac{\partial T}{\partial z} + \rho_{\mathrm{w}}c_{\mathrm{w}}W\Delta T \tag{6-40}$$

式中，$T$ 为浅层土壤平均温度；$\Delta T$ 为上下两个浅层土壤平均温度之间的差，上浅层为地表至土壤温度最浅观测深度 $z_1$ 之间土层，下浅层为地表至热通量板埋置深度 $z_{\mathrm{ref}}$（参考深度）之间土层。

Gao（2005）采用该方法对那曲站估算的土壤热通量进行了地面验证，发现该方法的计算结果能够有效地提高地表能量平衡闭合率，但由于该方法本身的复杂性，实际应用比较少。

### 7. 半阶法

Wang 和 Bras（1999）在一维热传导方程的基础上，基于土壤剖面在初始时是均一的，同时在观测过程中参考深度的温度与初始温度相同两个基本假设，提出通过温度的积分估算地表土壤热通量的方法，该方法又称半阶法（half order method）。

假设土壤中垂直方向均一，不考虑土壤中水平方向的热量流动，则一维热传导方程可

以进行改写，假设方程对应的两个边界条件为

$$T=T_0 \quad t=0,z<0 \tag{6-41}$$

$$T=T_0 \quad t>0,z\to-\infty \tag{6-42}$$

式中，$T_0$为初始温度；$t$ 为时间；$z$ 为土壤表层下面的深度；$T$ 为土壤温度；$D_h$为固定的土壤热扩散率，式（6-41）表明，整个土壤层每层土壤的初始温度相同，则推算出

$$G(z,t)=D_h\frac{\partial}{\partial z}T(z,t)=D_h\frac{1}{\sqrt{D_h}}\frac{\partial^{(1/2)}}{\partial t^{(1/2)}}[T(z,t)-T_0]=\sqrt{\frac{D_h}{\pi}}\int_0^t\frac{\mathrm{d}T(z,s)}{\sqrt{t-s}} \tag{6-43}$$

式中，$s$ 为积分变量，式（6-43）表明土壤热通量在任一 $z$ 层均可以通过此层的土壤温度信息来获得，假设 $z=0$，则式（6-43）为地表土壤热通量的计算表达式，即地表土壤热通量表达式可以写成

$$G_0=\sqrt{\frac{D_h}{\pi}}\int_0^t\frac{\mathrm{d}T(s)}{\sqrt{t-s}} \tag{6-44}$$

8. 数值分析法

从地表土壤热通的估算方法可以看出，地表土壤热通量的估算通常会涉及土壤中不同层的温湿度观测数据，但考虑到土壤温湿度剖面测量时会出现仪器观测误差及一些不确定性，Wang 和 Bou-Zeid（2012）提出一种新的估算地表土壤热通量方法，通常称之为数值分析法。该方法通过推导一维热传导方程，最后得出不需要土壤温度观测数据，只需要土壤一定深度的土壤热通量板观测数据，通过对地表土壤热通量板埋深处深度值的数学离散分解即可求出地表土壤热通量（Wang and Bou-Zeid，2012）。

$$G_0(n)=\frac{2G_z(n)-J_{n-1}(G_0,\Delta F_z)}{\Delta F_z(1)} \tag{6-45}$$

$$J_{n-1}(G_0,\Delta F_z)=G_0(n-1)\Delta F_z(1)+\sum_{j=2}^{n-1}[G_0(n-j+1)+G_0(n-j)]\Delta F_z(j) \tag{6-46}$$

$$\mathrm{erfc}(z/2\sqrt{kt_j})=F_z(j),\Delta F_z(j)=F_z(j)-F_z(j-1) \tag{6-47}$$

式中，$z$ 为土壤热通量板埋深深度；$t$ 为离散数据序列，其中，$t_j=0$，1，2，3，…，$m$；erfc（）为补偿误差函数；$G_0$（$n$）为 $n$ 时刻的地表土壤热通量。该方法与谐波分解法估算的结果进行对比，表明该方法精度较高；由于对离散数量与土壤热通量板观测值比较敏感，该方法在应用时受到离散数量与土壤热通量板本身自校正精度的影响较大。

## 6.2 地表温度遥感估算方法

通过前几章及 6.1 节的论述，地表温度在地表蒸散、饱和水汽压差、地表净辐射以及地表土地热通量估算中起到至关重要的作用。采用遥感手段反演区域地表温度是获取大范围地表温度唯一可行的途径，但由于地表温度和地表发射率的耦合性质，利用热红外遥感数据反演地表温度仍具有挑战性，关键难点在于如何从地表观测的辐射亮度中分离地表温度和地表发射率，以及如何解决大气校正等问题。为解决这些问题，近年来国内外研究者

对辐射传输方程和地表发射率进行了不同的假设，利用热红外遥感数据进行地表温度反演时提出了多种反演算法，包括单通道算法、多通道算法、多角度算法、多时相算法、高光谱反演算法等，实现了中分辨率、长时间序列的地表温度遥感反演，可服务于地表土壤热通量与蒸散等区域尺度的计算。

## 6.2.1 单通道算法

单通道算法主要是利用大气窗口的单通道数据，使用大气透射率/辐射传输模型对大气的衰减和发射进行校正；然后在已知地表发射率的条件下，得到地表温度（Ottlé and Vidal-Madjar，1992；Price，1983；Susskind et al.，1984）。使用这种方法精确反演地表温度需要高质量的大气透射率/辐射传输模型来估算大气参数，还需要已知通道发射率和准确的大气廓线，并且需要考虑地形的影响（Sobrino et al.，2004a，2004b）。

Qin 等（2001）提出了一种基于 Landsat TM5 数据的单通道地表温度反演算法，该算法利用大气透射率和水汽含量之间以及平均大气温度和近地表空气温度之间的经验线性关系对单通道地表温度进行反演，仅仅需要知道近地表空气温度和水汽含量，而不需要知道大气廓线。

$$T_s = \{a(1-C-D) + [b(1-C-D) + C + D]T_{sensor} - DT_a\}/C \tag{6-48}$$

式中，$T_s$ 为地表温度；$\varepsilon$ 为地表比辐射率；$\tau$ 为整层大气透射率，且 $C=\varepsilon\tau$，$D=(1-\tau)[1+(1-\varepsilon)\tau]$；$a$ 为-67.355 351，$b$ 为 0.458 606；$T_{sensor}$为传感器的辐射亮度温度；$T_a$为大气平均作用温度，与地面近地表（一般 2 m 处）的气温 $T_{local}$存在如下线性关系：

$$T_a = 17.976\,9 + 0.917\,15\,T_{local} \quad (\text{热带平均大气,北纬 }15°) \tag{6-49}$$

$$T_a = 16.011\,0 + 0.926\,21\,T_{local} \quad (\text{中纬度夏季大气,北纬 }45°) \tag{6-50}$$

$$T_a = 19.270\,4 + 0.911\,118\,T_{local} \quad (\text{中纬度冬季大气,北纬 }45°) \tag{6-51}$$

另外，通过大气水汽含量和透射率的关系，以及大气水汽含量来计算大气透射率 $\tau$，如 MODIS 数据就很容易获取大气水汽含量。对于 Landsat 数据，在 NASA 官网上，输入经纬度信息就可以找到大气透射率参数。如果没有实测数据，透射率可通过模型计算得到：

$$\tau = 0.974\,290 - 0.080\,07\omega \quad (\text{最高气温 }35\ ℃, \omega \text{ 在 }0.4\sim1.6\ \text{g/cm}^2) \tag{6-52}$$

$$\tau = 1.031\,412 - 0.115\,36\omega \quad (\text{最高气温 }35\ ℃, \omega \text{ 在 }1.6\sim3.0\ \text{g/cm}^2) \tag{6-53}$$

$$\tau = 0.982\,007 - 0.096\,11\omega \quad (\text{最低气温 }18\ ℃, \omega \text{ 在 }0.4\sim1.6\ \text{g/cm}^2) \tag{6-54}$$

$$\tau = 1.053\,710 - 0.141\,42\omega \quad (\text{最低气温 }18\ ℃, \omega \text{ 在 }1.6\sim3.0\ \text{g/cm}^2) \tag{6-55}$$

Jiménez-Muñoz 和 Sobrino（2003）、Jiménez-Muñoz 等（2009）发展了一种通用型单通道算法，该方法适用于任何半高全宽约 1 μm 的热红外通道数据，前提是需要已知地表发射率和大气水汽含量。

$$T_s = \gamma[(\psi_1 L_{sensor} + \psi_2)/\varepsilon + \psi_3] + \delta \tag{6-56}$$

$$\gamma = T_{sensor}^2/(b_\gamma L_{sensor}) \tag{6-57}$$

$$\delta = T_{sensor} - T_{sensor}^2/b_\gamma \tag{6-58}$$

式中，$T_s$为地表温度；$L_{sensor}$为热外波段的热辐射强度；$b_\gamma$ 为 1320.46 K；$T_{sensor}$为传感器的

辐射亮度温度；$\psi_1$、$\psi_2$、$\psi_3$ 为整层大气水汽含量 $w$ 的函数，具体计算公式为

$$\psi_1 = 0.14714\, w^2 - 0.15583w + 1.1234 \tag{6-59}$$

$$\psi_2 = -0.1836\, w^2 - 0.37607w - 0.52894 \tag{6-60}$$

$$\psi_3 = -0.04554\, w^2 + 1.8719w - 0.39071 \tag{6-61}$$

目前，利用单通道算法，基于 Landsat TM5/8、ETM 及 HJ-1B 热红外波段数据开展了大量的地表温度研究，得到不同区域的地面观测数据，并对提出的地表温度单通道算法进行了验证（Qin et al.，2001；Sandholt et al.，2002；Kustas et al.，2003；Agam et al.，2012；王斐等，2017；李召良等，2017）。总体来说，这种通用型单通道算法只需要最少的输入数据，可应用于使用相同方程和系数的不同热红外传感器计算地表温度。Cristóbal 等（2009）发现在单通道算法中使用近地面空气温度和大气水汽含量可以提高地表温度反演精度，尤其是在水汽含量较高的情况下。Sobrino 等（2004a，2004b）、Sobrino 和 Jiménez-Muñoz（2005）、Jiménez-Muñoz 等（2010）分析比较了上述算法，指出所有使用经验关系的单通道算法在高水汽含量情况下精度都较差，这是因为在高水汽含量情况下，算法中使用的经验关系都是不稳定的。需要注意的是，单通道算法是辐射传输方程的简单变形，其前提是地表发射率和大气廓线已知。该方法虽然在理论上能够精确反演地表温度，但高精度的地表发射率在实际应用中很难获取。

### 6.2.2 多通道算法

使用单通道算法需要知道每个像元的地表发射率、大气辐射传输模型及精确的大气廓线。这些条件在大多数情况中很难或者不可能得到满足。因此不同的研究人员基于多波段的热红外波段数据提出了多通道的地表温度算法，包括双通道算法（即劈窗算法，又称分裂窗算法）与多通道算法。劈窗算法不需要大气水汽和气温的探空数据，但其与单通道均需要考虑绝对大气传输不同；劈窗算法通过相邻热红外波段的吸收差异来消除大气影响，可降低对大气光学传输性质不确定性的敏感性；此外，劈窗算法较简单，计算效率高，比较适合大区域、多时相的地表温度反演。

在众多多通道算法中，McMillin 于 1975 年最早提出分裂窗算法，其主要利用中心波长在 11 ~ 12 μm 的两个通道水汽吸收不同的特点估算海平面温度，该方法不需要任何大气廓线信息。此后，多种分裂窗算法被提出且成功用于海平面温度反演（Deschamps and Phulpin，1980；Llewellyn- Jones et al.，1984；McClain et al.，1985；Barton et al.，1989；Sobrino et al.，1993；França and Carvalho，2004；Niclòs et al.，2007）。受分裂窗算法成功用于海平面温度遥感反演的启发，20 世纪 80 年代开始，国内外学者努力尝试将其扩展用于地表温度反演（Becker，1987；Becker and Li，1990；Coll et al.，1994；Prata，1994a，1994b；Price，1984；Ulivieri et al.，1994；Sobrino et al.，1991，1994，1996；Wan and Dozier，1996；Tang et al.，2008；Atitar and Sobrino，2009）。采用该多通道算法，针对 AVHRR NOAA、MODIS、VIIRS、FY-3、Sentinel-3、ASTER、Landsat TM8 与 GF-5 等遥感数据，发展了众多地表温度算法（Qin et al.，2001；刘志武等，2003；赵小艳等，2009；

胡菊旸等，2012；董立新等，2012；李紫甜，2014；李召良等，2017；余卫国等，2019；张舒婷，2020）。

1. NOAA-AVHRR 地表温度

用来演算地表温度的劈窗算法是以 AVHRR 所观测到的热辐射数据为基础，基于普朗克（Planck）辐射函数，将 AVHRR 的两个热通道（即通道 4 和通道 5）数据转化为相应的亮度温度的一种算法（Qin et al.，2001；覃志豪和 Karnieli，2001；孙志伟，2013；李召良等，2017），它来源于对地表热传导方程的求解。由于大气层的影响和地表结构的复杂性，传导方程的不同求解方法能产生不同的劈窗算法，一般表达式为

$$T_s = T_4 + A(T_4 - T_5) + B \tag{6-62}$$

式中，$T_s$为地表温度；$A$ 与 $B$ 为参数；$T_4$与 $T_5$分别为 AVHRR 通道 4 与通道 5 的亮度温度。通过简化 NOAA 的劈窗算法，其另一常用表达式为

$$T_s = A_0 + A_1 T_4 + A_2 T_5 \tag{6-63}$$

式中，$A_0$、$A_1$和 $A_2$为参数，针对这三个参数，目前基于 AVHRR 数据开展地表温度的算法中，较为常用的参数计算公式为 Qin 等（2001）通过对大气向上热辐射的近似解和对普朗克辐射函数的线性化方程，推导方程表达式为

$$A_0 = [66.540\,67\,D_4(1 - C_5 - D_5) - 62.239\,28\,D_5(1 - C_4 - D_4)]/(D_5 C_4 - D_4 C_5) \tag{6-64}$$

$$A_1 = 1 + [0.430\,59\,D_5(1 - C_4 - D_4) + D_4]/(D_5 C_4 - D_4 C_5) \tag{6-65}$$

$$A_2 = [0.465\,85\,D_4(1 - C_5 - D_5) + D_4]/(D_5 C_4 - D_4 C_5) \tag{6-66}$$

$$C_i = \varepsilon_i \tau_i(\theta) \tag{6-67}$$

$$D_i = [1 - \tau_i(\theta)][1 + (1 - \varepsilon_i)\tau_i(\theta)] \tag{6-68}$$

式中，$\varepsilon_i$ 为 AVHRR 通道 $i$（$i=4$ 或5）的辐射率；$\tau_i(\theta)$ 为天顶视角 $\theta$ 下的大气透射率，大气透射率一般根据大气水汽含量来推算。

2. MODIS 地表温度

针对 MODIS 卫星传感器热红外通道的通道响应函数，基于大气辐射传输模型 MODTRAN 4，以及变化不同的大气状况、地表状况和观测角度，Li Z L 等（2013）、Tang（2018）通过模拟各种不同大气和地表状况下的热红外通道卫星遥感数据，发展了基于 MODIS 数据地表温度通用劈窗算法（GSW），建立的地表温度遥感反演模型为

$$T_s = a_0 + \left(a_1 + a_2 \frac{1-\varepsilon}{\varepsilon} + a_3 \frac{\Delta\varepsilon}{\varepsilon^2}\right)\frac{T_{31} + T_{32}}{2} + \left(a_4 + a_5 \frac{1-\varepsilon}{\varepsilon} + a_6 \frac{\Delta\varepsilon}{\varepsilon^2}\right)\frac{T_{31} - T_{32}}{2} \tag{6-69}$$

式中，$\varepsilon = (\varepsilon_{31} + \varepsilon_{32})/2$；$\Delta\varepsilon = \varepsilon_i - \varepsilon_j$；$\varepsilon_{31}$、$\varepsilon_{32}$ 分别为第 31 和第 32 波段的地表发射率；$T_{31}$、$T_{32}$分别为第 31 和第 32 波段的辐射亮度温度；$a_0$、$a_1$、$a_2$、$a_3$、$a_4$、$a_5$、$a_6$ 分别为劈窗算法系数。

式（6-69）中，常结合 MODIS 红光和近红外波段计算的 NDVI 数据产品以及相关经验

的方法确定地表发射率（Li Z L et al.，2013；Tang，2018）。对于水体，其波段发射率比较高，且在 11 μm 和 12 μm 附近变异性较小，所以 MODIS 第 31 和第 32 波段的发射率常分别设置为 0.992 和 0.987，而冰/雪在 MODIS 第 31 和第 32 波段的发射率分别设置为 0.987 和 0.966（Tang，2018）。

对于裸土像元，即 NDVI<0.2 时，通常将通道发射率与可见光红光波段地表反射率建立关系来获取反射率；采用式（6-70）即可计算获得反射率。

$$\varepsilon_{si} = a_{0i} + \sum a_{ij} \rho_j \quad (i = 31, 32; j = 1 \sim 7) \tag{6-70}$$

对于浓密植被覆盖区像元，即 NDVI>0.5 时，考虑到浓密植被的发射率腔体效应，植被覆盖区的地表发射率设置为

$$\varepsilon_{v31} = \varepsilon_{c31} + < d\varepsilon_{31} > = 0.982 + 0.007 = 0.989 \tag{6-71}$$

$$\varepsilon_{v32} = \varepsilon_{c32} + < d\varepsilon_{32} > = 0.984 + 0.006 = 0.990 \tag{6-72}$$

式中，$\varepsilon_{c31}$ 和 $\varepsilon_{c32}$ 分别为植被在 MODIS 第 31 和第 32 波段的发射率均值；$< d\varepsilon_{31} >$ 和 $< d\varepsilon_{32} >$ 为考虑发射率腔体效应后发射率的增量（Peres and DoCamara，2005）。

对于植被和裸土混合像元，即 0.2 ≤ NDVI ≤ 0.5 时，有关地表发射率的方程常被不同学者采用：

$$\varepsilon_i = \varepsilon_{vi} P_v + \varepsilon_{si}(1 - P_v) + d\varepsilon_i \tag{6-73}$$

$$P_v = \left[ \frac{\text{NDVI} - \text{NDVI}_{\min}}{\text{NDVImin}_{\max}} \middle| d\varepsilon_i = 4(1 - P_v) P_v < d\varepsilon_i > \right] \tag{6-74}$$

而 MODIS 第 31 和第 32 波段的发射率与植被覆盖度（$P_v$）之间的关系模型如下：

$$\varepsilon_{31} = -0.028 P_v^2 + 0.041 P_v + 0.969 \tag{6-75}$$

$$\varepsilon_{32} = -0.024 P_v^2 + 0.030 P_v + 0.978 \tag{6-76}$$

### 3. VIIRS 地表温度

继 2012 年 VIIRS 发布各波段卫星数据之后，VIIRS 地表温度产品于 2014 年 12 月正式对外发布。VIIRS 地表温度产品采用的是一种分裂窗算法来计算地表温度（王晨光等，2017），算法中各项系数主要根据地表覆盖类型来确定，该算法表达式为

$$T_{s,ij} = a_{0,ij} + a_{1,ij} T_{15} + a_{2,ij}(T_{15} - T_{16}) + a_{3,ij}(\sec\theta - 1) + a_{4,ij}(T_{15} - T_{16})^2 \tag{6-77}$$

式中，$T_{s,ij}$ 为地表温度；$T_{15}$和 $T_{16}$分别为 VIIRS 传感器上 M15 和 M16 通道在大气顶层的星上亮温数据；$a_k(k = 0 \sim 4)$ 为拟合系数，$i$ 和 $j$ 主要根据 IGBP 发布的 17 种地表覆盖类型（$i$=0～16）和日夜大气状况（$j$=0～1）来确定；$\theta$ 为观测天顶角。计算过程中利用 IGBP 全球地表覆盖类型图来确定各个像元的地表覆盖类型以及算法的系数值。

### 4. FY-3 地表温度

通过与国外地表温度产品相比，李紫甜（2014）研究发现，国家卫星气象中心风云卫星遥感数据服务网上的 FY-3 地表温度产品还存在一定不足，她以 FY3VIRR 和 MERSI 传感器数据为主要数据源，结合传感器热红外通道光谱特点，基于地表覆盖类型和土壤质地信息获取地表比辐射率，改进了原有的利用式（6-69）反演 FY-3 地表温度的分裂窗算法。

李紫甜（2014）主要通过模拟 VIRR4 与 VIRR5 对应的第 4、第 5 通道及 MERSI 第 5 通道的光谱响应函数，结合输入的地表温度和比辐射率，利用数学分析软件 SPSS 中的多元逐步回归功能进行最小二乘拟合，分别拟合分裂窗算法中的各参数式，得出基于 FY-3 数据的地表温度反演模型。

FY-3 的 VIRR4、VIRR5 通道组合的地表温度反演模型为

$$T_s = -0.143 + P(T_{VIRR4} + T_{VIRR5})/2 + M(T_{VIRR4} - T_{VIRR5})/2 \tag{6-78}$$

$$P = 1 + 0.122(1 - \varepsilon)/\varepsilon - 0.06\Delta\varepsilon/\varepsilon^2 \tag{6-79}$$

$$M = 5.393 + 7.702(1 - \varepsilon)/\varepsilon - 3.876\Delta\varepsilon/\varepsilon^2 \tag{6-80}$$

$$\varepsilon = (\varepsilon_{VIRR4} + \varepsilon_{VIRR5})/2 \tag{6-81}$$

$$\Delta\varepsilon = (\varepsilon_{VIRR4} - \varepsilon_{VIRR5})/2 \tag{6-82}$$

式中，$T_{VIRR4}$、$T_{VIRR5}$分别为 FY-3 VIRR 第 4 和第 5 通道的亮温；$\varepsilon_{VIRR4}$、$\varepsilon_{VIRR5}$分别为 FY-3 VIRR 第 4 和第 5 通道的地表比辐射率。

而 FY-3 的 VIRR4 与 MERSI5 通道组合的地表温度反演模型为

$$T_s = -0.7988 + P(T_{VIRR4} + T_{MERSI5})/2 + M(T_{VIRR4} - T_{MERSI5})/2 \tag{6-83}$$

$$P = 1 + 0.154(1 - \varepsilon)/\varepsilon - 0.263\Delta\varepsilon/\varepsilon^2 \tag{6-84}$$

$$M = 3.359 + 6.914(1 - \varepsilon)/\varepsilon - 9.216\Delta\varepsilon/\varepsilon^2 \tag{6-85}$$

$$\varepsilon = (\varepsilon_{VIRR4} + \varepsilon_{MERSI5})/2 \tag{6-86}$$

$$\Delta\varepsilon = (\varepsilon_{VIRR4} - \varepsilon_{MERSI5})/2 \tag{6-87}$$

式中，$T_{MERSI5}$为风云三号 MERSI 第 5 通道亮温；$\varepsilon_{MERSI5}$为风云三号 MERSI 第 5 通道的地表比辐射率。

### 5. Sentinel-3 地表温度

Sentinel-3 地表温度反演算法采用的是 Sobrino 和 Raissouni 于 2000 年提出的分裂窗算法（张舒婷，2020），结合 SLSTR 传感器上的第 8 与第 9 热红外波段数据，具体的地表温度估算方法为

$$T_{s,SLSTR} = a_0 + a_1 T_{ch8} + a_2 (T_{ch8} - T_{ch9}) + a_3 (T_{ch8} - T_{ch9})^2 + (a_4 + a_5 W)(1 - \varepsilon) + (a_6 + a_7 W)\Delta\varepsilon \tag{6-88}$$

式中，$T_{ch8}$、$T_{ch9}$为 SLSTR 第 8 和第 9 热红外通道的星上亮温；$a_k(k = 0 \sim 7)$ 为分裂窗算法的系数；$W$ 为观测天顶角 $\theta$ 上的总大气水汽含量（$W = W_v/\cos\theta$），$W_v$为垂直方向的大气水汽含量；$\varepsilon$ 为平均比辐射率［$\varepsilon = (\varepsilon_{ch8} + \varepsilon_{ch9})/2$］；$\Delta\varepsilon$ 为 SLSTR 第 8 和第 9 热红外通道地表比辐射率的差值（$\Delta\varepsilon = \varepsilon_{ch8} - \varepsilon_{ch9}$）。利用最小二乘法得到 SLSTR 的分裂窗算法系数分别为 $a_0 = -6.49533$，$a_1 = 1.01933$，$a_2 = 1.52956$，$a_3 = 0.247595$，$a_4 = 69.8631$，$a_5 = -7.85250$，$a_6 = -125.574$，$a_7 = 16.7550$。

### 6. ASTER 地表温度

考虑到 ASTER 热红外数据第 13 和第 14 波段受大气影响最小，较适合建立辐射传输方程反演地表温度，不同学者得出了针对 ASTER 数据的分裂窗算法（刘志武等，2003；

毛克彪等，2006；Nichol，2009；赵小艳等，2009；余卫国等，2019），参数无误差情况下，精度小于1°。对于辐射传输方程中的普朗克辐射函数进行线性简化，基于 ASTER 数据第 13 和第 14 波段的地表温度计算公式为

$$T_s = [C_{14}(D_{13} + B_{13}) - C_{13}(D_{14} + B_{14})]/(C_{14}A_{13} - C_{13}A_{14}) \tag{6-89}$$

式中，$T_s$为地表温度；$A_{13} \sim D_{14}$是为了便于计算，在解方程时得到的方程组中的简化系数，分别定义为

$$A_{13} = 0.145\,236\,\varepsilon_{13}\tau_{13} \tag{6-90}$$

$$B_{13} = 0.145\,236\,T_{13} + 33.685\,\varepsilon_{13}\tau_{13} - 33.68 \tag{6-91}$$

$$C_{13} = 0.145\,236(1 - \tau_{13})[1 + (1 - \varepsilon_{13})\tau_{13}] \tag{6-92}$$

$$D_{13} = 33.685(1 - \tau_{13})[1 + (1 - \varepsilon_{13})\tau_{13}] \tag{6-93}$$

$$A_{14} = 0.132\,66\,\varepsilon_{14}\tau_{14} \tag{6-94}$$

$$B_{14} = 0.132\,66\,T_{14} + 30.273\,\varepsilon_{14}\tau_{14} - 30.273 \tag{6-95}$$

$$C_{14} = 0.132\,66(1 - \tau_{14})[1 + (1 - \varepsilon_{14})\tau_{14}] \tag{6-96}$$

$$D_{14} = 30.273(1 - \tau_{14})[1 + (1 - \varepsilon_{14})\tau_{14}] \tag{6-97}$$

式中，$\tau_{13}$、$\tau_{14}$分别为 ASTER 第 13 和第 14 通道的大气透射率；$\varepsilon_{13}$、$\varepsilon_{14}$分别为 ASTER 第 13 和第 14 通道的地表比辐射率；$T_{13}$和 $T_{14}$分别为 ASTER 第 13 和第 14 通道的亮度温度。

### 7. GF-5 地表温度

针对 GF-5 卫星热红外 Band11 和 Band12 两通道数据，陈媛媛（2017）分析了线性劈窗算法发展过程的两个假设和近似条件对地表温度反演精度的影响，通过修正近似条件，对二次项劈窗算法在低比辐射率情况下的反演误差进行了改进，得到了针对 GF-5 卫星数据的海表温度和地表温度反演方法，推进了高分辨率热红外数据在相关领域的应用，其公式为

$$\begin{aligned} T_s = {} & T_{10.8} + A(T_{10.8} - T_{11.95})^2 + B(T_{10.8} - T_{11.95}) + [C_{m1}(1 - \varepsilon) \\ & + C_{m2}\Delta\varepsilon]W + C_{n1}(1 - \varepsilon) + C_{n2}\Delta\varepsilon + C_0 \quad W < 1\ \mathrm{g/cm^2} \end{aligned} \tag{6-98}$$

$$\begin{aligned} T_s = {} & \frac{T_{10.8} + A(T_{10.8} - T_{11.95})^2 + B(T_{10.8} - T_{11.95}) + [C_{a1}(1 - \varepsilon) + C_{a2}\Delta\varepsilon]W^2}{1 - [C_{111}(1 - \varepsilon) + C_{112}\Delta\varepsilon]W} \\ & + \frac{[C_{b1}(1 - \varepsilon) + C_{b2}\Delta\varepsilon]W + C_{c1}(1 - \varepsilon) + C_{c2}\Delta\varepsilon + C_d}{1 - [C_{111}(1 - \varepsilon) + C_{112}\Delta\varepsilon]W} \quad W < 1\ \mathrm{g/cm^2} \end{aligned} \tag{6-99}$$

式中，$T_s$ 为地表温度；$T_{10.8}$、$T_{11.95}$分别为 Band11 和 Band12 的星上亮温；$\varepsilon$、$\Delta\varepsilon$ 分别为 Band11 和 Band12 的平均比辐射率与差值比辐射率；$W$ 为大气水汽含量；其他参数为经验系数。

针对 GF-5 卫星 4 个热红外通道对大气不同的吸收作用，Xin 等（2017）对 4 个通道测量值进行各种组合来消除大气的影响分析，然后基于 GF-5 卫星开发了一种新的非线性四通道劈窗算法反演地表温度，算法系数是基于不同地表条件下大气柱水汽的几个子范围获得的，通过与广义二通道劈窗算法和三通道劈窗算法进行比较，验证得知新算法精度更高，其公式为

$$T_s = b_0 + \left(b_1 + b_2 \frac{1-\varepsilon_{12}}{\varepsilon_{12}} + b_3 \frac{\Delta\varepsilon_{12}}{\varepsilon_{12}{}^2}\right)\frac{T_1 + T_2}{2} + \left(b_4 + b_5 \frac{1-\varepsilon_{12}}{\varepsilon_{12}} + b_6 \frac{\Delta\varepsilon_{12}}{\varepsilon_{12}{}^2}\right)\frac{T_1 - T_2}{2}$$
$$+ \left(b_7 + b_8 \frac{1-\varepsilon_{34}}{\varepsilon_{34}} + b_9 \frac{\Delta\varepsilon_{34}}{\varepsilon_{34}{}^2}\right)\frac{T_3 + T_4}{2} + \left(b_{10} + b_{11} \frac{1-\varepsilon_{34}}{\varepsilon_{34}} + b_{12} \frac{\Delta\varepsilon_{34}}{\varepsilon_{34}{}^2}\right)\frac{T_3 - T_4}{2}$$
$$+ b_{13}(T_1 - T_2)^2 + b_{14}(T_3 - T_4)^2 \tag{6-100}$$

式中，$T_1$、$T_2$、$T_3$、$T_4$分别为 GF-5 卫星 Band9、Band10、Band11 和 Band12 的星上亮温；$b_0$，$b_1$，…，$b_{14}$为算法回归系数和常量，基于不同地表条件下大气柱水汽的几个子范围获取算法系数；$\varepsilon_{12}$、$\varepsilon_{34}$、$\Delta\varepsilon_{12}$、$\Delta\varepsilon_{34}$ 分别为 GF-5 卫星 Band9、Band10、Band11、Band12 4 个通道间的平均比辐射率和差值比辐射率。

## 6.2.3 多角度算法

多角度算法建立在同一物体从不同角度观测时所经过的大气路径不同而产生的大气吸收不同的基础上。由于大气吸收体的相对光学物理特性在不同观测角度下保持不变，大气透射率仅随角度的变化而变化。与分裂窗算法的基本原理类似，大气的作用可以通过特定通道在不同角度观测下所获得亮温的线性组合来消除（Chedin et al.，1982；Prata，1993，1994a，1994b；Sobrino et al.，1996，2004a）。

多角度算法主要基于第一代双角度模式卫星，即搭载在第一代欧洲遥感卫星（ERS-1）上的沿轨扫描辐射计（ATSR）发展而来。ATSR 能够在 2 min 内对同一片地表区域进行双角度观测。一个是垂直观测，天顶角范围是 0°～21.6°；另一个是前向观测，天顶角范围是 52°～55°。假设地表温度和海面温度与观测天顶角无关，大气状况在水平方向是均一的并且在观测时间内稳定不变，Prata（1993，1994a）提出了一种基于 ATSR 数据的双角度算法来反演地表温度和海面温度。Sobrino 等（1996）提出了一种改进型的双角度算法，考虑了垂直观测时的发射率 $\varepsilon_n$ 和前向观测时的发射率 $\varepsilon_f$ 。

$$\mathrm{LST} = T_n + p_1(T_n - T_f) + p_2 + p_3(1 - \varepsilon_n) + p_4(\varepsilon_n - \varepsilon_f) \tag{6-101}$$

式中，$p_k(k=1, \cdots, 4)$ 为与垂直和前向观测角度下大气透射率及平均等效空气温度有关的参数；$T_n$ 和 $T_f$ 分别为垂直和前向观测时的亮度温度。这种算法仅与发射率有关，而与水汽含量无关。Sobrino 等（2004a）发展了一种非线性双角度算法来减少大气水汽含量对地表温度反演结果的影响，即

$$\mathrm{LST} = T_n + q_1(T_n - T_f) + q_2(T_n - T_f)^2 + (q_3 + q_4 W)(1 - \varepsilon_n) + (q_5 + q_6 W)\Delta\varepsilon + q_0 \tag{6-102}$$

式中，$W$ 为大气水汽含量；$q_0$ 为常数；$q_k(k=1, \cdots, 6)$ 为与传感器有关的常量，可以利用模拟数据拟合回归确定。利用模拟热红外数据，Sobrino 和 Jiménez-Muñoz（2005）比较了如式（6-101）所示的双角度算法，并考虑了地表发射率、大气水汽含量和观测天顶角的非线性分裂窗算法。结果表明，在地表发射率的光谱和角度变化已知情况下，双角度算法精度要优于分裂窗算法。

尽管多角度（双角度）算法能够比分裂窗算法提供更好的结果，但是双角度算法应用于卫星数据时有一些实际困难（Sobrino and Jiménez-Muñoz，2005）。多角度算法中的一个重要现象是发射率的角度相关性，在卫星空间分辨率尺度下，自然地表的角度效应是未知的，如裸土和岩石（Sobrino and Cuenca，1999）。地表温度的角度相关性也是一个问题。除了需要大气晴空无云并且水平均一外，还要求在不同斜程路径下的多角度测量有明显差异。否则，不同角度下的测量会高度相关，导致算法不稳定，并对仪器噪声极其敏感（Prata，1993，1994a）。此外，在不同观测角度下对同一目标地物进行观测会覆盖不同的传感器区域（即像元）。即使可能会观测到同样的像元大小，但由于地物的三维结构，在不同观测角度下观测到的地物仍可能明显不同。不同观测角度像元的配准不好会导致地表温度反演结果存在巨大误差。所以，多角度算法仅适用于理想大气条件下的均质区域（如海洋表面或浓密森林植被），不适用于非均质地表。

### 6.2.4 多时相算法

多时相算法是在假定地表发射率不随时间变化的前提下利用不同时间的测量结果来反演地表温度和发射率的，其中比较有代表性的是两温法（Watson，1992）和日夜双时相多通道物理反演法（Wan and Li，1997）。

两温法的思路是通过多次观测来减少未知数的个数。假设热红外通道已经经过精确的大气校正并且发射率不随时间而发生变化，那么如果地表被 $N$ 个通道两次观测，$2N$ 次测量将会有 $N+2$ 个未知数（$N$ 个通道的地表发射率及 2 个地表温度）。因此，当 $N \geq 2$ 时，这 $N$ 个通道的地表发射率和 2 个地表温度可以从 $2N$ 个方程中同时得到（Watson，1992）。两温法的主要优势是它对地表发射率的光谱形状没有作出假设，只是假定发射率不随时间变化。虽然这一方法有一个简单直接的公式，但是由于这 $2N$ 个方程是高度相关的，方程的解可能不稳定，并且对传感器噪声和大气校正产生的误差非常敏感（Watson，1992；Gillespie et al.，1996；Caselles et al.，1997）。在没有实测大气廓线数据的情况下，很难进行非常精确的大气校正，因此在反演地表温度和发射率时使用近似的廓线可能导致比较大的误差。对于下垫面均匀的区域，不精确配准带来的地表温度和发射率误差较小；对于下垫面不均匀的区域，这一误差将较大（Wan，1999）。卫星观测天顶角的改变会引起地表发射率的改变，因此违背了地表发射率不随时间改变的假设，导致两温法的精度降低（Li Z L et al.，2013）。

Wan 和 Li（1997）受到日夜温度无关波谱指数法和两温法的启发，进一步提出了日夜双时相多通道物理反演法，即通过结合白天和晚上的中红外以及热红外数据来同时反演地表温度和发射率。这一方法假定从白天到夜晚地表发射率不会发生太大的改变，并且在中红外波段的角度形式因子的变化很小（<2%），以此减少未知数的个数，从而使反演更加稳定。为了减小反演过程中大气校正残差的影响，引入了两个变量：大气底层的空气温度（$T_a$）和大气水汽含量（$W$），以此来改正反演过程中初始的大气廓线。有了 $N$ 个通道的两次测量（白天和夜晚），未知数的个数为 $N+7$（$N$ 个通道的地表发射率，2 个地表温

度，2 个空气温度，2 个大气水汽含量，1 个中红外通道的角度形式因子）。因此，为了使方程可解，$N$ 必须≥7。日夜双时相多通道物理反演法是两温法的发展，但是，与其他多时相反演方法类似，日夜双时相多通道物理反演法同样面临着几何配准精度低及观测天顶角变化等关键问题。为了解决几何配准精度不高的问题，Wan（1999）将 MODIS 像元从 1 km 的分辨率聚合为 5 km 或 6 km。与此同时，16 组观测天顶角用来保证白天和夜晚观测天顶角分组的质量（Wan and Li，2011）。为了避免最差的解，获得更好的地表温度反演结果，Wan（2008）采用了一系列优化方法，这些优化方法主要针对一些并不理想的情况，如周围云层和气溶胶的影响、雪天气及夜晚露水的出现导致中红外通道和 8.75 μm 通道在白天与夜晚的地表发射率的值不同（假设第 31 和第 32 波段相对高发射率值受这些情况影响较小，即使是在干旱地区）。这些优化方法包括结合使用 Terra 和 Aqua 卫星 MODIS 数据、为白天数据增加权重、完全结合依赖于观测角的通用分裂窗算法和日夜双时相多通道物理反演法作为地表温度差异的紧密成分和相关的约束条件、使用第 31 和第 32 波段发射率的变量、日夜双时相多通道物理反演法中解的迭代里使用大气水汽含量和空气温度、有效地提高第 31 和第 32 波段最高质量数据所占的权重。更多关于 MODIS 日夜算法的细节可以参考文献（Wan，2008；Wan and Li，1997，2011）。

### 6.2.5 高光谱反演算法

高光谱反演算法依靠的是地表发射率固有的光谱特性而不是时相信息，其中比较有代表性的是迭代光谱平滑温度发射率分离法（Borel，2008）和线性发射率约束法（Wang N et al.，2011）。Borel（1997，1998，2008）指出典型的发射率光谱曲线和由大气引入的光谱特征相比要平滑的多，由辐射传输方程可知，如果地表温度没有被准确地估计，相应的地表发射率光谱会显示出大气光谱特征，即在估算出的地表发射率波谱上出现由大气吸收线引起的锯齿。当反演的地表发射率的光谱平滑度达到最大时，反演出的地表温度和发射率是最准确的。在这一属性的基础上，不同学者提出了从高光谱热红外数据中反演地表温度和发射率的迭代光谱平滑温度发射率分离法，包括一阶和二阶等各种平滑标准（Kanani et al.，2007；Borel，2008；Cheng et al.，2010；Ouyang et al.，2010）。

受到最初由 Barducci 和 Pippi（1996）提出的灰体发射率法的启发，Wang N 等（2011）提出了利用经过大气校正的高光谱热红外数据同时反演地表温度和发射率的 TES 算法。这一算法假定发射率光谱可以被分为 $M$ 个部分，每一部分的发射率随着波长线性变化。在这种情况下，发射率光谱可以通过获取值为 $aa_k$，偏差值为 $bb_k(k=1, \cdots, M)$ 的分段线性函数来重新创建。假定方程数 $N$（对应 $N$ 个通道测量值）大于或等于未知数的个数（$2M+1$，对应 1 个地表温度，$M$ 个 $aa_k$，$M$ 个 $bb_k$），那么地表温度和发射率可以同时获得。由于高光谱热红外传感器有许多窄通道，所以 $N \geq 2M+1$ 这一条件很容易满足。同时，Paul 等（2012）提出了一种通过红外大气探测干涉仪（IASI）高光谱数据同时反演地表温度和发射率的方法。在这种方法中，地表温度和发射率反演利用了陆地发射率的初估值，这一初估值是通过非线性统计（神经网络）法将 6 个 MODIS 通道插值到 IASI 高光谱数据范围中得到的。

### 6.2.6 地表温度的日变化

地表温度日变化信息对气象、气候和水文研究具有重要意义，如地表温度的最大值、最小值和日较差对全球气候研究具有指示意义（Jin et al.，2002；Sun and Wang，2013；Duan et al.，2014；Zhu et al.，2014a）。地表温度日变化的因素可以分为两类：一类是地表能量平衡，其取决于太阳辐射、地表条件和大气状况；另一类是地表热惯量，其取决于土壤类型、土壤湿度和植被覆盖。地表温度主要表现为白天与夜间呈现出一定的正余弦变化，或正余弦与线性或指数函数相结合的变化规律。

基于热传导方程和能量平衡方程，国内外研究者发展了许多地表温度日变化模型（Jin and Dickinson，1999；王旻燕和吕达仁，2005；van den Bergh et al.，2006；杨红娟等，2009a；欧阳斌等，2012；Duan et al.，2014；Zhu et al.，2014a），分别采用不同的数学形式和模型参数描述地表温度日变化。结果表明，白天的地表温度变化通常采用余弦或者正弦函数描述，如 Parton 和 Logan（1981）采用正弦函数，Sun 和 Pinker（2005）、Schadlich 等（2001）采用余弦函数，分别描述了白天的地表温度变化。而对于晚上的地表温度变化，假定其遵循牛顿冷却定律，通常采用指数函数或者双曲线函数描述，如 Gottsche 和 Olesen（2001，2009）采用指数函数，Inamdar 等（2008）、Duan 等（2013）采用双曲线函数，分别描述夜间的地表温度变化，且 Duan 等（2012a，2012b）对 6 种地表温度日变化模型进行了详细的对比和分析。Zhu 等（2014a）采用白天正弦函数与夜间线性函数相结合的方式，利用 MODIS 卫星过境时刻数据估算了黑河流域晴天状况下的地表温度日变化过程。Duan 等（2014）同样采用正余弦与线性函数相结合的方法，利用 MODIS 数据对地表温度日变化过程进行了模拟。

针对干旱半干旱典型的内陆河流域——黑河流域，朱伟伟（2014）通过对黑河流域野外观测站的观测数据进行分析，发现地面观测地表温度的变化规律总体上呈现分段函数的特性，白天按正弦曲线变化，夜间则按指数函数变化，具体表现如图 6-1 所示。

因此将地表温度的日变化曲线方程模拟式表达为

$$T(t) = A\sin[\omega(t - t_0)] + B \quad t \in (t_1, t_2) \tag{6-103}$$

$$T(t) = b_2\exp[\alpha(t - t_2)] + b_1 \quad t \in (t_2, t_1') \tag{6-104}$$

式中，$t_1$、$t_1'$和 $t_2$ 为正弦函数与指数函数的邻接时刻，其与日出和日落时间有关，我们假设 $t_1 = t_{rise} + \text{shift}$，$t_2 = 24 - t_1$，shift 是临界时刻与日出时刻之间的偏移量。

式（6-103）和式（6-104）中，有 8 个未知量，其中，$A$ 为正弦函数的振幅，$\omega$ 为角频率，与地球自转周期有关（$s^{-1}$），$t_0$和 $B$ 分别为水平方向（时间）和垂直方向（温度）的偏移量，假设一天当中最高地表温度出现的时间为 $T_{max}$，则 $t_1$ 到 $T_{max}$ 为正弦函数的半个同期，正弦函数的角频率 $\omega = \pi/(T_{max} - t_1)$，$x$ 方向时间的偏移量为 $t_0 = (t_1 + T_{max})/2$。若已知日出时刻 $t_{rise}$、峰值时刻 $T_{max}$ 及 shift，则白天的正弦函数和夜间的线性函数组合的方程中只剩余 5 个未知参数，由 MODIS 卫星过境时间可知，Aqua 星与 Terra

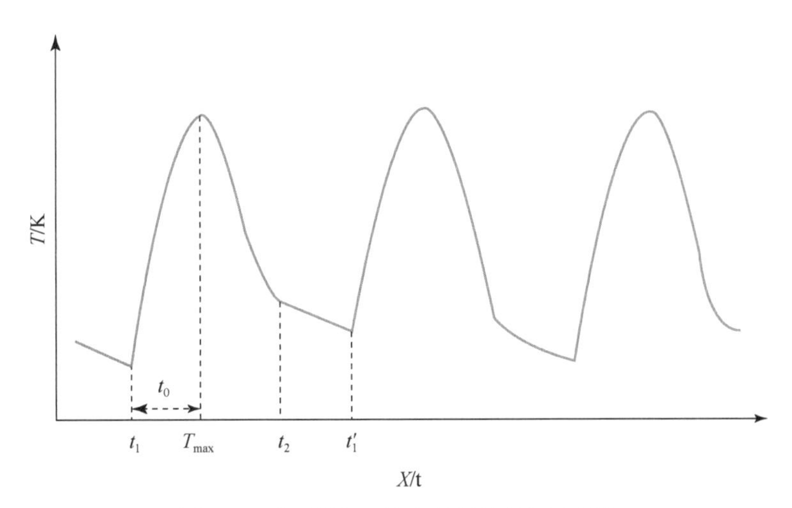


图 6-1 晴天状况下地表温度日变化过程线

星白天两次卫星过境时刻分别在 $t_1$ 与 $t_2$ 之间，夜间两次卫星过境时刻分别在 $t_2$ 与 $t_1'$ 之间，假设 Aqua 星与 Terra 星过境时刻与对应地表温度分别为 $t_{\text{aqua day}}$ 与 $T_{\text{aqua day}}$，$t_{\text{aqua night}}$ 与 $T_{\text{aqua night}}$，$t_{\text{terra day}}$ 与 $T_{\text{terra day}}$，$t_{\text{terra night}}$ 与 $T_{\text{terra night}}$；把这 8 个量代入式（6-103）和式（6-104）中，可以组成 6 个方程，进而可以解出剩余的 5 个未知参数，即可将日地表温度过程曲线固定下来。日出时刻（$t_{\text{rise}}$）可由地理纬度与由日期计算出来的直射地球赤纬计算得到，峰值时刻 $T_{max}$、shift 采用基于野外观测值的数据期望法与基于野外观测数据的数学迭代法获得（Ouyang et al., 2012）。

采用同样的方法，利用白天与夜间正余弦函数形式来模拟日变化过程，或利用正余弦与线性或指数函数相结合来模拟日变化过程。陈颖等（2016）从热传导方程出发，通过对模型参数的简化，基于 MODIS 数据提出了一个三参数地表温度日变化模型，并且采用提出的方法在 SEVIRI 数据上测试应用，模拟结果如图 6-2 所示，地表温度日变化模型可以较好地模拟一天中地表温度的变化，且地表温度的拟合误差一般在 2 K 以内，均方根误差在 1 K 左右。

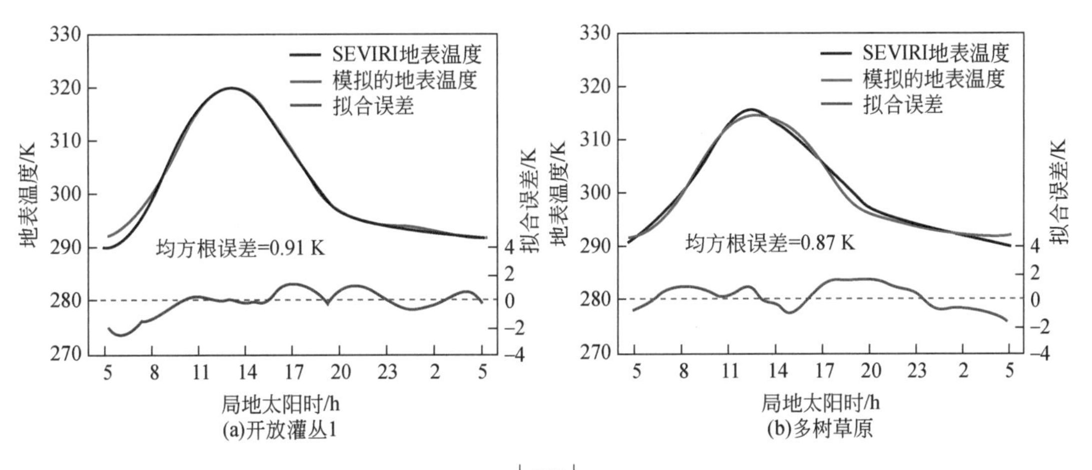

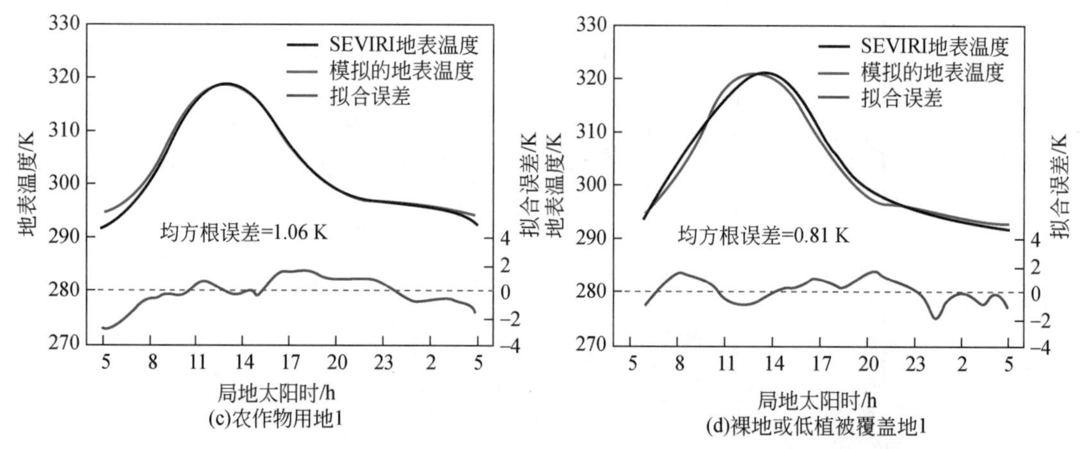


图 6-2　地表温度日变化模型拟合不同地表类型的一天 4 个 SEVIRI 地表温度

资料来源：陈颖等（2016）

## 6.3　瞬时地表土壤热通量遥感估算方法

目前，土地热通量的定点观测原理与方法都比较成熟，特别是采用土壤热通量板直接观测，或采用土壤热通量板与地温梯度法相结合的方式等均是不错的观测方法；然而，蒸散研究常常涉及区域尺度，对于大尺度观测，布置高密度土壤热通量板或土温传感器不太现实，因而发展了许多卫星过境瞬时地表土壤热通量的经验方法。这些经验方法主要是利用遥感数据反演出地表相关参量（地表反射率、地表温度、植被指数、地表反照率等）(Clothier et al., 1986；Grimmond and Oke，1999；Kustas and Daughtry，1990；Ma et al., 2002；Santanello and Friedl，2003)，寻求瞬时地表土壤热通量与净辐射、感热通量等之间的关系，间接估算地表土壤热通量，这些经验值关系随着下垫面的不同而不同。但这些经验方法相对比较简单，便于大尺度运算，尤其是与卫星遥感影像相结合时。

### 6.3.1　比值法

遥感估算瞬时地表土壤热通量的早期方法主要是建立地表土壤热量与地表净辐射的比值关系，两者比值一般是一个固定的值（Fuchs and Hadas，1972；Idso et al.，1975；Brutsaert，1982b；Clothier et al.，1986；Choudhury et al.，1987；Kustas and Goodrich，1994；Kustas et al.，1998，2000；Gavilan et al.，2007；Tanguy et al.，2012）。

$$G = aR_{\mathrm{n}} \tag{6-105}$$

式中，$a$ 为固定的值，但对于裸土区域，一天内 $a$ 并不是完全按照一个固定的比例而变化，而是随着地表不同的遥感参数而变化，这些遥感参数主要涉及地表温度、植被指数、叶面积指数、地表反照率、土壤湿度等数据（Clothier et al.，1986；Choudhury et al.，1987；Kustas and Daughtry，1990；Kustas et al.，1993，1998，2000）。比值法的优点是计算简单，精度一定程度上能够满足实际需要，能够计算出整个地面上的地表土壤热通量的值而不用输入地面观测数据，其在区域尺度地表能量平衡、地表蒸散等研究中被广泛采用。

Choudhury 等（1987）基于比尔（Beer）定律研究植被叶片对地表净辐射的消光影响时，首先采用地表土壤热通量与净辐射的比值估算裸土地表土壤热通量，然后结合冠层的消光作用，提出植被覆盖区基于叶面积指数的地表土壤热通量估算方法。

$$\frac{G}{R_n} = \eta_g e^{-\beta L} \tag{6-106}$$

式中，$\eta_g$ 为裸土的 $G/R_n$；$\beta$ 为冠层消光系数；$L$ 为叶面积指数。

为了获得 $G/R_n$ 的日变化信息，Monteith 和 Unsworth（1990）考虑到 $G/R_n$ 时相的变化信息，结合早期人们发现的地表土壤热通量（$G$）/净辐射（$R_n$）的比值在一天内的时相变化规律，提出基于地表温度日变化过程的地表土壤热通量的估算公式。

$$G_0(0,t) = \frac{\sqrt{2}A(0)k'\sin(\omega t + \pi/4)}{(2D'_h/\omega)^{0.5}} \tag{6-107}$$

式中，$A$ 为地表温度的变化振幅；$k'$、$D'_h$ 分别为地表土壤的热传导率与热扩散率；$\omega$ 为 $2\pi/14$ h；$t$ 为时间。这个方法能够很好地对地表土壤热通量日变化信息进行模拟，获得瞬时的地表土壤热通量。

Kustas 等（1993）对式（6-106）进行了改进，发展了一种基于植被指数的非线性方程来估算地表土壤热通量，此方法已被 Jacobsen（1999）验证。

$$\frac{G}{R_n} = a(\mathrm{VI})^b \tag{6-108}$$

式中，VI 为遥感指数；$a$ 与 $b$ 为经验系数，但此方法忽略了土壤热属性的影响，如地表温度的影响。因此 Santanello 和 Friedl（2003）提出了新的遥感估算地表土壤热通量的方程，通过遥感与地面观测数据之间建立的经验关系，对于裸土与稀疏植被区，地表土壤热通量与净辐射比值的最大值和日地表温度最大值及最小值之差存在如下关系：

$$\left(\frac{G}{R_n}\right)_{\max} = 0.0074\Delta T + 0.088 \tag{6-109}$$

并采用一种正余弦权重的模型来计算地表土壤热通量的日变化信息。

$$\frac{G}{R_n} = \left(\frac{G}{R_n}\right)_{\max} \cos\left[\frac{2\pi(t + 10\,800)}{B}\right] \tag{6-110}$$

Bastiaansen 等（1998）在研究 SEBAL 模型时，分析了地表土壤热通量与净辐射的比值及地表参数信息（地表温度、地表反照率、植被指数）的相关性，提出了新的经验性地表土壤热通量的方法。

$$\frac{G}{R_n} = \frac{T}{100\alpha}(0.32\bar{\alpha} + 0.62\,\bar{\alpha}^2)[1 - 0.978\,(\mathrm{NDVI})^4] \tag{6-111}$$

式中，$T$ 为地表温度；$\alpha$ 为地表反照率；$\bar{\alpha}$ 为平均地表反照率。

Su（2002）在研究 SEBS 模型时，提出了基于植被覆盖度的土壤热通量估算方法。

$$\frac{G}{R_n} = [f_v F_v + (1 - f_v)F_s] \tag{6-112}$$

式中，$f_v$ 为植被覆盖率；$F_v$、$F_s$ 分别为植被和土壤的 $G/R_n$，通常假设 $F_v = (G/R_n)_{veg} = 0.1$，$F_s = (G/R_n)_{soil} = 0.5$。

Tasumi（2003）在估算爱达荷州灌溉作物蒸散时，引入了基于 LAI 阈值区间并进行了地表土壤热通量估算的方法。

$$\text{当 LAI} \geq 0.5 \text{ 时}, G/R_n = 0.05 + 0.18e^{-0.521\text{LAI}} \tag{6-113}$$

$$\text{当 LAI} < 0.5 \text{ 时}, G/R_n = 1.80(T_s - 273.15)/R_n + 0.084 \tag{6-114}$$

式（6-113）和式（6-114）表明，$G/R_n$ 随着 LAI 的增加而减少，对于裸土及稀疏植被区，$G/R_n$ 随着地表温度的变化按一定的比例增加。

马耀明等（2003）在进行西北地区蒸散遥感估算时，考虑土地热通量在土壤与植被中的信息分离，基于土壤调节植被指数，对 Bastiaansen 的方法进行了改进：

$$\frac{G}{R_n} = \frac{T}{\alpha}(a + b\bar{\alpha} + c\bar{\alpha}^2)[1 - d(\text{MSAVI})^4] \tag{6-115}$$

式中，$a$、$b$、$c$、$d$ 为区域的经验系数，MSAVI 为土壤调节植被指数。

在式（6-115）的基础上，熊育久等（2012）、Ma 等（2018）分别对黑河流域、塔克拉玛干沙漠等不同作物覆盖下地表土壤热能量方程中的 $a$、$b$、$c$、$d$ 经验系数进行了标定。

为快速准确获得区域尺度的地表土壤热通量，考虑到土壤热属性、土壤多层温度、土壤多层水分很难在区域尺度上快速获取，基于理论或半理论的卫星过境时刻地表土壤热通量估算方法不易采用。结合地表土壤热通量随地表净辐射的变化而变化，以及季节性地表净辐射的大小影响着地表土壤热通量变化的规律，为准确估算区域尺度的地表土壤热通量，可以从地表净辐射出发，即采用传统经典的地表土壤热通量与净辐射的比值法（$G_0/R_n$）来获得区域尺度地表土壤热通量。卫星过境时刻的地表土壤热通量值与卫星过境时刻净辐射并不是简单的线性关系，因此需要结合众多影响因子，包括植被覆盖度、地表反照率、太阳高度角、太阳天顶角、地表温度、土壤水分、短波红外波段的地表反射率等，寻求新的改进传统经验方法的方式，建立 $G_0/R_n$ 与影响地表土壤热通量的参量之间关系。Zhu 等（2014b）通过分析晴天黑河流域四种不同下垫面类型对应的五个地面观测站（阿柔高寒草地、盈科绿洲、马莲滩草地、花寨子荒漠、冰沟高寒草地）的 $G_0/R_n$ 与地表参量的关系，发现 $G_0/R_n$ 与比值植被指数（RVI）的决定系数 $R^2$ 为 0.650，与地表温度（$T_s$）的决定系数 $R^2$ 为 0.805，与太阳高度角（soz）变换式的决定系数 $R^2$ 为 0.736，与短波红外地表反射率的组成（$b_3$_$b_4$）的决定系数 $R^2$ 为 0.544（图 6-3）；即与 $G_0/R_n$ 最相关的地表参量为比值植被指数、地表温度、太阳高度角、短波红外地表反射率（MODIS 有两个短波红外波段），它们为卫星过境时地表土壤热通量的主导影响因子。太阳辐射传输到地表时，即能量传递到地表土壤时，直观的是以地表温度信息显示能量的变化，表现为地表温度上升或者下降；在植被覆盖区域，比值植被指数可以减少土壤信息的影响，同时对太阳辐射能量起到消光作用；太阳辐射强度与太阳高度角的季节性的变化，土壤热通量季节性也会随之变化；不同土壤类型对地表土壤热通量的影响较大，一定程度上反映了区域尺度地表土壤热通量空间变化的差异性，短波红外地表反射率反映着土壤类型的差异，充当了这个指示因子的作用。

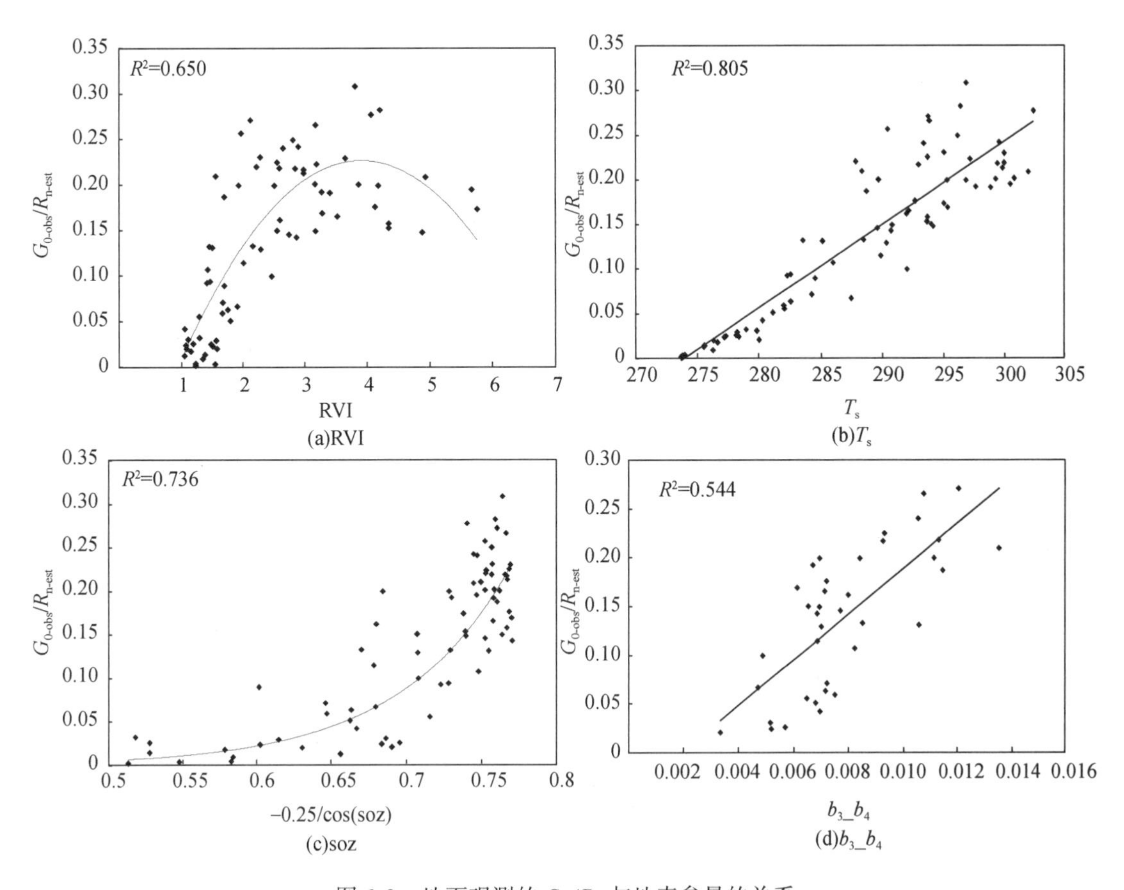


图 6-3　地面观测的 $G_0/R_n$ 与地表参量的关系

同时，Zhu 等（2014b）结合已有卫星过境瞬时地表土壤热通量估算方法的区域适用性，考虑了土地质地变化对地表土壤热通量的影响，基于地表温度、比值植被指数、太阳高度角、地表短波红外数据的拟合，构建了新的瞬时地表土壤热通量比值法。

$$\frac{G_{0\text{-sat}}}{R_{\text{n-sat}}}=\frac{T_s}{50}(0.4-0.12\text{RVI}+0.014\text{RVI}^2)(0.5b_3+0.76b_4+0.35)\mathrm{e}^{-\frac{0.25}{\cos(\text{soz})}} \quad (6\text{-}116)$$

式中，$G_{0\text{-sat}}$为卫星过境瞬时土壤热通量；$R_{\text{n-sat}}$为瞬时净辐射；$T_s$为地表温度（K）；RVI 为比值植被指数［$\text{RVI}=(P_{\text{nir}}/P_r)=(1+\text{NDVI})/(1-\text{NDVI})$］；$b_3$、$b_4$为 MODIS 短波红外第 3 与第 4 波段反射率；soz 为太阳天顶角。

## 6.3.2　改进的谐波分解法

Verhoef 等（2012）根据 USGS 土壤质地类型及土壤水势参数，结合土壤水分数据估算的地表热惯量信息，然后采用 Verhoef（2004）、Murray 和 Verhoef（2007a，2007b）提出的土壤热通量谐波分解法，基于 MSG-SEVIRI 估算的地表温度数据，通过地表温度的谐波分解来估算出 AMMA 试验区域的地表土壤热通量空间与时间分布信息。

杨红娟等（2009b）采用土壤含水率作为模型耦合因子，将谐波法与 TSEB 模型相结合估算地表土壤热通量，提高了裸地和稀疏植被地表土壤热通量的模拟精度，同时利用两个稀疏植被站点（灌木与草地）的数据对耦合模型的精度进行了检验。

李娜娜等（2015）、Li 等（2017）通过对冻土融化前后土壤液态水含量变化估算了土壤含冰量，分析了土壤含冰量对土壤热通量等影响构建了引入土壤含冰量后改进的土壤热通量谐波分解法，然后基于 MODIS 数据估计了整个黑河流域复杂下垫面瞬时地表土壤热通量。

### 6.3.3 改进的半阶法

William 等（2008）在半阶法的基础上，通过对传统半阶法公式进行简化，获得了基于土壤热惯量与地表温度日变化的积分估算地表土壤热通量的方法。主要是通过 NCEP-NCAR reanalysis-1 与 NCEP-NCAR reanalysis-2 获得的每天 00:00、6:00、12:00、18:00 的地表温度数据；然后通过土地利用类型的经验性分类获得土壤热惯量数据，这种经验分类方法是给定每种土地利用类型的 6 h、日、月定值的土壤热惯量数据；最后采用地表温度数据与热惯量数据结合，结合改进的半阶法进行全球的地表土壤热通量的估算。

朱伟伟（2014）通过对半阶法中的地表土壤热惯量的公式进行推导，提出了采用 MODIS 四次卫星过境时刻数据模拟获得地表温度日过程数据估算出卫星过境瞬时地表土壤热通量的改进半阶法。

Li 等（2017）通过采用改进的谐波分解法，在夜间时段内基于温度过程线估计地表土壤热通量，然后在白天时段内采用半阶法估算地表土壤热通量，进而形成了改进后全天时段的估算方法，并在黑河流域进行了模型验证。

### 6.3.4 参数化法

Tanguy 等（2012）在估算地表土壤热通量时，提出了土壤热通量分别与净辐射、感热通量之间的参数关系（$G_0 = aR_n$，$G_0 = bH$），利用这种关系计算了带有 $a$、$b$ 系数的蒸发比的表达式；同时利用地面观测数据采用三角法估算出地面尺度的蒸散比，两者相结合解算出 $a$、$b$ 系数，再进一步分别计算出三角法中干湿边对应新的地表土壤热通量参数化表达式。

## 6.4 日地表土壤热通量遥感估算方法

遥感估算地表蒸散过程中，目前在日尺度上，基本上所有学者对地表土壤热通量的常规处理就是假设其为零（Kustas and Goodrich，1994；Bastiaansen et al.，1998；Su，2002；Tanguy et al.，2012；Li et al.，2017），认为在地表土壤层上，一天内向上与向下传输的能量相等。而相关研究人员基于地面站点观测数据分析表明，日地表土壤热通量并不等于零，最大值可占净辐射的 10% 左右（William，2008；Verhoef et al.，2012；

Zhu et al., 2014a)。因此，现有的遥感估算蒸散模型中把日尺度地表土壤热通量采用这种简单的零值假设是不准确的，地表土壤热通量存在季节性的变化特征将导致日尺度能量闭合率降低，进而降低了目前遥感估算地表蒸散的精度，因此精确地估算日地表土壤热通量至关重要。

### 6.4.1 稀疏植被或裸土区日地表土壤热通量

从站点角度来说，目前 TDEC 法与半阶法是估算站点地表土壤热通量相对较高的两种方法，且半阶法在估算地表土壤热通量时所需要的地面观测数据量较少。Wang 和 Bras（1999）通过对半阶法的改进，得到新的估算地表土壤热通量日变化过程的数学方法。当下垫面为稀疏植被或者裸土时，白天太阳短波辐射直接到达地表土壤时，地表土壤吸收太阳短波辐射能量，夜间地表土壤向空气中发射长波辐射，地表土壤释放能量。Wang 和 Bras（1999）通过假设土壤在垂直方向上是均一的，即垂直方向上土壤热扩散率为定值，在不考虑土壤中水平方向的热量流动的前提下，给出了一维土壤热传导方程的修改式，见式（6-28）、式（6-41）、式（6-42）和式（6-44）；而由土壤热扩散率进一步推导获得式（6-117）。

$$D_h = k\rho_s c_s = \Gamma^2 \tag{6-117}$$

式中，$k$ 为土壤热传导率［W/(m·K)］；$\rho_s$ 为土壤密度（kg/m$^3$）；$c_s$ 为土壤定压比热［J/(kg·K)］；$\Gamma$ 为地表真实土壤热惯量［J/(m$^2$·K·s$^{0.5}$)］；$T(s)$ 为地表土壤温度（K）。联合式（6-44）与式（6-117），可以得到式（6-118），当土壤热通量为正值时，说明能量向下传输。

$$G(t) = \frac{\Gamma}{\sqrt{\pi}} \int_0^t \frac{\mathrm{d}T(s)}{\sqrt{t-s}} \tag{6-118}$$

式中，$s$ 为积分变量。可以采用式（6-118）计算稀疏植被或裸土区的地表土壤热通量，前提条件是地表真实土壤热惯量 $\Gamma$ 已知，地表温度 $T$（$s$）的日变化过程线也已知。

### 6.4.2 植被覆盖区日地表土壤热通量

1. 日地表土壤热通量

式（6-118）代表的是稀疏植被或裸土区日地表土壤热通量的估算方法，当地表被浓密植被覆盖时，植被冠层会对太阳短波入射辐射产生消光作用，考虑到这个因素，在计算地表土壤热通量时，式（6-118）需要进行变换。如果对地表温度进行组分温度分解得到地表土壤温度，准确度会随着分解算法的不同受到不同的影响。式（6-118）右边整体代表的是向下或向上传输的单位能量，朱伟伟（2014）根据 Murray 和 Verhoef（2007a，2007b）研究结果进行了模型修改，不管是白天能量由植被冠层向下传输到地表土壤表面，还是夜间能量由地表土壤表面向上传输到植被冠层上，植被冠层上的能量与地表土壤表面的能量之间存在一个固定函数式，如式（6-119）所示：

$$Q_{soil}=Q_{canopy}\left[\frac{1}{2}f_{s}(\tau)+\frac{1}{2}\right]=Q_{canopy}\left[1-\frac{1}{2}f_{c}(\tau)\right] \tag{6-119}$$

$$f_{s}(\tau)=e^{\{-\beta[LAI/\cos(\tau)]\}}=1-\frac{1}{2}f_{c}(\tau) \tag{6-120}$$

式中，$Q_{canopy}$、$Q_{soil}$分别为植被冠层上的能量与地表土壤表面的能量；$f_s(\tau)$、$f_c(\tau)$ 分别为土壤的覆盖比率与植被的覆盖比率；$\beta$ 为植被对辐射能量的消光系数，取值一般为 0.5；LAI 为叶面积指数；$\tau$ 为太阳高度角，可由纬度与太阳赤纬相结合计算获得。

因此，式（6-118）变换为式（6-121）估算植被覆盖区域的地表土壤热通量（朱伟伟，2014）：

$$G(t)=\frac{\Gamma}{\sqrt{\pi}}\int_{0}^{t}\frac{dT(s)}{\sqrt{t-s}}e^{[-\beta(LAI/\cos\tau)]} \tag{6-121}$$

针对不同的植被类型数据，采用不同的消光系数经验值。

当下垫面全部为裸土覆盖时，LAI 为 0，则式（6-118）与式（6-121）相同。同样，如果要估算地表土壤热通量的值，前提条件是地表真实土壤热惯量 $\Gamma$ 已知，地表温度 $T$（s）的日变化过程线也已知。

## 2. 地表真实土壤热惯量的估算

结合式（6-144）与式（6-117），地表土壤热通量的求解主要依托于两个关键量，地表真实土壤热惯量与地表温度。而地表温度的估算方法可以参考 6.2 节的方法，计算获得多次卫星过境时的地表温度，通过对模型的进一步模拟求解地表温度的日变化，或者直接采用静止气象卫星地表温度产品数据获得地表温度，因此，地表真实土壤热惯量的计算尤为重要。地表真实土壤热惯量是土壤为阻止其温度变化幅度的一个物理量，反映了土壤的热力学特性，公式为

$$\Gamma=(k\rho_{s}c_{s})^{\frac{1}{2}} \tag{6-122}$$

式中，$\Gamma$ 为地表真实土壤热惯量［$J/(m^2\cdot k\cdot s^{1/2})$］；$k$ 为土壤热传导率［$W/(m\cdot K)$］；$\rho_s$为土壤密度（$kg/m^3$）；$c_s$为土壤定压比热［$J/(kg\cdot k)$］。直观上获得地表真实土壤热惯量只能从 $k$、$\rho_s$、$c_s$三个变量出发，但一般来说较难获得区域尺度上的这三个变量。而 Ma（1997）、Xue 和 Cracknell（1995）及 Ma 等（2012）通过利用一维土壤热传导方程，提出估算地表真实土壤热通量的方法，Zhu 等（2014a）借助 Pratt 等（1980）提出的简化后的线性边界条件，推导出了地表真实热惯量遥感信息模型：

$$\Gamma=\frac{\sqrt{2a^{2}-B^{2}}-B}{\sqrt{2\omega}} \tag{6-123}$$

$$a=\frac{2(1-A)S_{0}C_{r}A_{1}}{\Delta T}=2ATI\times S_{0}C_{r}A_{1} \tag{6-124}$$

$$ATI=\frac{1-\alpha}{\Delta T} \tag{6-125}$$

$$A_{1}=\left(\frac{2}{\pi}\right)\sin\delta\sin\phi\sin\psi+\left(\frac{1}{2\pi}\right)\cos\delta\cos\phi(\sin2\psi+2\psi) \tag{6-126}$$

$$\psi = \cos^{-1}(\tan\delta\tan\phi) \tag{6-127}$$

式中，$\Delta T$ 为昼夜最大温差（K）；$A_1$为傅里叶展开的振幅的一次逼近值；ATI 为表观热惯量；$\alpha$ 为地表反照率；$S_0$为太阳常数（$S_0 = 1.36\times10^3$ W/m$^2$）；$C_r$为太阳短波的大气透射率；$\omega$ 为地球自转角速度；$\delta$ 为太阳赤纬；$\phi$ 为当地纬度。晴天情况下，$B$ 与 $C_r$均假设为常数，分别为9.6558 W/(m · K) 与0.76。

### 6.4.3 特殊地表日地表土壤热通量

1. 水体热通量的估算

当太阳短波辐射传输到下垫面为水面时，水面在白天和夜间分别会产生吸收与释放能量，水气界面净吸收或释放的能量称为水体的热通量。太阳短波辐射穿透水体的深度取决于水的透明度以及水体本身的深度，因此在估算水体热通量时需要考虑水体的深度与水的透明度。但是由于受限于收集的资料数据，在估算水体的卫星过境瞬时热通量时，Yamamoto 和 Kondo（1968）、Amayreh（1995）提出了根据不同月份涡动相关观测结果拟合的方程式；吴炳方等（2008）利用2002～2004年密云水库观测数据也拟合给出了水体水热储量的计算公式。计算公式为

1～6月：
$$G_0 = a_1R_n - b_1 \tag{6-128}$$

7～12月：
$$G_0 = R_n - b_2 \tag{6-129}$$

式中，$R_n$ 为卫星过境瞬时水体表面的净辐射；$a_1$、$b_1$、$b_2$均为经验系数值，在不同区域进行使用时，可通过地面观测数据进行标定获得。

水体的日热通量：

$$G_0 = a_1R_n \tag{6-130}$$

式中，$R_n$ 为水体表面的日净辐射；$a_1$为经验系数值，在不同区域进行使用时，也需要通过地面观测数据进行标定获得。

2. 雪与冰川热通量的估算

雪与冰川表面常会发生结冻及融化过程，雪与冰川表面上的能量平衡过程是极其复杂的，其表面吸收或者释放能量的研究目前极少，针对其特殊性，Tasumi（2003）、Wu 等（2020）在计算卫星过境热通量及日热通量时给出了对应的经验关系式，如下所示：

$$G_0 = 0.5R_n \tag{6-131}$$

## 6.5 地表土壤热通量案例分析

以黑河流域为例，采用6.3节与6.4节中论述的瞬时地表土壤热通量、日地表土壤热通量算法，估算黑河流域的瞬时与日地表土壤热通量。同时结合黑河流域不同站点，如阿柔站和盈科站野外观测的土壤热通量板与多层土壤温湿度数据，采用TDEC法计算地面站

点的地表土壤热通量，并对遥感估算的地表土壤热通量进行验证。

## 6.5.1 瞬时地表土壤热通量

使用下载的2008年黑河遥感数据与黑河已有地面观测站数据（土壤热通量采用TDEC法订正到地表层）进行对地表温度标定、NDVI数据去云重建等操作，考虑土地质地变化对地表土壤热通量的影响，利用地表温度、比值植被指数、太阳高度角、地表短波红外数据拟合构建的改进的瞬时地表土壤热通量比值法［式（6-116）］，开展黑河流域上游阿柔站和中游盈科站地表土壤热通量的验证（图6-4和图6-5）。验证表明，瞬时地表土壤热通量比值法［式（6-116）］计算的热通量结果比地面观测值计算的结果精度高，精度提高了15%。

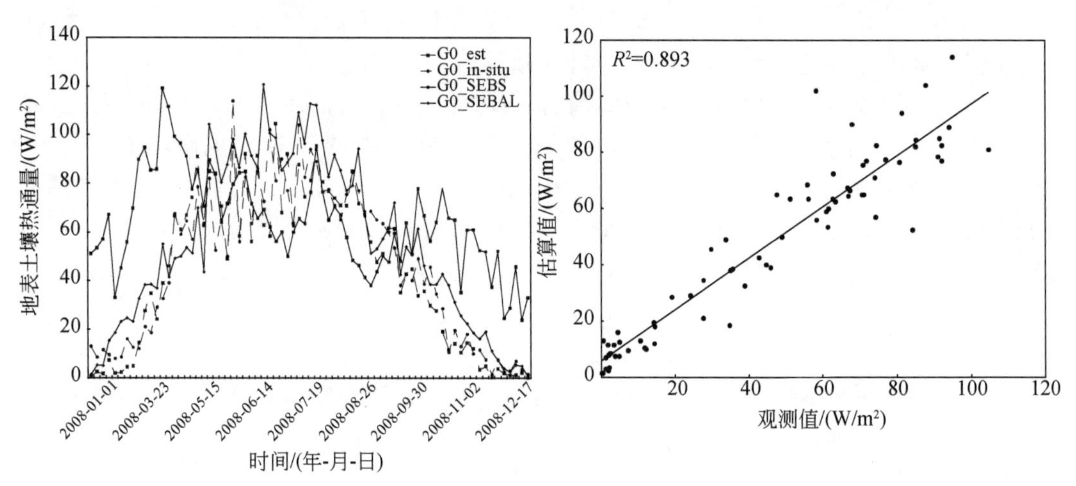


图6-4　阿柔站卫星过境瞬时地表土壤热通量估算值（G0_est）与地面观测值（G0_in-situ）、SEBS模型方法估算值（G0_SEBS）与SEBAL模型方法估算值（G0_SEBAL）的比较

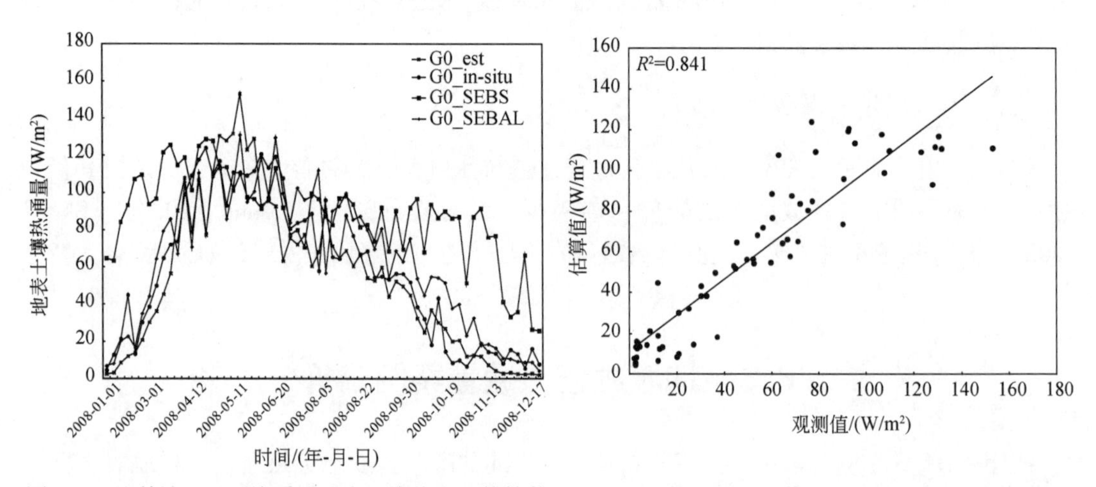


图6-5　盈科站卫星过境瞬时地表土壤热通量估算值（G0_est）与地面观测值（G0_in-situ）、基于SEBS模型中提出的方法计算值（G0_SEBS）与基于SEBAL模型中提出的方法计算值（G0_SEBAL）的比较

同时，采用改进的瞬时地表土壤热通量比值法［式（6-116）］计算了黑河流域 2008 年 9 月 28 日卫星过境瞬时土壤热通量，如图 6-6 所示，在空间分布上，改进的瞬时地表土壤热通量比值法能够更好地表达植被区与非植被区地表土壤热通量的空间变化，其中，黑河流域上游受气候条件与植被覆盖储存能量的影响，地表土壤热通量相对较小。

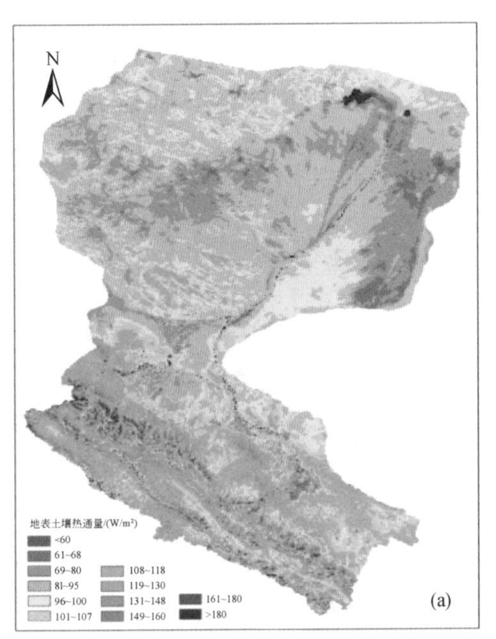


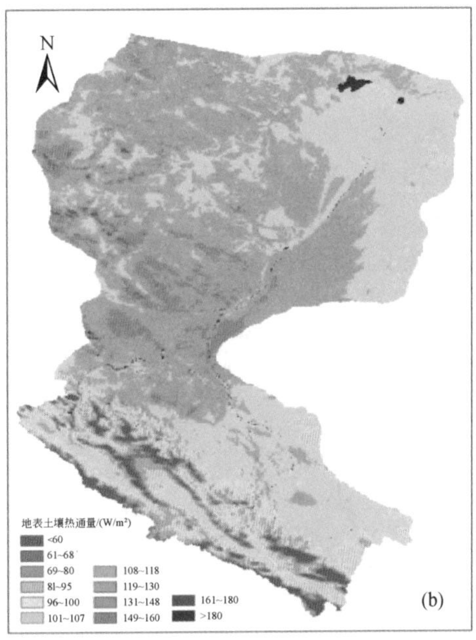


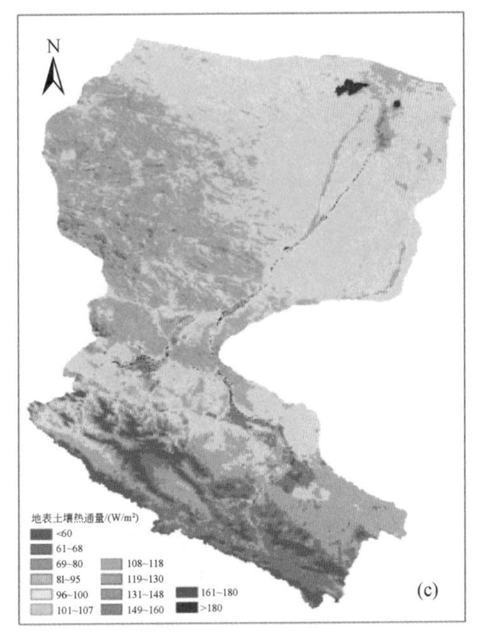


图 6-6　黑河流域卫星过境瞬时地表土壤热通量估算结果的空间分布

（a）基于 SEBS 模型中提出的方法计算结果；（b）基于 SEBAL 模型中提出的方法计算结果；（c）改进的瞬时地表土壤热通量比值法计算结果

### 6.5.2　日地表土壤热通量

基于 MODIS 每天四次卫星过境数据，对地表温度的日过程进行模拟，采用 6.4 节日地表土壤热通量模型，开展黑河流域上游阿柔站与中游盈科站地表土壤热通量的估算，并采用 TDEC 法计算两个站点的地表土壤热通量观测数据对遥感估算的地表土壤热通量数据进行验证。图 6-7 反映的是黑河流域上游阿柔站遥感估算的地表土壤热通量与地面观测的地表土壤热通量的验证结果，以及 4 个典型晴天状况下估算的地表土壤热通量与地面观测的日变化过程，2009 年 6 月 12 日、7 月 13 日、8 月 9 日及 27 日地表土壤热通量估算值与地面观测值之间的 $R^2$ 分别为 0.981、0.956、0.966 及 0.948，表明 6.4 节提出的地表土壤热通量日变化过程估算结果与地面观测结果具有较好的一致性。

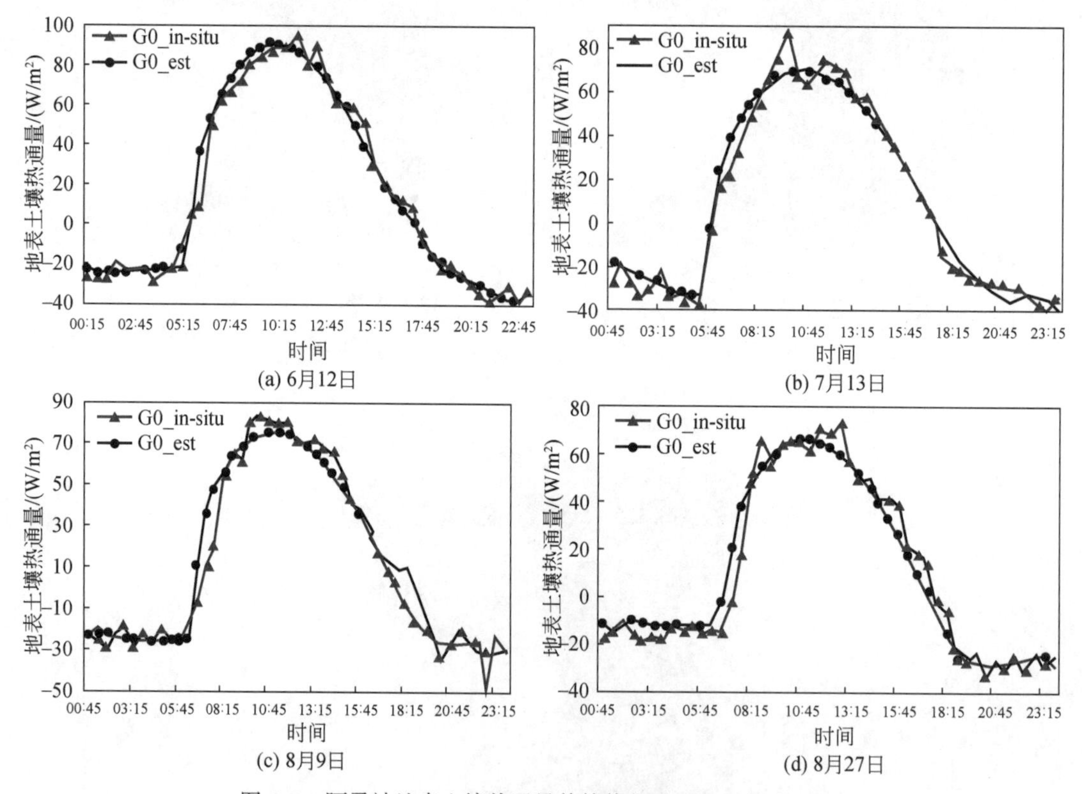


图 6-7　阿柔站地表土壤热通量估算值与地面观测值的比较

图 6-8 反映的是黑河流域中游盈科站遥感估算的地表土壤热通量与地面观测的地表土壤热通量的验证结果，以及 4 个典型晴天状况下估算的地表土壤热通量与地面观测的日变化过程，2008 年 4 月 24 日、5 月 27 日、6 月 2 日及 8 月 2 日地表土壤热通量估算值与地面观测值之间的 $R^2$ 分别为 0.981、0.971、0.945 及 0.980，结果再次表明 6.4 节提出的地表土壤热通量日变化过程估算结果与地面观测结果具有较好的一致性。

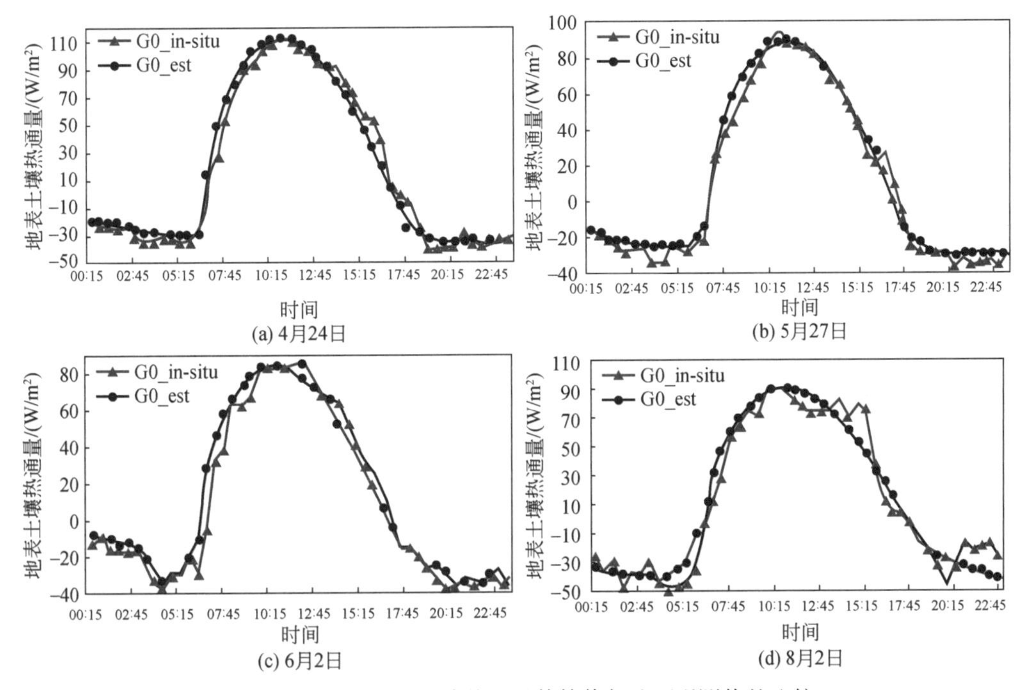


图 6-8　盈科站地表土壤热通量估算值与地面观测值的比较

同时对全年不同季节典型 20 天逐小时的地表土壤热通量估算结果进行精度评价，如图 6-9 与表 6-1 所示，盈科站地表土壤热通量估算值与地面观测值的 $R^2$ 为 0.914，表明估算结果与地面验证吻合较好；地表土壤热通量估算值的 RMSE 为 3.56，不超过 MAE 的 45%，表明估算结果中异常值较少（Colaizzi et al., 2006），且拟合指数 $d$ 为 0.92，表明估算结果较好。阿柔站地表土壤热通量估算精度的评价参数也如图 6-9 与表 6-1 所示，$R^2$ 为 0.906，RMSE 为 4.02，不超过 MAE 的 40%，且拟合指数 $d$ 为 0.91。因此从精度评价数据可以反映出全年不同季节典型 20 天晴天状况下地表土壤热通量估算结果精度较高。

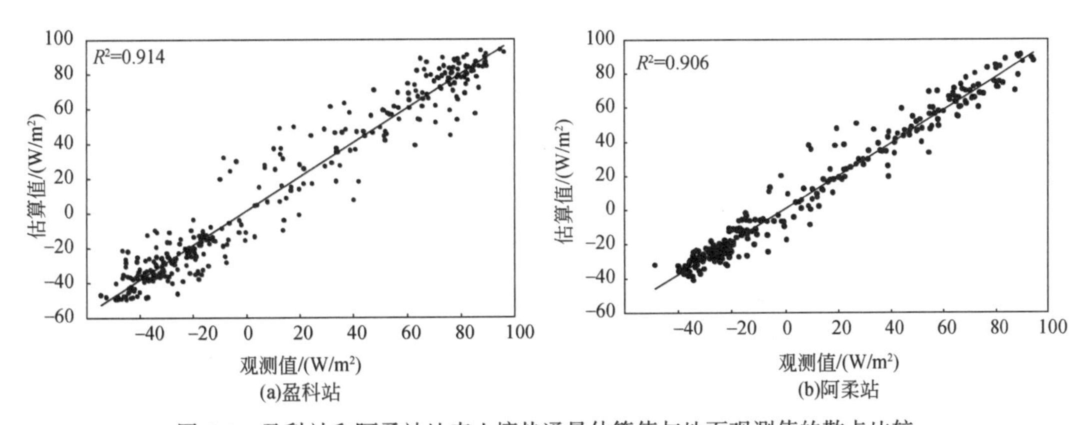


图 6-9　盈科站和阿柔站地表土壤热通量估算值与地面观测值的散点比较

**表 6-1 盈科站和阿柔站地表土壤热通量估算值与地面观测值之间的统计结果**

| 站点 | 时间 | $R^2$ | $P$ | MAE | RMSE | $d$ |
|---|---|---|---|---|---|---|
| 阿柔 | 0:00～23:30 | 0.906 | 0.72 | 2.88 | 4.02 | 0.91 |
| 盈科 | 0:00～23:30 | 0.914 | 0.76 | 2.46 | 3.56 | 0.92 |

图 6-9 与表 6-1 表明，6.4 节中日地表土壤热通量估算法计算的地表土壤热通量日变化过程的数据精度较好，根据已经估算的 20 天晴天状况下的日过程变化数据，可获得日地表土壤热通量。图 6-10 展示了 20 天的日地表土壤热通量估算值与地面观测值的比较，盈科站地表土壤热通量估算值与地面观测值的 $R^2$ 为 0.916，阿柔站对应的 $R^2$ 为 0.887，表明估算结果与观测值的结果吻合较好，估算值与观测值保持一致的趋势。

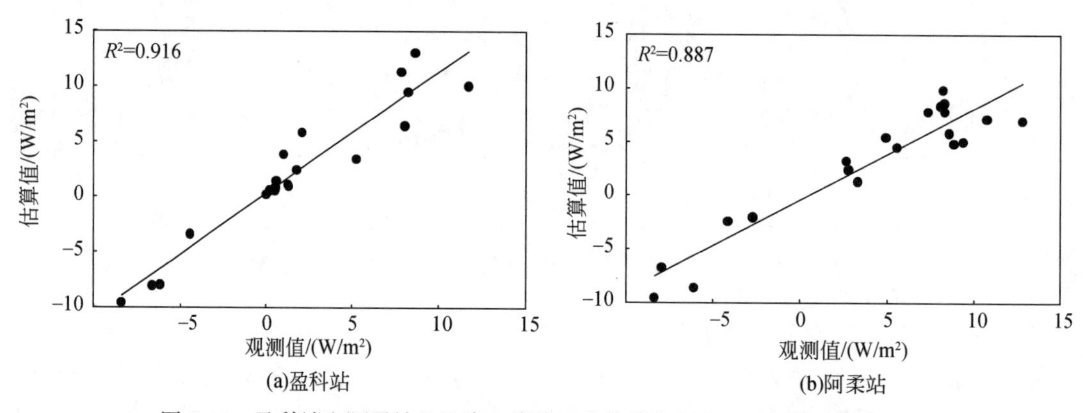


图 6-10 盈科站和阿柔站日地表土壤热通量估算值与地面观测值的散点比较

图 6-11 展示了黑河流域最典型夏季时段 2008 年 8 月 22 日的地表土壤热通量空间分布，由于植被生长较为旺盛，黑河流域绿洲区域及上游的高山草地与林地生长也较为旺盛，植被覆盖度较大，从图中可以直观地看出中下游绿洲区的日地表土壤热通量明显小于周边裸土、戈壁与沙漠区域，但均为正值，这主要是由于夏季土壤为热汇过程，同时植被对太阳辐射产品的消光作用。在黑河流域上游区域，由于气候条件的变化，以及下垫面类型（高寒草地、冰川、森林等）的影响，日地表土壤热通量变化差异较大，其值上明显小于中下游区域的日地表土壤热通量值。一方面由于上游山区太阳辐射总体小于中下游区域；另一方面由于上游土壤与地表植被覆盖特征差异较大，不同于中下游的荒漠植被、裸土/裸岩、绿洲植被。最大的日地表土壤热通量出现在湖泊水体，最小的日地表土壤热通量出现在上游山区。

采用土地覆被数据，对上述估算的黑河流域最典型夏季时段 2008 年 8 月 22 日的地表土壤热通量进行统计，获得典型土地覆被数据夏季日尺度土壤热通量的统计值，见表 6-2，水体的日地表土壤热通量最大，林地的日地表土壤热通量最小，不同土地利用类型的日地表土壤热通量从大到小依次为水体、裸土/裸岩、人工表面、旱地、草地和林地。

**表 6-2 黑河流域日地表土壤热通量的统计结果**

| 土地利用类型 | 日地表土壤热通量/(W/m²) |
| --- | --- |
| 水体 | 45.68 |
| 草地 | 5.45 |
| 林地 | 1.25 |
| 旱地 | 6.35 |
| 人工表面 | 8.61 |
| 裸土/裸岩 | 10.29 |

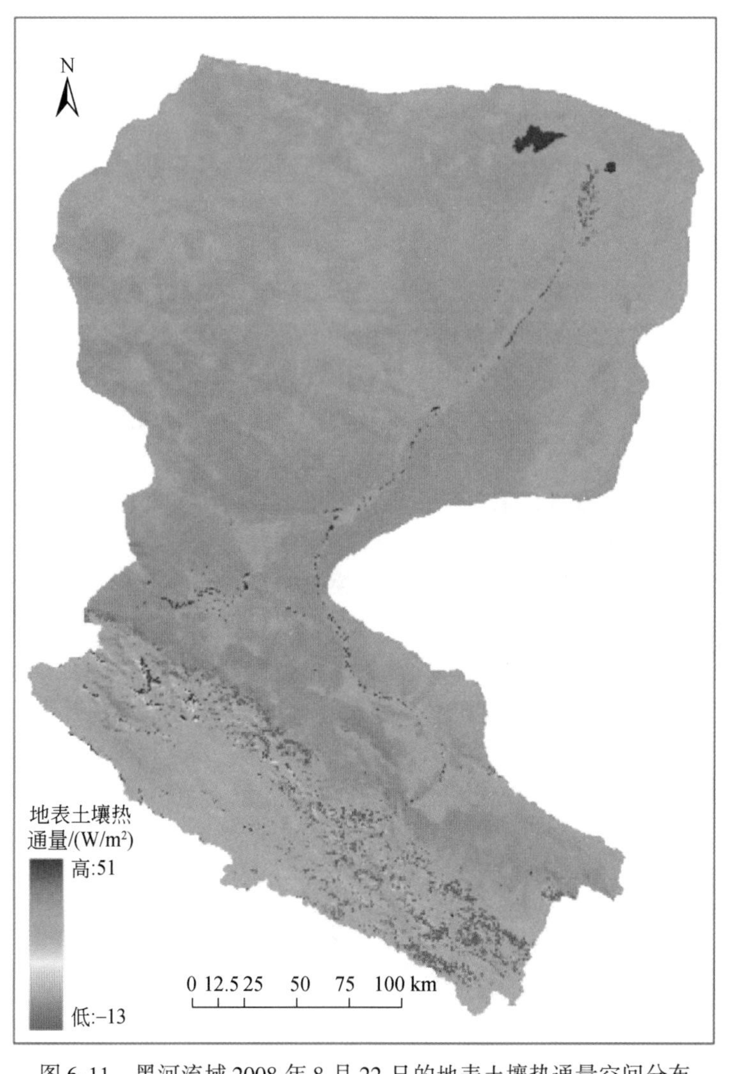


图 6-11 黑河流域 2008 年 8 月 22 日的地表土壤热通量空间分布

## 6.6 小　　结

地表土壤热通量是地表能量平衡的重要组成部分，在地-气耦合过程中起到能量纽带作用。准确估算地表土壤热通量可提高瞬时地表能量平衡闭合率与日能量平衡闭合率，进一步可提高陆表蒸散的时空格局估算精度。

本章从地表土壤热通量的影响因子、地面观测方法、站点估算方法、地表温度遥感反演、瞬时与日地表土壤热通量遥感估算方法进行了论述，并以黑河流域上游与中游区域典型下垫面站点观测数据为例，采用改进的瞬时地表土壤热通量比值法与日地表土壤热通量遥感估算方法，开展了黑河流域瞬时与日地表土壤热通量的估算，并采用独立的地面观测数据开展了遥感监测结果的验证，结果表明，考虑土地质地、地表温度、比值植被指数、太阳高度角、地表短波红外数据构建的改进的瞬时地表土壤热通量比值法［式（6-116）］能够更加准确地估算瞬时地表土壤热通量，精度比传统方法提高了15%。基于改进后的半阶法可以准确地估算地表土壤热通量的日过程变化，监测结果与地面观测数据吻合度较高，通过对黑河流域夏季典型晴天日的地表土壤热通量统计发现，水体的日地表土壤热通量最大，林地的日地表土壤热通量最小，不同土地利用类型的日地表土壤热通量从大到小依次为水体、裸土/裸岩、人工表面、旱地、草地和林地。

总体来说，现有常用的卫星过境瞬时地表土壤热通量估算方法在不同的区域范围内变化仍然较大，还需要结合更多的地面观测数据开展模型精度验证及参数标定。同时目前大多数地表土壤热通量遥感监测方法基本还是停留在经验方法上，理论方法仍然需要进一步发展。本章介绍的不管是谐波分解法还是改进的半阶法，均是通过一定的模型假设衍生而来，均属于半理论方法，因此有关土壤热通量遥感理论模型亟待进一步发展。

随着静止气象卫星的发展，采用静止气象卫星地表温度小时数据产品代替传统基于有限次数卫星过境时的地表温度数据，利用本章提出的日地表土壤热通量模型，可有效提高日地表土壤热通量的估算精度。另外，半阶法模型中地表真实土壤热惯量的计算采用的还是半经验半理论方法，如何采用大量的遥感数据信息开展地表真实土壤热惯量模型的构建，已成为新的研究方向。目前针对不同地形、不同土壤厚度条件下地表土壤热通量的变化规律研究较少，特别是当土壤存在分层的基质时，土壤中的热传导不均质，不仅在垂直方向有热量传导，在水平方向同样存在热量传导，但目前鲜有相关研究。同时对于水体来说，不同水深条件下水体储存的能量变化也不一样，但目前仅有相关观测数据表明这一变化规律，已构建的模型算法较少，因此利用大量的野外观测数据开展该方向研究将是新的研究热点。

# 第7章 感热通量

大气边界层中的湿度、热量、动量和污染物等的输送，在水平方向上受到平均风速的支配，在垂直方向上受到湍流的支配。叠加在平均风速上的阵风，可以看作由湍涡构成的不规则涡流组成，称为湍流。正是由于湍流的存在，边界层能够响应地面作用的变化。湍流运动受下垫面的影响，不同下垫面湍流特征不同。

感热通量也称显热通量，是指由温度变化引起的大气与下垫面之间发生的湍流形式的热交换。感热通量与陆-气间温度梯度差成正比，其比例与感热交换系数相关，并受下垫面动力与热力状况影响。感热通量传输方向与陆-气间温度梯度方向一致。白天地表吸收太阳短波辐射升温，温度高于大气温度，感热通量由地表向大气输送，并使得大气边界层高度升高；夜晚地表温度低于大气温度，感热通量通常由大气向地表输送。

陆地作为大气系统的下边界，与大气及其他圈层之间进行着各种物质能量交换过程，直接影响局地乃至全球大气环流和气候的基本特征。在陆气相互作用中，决定大气温度和能量变化的重要源汇项——感热输送，不仅联系着风速、地气温差，也与地表状况密切相关。它通过非绝热效应加热或冷却大气，其水平分布的不均匀及变化趋势不仅直接引起地表对大气加热或冷却的差异，更能对大气环流的建立和维持以及局域天气气候产生影响。

在全球气候变化中，感热通量起着至关重要的作用。研究表明，地表感热通量水平分布的不均匀必然引起地表对大气加热的差异，从而影响季风环流的建立和维持。例如，青藏高原的热力作用就像一个巨大的“感热气泵”调节着周边乃至全球的大气运动，感热气泵引起的补偿性下沉气流是干旱形成的原因之一（刘屹岷等，2020）。

在全球地表能量平衡中，感热通量的变化也会引起其他能量通量的变化。例如，青藏高原上抬升的感热加热引发了特殊的局地降水，而降水会导致地面土壤湿度增大及地表温度下降，反过来抑制局地的感热加热，因此降水的凝结潜热与局地感热加热常常呈现负相关（刘屹岷等，2020）。在干旱区，地表常常因强烈的蒸发作用导致水分亏缺，此时下垫面通量以感热通量为主，潜热通量变低。

非均匀地表热力学差异导致感热通量水平传输，形成平流效应。大量的观测数据表明，多数情况下，非均匀地表的地表能量是不闭合的，一方面是由观测仪器的误差及各参量观测尺度差异造成的，另一方面是由地表非均质性引起的水平平流效应导致的。近年来，在干旱区通过通量观测发现了区域能量不平衡问题，干旱区地表热力性质的非均匀性使得感热通量水平分布极为复杂。地表非均质性引起的地表温湿差、可供能量差是导致水平平流产生的原动力；风速、风向、感热和潜热传输系数则决定了能量的传输过程。热量通过分子扩散、热传导等向垂直方向传输，又沿上风方向水平运动向下风方向传输，这两个过程是同时发生的。传输至观测仪器处，影响通量的观测结果，能量水平方向和垂直方向的传输共同决定了水平平流对地表感热通量观测的影响（田静等，2006）。

随着植被微气象学的发展，出现了从能量和水分的传输机制与植被的生理过程出发，描述土壤、植被、大气之间的各种能量和水分传输过程的模型，称为土壤-植被-大气传输（SVAT）模型。在 SVAT 模型中，一般将植被冠层、植被底部根层、土壤层分为多个层次，分别计算每层的截获辐射、有效能量、热量通量等，所以 SVAT 模型不但可以模拟植被对环境变化的反应，也可以模拟各层在不同时刻的状态，如土壤温度、土壤含水量及水输送阻抗等。

本章重点介绍感热通量主要影响因子、感热通量观测方法、感热通量迭代计算方法和感热通量参数化方法。

## 7.1 感热通量主要影响因子

气候类型即地区的自然条件，与太阳辐射、风速等因素相关，而这些因素与陆-气间湍流交换又存在一定的关系，感热通量与陆-气间温度梯度差、通量交换系数有关。因而，影响地表感热通量的主要因素包括两类，即地表环境因子与下垫面参数。地表环境因子控制感热通量在能量平衡中的比例变化；下垫面参数则影响感热通量的动力学与热力学传输机制。

### 7.1.1 地表环境因子

从能量平衡角度看，地面净辐射是陆-气间感热与潜热交换的能量来源。同时，潜热通量输送受到下垫面水分状况与陆-气间水汽压梯度的影响。因而，下垫面环境因子的变化必然导致感热通量与潜热通量的变化。一般来说，太阳辐射、风速、空气温度、空气湿度、土壤含水量等环境因子是影响地表感热的主要因素，同时导致潜热通量发生变化。

现阶段的研究表明，不同气候区、不同生态系统下，感热通量与环境因子的相关关系也不一致。因而，环境因子对感热通量的影响是一个综合性的结果，不能一概而论，需要针对具体的地区进行分析。

李玉梅等（2014）以常规气象观测资料，由经验公式估算了中国区域感热通量，即将感热通量表达为地气温差、风速的正比关系。地气温差与风速越大，则感热通量越大。研究发现，中国南方地区地气温差是决定地表感热通量逐年变化的最主要因子，近地面风速次之。

罗玲等（2010）以漓江上游水源林为研究区，利用观测数据，以 BP 神经网络为主并结合相关系数的分析方法研究了感热通量的动态特征，将感热通量与风速、空气温度、空气湿度、土壤含水量进行了相关性分析。结果表明，空气温度、空气湿度与感热通量相关程度显著，它们的相关系数绝对值都在 0.5 以上，BP 神经网络权值的点积明显高于其他两个影响因子；风速、土壤含水量与感热通量相关程度普通，它们的相关系数绝对值仅略高于 0.3。此外，风速、空气温度与感热通量呈正相关关系，而空气湿度、土壤含水量与感热通量呈负相关关系。

庄齐枫（2016）分析了干旱区黑河流域阿柔草地、大满农田、关滩森林的感热通量的时间变化，发现不同下垫面的感热变化与环境因子变化十分相关，大满农田下垫面主要影响环境因子为水分与温度；阿柔草地下垫面主要影响环境因子为温度；关滩森林下垫面主要影响环境因子为温度与水汽压差。其进一步分析感热通量随太阳辐射、水汽压差、土壤水分和空气温度等环境胁迫因子的变化特征，发现感热通量随太阳辐射胁迫增强而降低，随土壤水分、水汽压、空气温度胁迫增强而升高，不同的环境因子对感热通量的影响各异。

地中海气候区域主要分布于中纬度大陆西岸，夏季受副热带高压控制而炎热干燥，冬季受来自海洋的西风影响而温和湿润，这种冬雨型气候与植被季节性需水相矛盾。干燥的夏季使得地中海气候下生长的植物为硬叶林，叶片上覆蜡质，减少夏季水分的蒸发，感热通量上升；冬季受西风带的控制而风力较大，加大了陆-气间感热通量交换。Gokmen 等（2012）在土耳其安纳托利亚中部科尼亚（Konya）盆地研究发现，该地区受地中海气候影响，雨热不同期，夏季炎热干燥，土壤水分是影响地表植被-大气间湍流交换的主要环境因子。夏季干旱的气候使得植被极易处于水分胁迫状态，植被通过气孔关闭减少水分蒸腾，下垫面湍流交换逐渐以感热通量为主，使得感热通量升高。Morillas 等（2014）在西班牙东南部地中海半干旱区进行了研究，该地区植被稀疏，以多年生柞蚕草为主，由于降水与热量的异步性，蒸散较低，感热通量占据了陆-气间能量交换的主导地位，影响感热通量的主要环境因子有土壤水分、太阳辐射与风速等。

在一些大量布置光伏发电装置的区域，下行太阳短波辐射被吸收，用于湍流通量交换的能量变少，造成陆-气间感热通量交换减少，甚至形成感热通量变化空洞。当然，光伏发电装置吸收辐射能量所造成的影响还有区域净辐射通量、潜热通量、土壤热通量减少。例如，在青海省共和县，中国最大的光伏发电基地在一片快速沙化的荒滩上建立后，草地生态系统得以恢复。同样，地表高程对感热通量也有类似影响。大气层顶天文辐射经过大气传输衰减后到达地表成为陆表实际接收的太阳辐射。地表高程越高，衰减作用越弱，到达地表的能量越多，也就有更多的能量用于湍流交换，感热通量上升。

## 7.1.2 下垫面参数

影响感热通量的下垫面参数主要包括零平面位移、空气动力学粗糙度、热力学粗糙度及热传输附加阻尼参数等。准确获取这些下垫面参数是计算热传输动力学阻抗的必要条件，因此，下垫面参数均通过热传输动力学阻抗影响感热通量。

在浓密作物群体或高秆作物层中，作为高度原点的不是 $z=0$ 的地面，而是地面以上 $z=d$ 的某一高度，可以把 $d$ 高度的平面看作一个新的“地面”，即高度原点向上位移到 $d$，因此，这个高度被称为零平面位移。空气动力学粗糙度是数值上被定义为贴近地面平均风速为零处的高度。

空气热力学粗糙度不是一个纯粹的物理量，其是指大气近地层满足莫宁-奥布霍夫相似理论时，温度廓线外延到空气温度等于地表温度的高度，通常由热传输附加阻尼参数与空气动力学阻抗进行计算获得。

空气动力学阻抗是指湍流通量从地表传输至参考高度时，所受到的阻滞作用，与物理学中的电流传导所遇到的电阻很类似。空气动力学阻抗 $r_a$ 仅仅从动量传输角度来定义，其估算需要参考高度 $z_{ref}$、摩擦风速 $u_*$、空气动力学粗糙度 $z_{om}$、零平面位移 $d$、大气稳定度函数 $\psi$（$m$）等，在非中性条件下，需要对大气稳定度进行校正。

$$r_a = \frac{1}{ku_*}\left[\ln\left(\frac{z_{ref} - d}{z_{om}}\right) - \psi(m)\right] \tag{7-1}$$

空气动力学阻抗与热力学阻抗必须区分开，其中热力学阻抗是针对热量传输来定义的。热量从地表传输至大气，要通过分子扩散来控制，而动量的传输不仅与地表切应力相关，还受到压力梯度的影响。因此，通常认为热力学粗糙度与动力学粗糙度不同。

$$r_{ah} = r_a + r_{ex} = \frac{1}{ku_*}\left[\ln\left(\frac{z_{ref} - d}{z_{om}}\right) - \psi(h)\right] + \frac{1}{ku_*}\ln\left(\frac{z_{om}}{z_{oh}}\right)$$

$$\mathrm{kB}^{-1} = \ln(z_{om}/z_{oh}) \tag{7-2}$$

式中，$r_{ex}$ 为剩余阻抗；$z_{oh}$ 为热力学粗糙度，通过热传输阻尼 $\mathrm{kB}^{-1}$ 与空气动力学阻抗进行估算。近几十年来，对于 $\mathrm{kB}^{-1}$ 的研究颇多，微气象研究者给出了数十种计算方法，但其适用性仍具有较大的局限性（庄齐枫，2016）。$\psi$（m）是针对非中性层结（稳定、不稳定）大气校订的重要函数，通过微气象学实验，人们得到了 $r_a$ 的校正项（Businger et al.，1971；Chehbouni et al.，1997），$L$ 为莫宁-奥布霍夫长度。

对于不稳定层结（$L<0$）：

$$\psi(m) = 2\ln\left(1 + \frac{X}{2}\right) + \ln\left(1 + \frac{X^2}{2}\right) - 2\arctan X + 0.5\pi$$

$$\psi(h) = 2\ln\left(1 + \frac{X^2}{2}\right) \tag{7-3}$$

对于稳定层结（$L>0$）：

$$\psi(m) = \psi(h) = \frac{-5(z - d)}{L} \tag{7-4}$$

$$X = \left(1 - 16\frac{z - d}{L}\right)^{\frac{1}{4}} \tag{7-5}$$

在非中性条件下，对 $r_a$ 的校正还有许多方法，如给出初始的莫宁-奥布霍夫长度，采用迭代求解；也可以通过温度梯度、风速等计算的理查森数来进行校正，并且不需要迭代（Chehbouni et al.，1997）。为了避免在 $r_a$ 校正时迭代，可以采用理查森数校正法（Norman et al.，2000）。

空气动力学阻抗的计算主要基于近地层相似理论，虽然计算中所需的参考高度处的风速和气温可由气象站观测得到，但是热量交换源汇处的空气温度（空气动力学温度）却不易获取，通俗的说，即热量从地表向大气传输时的基准面温度，该温度的确定是莫宁-奥布霍夫相似理论实际应用中遇到的最大困难。遥感技术的兴起，使得区域陆面温度的获得成为可能。然而，陆面温度本身并不就是空气动力学温度，直接将两者画等号，将可能产生巨大的误差（甘国靖，2015）。

## 7.2 感热通量观测方法

感热通量一般可以通过波文比法、涡动相关法、大孔径闪烁仪法等传统的地表能量通量观测手段进行观测，这些观测值通常是感热通量模型估算精度检验的依据。

### 7.2.1 波文比法

在测定蒸发面上空两层高度之间的风速、温度、湿度梯度的条件下，根据边界扩散理论，可将潜热通量（LE）和感热通量（$H$）表达如下：

$$\mathrm{LE} = \frac{L\rho\varepsilon}{P} K_{\mathrm{w}} \frac{\partial E}{\partial z} \tag{7-6}$$

$$H = LC_{\mathrm{p}} K_{\mathrm{h}} \frac{\partial T}{\partial z} \tag{7-7}$$

式中，$L$ 为汽化潜热；$\rho$ 为空气密度；$C_{\mathrm{p}}$ 为空气定压比热；$\varepsilon$ 为水汽分子对于干空气分子的重量比；$P$ 为大气压；$K_{\mathrm{w}}$、$K_{\mathrm{h}}$分别为潜热和感热交换系数；$\partial T$、$\partial E$ 分别为温度、湿度梯度。根据相似理论，假设 $K_{\mathrm{w}}=K_{\mathrm{h}}$，并将微分化为差分可得波文比的计算公式：

$$\beta = \frac{H}{\mathrm{LE}} = \frac{PC_{\mathrm{p}}}{L} \frac{\Delta T}{\Delta E} \tag{7-8}$$

得到波文比后，通过实测的净辐射与土壤热通量就可以得到潜热通量、感热通量。波文比观测要求下垫面均匀并且无平流影响，当非均匀地表或受平流影响比较大时，波文比法会存在较大的误差，特别是在早晚时刻或干旱的条件下，或净辐射和土壤热通量的差值较小甚至是负值时，或蒸发速率很小时，波文比法的误差往往比较大，这也限制了波文比法的使用范围（熊隽等，2008）。

### 7.2.2 涡动相关法

涡动相关法是目前精度最高的地面测量方法。根据涡动相关理论，水热的涡动通量可以通过式（7-9）和式（7-10）计算得到。

$$H = \rho_{\mathrm{a}} C_{\mathrm{p}} \overline{w'} \, \overline{T'} \tag{7-9}$$

$$\mathrm{LE} = L \overline{w'} \, \overline{\rho_{\mathrm{v}}'} \tag{7-10}$$

式中，$\overline{w'}$为垂直风速脉动值；$\overline{T'}$为空气温度脉动值；$\overline{\rho_{\mathrm{v}}'}$为水汽浓度脉动值。用超声风温仪测量风速脉动与温度脉动，用湿度计测量湿度脉动，然后利用近地层湍流通量公式计算感热、潜热和动量等湍流通量。理论上，只要各脉动值测得准，计算得到的通量也会具有较高精度，由于实测现场中探头安装与支架都会对气流造成影响，测量结果会有一些不确定的误差。同时由于系统采样误差、仪器测量产生的偏差、其余能量吸收项的作用、高频与低频湍流通量损失以及平流效应作用，涡动相关系统所测得的能量平衡闭合状况需要进行能量平衡的校正。李正泉等（2004）的研究对中国通量观测网络各个站点的能量平衡闭合状况进行了综合评价，发现在现有通量观测系统中感热和潜热湍流通量往往会被低估，通常低于有效能量项（Barr et al., 2006），除非在平流效应十分明显的下垫面。涡动相关系统测量的仍是局地结果，每个涡动相关站点的地面代表性通常只有几百米左右。在非均匀下垫面一个较大尺度上，要测量得到平均感热通量和潜热通量，需要多套相关设备组成的观测网，而涡动相关成本高，仪器维护复杂，不便于常规观测，其观测网的实现显然存在诸多困难。以上由点观测的方法在推广到面上时都会遭遇困难，原因是地表的复杂性，包括植被类型差异、地形效应以及地面特征突变而引起的平流（Dunin, 1991）。平流本身是由下垫面热量收支差异造成的，会破坏垂直方向上的能量守恒。同时，地形起伏会导致区域内土壤水分分布不均，以及坡面能量收支的差异使得蒸散过程也不相同。植被类型不同，其叶面积指数、群体高度及叶面气孔阻力的差异也导致蒸发量不同。

近年来，全球规模的 FLUXNET 利用涡动协方差方法测量了陆地生态系统与大气之间二氧化碳、水汽和能量的交换，构建了全球微气象塔站点网络。目前，世界各地 500 多个塔位正在长期运营，提供全球不同下垫面类型的水热通量观测数据，为验证遥感产品的净初级生产力、蒸发和能量吸收提供信息，FLUXNET 全球站点分布请见网址 https://daac.ornl.gov/。

## 7.2.3 大孔径闪烁仪法

大孔径闪烁仪是一种基于近地层相似理论、“闪烁”概念的地表感热通量测量仪器，它可实现光程路径上大尺度感热通量的连续观测，通常包括发射端与接收端，光程路径上通常设置气象要素系统，配合大孔径闪烁仪观测的信号，通过近地层相似理论，计算得到感热通量，因为莫宁-奥布霍夫相似理论本身是基于地表均匀的假设，所以大孔径闪烁仪在非均匀下垫面估算的结果误差会高于均匀下垫面。目前，大孔径闪烁仪在国内外众多通量观测试验中都得到了广泛的应用（白洁等，2010）。它可以测量 200 m ~ 10 km 范围的平均感热通量，通量计算结果在时间上、空间上进行了平均，大孔径闪烁仪测量尺度与大气模式的网格尺度及卫星遥感的像元尺度匹配较好。

大孔径闪烁仪的测量原理是由发射仪发射一定波长（近红外波段）和直径的波束，经过大气中的传播，由接收端接收到光程路径上受到大气温度、湿度和气压波动影响的光信号，转换成折射指数结构参数来表示大气的湍流强度，进而结合气象数据根据相似理论迭代计算感热通量。由此可见，大孔径闪烁仪观测的感热通量的数据质量会受到许多限制，第一，其取决于周围的天气状况（如露水、降水、雾霾等）；第二，大孔径闪烁仪观测记录的原始信号，即空气折射指数的结构参数和信号强度等；第三，其取决于由大孔径闪烁仪观测的折射参数值计算感热通量等步骤造成的差异，并且需要地表空气动力学粗糙度的输入。在现实应用中，哪怕是同一个站点，由涡动相关系统观测和大孔径闪烁仪观测得到的感热通量也存在很大的差异。首先，是由涡动相关系统和大孔径闪烁仪的观测通量源区不一致导致的；其次，是由测量原理上的较大差异导致的。涡动相关系统和大孔径闪烁仪观测的通量一致性研究已经很多，但一般认为涡动相关系统的观测结果更接近实际值。

## 7.3 感热通量迭代计算方法

站点仪器观测通量的空气代表性有限，难以在大尺度应用中获取不同下垫面类型感热通量。卫星遥感技术的出现，尤其是热红外遥感技术的快速发展，为解决这一问题提供了有效手段。近年来，基于遥感热红外观测的地表温度、遥感光学谱段观测的下垫面参数，发展出了众多用于估算感热通量的方法。这些方法以空气动力学理论为基础，大致可以分为两类，一类需要迭代计算获取像元尺度感热通量，如 SEBAL、SEBS 与 TSEB 模型等（Bastiaanssen et al.，1998a，1998b；Norman et al.，1995b；Su，2002）；另一类为参数化方法，通常无需热传输辐射阻尼 $kB^{-1}$ 输入，通过引入环境因子，消除热传输附加阻尼参数项，该类方法通常不需要迭代计算，如 ETWatch 模型等。

依照对复杂地表不同的考虑，感热通量模型主要分为单源模型与双源模型。单源模型将地表看作是均一的，又称为大叶模型，通常将土壤与植被进行加权考虑。双源模型的基本思想是：整个冠层的湍流热通量由两部分组成，它们分别来自植被冠层和其下方的土壤，冠层上方总通量为土壤与植被通量之和，土壤和植被的热通量先在冠层内部汇集，然后再与外界大气进行交换。双源模型按照阻抗网络的假设方式又分为双层模型、平行模型、补丁模型等。

热传输辐射阻尼 $kB^{-1}$ 的迭代计算方法包括单源模型与双源模型，常用的单源模型有 SEBS 模型与 SEBAL 模型等（Bastiaanssen et al.，1998a，1998b；Su，2002），常用的双源模型有 TSEB 模型与 ALEXI 模型等（Norman et al.，1995b；Anderson et al.，1997）。

### 7.3.1 单源模型

单源模型的中，感热通量通常由式（7-11）计算获得：

$$H = \frac{\rho \cdot C_{\mathrm{p}} \cdot (T_0 - T_{\mathrm{a}})}{r_{\mathrm{ah}}} \tag{7-11}$$

式中，$\rho$ 为空气密度；$C_{\mathrm{p}}$为空气定压比热；$T_0$与 $T_{\mathrm{a}}$分别为空气动力学温度与参考高度处空气温度或大气边界层气温；$r_{\mathrm{ah}}$为空气动力学阻抗，单源模型一般由遥感提供的辐射地表温度驱动。单源模型无法将土壤蒸发和植被蒸腾分开，而是将它们作为整体建模，在稀疏植被地区的应用受到限制。

在地表能量平衡的框架下，单源模型的要点在于获取地表与参考层之间的地气温差，并准确定义空气动力学阻抗。根据近地层相似理论，单源模型计算感热的地温应当是冠层处空气动力学温度 $T_0$，是气温廓线向下延伸到冠层中通量源汇处（即 $d+z_{\mathrm{oh}}$高度）的空气温度，而非遥感的热红外波段直接探测的地表辐射温度 $T_{\mathrm{rad}}$。由于地表植被覆盖差异、太阳高度角和仪器视角大小等因素的影响，空气动力学温度与辐射表面温度在不同植被覆盖条件下的差距有可能非常大。Boulet 等（2012）指出空气动力学温度与地表辐射温度的差异可以用 LAI 来衡量，在裸土与植被完全覆盖的下垫面，空气动力学与地表辐射温度几乎一样，给出了经验的调整方法，即

$$T_0 - T_a = \beta_d(T_s - T_a) \tag{7-12}$$

$$\beta_d = 1 - \frac{a}{\mathrm{LAI} \cdot b\sqrt{2\pi}} \mathrm{e}^{-[\ln(\mathrm{LAI})-c]^2/(2b^2)} \tag{7-13}$$

式中，$\beta_d$ 为调整系数，认为是 LAI 的函数；$a$、$b$、$c$ 分别为拟合系数。然而，$\beta_d$ 不仅与下垫面状况相关，而且还受风速等气象因子影响，表达十分复杂。

对于稀疏植被区，在白天，土壤组分温度高于植被组分，受此影响，相应像元的遥感辐射温度也比较高，相比辐射温度而言，空气动力学温度较少受到土壤组分温度的影响，这就导致遥感观测得到的地表辐射温度高于空气动力学温度。要使式（7-11）成立，必须在分母项上加一项剩余阻抗，使得等式成立。

$$r_{ae} = r_a + r_{ex} = \frac{1}{ku_*}\left[\ln\left(\frac{z_{ref} - d}{z_{om}}\right) - \psi(h)\right] + \frac{1}{ku_*}\ln\left(\frac{z_{om}}{z_{oh}}\right) \tag{7-14}$$

$$\mathrm{kB}_{radio}^{-1} = \ln(z_{om}/z_{oh}) \tag{7-15}$$

式中，$\mathrm{kB}_{radio}^{-1}$为热传输辐射阻尼，与空气动力学热传输阻尼 $\mathrm{kB}^{-1}$有着本质的差异（Paul et al.，2014）。空气动力学热传输阻尼 $\mathrm{kB}^{-1}$是基于热量与动量传输差异定义的，而热传输辐射阻尼 $\mathrm{kB}_{radio}^{-1}$是为了使用遥感辐射地表温度代替空气动力学温度所提出的，虽然阻抗公式没有变化，但是两种 $\mathrm{kB}^{-1}$的表达几乎完全不同。空气动力学热传输阻尼 $\mathrm{kB}^{-1}$取值通常很小，许多研究取为 2.3。而热传输辐射阻尼 $\mathrm{kB}_{radio}^{-1}$更多的是一个调节因子，失去了其原本包含的物理意义（Norman and Becker，1995；Lhomme et al.，2000）。对热传输辐射阻尼 $\mathrm{kB}_{radio}^{-1}$的研究很多，但是几乎都存在局限性，归根结底是由其复杂性引起的。

SEBS 是一类典型的单源遥感蒸散模型，SEBS 中关键参数热传输辐射阻尼 $\mathrm{kB}_{radio}^{-1}$采用了完全覆盖植被、稀疏植被、裸土下发展的 $\mathrm{kB}^{-1}$的面积比例加权来表示，即

$$\mathrm{kB}_{radio}^{-1} = \frac{kC_d}{4C_t \frac{u_*}{u(h)}(1 - \mathrm{e}^{-n/2})} f_c^2 + \frac{k \cdot \frac{u_*}{u(h)} \cdot \frac{z_{om}}{h}}{C_t^*} f_c^2 \cdot f_s^2 + \mathrm{kB}_s^{-1} \cdot f_s^2$$

$$\mathrm{kB}_s^{-1} = 2.46\,(Re^*)^{\frac{1}{4}} - \ln(7.4) \tag{7-16}$$

式中，$k$ 为常数；$C_d$为叶片拖曳系数，一般为 0.2；$f_c$、$f_s$ 分别为植被和土壤覆盖度；$C_t$为叶片热交换系数；$h$ 为冠层高度；$u(h)$ 为冠层顶部的平均风速；$C_t^*$ 为土壤热交换系数；$Re^*$ 为雷诺数，SEBS 模型的计算需要许多参数的输入，且很多涉及植被冠层结构参数。

SEBS 估算得到的感热通量普遍存在低估的问题，低估的原因就出在 $\mathrm{kB}^{-1}$ 参数上（Gokmen et al.，2012），$\mathrm{kB}^{-1}$参数虽然考虑了众多因素，如风速、地表叶片参数、裸土参数等，但是在叶片水分胁迫状态下仍存在缺陷。据此考虑，将土壤水分（$w_g$）作为影响参数引入到 SEBS 的 $\mathrm{kB}^{-1}$模型中。

$$kB_{SM}^{-1} = SF \cdot kB^{-1} \quad SF = a + \frac{1}{1+\exp(b-c \cdot w_g)} \tag{7-17}$$

式中，$kB_{SM}^{-1}$为调整后的新值；SF 为拟合函数；$a$、$b$、$c$ 为拟合参数，可采用遥感估算的归一化植被指数 NDWI 代替土壤水分，这提高了方法的适用性（Huang et al.，2015）。虽然这种调整方法具有比较好的效果，但是其并没有改变 $kB^{-1}$的局限性。

单层余项式的 SEBAL 模型，只需要遥感数据和常规气象数据，计算简便，适合高分辨率遥感影像上的农田尺度的蒸散计算。SEBAL 模型首先计算净辐射与土壤热通量，得到地表有效能量，然后与气象数据（风速、气温等）结合，通过近地层相似理论计算热传输阻抗和感热通量。该模型利用图像中极端干湿像元（冷热“锚点”）进行通量初始化，其调整地表辐射温度至感热计算的空气动力学温度的假设条件是：空气动力学温度和空气温度之间的温度梯度与遥感辐射地表温度呈线性相关，这样就不需要单独的大气温度观测资料，并使用迭代的方法来确保热量传输粗糙度、温度梯度和各通量之间的耦合关系，其优点是需要收集的数据少，便于应用；缺点是图像中必须有锚点的基础材料，这在某些情况下（冬季、裸地）难于选择，同时对地表动量粗糙度等关键量的参数化描述过于简单（熊隽等，2008）。SEBAL 对 $kB^{-1}$参数十分敏感，模型本身所采用的值（2.3）在很多情况下偏小（Paul et al.，2014），虽然 SEBAL 通过冷热点选择，有效地估算了空气动力学与空气温度的差值，但其本质还是依靠遥感地表辐射温度来估算的，并没能摆脱 $kB^{-1}$的不确定性。

为了尽量减少模型的输入数据，可以直接计算得到关键参数地气耦合因子 $\Omega$，使得模型的计算不需要空气动力学粗糙度、风速、环境因子等的输入，只需要地表温度、空气温度、空气水汽压数据，并且在站点上得到了很好的应用（Venturini et al.，2008；Mallick et al.，2014）。地气耦合因子可以由式（7-18）估算获得

$$\Omega = \frac{e_s - e_a}{e_s^* - e_a} \tag{7-18}$$

由式（7-18）可知，分子分母都为水汽压的差值。水汽压都可以由水汽压公式进行估算。例如，空气饱和水汽压 $e_a^*$ 对应的是空气温度 $T_a$，空气实际水汽压 $e_a$对应的是空气的露点温度 $T_d$；同样地，地表饱和水汽压 $e_s^*$ 对应的是地表温度 $T_s$，地表实际水汽压 $e_s$对应的是地表的露点温度 $T_{sd}$。尽管温度与水汽压 Clausius-Clapeyron 曲线并不是线性的，但是在微小的温度变化范围内，可以进行离散化。地表水汽压是在地表饱和水汽压与空气实际水汽压之间变动的，水汽压曲线是递增函数，所以地表露点温度应该在空气露点温度与地表温度之间，如图 7-1 所示。也就是说估算出了地表露点温度，也就估算出了地表水汽压，模型就可以求解，即

$$\Omega = \frac{e_s - e_a}{e_s^* - e_a} = \frac{s_1(T_{sd} - T_d)}{s_2(T_s - T_d)} \tag{7-19}$$

$$s_1 = \frac{e_s - e_a}{T_{sd} - T_d} \tag{7-20}$$

$$s_3 = \frac{e_s^* - e_s}{T_s - T_{sd}} \tag{7-21}$$

$$T_{sd} = \frac{e_s^* - e_a - s_3 T_s + s_1 T_d}{s_1 - s_3} \tag{7-22}$$

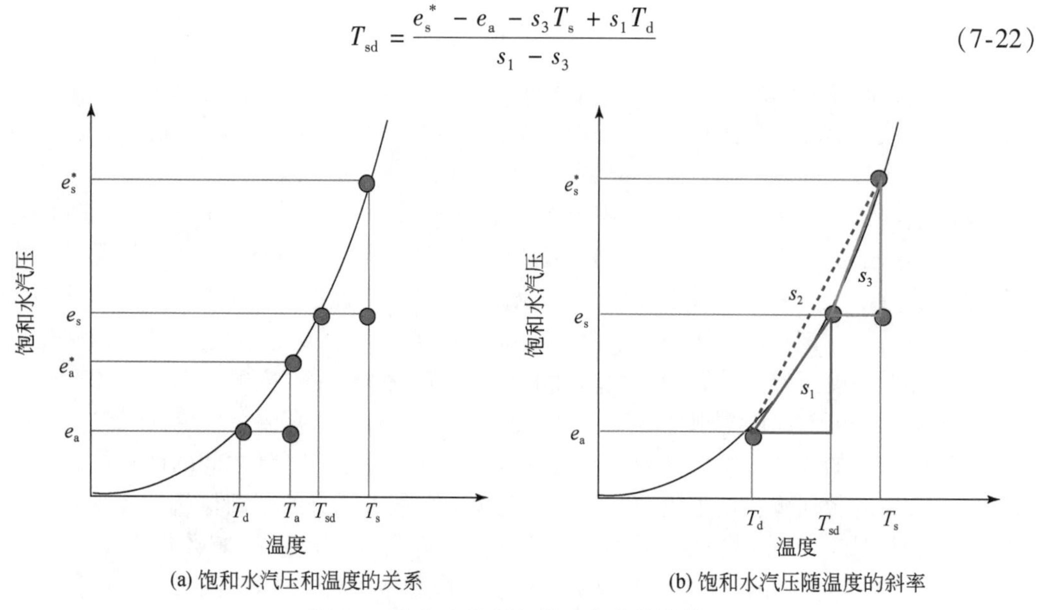


(a) 饱和水汽压和温度的关系　(b) 饱和水汽压随温度的斜率

图 7-1　饱和水汽压与其对应温度示意

资料来源：Mallick 等（2014）

由于地表温度可以从热红外遥感获取，是已知量，空气水汽压也可以由模式或遥感产品提供，露点温度已知，斜率 $s_2$ 可以直接计算出来。在此基础上，Mallick 提出了采用式（7-19）~式（7-22）进行迭代，求解斜率 $s_1$ 与 $s_3$。采用 Buck 的水汽压公式进行简化，初始的 $s_1$ 与 $s_3$ 的值分别设为在 $T_d$ 与 $T_s$ 处的斜率，即水汽压曲线在 $T_d$ 与 $T_s$ 处的斜率，得到初始的地表露点温度 $T_{sd}$，再得到新的斜率 $s_3$，这样反复迭代，直至 $T_{sd}$ 趋于稳定，由于在第一次计算时，水汽压曲线已经被离散化，所以斜率 $s_1$ 在迭代过程中不进行更新。迭代得到 $T_{sd}$ 后，相应的地气耦合因子 $\Omega$ 也可以计算得到，同时计算得到感热通量与潜热通量。

单源模型 SEBS 得到了广泛的应用，但其主要问题也很明显，即缺乏考虑环境胁迫影响下感热与潜热通量变化。SEBS 模型的迭代方案基于近地层相似理论，其关键参数依靠地面观测获得，虽然具有机理性，但其模型设置并未给进一步的发展空间，依靠引入修正模块并非根本的解决办法。不同下垫面与大气进行水热交换的方式是存在差异的，所以采用模型计算时，也应该针对不同下垫面设置不同的参数，然而，SEBS 模型对所有下垫面只给出了一套参数，其适用性问题还有待深入检验，因此很难在大区域内进行推广，这就导致 SEBS 模型在某些地区估算存在明显的不足。

同样地，SEBAL 模型和地温-植被指数特征空间模型受到自身经验性假设的限制。SEBAL 模型中冷热点的选择太具主观性，其准确选择极大地影响着模型的精度。而地温-植被指数特征空间模型仍在站点尺度上的研究较多，在区域推广时，仍十分困难，主要问题还是其经验性假设必定会存在不成立的时候，此时模型就无法获得正确结果。

Mallick 模型通过温度与水汽压的关系进行驱动，对单源模型进行了简化，避免了复杂的下垫面参数输入。然而，用于模型估算的水汽压数据本身空间尺度较大，同时缺乏考虑影响下垫面水热通量传输过程的物理参数，模型适用性仍需要探究。

### 7.3.2 双源模型

为考虑稀疏植被覆盖中土壤对冠层总通量的贡献，提出了描述冠层湍流热通量的双源模型（Shuttleworth and Wallace，1985）。双源模型的基本思想是：整个冠层的湍流热通量由两部分组成，它们分别来自植被冠层和其下方的土壤，冠层上方总通量为组分通量之和，土壤和植被的热通量先在冠层内部汇集，然后再与外界大气进行交换。双源模型按照阻抗网络的假设方式又分为双层模型、平行模型、补丁模型。

双源能量平衡模型中感热通量可表达为

$$H = H_s + H_c = \rho C_p \frac{T_0 - T_a}{r_a} \tag{7-23}$$

式中，$H$ 为冠层上方总感热通量；$H_s$ 和 $H_c$ 分别为来自土壤和植被的感热通量；$T_0$ 为冠层高度的空气动力学温度；$T_a$ 为在参考高度处的气温；$r_a$ 为冠层空气动力学阻抗。土壤和植被的感热可以用梯度扩散式表示：

$$H_s = \rho C_p \frac{T_s - T_0}{r_{as}} \quad H_c = \rho C_p \frac{T_c - T_0}{r_{ac}} \tag{7-24}$$

式中，$T_s$ 和 $T_c$ 分别为土壤和植被的温度；$r_{as}$ 与 $r_{ac}$ 分别为土壤和植被的边界层阻抗。

双层模型中的下垫面是由土壤组分温度与植被组分温度构成的一个不同温表面，分解混合像元温度，是求解双层模型的最关键部分，单一的卫星混合视场角观测得到的地表温度的分解，实质上就是在混合视场里，分别求出土壤辐射温度和冠层辐射温度。根据热红外方向性理论与地表组分温度理论，当热红外遥感传感器或地面站点使用的热红外辐射计测量非完全植被覆盖的地表温度时，要解出土壤辐射温度和冠层辐射温度这两个未知量，就要求热红外传感器有两个以上的观测角度。采用多角度热红外遥感数据（AMTIS）反演的组分温度、叶面积指数、地表反照率，与地面测量的冠层高度和叶宽等参数结合，得到冠层空气动力学阻抗，然后将其代入式（7-24）得到整个像元的感热通量（辛晓洲等，2007）。但是，多角度热红外组分温度的反演受到诸多因子的制约，如各组分分布的不均一、比辐射率的方向性及组分的温度差异，获得足够精度的组分温度还有很大的难度（熊隽等，2008）。同时，多角度热红外遥感技术仍未普及，在大范围获取多角度热红外遥感辐射地表温度还有诸多困难。双层模型较好地表达了地表热通量传输规律，但从遥感应用的角度出发，简化双层模型的假设，有利于在某些情况下求解，这也是常见的研究方法。

补丁模型假设土壤和植被冠层是并列的关系，即植被缀在土壤表面，两者截然分开，不存在相互作用（Sánchez et al.，2008）。这类模型适用于尺度较大而又稀疏覆盖的表面。在这种情况下，土壤直接暴露在太阳辐射中，土壤和植被冠层之间的相互关系可以忽略。总通量是各部分通量的面积权重和，而非叠加。

$$H = f_c H_v + (1 - f_c) H_s \tag{7-25}$$

式中，$f_c$ 为植被覆盖度，或称植被覆盖面积比；$H$ 可以是感热通量，也可以是净辐射通量或潜热通量。

针对行播作物（玉米等）的双源模型，又称 N95 模型（Norman et al., 1995b），假设土壤与冠层各自独立与外界大气进行湍流交换，两者的通量互相平行，因此又称双源平行模式，其中热通量的阻抗网络设计如下：

$$H = \rho C_{\mathrm{p}} \frac{(T_{\mathrm{ac}} - T_{\mathrm{a}})}{r_{\mathrm{a}}} = \rho C_{\mathrm{p}} \left( \frac{T_{\mathrm{c}} - T_{\mathrm{a}}}{r_{\mathrm{ac}}} + \frac{T_{\mathrm{s}} - T_{\mathrm{a}}}{r_{\mathrm{as}}} \right) \tag{7-26}$$

平行模型在计算植被、土壤感热通量时都使用了相同的空气温度，这表达了土壤与冠层组分独立与外界大气进行湍流交换的过程，与补丁模型不同的是，其同时使用 $H = H_{\mathrm{s}} + H_{\mathrm{c}}$ 来计算总的感热通量。Norman 等（2000）认为，在空间分布不均匀的稀疏植被条件下，由于植被覆盖对土壤表面的辐射和热量通量交换的过滤作用比在密闭条件下小，土壤蒸发与冠层蒸腾在中等风速条件下只有微弱的耦合关系，所以土壤和植被各自与大气进行湍流交换。由于模型假设土壤和植被是相互独立的通量源，后续的研究将其认为是一种补丁模型（Lhomme and Chehbouni, 1999），并质疑它不考虑植被与土壤比例加权，而沿用双层模型直接相加法来计算总通量的合理性。此后，Kustas 和 Norman（1999b）对 N95 模型进行了两点改进以考虑冠层对土壤部分的影响，其一是使用了一个更为机理性的算法来代替 Bear 定律求取冠层净辐射；其二是在模型中考虑了稀疏植被的集聚效应，并且说明在 N95 模型的平行网络假设中，虽然植被组分温度对土壤感热通量的计算没有作用，但与冠层相关的因子仍会对土壤表层阻抗有影响，如土壤表面空气动力学阻抗的计算就考虑了植被冠层对参考高度风速削弱作用，所以土壤和植被与大气进行湍流交换并不是完全独立的，因此在 N95 模型中继续使用双源模型的方式求解总通量并不一定形成矛盾。在 N95 模型发表的同时，Norman 等（2000）也描述了 N95 模型的层模式，也称序列模式，基本假设与前面所述的 Shuttleworth-Wallace 双层模型相同，并提出了土壤、植被边界层阻抗的参数化方法。

在 N95 模型的基础上，基于平行网络发展的用于估算陆地表面感热与潜热的 ALEXI 模型（Anderson et al., 1997, 2007），将描述地表感热传递的改进版双源模型与描述地表加热过程的大气边界层模型结合起来，用地表辐射温度变化率得到地表热通量。

ALEXI 模型最主要的输入量是植被覆盖度、地表辐射温度变化率（由 NOAA-GOES 静止气象卫星获取），以及作为大气温度上边界条件的上午日出时刻探空观测曲线，通过这种方法也确定了一个表面层（50 m 高度）处大气温度的估算值，ALEXI 模型从中尺度气象预报模型获得所需的气象参数输入。

随后，为了避免对边界层高层的依赖，Norman 等（2000）同时发展了一个简化的、仅利用温度变化率的蒸散模型 DTD（dual-temperature-difference），不需要 ALEXI 模型中原先需要的上午日出时刻探空观测曲线的输入，从而得到了一个以参考高度处空气温度为主要未知量的感热通量计算公式。DTD 模型应用的前提是初始时刻发生在各项通量都很小的情况下，空气温度比较均一（熊隽等，2008）。

此后，为将 ALEXI 模型中基于 GOES 卫星的结果（5 ~ 10 km²）扩展到更高空间分辨率，Norman 等（2000）开发了 DisALEXI 模型用于 ALEXI 通量计算结果的子像元分解，同时引入了高分辨率 NDVI 和地表辐射温度数据，并将 ALEXI 模型输出的 50 m 高度的大气温度作为上边界条件（Anderson et al.，2007）。由于 ALEXI 模型被限定在晴日情况下有效，Anderson 等（2007）从晴日 ALEXI 通量计算结果中发展了一个湿度胁迫函数将晴日蒸发比扩展到邻近的有云日，从而得到全年的日蒸散。ALEXI 和 DTD 模型最大的瓶颈还是需要地温变化率来驱动，来自 GEOS 卫星的地温数据分辨率为 5 ~ 10 km，而其他空间分辨率更高的数据则由于不能在短时间内提供两次地温观测而无法应用，同时 ALEXI 与 DTD 模型的本质还是双源平行阻抗网络，避免不了地表组分温度的计算，虽然可以采用 Priestley-Taylor 公式进行迭代求解，仍存在很大局限性。

双源模型在农田仍存在低估的问题，尤其是在干旱区（Guzinski et al.，2013；Zhuang and Wu，2015）。这是因为双源模型在水分胁迫状态下，仍缺乏有效的表现机制，导致其高估潜热通量（Long and Singh，2012）。

此外，还有另一类双源模型，即类彭曼双源模型，其一般对潜热通量直接参数化，虽然不需要组分温度，但仍需要冠层阻抗、土壤阻抗、植被与土壤空气动力学阻抗的输入（Long and Singh，2012）。

双源模型虽然更具备物理意义，但需要更多的参数输入，很多参数对不同的下垫面类型很难获取。此外，因缺乏有效组分温度，双源模型的求解方式的局限性也很大，这是影响模型精度的主要因素。

## 7.4 感热通量参数化方法

### 7.4.1 参数化方法

基于遥感的感热通量参数化方法通过引入环境因子等来消除热传输附加阻尼参数项，这类方法通常不需要迭代计算。Bruin 和 Holtslag（1982）依据彭曼方程和 Priestley-Taylor 公式，给出了感热通量的简单参数化方案，需要净辐射、地表阻抗与空气动力学阻抗等参数的输入。Chehbouni 等（1997）首次提出采用遥感获取的叶面积指数，建立遥感辐射温度到空气动力学温度的转换关系，从而消除热传输附加阻尼参数，简化感热通量计算。Boulet 等（2012）对这一方法进行了改进，通过分析不同叶面积指数植被的观测数据，重新拟合了转换关系，但在应用时需要对拟合参数进行率定。Miglietta 等（2009）通过引入地气耦合因子，联合净辐射、地表阻抗等进行热传输空气动力学阻抗计算，简化了区域感热通量计算。ETWatch 模型中，采用了基于环境因子的参数化方法，并在黑河流域进行了验证，精度较好（Wu et al.，2020），此类模型在计算感热通量时，可以将能量平衡作为限制或非限制性条件。

1. 考虑能量平衡限制

以能量平衡为限制条件时，通过地表-大气耦合因子，考虑不同地表环境因子对地表通量的影响，发展感热通量参数化模型。在单源模型下，感热通量通常用整体动量公式进行估算，通常由地表至大气温度梯度驱动：

$$H = \frac{\rho \cdot C_p \cdot (T_s - T_a)}{r_{ae}} \tag{7-27}$$

式中，$T_s$为地表温度；$T_a$为参考高度处的空气温度。采用卫星观测的地表温度 $T_s$代替空气动力学温度 $T_0$，所以分母项上的 $r_{ae}$为热力学传输总阻抗，指的是空气动力学阻抗与额外阻抗之和。

对于地表潜热通量，也有类似于式（7-27）的公式，其是地表至大气的水汽压梯度驱动的，表示为地表与大气间水汽之差和相应阻抗的比值。

$$\lambda E = \frac{\frac{\rho \cdot C_p}{\lambda} \cdot (e_s - e_a)}{r_{ae}} \tag{7-28}$$

式中，$e_s$为地表实际水汽压，与式（7-27）中的 $T_s$相对应；$e_a$为参考高度处的空气实际水汽压。由于地表水汽压与地表温度在同一平面，空气水汽压和空气温度在同一平面，所以分母项上的阻抗与式（7-27）中的阻抗相同。上述两个公式已经在许多研究中得到证明与应用（Boegh et al.，2002；Boegh and Soegaard，2004；Miglietta et al.，2009；Mallick et al.，2014）。

引入能量平衡公式、地气耦合因子的计算公式：

$$e_s = \Omega \cdot e_s^* + (1 - \Omega) \cdot e_a \tag{7-29}$$

$$\Omega = \frac{\Delta + \gamma}{\Delta + \gamma\left(1 + \frac{r_{sur}}{r_a}\right)} \tag{7-30}$$

$$r_{ae} = \rho \cdot C_p[T_s - T_a + (e_s - e_a)/\gamma]/(R_n - G) \tag{7-31}$$

上述公式中，式（7-31）可参考 Miglietta 等（2009），已经在区域蒸散估算得到较好的应用，关键参数为地表水汽压，由式（7-27）可以估算得到；地气耦合因子 $\Omega$ 的计算公式中，$r_{sur}$为地表气孔阻抗，$r_a$为空气动力学阻抗。地气耦合因子 $\Omega$ 表征地表与大气之间的耦合程度，当 $\Omega$=0 时，表征完全干燥的地表，此时地表水汽压趋向于空气实际水汽压，这种情况下，一般认为没有蒸散发生；当 $\Omega$=1 时，表征湿润度饱和的地表，如灌溉后的农田或者一场大雨过后的地表，此时地表水汽压与地表温度估算的饱和水汽压相等。

当地表完全干燥，大气无水汽输送时，地表气孔阻抗 $r_{sur}$为无穷大值，相应地，从地气耦合因子公式可以看出，$\Omega$ 趋向于0；当地表完全湿润，以至于达到饱和的程度时，水汽向大气自由输送，地表气孔阻抗 $r_{sur}$为0，相应地，$\Omega$ 趋向于1。所以 Miglietta 等（2009）的算法在理论上是与实际相吻合的，想要准确估算 $\Omega$，就要知道地表气孔阻抗与空气动力学阻抗。

## 2. 不考虑能量平衡限制

不考虑能量平衡限制条件时，引入式（7-32），通过将水汽压与地表阻抗和热传输阻抗联系起来（Boegh et al.，2002），可以得到植被覆盖下垫面感热通量参数化公式。

$$R_{ae} = r_s(e_s e_a)/(e_s^* e_s) \tag{7-32}$$

$$r_s = \frac{\text{LAI} \cdot r_c}{0.3\text{LAI} + 1.2} \tag{7-33}$$

$$r_c = \frac{r_{\text{cmin}}}{\text{LAI}} F_1^{-1} F_2^{-1} F_3^{-1} F_4^{-1} \tag{7-34}$$

$$H = \frac{\rho C_p (T_s T_a)(e_s^* e_s) f(\text{LAI})}{r_{\text{cmin}}(e_s e_a) F_1^{-1} F_2^{-1} F_3^{-1} F_4^{-1}} \tag{7-35}$$

该方法在计算时没有加入能量平衡限制条件，根据黑河流域阿柔站、大满站的大孔径闪烁仪数据，对植被生长期的 MODIS 过境晴好日模拟结果进行分析验证，发现模型经过参数率定后，在植被区估算结果较好（Wu et al., 2020；Zhuang et al., 2016）。

## 7.4.2 地表阻抗

### 1. 影响因子分析

对现有地表阻抗模型进行应用和验证，分析模型残差的分布及地表阻抗对各环境因子的响应变化，有助于提高地表阻抗模型的估算精度。

地表导度为阻抗的相反数，采用黑河流域与海河流域内馆陶（小麦 GT-W、玉米 GT-M）、怀来（HL）、密云（MY）、阿柔（AR）、关滩（GuanTan）、大满（DM）、张掖（ZY）、四道桥（SDQ）共计 8 个通量站点观测数据，对 Leuning 等（2008）提出的地表导度进行估算与验证，并对模型残差与潜在影响因子进行相关性分析。

选用 7 个潜在影响因子与模型残差进行相关性分析，包括净辐射（$R_n$）、风速（WS）、气温（$T_a$）、VPD、气压（Press）、NDVI 及可用含水量（AWC）。对模型残差与 7 个潜在影响因子的相关系数进行显著性检验，提取显著性水平达到 95%（$P<0.05$）的因子，分析结果如图 7-2 所示。在 8 个站点的 9 个植被生长期内，仅有阿柔站并未显示与模型残差具有显著相关的因子，这是由于模型在阿柔站应用效果较好。而除阿柔站和张掖站以外，VPD 对于其余站点的模型残差均显示显著正相关。另一个与模型残差相关性较强的因子是 NDVI，除阿柔站和关滩站外的其余站点均显示显著负相关。在密云站、关滩站和四道桥站，净辐射与模型残差显示显著正相关；而 AWC 与模型残差在怀来站、密云站和四道桥站显示显著负相关。此外，气温在一些站点也显示与模型残差的显著相关性，但其相关性的变化并不一致。风速和气压作为与导度相关性较弱的环境因子，其与模型残差的相关性并不普遍，对于模型的改进也不具备指示意义。

为进一步分析模型残差与潜在影响因子的关系，分析模型残差对各因子的敏感性，对所有变量进行标准化，并利用多元线性回归方程拟合标准化后的模型残差和潜在影响因子。表 7-1 为各潜在影响因子对模型残差的标准回归系数。VPD 和 NDVI 的标准回归系数在大多数站点上均显著，这与 Spearman 等级相关系数的分析结果一致。其中 VPD 的标准回归系数在除阿柔和四道桥站外的其余站点均为显著的正值，NDVI 的标准回归系数在馆

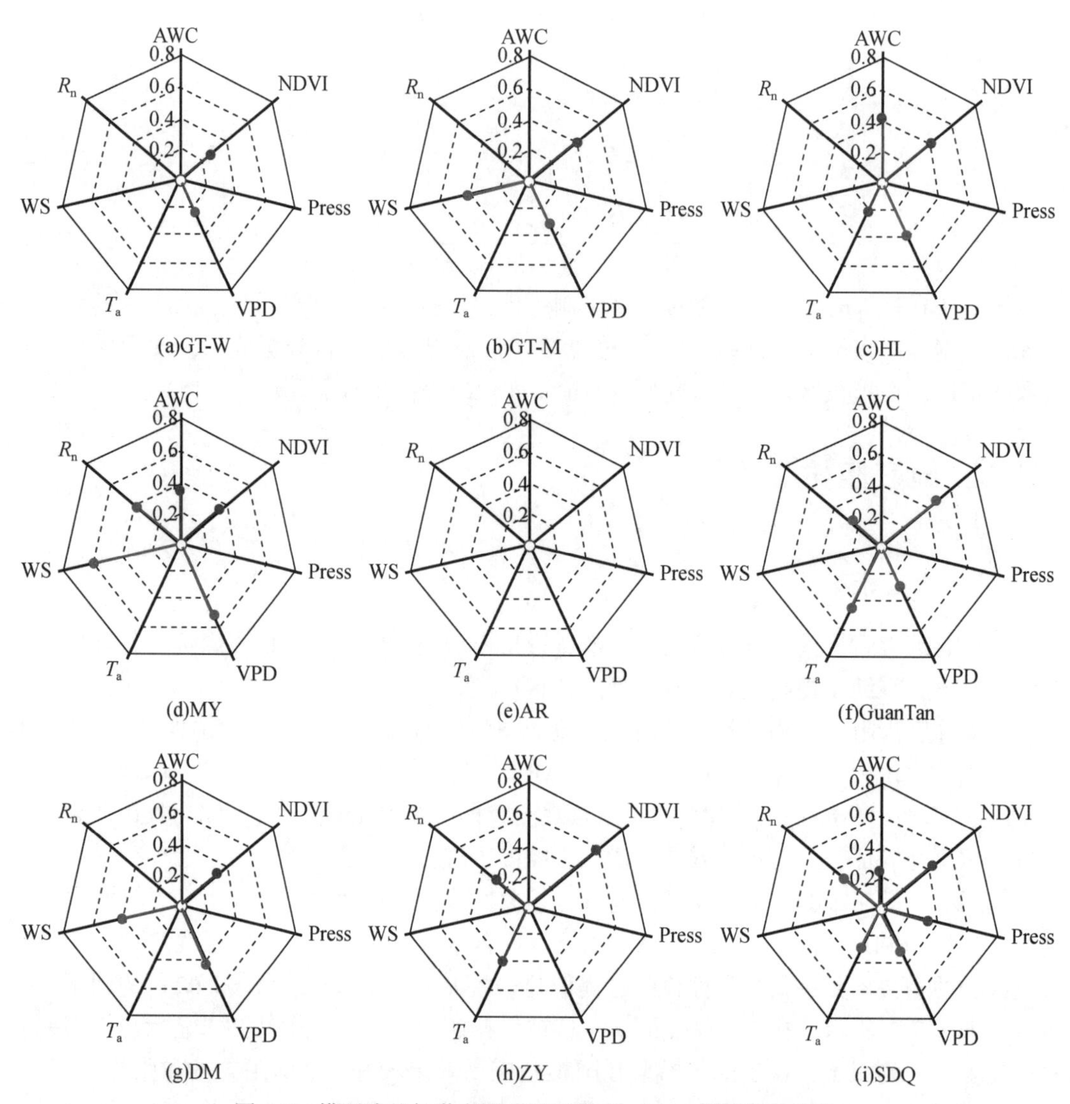


图 7-2 模型残差与潜在影响因子的 Spearman 等级相关系数

红线表示正相关，蓝线表示负相关

陶玉米、大满、张掖和四道桥站显示显著的负值。净辐射的标准回归系数在密云和四道桥站为显著正值，此外，AWC 的标准回归系数在一些站点也显著，包括关滩、大满和四道桥站。

**表 7-1 各潜在影响因子对模型残差的标准回归系数**

| 站点 | | $R_n$ | WS | $T_a$ | VPD | Press | NDVI | AWC |
|---|---|---|---|---|---|---|---|---|
| 馆陶 | 小麦 | 0.055 | 0.133 | 0.046 | 0.528* | 0.074 | -0.244 | 0.079 |
| | 玉米 | 0.086 | 0.032 | 0.224 | 0.317* | 0.239 | -0.525* | -0.061 |

续表

| 站点 | $R_n$ | WS | $T_a$ | VPD | Press | NDVI | AWC |
|---|---|---|---|---|---|---|---|
| 怀来 | -0.045 | -0.007 | -0.201 | 0.367* | 0.013 | 0.21 | -0.237 |
| 密云 | 0.214* | 0.15 | -0.483* | 0.518* | -0.01 | 0.075 | 0.127 |
| 阿柔 | -0.005 | 0.069 | -0.123 | 0.057 | -0.126 | -0.043 | -0.085 |
| 关滩 | 0.086 | -0.022 | -0.051 | 0.548* | -0.016 | -0.22 | -0.313* |
| 大满 | 0.245 | 0.382* | -0.058 | 0.627* | 0.227 | -0.357* | -0.250* |
| 张掖 | -0.014 | -0.024 | -0.512 | 0.427* | -0.268* | -0.429* | 0 |
| 四道桥 | 0.216* | 0.127 | 0.593* | 0.087 | 0.133 | -0.445* | -0.448* |

* 代表在 95% 的置信度水平上显著相关。

对各影响因子的标准回归系数的大小进行比较，发现 VPD 的标准回归系数在 5 个站点上较其他因子都要大，包括馆陶小麦、怀来、密云、关滩和大满站；而 NDVI 的标准回归系数在馆陶玉米和张掖站较大。因此，VPD 和 NDVI 可能是导致模型残差的两个主要因子，导度模型中与这两个因子相关的函数或变量可能存在不足。同时，净辐射和 AWC 也可能对模型残差产生一定的影响。

图 7-3 显示各站点的冠层导度对 VPD 的响应关系。当 VPD 较大时，代表大气中水汽含量较低，空气处于缺水状态，为保证植物生长所需的水分，叶片气孔会趋于缩小和关闭。因此，各站点的冠层导度均随着 VPD 的增大而减小，但其变化形式在站点间具有明显的差异。在海河流域，馆陶站冬小麦的冠层导度随 VPD 的增大呈现快速减小的变化趋势，其响应关系类似线性函数；馆陶站夏季的作物与怀来站的作物相同，均为玉米，两个站点的冠层导度随 VPD 的变化趋势也十分相似；密云站的冠层导度对 VPD 的响应关系介于上述两种关系之间。在黑河流域，阿柔站处于高海拔地区，气温较低，因此其冠层导度对 VPD 的响应关系类似于馆陶站冬小麦；张掖站的 VPD 较阿柔站更大，其冠层导度对 VPD 的响应关系并不明显，这可能是由于该站点的植物生长于湿地，水分胁迫较小，冠层导度对大气水分亏缺变化的响应不敏感；大满站的响应关系与馆陶站夏玉米类似，其冠层导度值处于 0～20 mm/s，VPD 值处于 0～2 kPa。对于下垫面为树木的站点，关滩站的 VPD 值处于 0～1.3 kPa，冠层导度相应地在 0～12 mm/s 变化；四道桥的 VPD 值处于 1～3 kPa，而其冠层导度处于较低的值且变化很小。

根据图 7-3 显示的各站点冠层导度对 VPD 的响应关系，可以将各站点的植被分为 3 种类型：C3（作物/草地），包括馆陶（冬季）、阿柔以及张掖站；C4（玉米），包括馆陶（夏季）、怀来以及大满站；C3（树木），包括密云、关滩和四道桥站。分类后的响应关系如图 7-4 所示。C3（作物/草地）的冠层导度较另两种植被类型要大，C4（玉米）和 C3（树木）的冠层导度对 VPD 的响应关系较为相似，其中 C4（玉米）的响应关系的实测数据相对更分散，而 C3（树木）的模型残差更大。图 7-4 表明，冠层导度与 VPD 的关系在三种类型的植被之间存在一定的差异，这种差异主要是由冠层导度和 VPD 的值范围不同导致的。在环境条件变化相似的情况下，植物特性就是这种差异的主要原因。

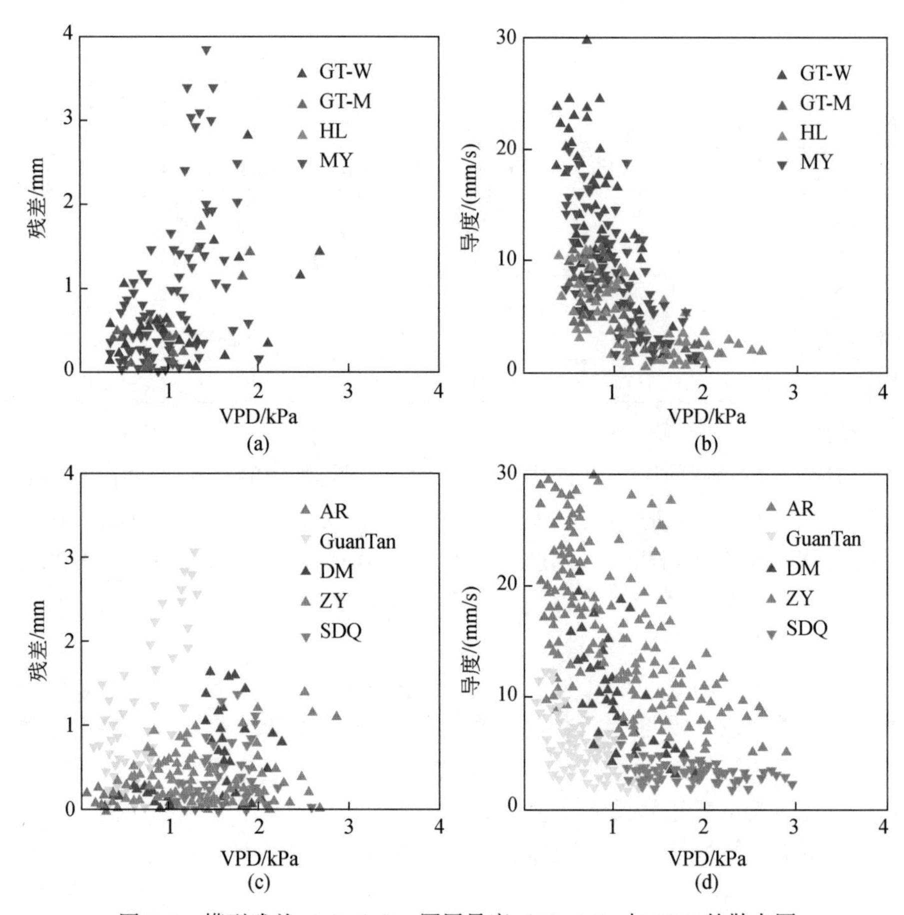


图 7-3　模型残差（a）（c）、冠层导度（b）（d）与 VPD 的散点图

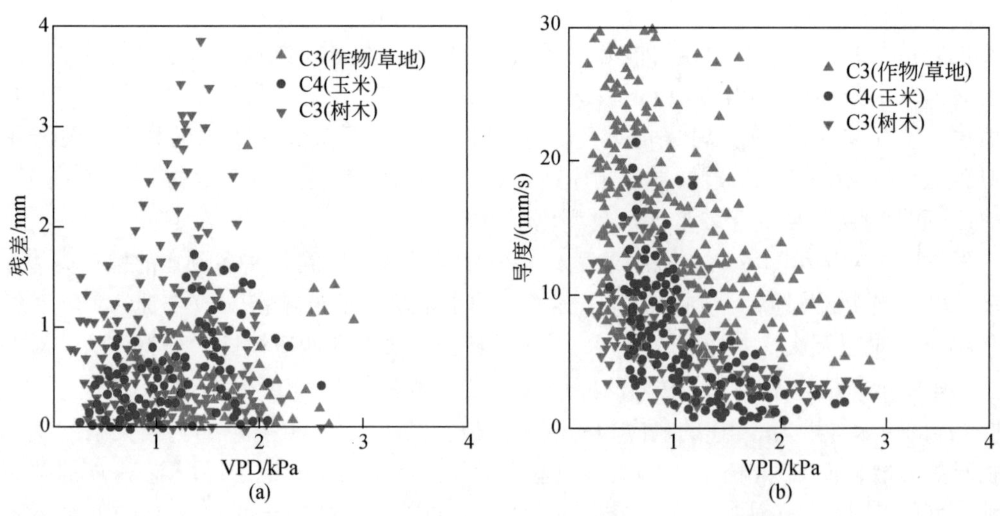


图 7-4　C3（作物/草地）、C4（玉米）和 C3（树木）植物的模型残差（a）、冠层导度（b）与 VPD 的散点图

针对现有冠层导度模型中最大气孔导度（$g_{sm}$）可能存在的不足，利用每日的半小时观测数据对模型进行标定，可获取每日的 $g_{sm}$ 最优值，将其与 NDVI 进行分析，图 7-5 展示了用 NDVI 累积值来标记植被生长变化的结果；随着 NDVI 的增大，各站点的 $g_{sm}$ 均呈现增大的变化趋势，并在植被生长中期达到最大，证明 $g_{sm}$ 在整个植被物候期内并不是固定不变的。然而这种正相关的变化形式在不同植被间存在明显的差异，这种差异反映了不同物种间的生理特性和环境状况的变化。对于馆陶站的冬小麦、阿柔站的草地以及张掖站的芦

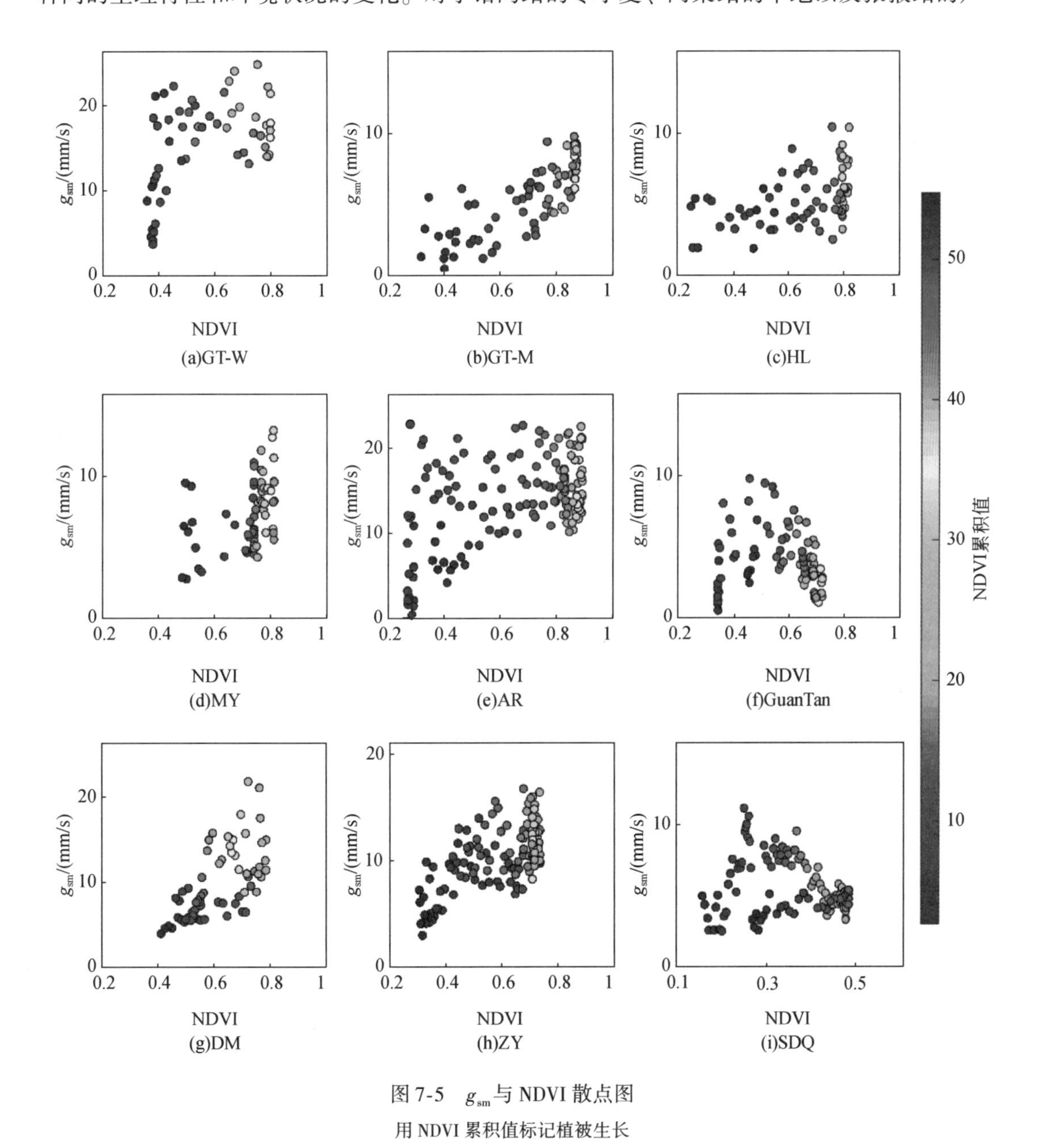


图 7-5　$g_{sm}$ 与 NDVI 散点图

用 NDVI 累积值标记植被生长

苇，$g_{sm}$随 NDVI 的变化关系较为相似。其中在 NDVI 低值期间 $g_{sm}$增长较快，而在 NDVI 高值期间 $g_{sm}$增长趋缓，表明 $g_{sm}$在植被生长初期和后期快速变化，在植被生长中期较为稳定。对于同样种植玉米的馆陶（夏季）和怀来站，$g_{sm}$随 NDVI 的变化关系与上述几个站点正好相反，在植被生长初期和后期变化缓慢，而在植被生长中期变化较快。大满站的作物也为玉米，该站点的 $g_{sm}$随 NDVI 的变化关系与怀来站类似，但是其 $g_{sm}$值相对更大。对于下垫面以树木为主的站点，$g_{sm}$随 NDVI 的变化关系与其余站点完全不同。关滩和四道桥站的树木均属于针叶林，其 $g_{sm}$在生长初期就达到了最大值，而后逐渐下降，这一独特的变化可能与针叶林叶片的生理特性有关。

$g_{sm}$与 NDVI 的关系表明，$g_{sm}$应随植物生理状态的变化而变化，而 NDVI 是指示这种变化的一个合适的指标。有研究表明，树木的光合作用在叶片完全展开后的一两周内快速增强，当叶片继续生长并转化为深绿色时，叶片厚度的增加将阻碍气孔内外水汽的交换，从而导致 $g_{sm}$降低；这与关滩和四道桥站的 $g_{sm}$的变化趋势相同，虽然树木在生长初期的 $g_{sm}$较大，但是环境条件和叶片总面积的限制导致冠层导度在此期间依旧处于较低的水平。对不同植物类别进行比较可以发现，C3（作物/草地）的 $g_{sm}$较大，而 C4（玉米）更适合在干旱缺水的条件下生长，可以通过调节气孔大小来减少水分消耗。此外，两种植物类别的 $g_{sm}$与 NDVI 的变化关系也存在着差异。

辐射作为驱动气候因素和植被生理活动的主要因子，对植被蒸腾和气孔开闭具有很大的影响，因此该因子在冠层导度模型中十分关键。利用植被生长中期内半小时尺度的观测数据，可建立 $G_s/g_{sm}$（冠层导度/最大气孔导度）与 $R_n$ 的关系，采用合适的函数进行拟合，通过该拟合曲线与基于模型估算结果的拟合曲线进行比较，可获得植被生长中期半小时尺度的 $G_s/g_{sm}$与 $R_n$ 的变化关系，如图 7-6 所示。密云、关滩和四道桥站的冠层导度对净辐射的响应拟合曲线遵循先增长后平稳的趋势，其中在净辐射较低时冠层导度稳步增大，在净辐射较高时冠层导度趋于平稳，甚至略有降低。这一变化趋势与基于模型估算结果的拟合曲线存在较大差异，尤其是在净辐射较高时的变化。对于其他站点，冠层导度总体上随净辐射的增大而增大，在净辐射处于高值时冠层导度的增长速率略有下降，而后又继续增大。与基于模型估算结果的拟合曲线相比，实际拟合曲线的变化趋势仍与其存在差异，且差异主要发生在净辐射的高值时期。然而，这些站点出现的差异比密云、关滩和四道桥站相对较小，说明辐射响应函数的不足所导致的模型残差在下垫面为树木的站点更为明显。

土壤水分为植被生长提供水分供应，土壤水分的变化将对植被形成水分胁迫，从而影响叶片的气孔行为和冠层导度大小，最终影响植被蒸腾。在有关导度和蒸散模型的研究中，土壤水分因子常与线性函数结合来量化 AWC 对冠层导度的胁迫作用，而有些导度模型并未将土壤水分因子考虑在内。为分析冠层导度对土壤水分因子的响应，将冠层导度与 AWC 建立散点图，来分析各站点冠层导度的土壤水分响应情况，并用 NDVI 累积值来标记植被生长变化，结果如图 7-7 显示，AWC 一般在植被生长初期和中期处于较高水平，而在植被生长后期有所下降，对于包括馆陶、怀来、关滩、大满和四道桥在内的部分站点，其冠层导度随 AWC 的变化趋势总体上遵循着一种特定的函数形式，即

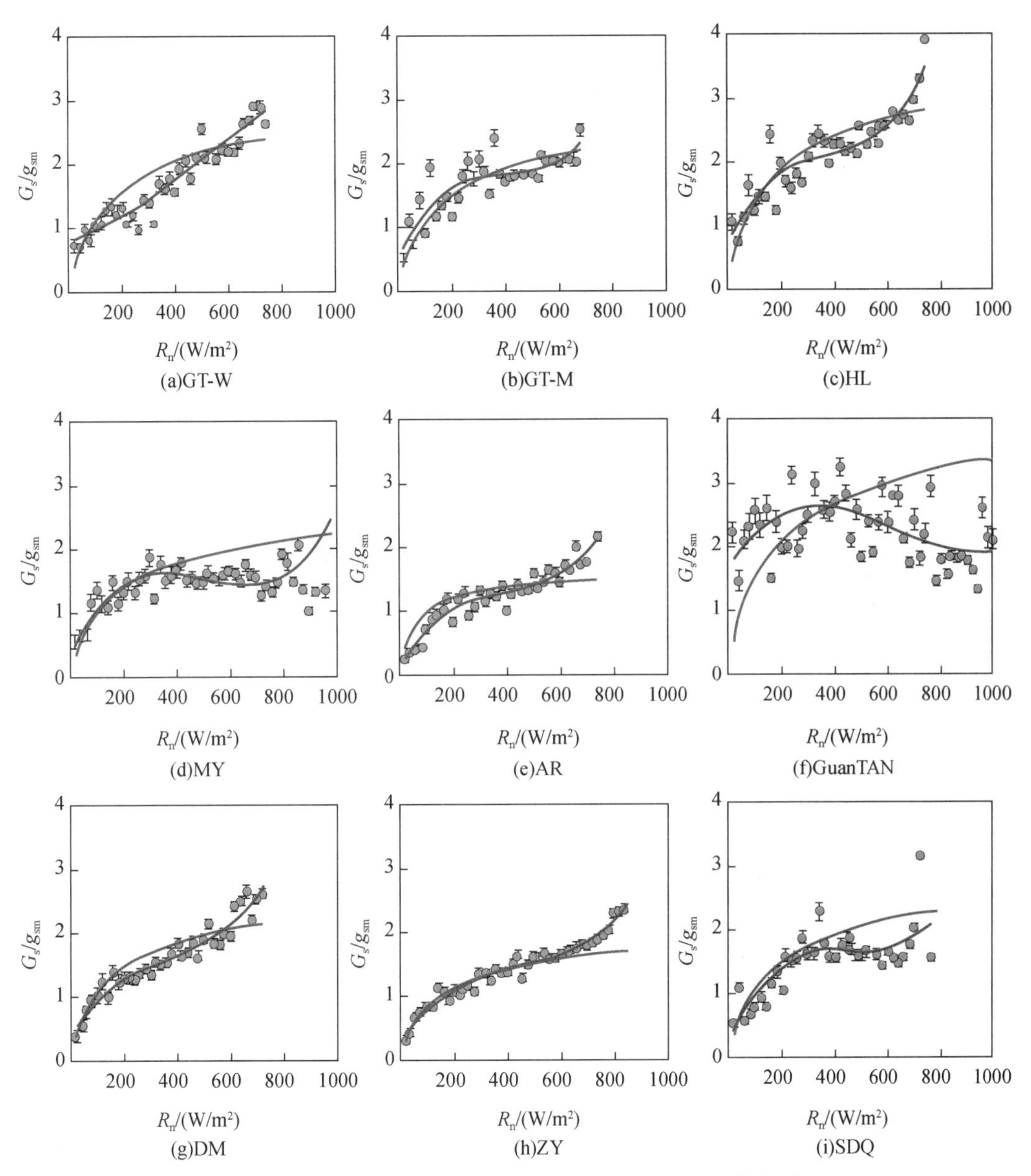


图 7-6 植被生长中期半小时尺度的 $G_s/g_{sm}$ 与 $R_n$ 的散点图

误差棒代表半小时内数据的标准差，蓝线代表基于实测数据的拟合曲线，

红线代表基于模型估算结果的拟合曲线

随着 AWC 的增大冠层导度先呈线性增大的趋势，当 AWC 达到某个阈值时，冠层导度的变化趋于平缓并略有下降，这一变化关系与植被蒸腾的水分响应变化类似（Akuraju et al.，2017）。

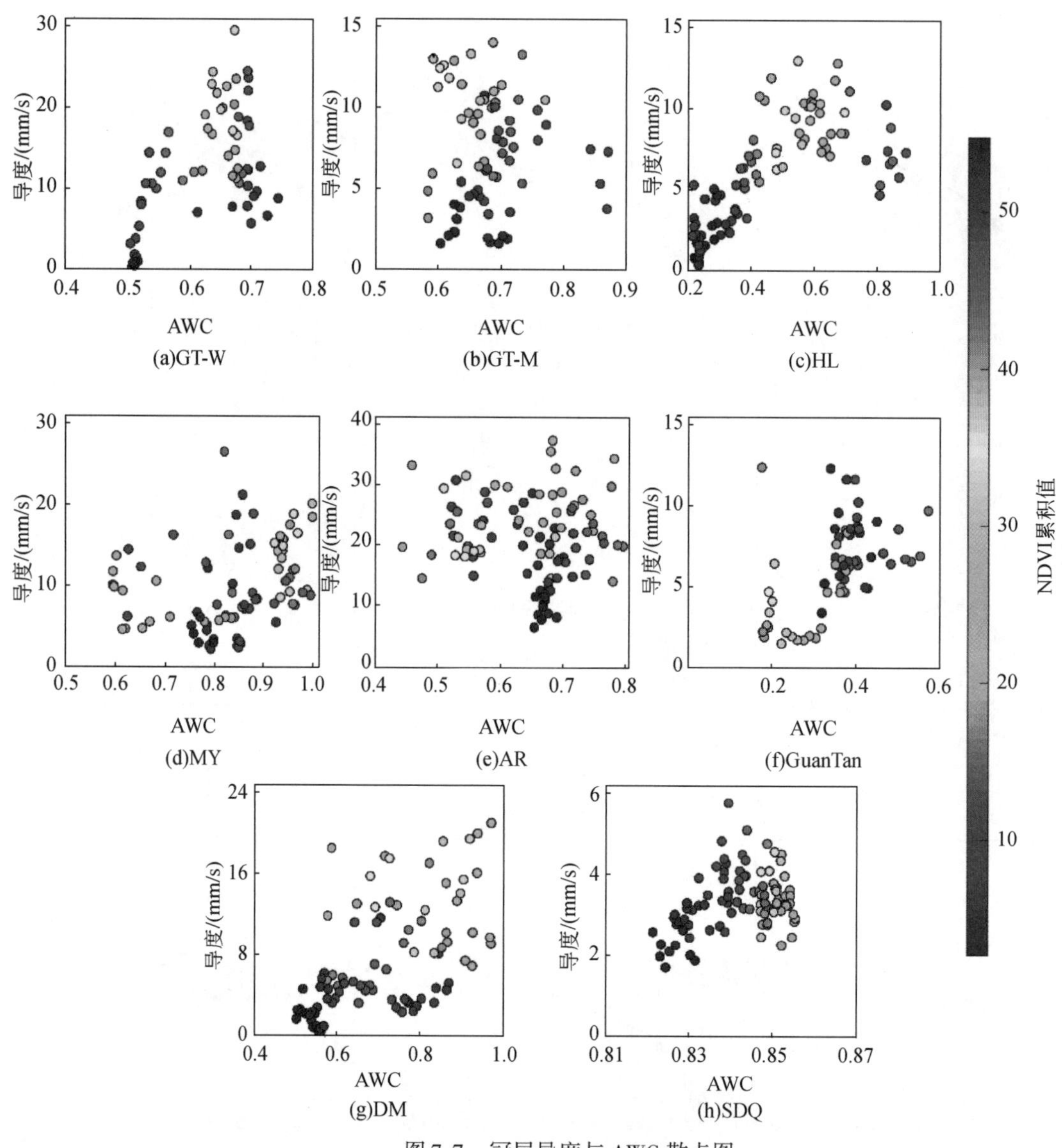


图 7-7　冠层导度与 AWC 散点图

用 NDVI 累积值标记植被生长

若将这种变化趋势与植被生长变化结合，可以发现冠层导度随 AWC 变化的过程主要发生在植被生长中期至后期，这时土壤水分逐渐下降，植物经历成熟期后开始衰退，蒸腾能力的下降导致气孔关闭，冠层导度相应减小。而在植被生长中期，植物在完成生长后开始进行生物量的积累，这时蒸腾作用达到最大且保持稳定，因此土壤水分的变化对冠层导度的影响很小。在植被生长初期，对于灌溉区域，为保证植被的正常生长往往会进行灌溉以确保足够的土壤水分，而此时冠层导度往往较小；对于雨养区域，土壤水分随植被的生长呈缓慢增加的趋势。基于以上分析，土壤水分与植被生长在时间变化上基本保持一致，冠层导度与土壤水分的变化关系可以由植被生长变化来进行解释。因此，在所采用的站点中，植被物候期内土壤水分的变化对于冠层导度的影响很小。

在众多导度模型中，气温被认为是影响冠层导度的重要因子；然而，气温对于冠层导度的影响机制以及敏感程度尚未有很多研究涉及。气温与辐射和 VPD 存在一定的相关性，辐射驱动气温的变化，而气温又决定着 VPD 的变化。图 7-8 显示各站点气温与太阳辐射和 VPD 分别在日尺度及半小时尺度上的 Spearman 相关系数。在半小时尺度上，气温与这两个因子的相关系数在所有站点上均显著；在日尺度上，不显著的相关系数仅出现在怀来和馆陶站。此外，气温与 VPD 的相关性较太阳辐射更高，日尺度上的相关性总体上较半小时尺度更高。整体来看，气温的变化趋势在很大程度上与太阳辐射和 VPD 相似，因此气温对冠层导度的影响也可通过太阳辐射和 VPD 来表示。

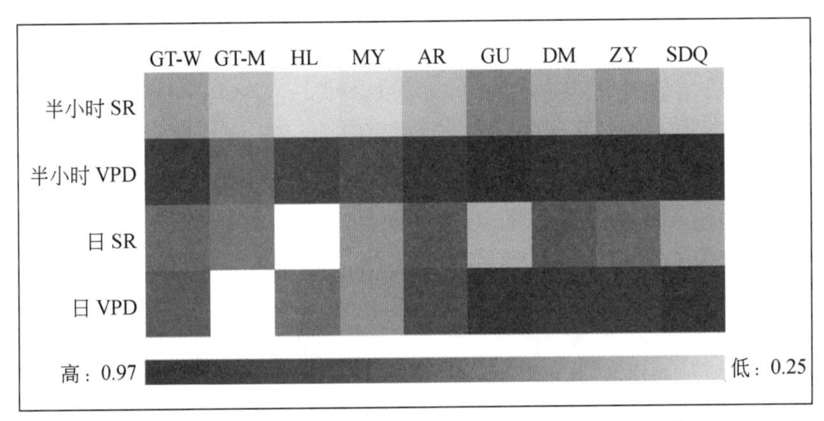


图 7-8　各站点气温与太阳辐射（SR）和 VPD 分别在日尺度及半小时尺度上的 Spearman 相关系数
非显著的系数（$P \geqslant 0.05$）标记为空白

## 2. 基于 Jarvis 框架的地表阻抗模型

在众多估计冠层阻抗的方法中，Jarvis 方案（Jarvis，1976）是广泛应用于陆面模式及耦合天气气候模式中的两种参数化方案，同时也是许多其他蒸散遥感产品算法的核心部分。在不考虑能量平衡限制条件的感热通量参数化方法中，采用 Jarvis 方案对冠层阻抗进行模拟。

很多模型仅仅将植被覆盖的像元当作纯像元来对待，单单使用 Jarvis 冠层阻抗模型估算，忽略了土壤部分的影响（Ghilain et al.，2011）。Miglietta 等（2009）提出了用像元内类型比例作为权重的方法，计算公式如下：

$$r_s = f_1 r_{c,1} + f_2 r_{c,2} + f_3 r_{c,3} \cdots \tag{7-36}$$

式中，$f_1$、$f_2$、$f_3$ 分别为不同地物的比例（裸土、森林、草地、农田等）；$r_{c,i}$（$i = 1, 2, 3, \cdots$）则为相应地物的阻抗。其实，从物理意义上来看，地表阻抗的单位是 s/m，而其倒数一般被称为导度，单位为 m/s，这跟常用的物理量速率 m/s 单位相同，物理含义也十分类似。因此，也可以这样理解地表导度的意义，即其表征地表水汽向大气输送的速率。对于

MODIS 产品的 1 km×1 km 的像元，既有植被的部分，也有裸土的部分，所以像元尺度的地表导度是植被与裸土的综合导度，即单位时间内，像元内植被部分与裸土部分共同向大气传输水汽的平均速率。我们假设像元内仅有植被与裸土两种地物，植被覆盖度为 $f_c$，则地表综合导度可以表示为

$$g_{sur} = f_c g_c + (1 - f_c) g_s \tag{7-37}$$

$$r_{sur} = \frac{1}{g_{sur}} \quad r_c = \frac{1}{g_c} \quad r_s = \frac{1}{g_s} \tag{7-38}$$

式中，$g_c$ 与 $g_s$ 为冠层导度与裸土导度，相应的为冠层阻抗与裸土阻抗的倒数。

冠层阻抗模型的 Jarvis 方案表示为

$$r_c = \frac{r_{st,min}}{\mathrm{LAI}} F_1^{-1} F_2^{-1} F_3^{-1} F_4^{-1} \tag{7-39}$$

式中，$r_{st,min}$ 为最小叶片气孔阻抗；$F_1$、$F_2$、$F_3$、$F_4$ 分别为辐射胁迫因子、根区土壤水分胁迫因子、饱和水汽压差胁迫因子、空气温度胁迫因子。

$F_1$ 因子表征太阳辐射对植被的气孔阻抗的影响，太阳辐射越强，能量越充足，植被光合作用越显著，此时，相应的 $F_1$ 就越大，对冠层阻抗的影响也就越小。

$$F_1 = \frac{\frac{r_{st,min}}{r_{st,max}} + f}{f + 1}, f = 0.55 \frac{s_d}{r_{gl}} \cdot \frac{2}{\mathrm{LAI}} \tag{7-40}$$

式中，$s_d$ 为太阳辐射；$r_{gl}$ 为辐射参数。

$F_2$ 因子表征植被根区土壤水分对植被冠层的气孔导度的影响，在缺水状态，植被为了生存，冠层会逐渐关闭一些气孔，以减弱蒸腾作用，来保持水分。$F_2$ 一般由植被根区的相对土壤含水量来表征，由于基于被动微波数据的土壤水分产品一般表征的是近地表 2 ~ 5 cm 的土壤水分，所以可以由 Hu 和 Jia（2015）推荐的转换公式进行估算，见式(7-41)，其中，$\theta'_g$ 为地表相对土壤含水量，$\theta_g$ 为地表土壤水分，可以由主被动微波遥感产品提供，GLDAS 陆面模式产品也提供了 25 km 分辨率的土壤水分数据。$\theta_{wilt}$ 为田间萎蔫系数，$\theta_{cr}$ 为田间持水量，一般为土壤饱和持水量的 0.75 倍，这两个参数均与土壤质地相关。

$$F_2 = 0.1\mathrm{LAI} + (1 - 0.1\mathrm{LAI})\{1 - \exp[\theta'_g(-0.5\mathrm{LAI} - 1)]\}, \theta'_g = \frac{\theta_g - \theta_{wilt}}{\theta_{cr} - \theta_{wilt}} \tag{7-41}$$

$F_3$ 因子表征冠层上方空气饱和水汽压差对冠层导度的影响。空气饱和水汽压差越大，蒸腾能力越强，相应的气孔阻抗就越大。

$$F_3 = 1 - C_v \cdot (e_a^* - e_a) \tag{7-42}$$

式中，$C_v$ 为饱和水汽压因子经验系数。

$F_4$ 因子表征冠层上方空气温度对冠层导度的影响。植被都有适合的生长温度，当环境温度偏离植被的最佳生长温度（$T_{opt}$）时，其活性降低，相应的冠层阻抗上升。

$$F_4 = 1 - 0.0016 \cdot (T_{opt} - T_a)^2 \tag{7-43}$$

对于土壤部分，采用类 Jarvis 的土壤阻抗公式，近些年来，该公式已经被很多模型使用，有较好的估算精度（Ghilain et al.，2011；Hu and Jia，2015）。

$$r_s = r_{s,\min} \cdot \left(\frac{\theta_g - \theta_{wilt}}{\theta_{sat} - \theta_{wilt}}\right)^{-3} \tag{7-44}$$

式中，$r_{s,\min}$为最小土壤气孔阻抗；$\theta_{sat}$为土壤饱和持水量。

模型中涉及若干参数的确定，对于不同的下垫面，参数的取值应该不同。参数的确定工作前人研究已经很多，已经应用到全球产品的计算中。本研究借鉴了陆面模式（Chen and Dudhia，2001）、SEVIRI 蒸散产品（Ghilain et al.，2011）等方法中参数的设置，见表 7-2 和表 7-3。

**表 7-2　植被气孔阻抗参数设置**

| 类型 | $r_{st,\min}$/(s/m) | $C_v$/(h/Pa) | $r_{gl}$/(W/m$^2$) |
|---|---|---|---|
| 落叶阔叶林 | 100 | 0.0250 | 30 |
| 常绿针叶林 | 150 | 0.0250 | 30 |
| 常绿阔叶林 | 150 | 0.0250 | 30 |
| 农田 | 40 | 0.0230 | 100 |
| 草地 | 40 | 0.0155 | 100 |
| 沼泽湿地 | 150 | 0.0155 | 100 |
| 裸土 | 50 | — | — |

资料来源：Chen 和 Dudhia（2001）；Ghilain 等（2011）。

**表 7-3　土壤气孔阻抗参数设置**

| 土壤类型 | $\theta_{sat}$ | $\theta_{cr}$ | $\theta_{wilt}$ |
|---|---|---|---|
| 壤土 | 0.439 | 0.329 | 0.066 |
| 砂土 | 0.339 | 0.236 | 0.010 |
| 粉砂土 | 0.476 | 0.360 | 0.084 |
| 黏壤土 | 0.465 | 0.382 | 0.103 |
| 壤砂土 | 0.421 | 0.283 | 0.028 |
| 砂壤土 | 0.434 | 0.312 | 0.047 |
| 粉壤土 | 0.476 | 0.360 | 0.084 |
| 粉黏壤土 | 0.464 | 0.387 | 0.120 |
| 砂黏壤土 | 0.404 | 0.314 | 0.067 |
| 裸岩 | 0.250 | 0.233 | 0.094 |

资料来源：Chen 和 Dudhia（2001）。

### 3. 基于影响因子时间变化响应的地表阻抗模型

基于上述对冠层导度模型残差的分析以及冠层导度对影响因子的响应分析，可以建立一个新的冠层导度模型。模型依旧以 Jarvis 框架为基础，仅考虑对冠层导度具有显著影响的辐射和 VPD 因子，通过冠层内的辐射传输特性区分光照叶和阴影叶，并且充分考虑植物生理属性和对辐射响应的时间变化特性。模型的总体框架如下：

$$G_s = g_{sm} \cdot [\mathrm{LAI}_{sun} \cdot f_1(Q_{sun}) + f_1(Q_{shd}, \mathrm{LAI}_{shd})] \cdot f_2(\mathrm{VPD}) \tag{7-45}$$

式中，$\mathrm{LAI}_{sun}$和$\mathrm{LAI}_{shd}$分别表示光照叶和阴影叶的 LAI；$Q_{sun}$和$Q_{shd}$分别表示光照叶和阴影叶所接收的光合有效辐射（PAR）；这四个变量的计算可以参考 Black 等（1991）、Chen 和 Dudhia（2001）、Liu 等（1999）。$f_1(Q_{sun})$ 表示光照叶对 PAR 的响应函数；$f_2(\mathrm{VPD})$ 表示冠层导度对 VPD 的响应函数；$f_1(Q_{shd}, \mathrm{LAI}_{shd})$ 表示阴影部分冠层对 PAR 的响应，可以通过对$\mathrm{LAI}_{shd}$的积分计算得到。

$g_{sm}$为植被生理属性相关的变量，在不同植被类型间具有不同的值，且应随植被的生长而变化。基于冠层导度的影响因子分析可知，NDVI 是植被生长的指示因子，可以对 $g_{sm}$的变化进行模拟。将标定获取的 $g_{sm}$与 NDVI 建立散点图进行分析，确定不同植被类型的 $g_{sm}$随 NDVI 的变化趋势，并选用合适的函数对两者进行拟合，应用于冠层导度模型中。

对于气孔导度对 PAR 的响应，采用常用的函数类型，其表达式如下（Kelliher et al., 1995；Zhang B et al., 2011）：

$$f_1(Q_j) = \frac{Q_j}{Q_j + Q_{50,j}} \tag{7-46}$$

式中，$Q_j$ 为 PAR，下标 $j$ 表示光照叶或阴影叶；$Q_{50,j}$ 为气孔导度达到最大值的一半时的 PAR，需要标定。

为体现光照叶和阴影叶之间冠层导度对 PAR 的响应差异，以及该响应的时间变化特性，采用式（7-47）对 $Q_{50,j}$ 进行参数化：

$$Q_{50,sun} = k_1 \cdot (1 - k_2 \cdot \mathrm{NDVI}) \tag{7-47}$$

$$Q_{50,shd} = k_3 \cdot (1 - k_2 \cdot \mathrm{NDVI}) \tag{7-48}$$

式中，$k_1$、$k_2$ 和 $k_3$ 为经验参数，其中 $k_2$ 表示 PAR 响应函数的时间变化，$k_1$ 和 $k_3$ 表示光照叶和阴影叶的 $Q_{50,j}$ 所能达到的最大值。对于阴影叶片，需要考虑辐射在冠层内的衰减，即不同位置的叶片所接收的 PAR 不同。阴影叶的 PAR 响应可以表示为

$$f_1(Q_{shd}, \mathrm{LAI}_{shd}) = \int f_1(Q'_{shd})\,\mathrm{d}Q'_{shd} = \int_0^{\mathrm{LAI}_{shd}} f_1(\xi)\,\mathrm{d}\xi \tag{7-49}$$

式中，$Q'_{shd}$ 为阴影叶片在冠层高度为 $z$ 处所接收的 PAR；$\xi$ 为 $z$ 高度至冠层顶部的 LAI；$Q'_{shd}$ 可以通过 $\xi$ 计算得到，详细计算过程可以参考 Zhang B 等（2011）。

对于冠层导度对 VPD 的响应，采取 Oren 等（1999）提出的关系并加以改进，响应函数形式如下：

$$f_2(\mathrm{VPD}) = \frac{-m \cdot \ln \mathrm{VPD} + b}{b_m} \tag{7-50}$$

式中，$b$ 为 VPD=1 kPa 时的冠层导度；$m$ 为冠层导度随 VPD 变化的斜率；$b_m$为经验参数。

冠层导度是地表导度的主要组成部分，因此也不能忽视土壤的影响。然而，土壤导度难以直接计算，且计算精度往往较低。为避免直接土壤导度带来的问题，可以采用地表导度框架与冠层导度模型相结合的方式。地表导度的框架如下（Leuning et al., 2008；Ding et al., 2015）

$$G_s = G_c\left[\frac{f_c + \dfrac{\rho C_p \mathrm{VPD} G_a}{\Delta R_n} + \alpha_s(1-f_g)(1-f_c)\left(\dfrac{\gamma G_a}{(\Delta+\gamma)G_c}+1\right)}{1+\dfrac{\rho C_p \mathrm{VPD} G_a}{\Delta R_n} - (1-f_c)\left(f_g + \alpha_s(1-f_g) - (1-\alpha_s)(1-f_g)\dfrac{(\Delta+\gamma)G_c}{\gamma G_a}\right)}\right] \tag{7-51}$$

式中，$G_c$ 为冠层导度；$G_a$ 为空气动力学导度；$f_c$ 为植被覆盖度；$\alpha_s$ 为土壤蒸发占平衡蒸发的比例。

图 7-9 显示 $g_{sm}$随 NDVI 的变化趋势。可以发现，$g_{sm}$随 NDVI 的增大而增大，且不同植

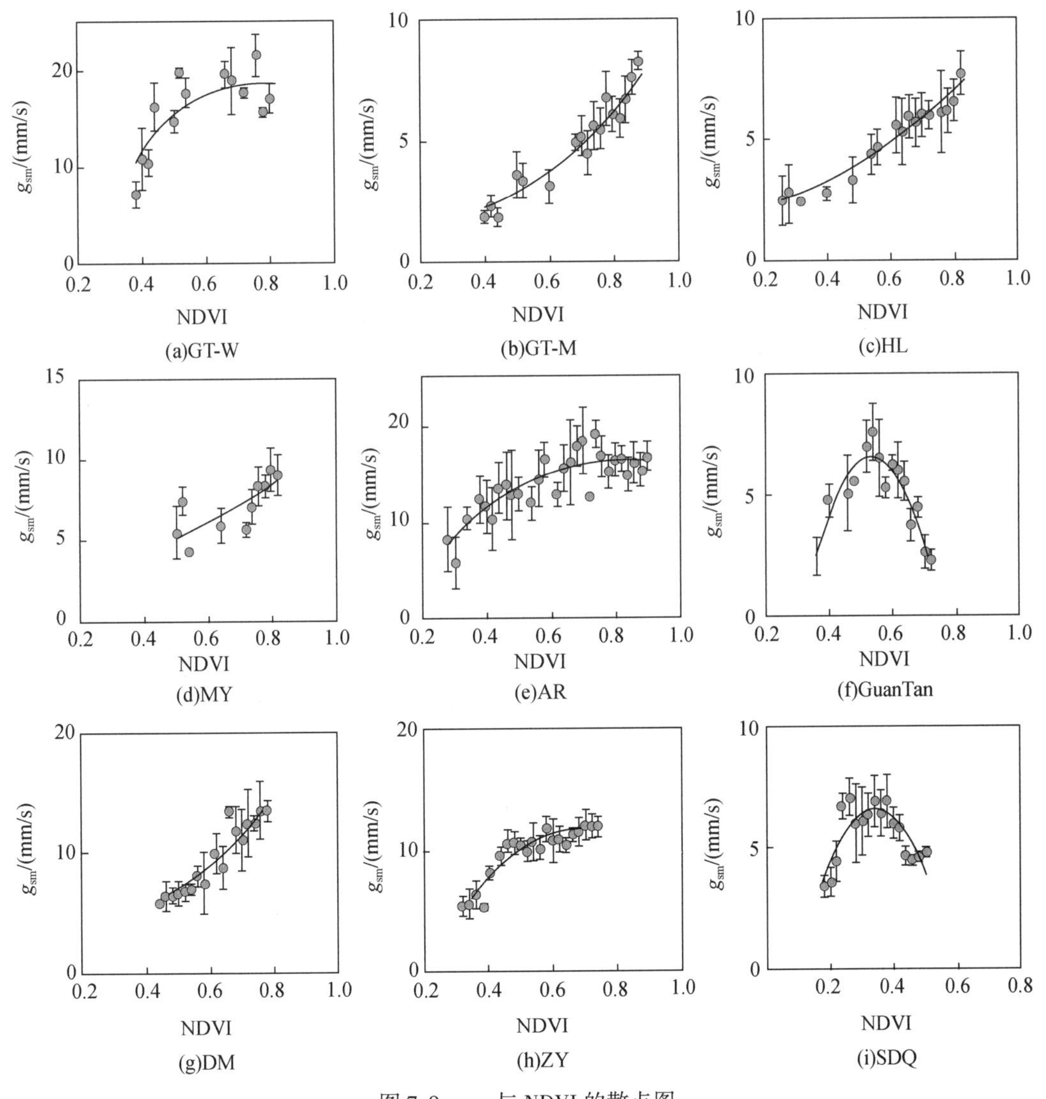


图 7-9　$g_{sm}$与 NDVI 的散点图

误差棒代表 $g_{sm}$ 在 NDVI 值 0.1 间隔内的标准差

被类型间的拟合函数存在差异，分别可以用以下两个函数对 C3 和 C4 作物的 $g_{sm}$-NDVI 关系进行拟合。而对于关滩和四道桥站的森林植被类型，暂时不进行拟合。

$$g_{sm}=1/[a\cdot\exp(-b\cdot \mathrm{NDVI})+c] \tag{7-52}$$

$$g_{sm}=a\cdot\exp(b\cdot \mathrm{NDVI}) \tag{7-53}$$

对于模型中涉及的其他参数，可以采用站点实测数据对其进行标定，标定结果如表 7-4 所示。可以发现，$b$、$m$、$b_m$的值具有明显的大小顺序，且三者之间存在较为明显的相关性。图 7-10 显示，$m$ 与 $b$、$b_m$与 $b$ 均存在线性相关关系，因此可以通过 $b$ 的值来对 $m$ 和 $b_m$进行计算，以减少需标定参数的数量。

**表 7-4　地表导度模型相关参数标定结果**

| 站点 | | $b$ | $m$ | $b_m$ | $e^{b/m}$ | $k_1$ | $k_2$ | $k_3$ | $a_s$ |
|---|---|---|---|---|---|---|---|---|---|
| 馆陶 | 小麦 | 11.83 | 7.36 | 29.6 | 4.99 | 15 | 0.62 | 61 | 1 |
| | 玉米 | 5.33 | 3.63 | 11.4 | 4.34 | 25 | 0.74 | 45 | 1 |
| 怀来 | | 5.29 | 3.54 | 11.2 | 4.46 | 11 | 0.72 | 45 | 0.92 |
| 密云 | | 8.53 | 5.62 | 20.1 | 4.56 | 15 | 1 | 45 | 0.93 |
| 阿柔 | | — | — | — | — | 35 | 0.91 | 50 | 0.96 |
| 关滩 | | 4.01 | 2.61 | 12.5 | 4.65 | 10 | 1 | 47 | 0.17 |
| 大满 | | 9.7 | 6.57 | 21 | 4.38 | 25 | 0.94 | 47 | 0.9 |
| 张掖 | | 12.54 | 6.61 | 31.3 | 6.67 | 10 | 1 | 47 | 1 |
| 四道桥 | | 3.51 | 1.75 | 6 | 11.1 | 10 | 1 | 52 | 0.28 |

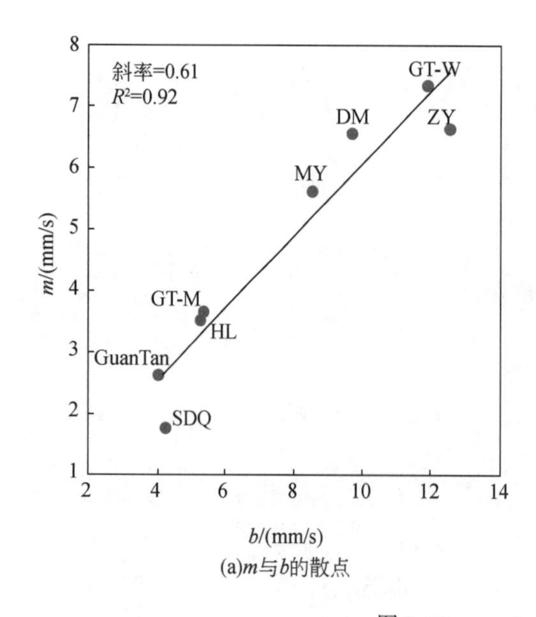

(a)$m$与$b$的散点

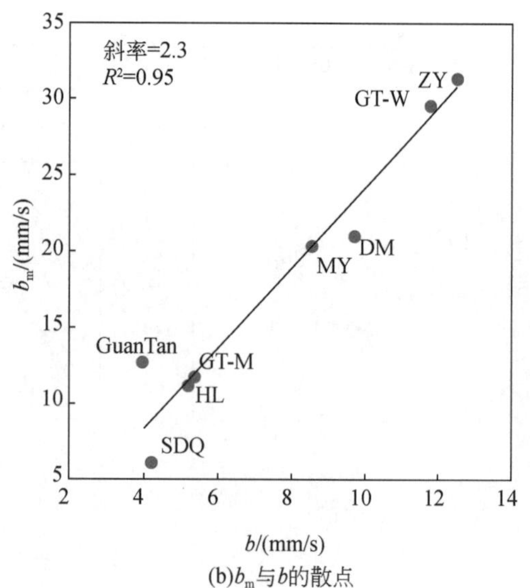

(b)$b_m$与$b$的散点

图 7-10　$m$、$b_m$ 与 $b$ 的散点图

将地表导度模型在各站点进行应用，结果如图 7-11 所示。可以发现，地表导度模型在各站点的总体应用效果较好，与站点实测的地表导度值较为一致，证明该模型能够用于不同下垫面和不同气候类型的地表导度估算。

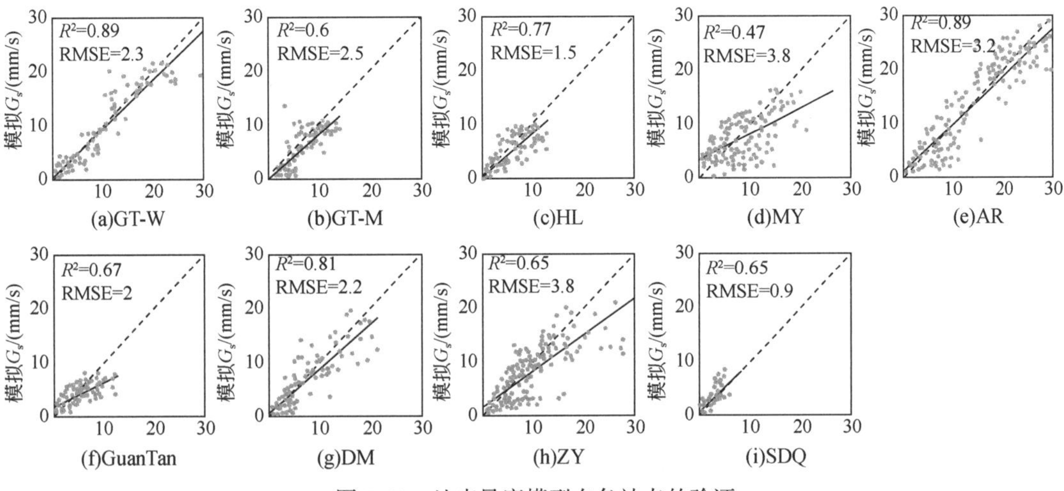


图 7-11　地表导度模型在各站点的验证

## 7.5　感热通量案例分析

以黑河流域为例，采用 7.4 节所论述的感热通量参数化方法，估算黑河流域中游绿洲与整个流域卫星过境瞬时的感热通量，结合黑河流域不同站点（如阿柔、关滩、盈科、大满等）野外观测数据，对遥感估算的感热通量进行验证，以及参数的敏感性进行分析。

### 7.5.1　考虑能量平衡限制的感热通量参数化方法验证

以能量平衡为限制条件，采用 2013 ~ 2014 年植被生长季晴好日黑河流域涡动通量站点对感热通量参数化方法进行验证，选择阿柔站、大满站以及关滩站三种下垫面类型观测数据，经过能量平衡校正后，对参数化方法结合 MODIS 数据估算的瞬时感热通量与潜热通量进行精度评价。

图 7-12 展示了考虑能量平衡限制的感热通量在各站点的验证结果。阿柔站共有 107 条有效验证数据，其感热通量估算值与实测值表现出较好的相关性，决定系数 $R^2$ 为 0.6。表 7-5 展示了阿柔站感热通量的统计信息，站点观测的感热通量表现出明显的季节性差异，5 ~ 10 月，阿柔草地的感热通量呈先增加后降低的趋势。5 月是阿柔草地冻融土壤开始消融的阶段，草地开始生长，下垫面裸土逐渐被草地覆盖，感热通量逐渐降低，潜热通量占据能量分配的主要地位。9 月开始，感热通量明显升高，而潜热通量相应地降低。到 10 月时，草地枯黄，下垫面与大气之间以热量交换为主，水汽交换减弱，相应的感热通量上升，占据可利用能量分配的主导地位，参数化方法很好地体现了这一

季节差异。从 Terra 星与 Aqua 星的结果统计来看，Aqua 星的估算结果与实际更相符，表现为平均绝对百分比误差（MAPD）较小。Terra 星过境瞬时的感热通量与 Aqua 星过境瞬时的感热通量相差不大，5～10 月，Terra 星估算的感热通量 RMSE 为 25.55 W/m$^2$，Aqua 星估算的感热通量 RMSE 为 27.43 W/m$^2$。

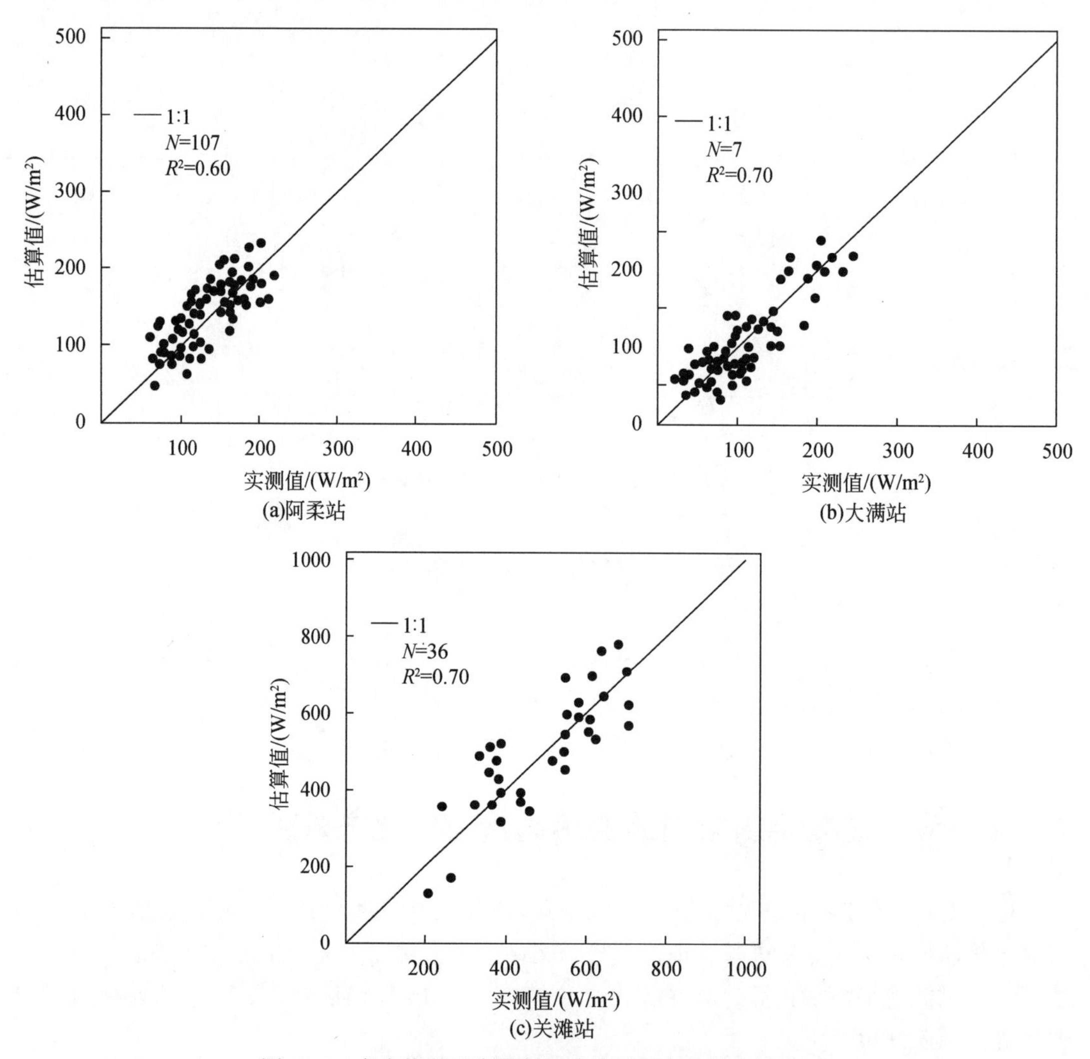


图 7-12　考虑能量平衡限制的感热通量在各站点的验证

**表 7-5　阿柔站 MODIS Terra 星与 Aqua 星过境瞬时感热通量统计**

| 过境卫星 | 通量 | 月份 | 观测均值/(W/m$^2$) | 估算均值/(W/m$^2$) | RMSE/(W/m$^2$) | MAPD/% |
|---|---|---|---|---|---|---|
| Terra 星 | $H$ | 5 | 147.03 | 155.13 | 28.43 | 15.98 |
| | | 6 | 110.03 | 137.24 | 38.65 | 36.09 |
| | | 7 | 110.06 | 125.86 | 13.77 | 21.20 |

续表

| 过境卫星 | 通量 | 月份 | 观测均值 /(W/m²) | 估算均值 /(W/m²) | RMSE /(W/m²) | MAPD /% |
|---|---|---|---|---|---|---|
| Terra 星 | *H* | 8 | 129.02 | 135.31 | 29.91 | 17.91 |
| | | 9 | 149.05 | 154.25 | 12.66 | 8.60 |
| | | 10 | 180.87 | 164.03 | 33.32 | 17.34 |
| | | 总体 | 137.68 | 145.30 | 25.55 | 19.52 |
| Aqua 星 | *H* | 5 | 124.86 | 135.03 | 28.85 | 22.45 |
| | | 6 | 105.64 | 130.60 | 29.63 | 22.73 |
| | | 7 | 93.28 | 115.51 | 29.56 | 24.98 |
| | | 8 | 116.76 | 125.84 | 21.66 | 14.41 |
| | | 9 | 156.47 | 145.81 | 28.85 | 17.16 |
| | | 10 | 197.41 | 183.30 | 16.36 | 7.01 |
| | | 总体 | 132.40 | 139.35 | 27.43 | 18.13 |

大满站6~10月共有77条有效验证数据，其感热通量估算值与实测值之间表现出很好的相关性，决定系数$R^2$达到0.70。表7-6展示了大满站感热通量统计信息，站点观测的感热通量6~10月呈现递增的趋势，估算的感热通量在6月有略微高估的现象，6月是玉米生长的关键时期，其冠层活性很高，其间有一个封垄的过程，这就导致像元的NDVI值并没有7~8月高，相应的LAI、植被覆盖度均较小；通过调查相关资料，6月一般为灌区内大面积灌溉的时节，土壤蒸发也比较高，所以表现为感热通量较低、潜热通量较大。参数化方法虽然考虑了植被冠层与土壤的综合气孔阻抗，但6月较小的LAI与植被覆盖度，导致高估植被冠层阻抗和土壤的综合气孔阻抗。6~10月，Terra星过境时的平均感热通量与Aqua过境时的平均感热通量相当。

**表7-6　大满站MODIS Terra星与Aqua星过境瞬时感热通量统计**

| 过境卫星 | 通量 | 月份 | 观测均值 /(W/m²) | 估算均值 /(W/m²) | RMSE /(W/m²) | MAPD /% |
|---|---|---|---|---|---|---|
| Terra 星 | *H* | 6 | 71.48 | 94.25 | 27.16 | 31.28 |
| | | 7 | 88.83 | 96.47 | 25.23 | 26.18 |
| | | 8 | 110.88 | 96.00 | 20.12 | 27.02 |
| | | 9 | 98.81 | 82.88 | 17.63 | 21.88 |
| | | 10 | 184.94 | 208.96 | 21.85 | 10.33 |
| | | 总体 | 110.99 | 115.71 | 21.00 | 23.34 |

续表

| 过境卫星 | 通量 | 月份 | 观测均值/(W/m²) | 估算均值/(W/m²) | RMSE/(W/m²) | MAPD/% |
|---|---|---|---|---|---|---|
| Aqua 星 | $H$ | 6 | 63.07 | 100.94 | 40.00 | 84.87 |
| | | 7 | 68.99 | 94.45 | 26.21 | 38.45 |
| | | 8 | 85.65 | 77.84 | 28.55 | 36.55 |
| | | 9 | 94.71 | 77.95 | 27.94 | 24.73 |
| | | 10 | 220.17 | 197.88 | 25.37 | 10.15 |
| | | 总体 | 106.52 | 109.81 | 30.06 | 38.95 |

关滩站 6 ~ 8 月共有 36 条有效验证数据，其感热通量估算值与实测值表现出较好的相关性，决定系数 $R^2$ 为 0.70。表 7-7 展示了关滩站感热通量的统计信息，总体来说，Terra 星估算精度略低于 Aqua 星估算精度。与大满站及阿柔站不同，6 ~ 8 月，关滩站的感热通量一直占据能量分配的主导地位。这与森林冠层较高的冠层阻抗有关，森林冠层的阻抗一般高于草地与农田下垫面；林区冠层上方的水汽压近乎饱和，蒸发能力比较弱，这也导致下垫面与大气之间以感热通量交换为主。6 ~ 8 月，Aqua 过境时的感热通量比 Terra 星要高 200 W/m²。Aqua 过境时刻净辐射值比 Terra 过境时刻更大，多余的能量没有分配给潜热，而是以热量交换的形式传输至大气，这是关滩站的特点之一。

**表 7-7　关滩站 MODIS Terra 星与 Aqua 星过境瞬时感热通量统计**

| 过境卫星 | 通量 | 月份 | 观测均值/(W/m²) | 估算均值/(W/m²) | RMSE/(W/m²) | MAPD/% |
|---|---|---|---|---|---|---|
| Terra 星 | $H$ | 6 | 442.06 | 391.48 | 95.06 | 23.00 |
| | | 7 | 375.42 | 429.71 | 99.62 | 25.92 |
| | | 8 | 370.66 | 416.54 | 79.06 | 17.47 |
| | | 总体 | 396.05 | 412.58 | 87.40 | 22.13 |
| Aqua 星 | $H$ | 6 | 566.15 | 485.06 | 95.84 | 18.83 |
| | | 7 | 605.87 | 592.16 | 64.08 | 8.56 |
| | | 8 | 615.03 | 666.32 | 62.48 | 8.04 |
| | | 总体 | 595.68 | 581.18 | 72.98 | 11.81 |

为了进一步体现参数化方法的特点，本研究将其与单源模型——SEBS 模型及 Mallick 迭代法进行对比分析。

图 7-13 展示了各站点不同方法之间的结果对比。在阿柔站，SEBS 模型明显低估了感热通量，Mallick 迭代法仅仅在感热通量高于 150 W/m² 时表现较差，同样是低估感热通量，参数化方法的表现最好。在大满站，SEBS 模型低估现象没有阿柔站那么严重，在感热通

量低值区有较好的表现。Mallick 迭代法仅在感热通量高值区出现低估现象。在关滩站，Mallick 迭代法估算的感热通量有很多零值，主要原因是迭代不收敛，说明 Mallick 迭代法在关滩站并不适用。SEBS 模型估算结果虽然与实测结果有一定的相关性，但是低估感热通量现象仍很明显，尤其是7月与8月特别明显，参数化方法估算结果最好。

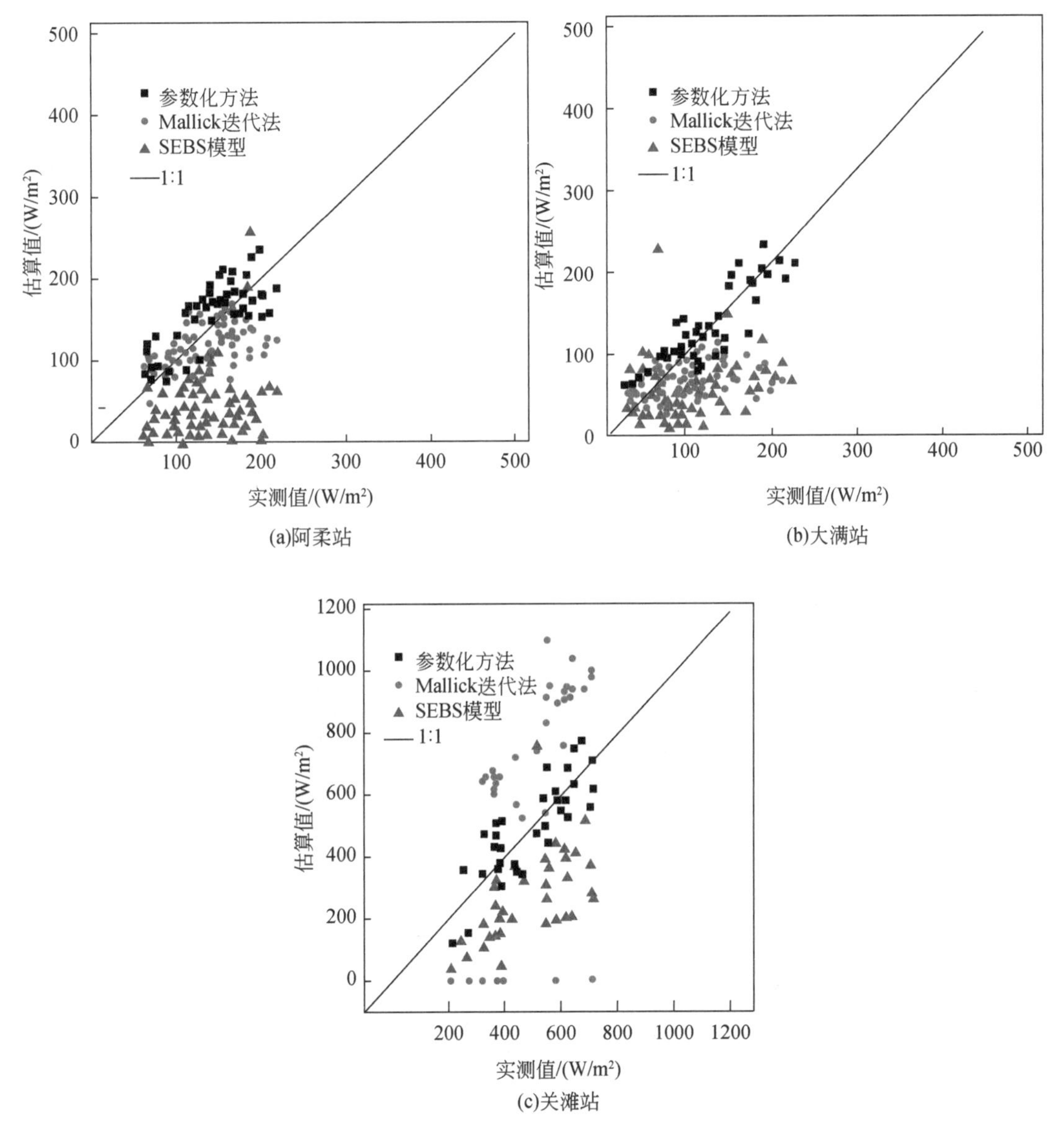


图 7-13　不同方法估算的感热通量对比涡动观测值散点图

图7-14 展示了不同方法估算的逐月平均感热通量，表7-8～表7-10 展示了不同站点参数化模型中参数的统计值。

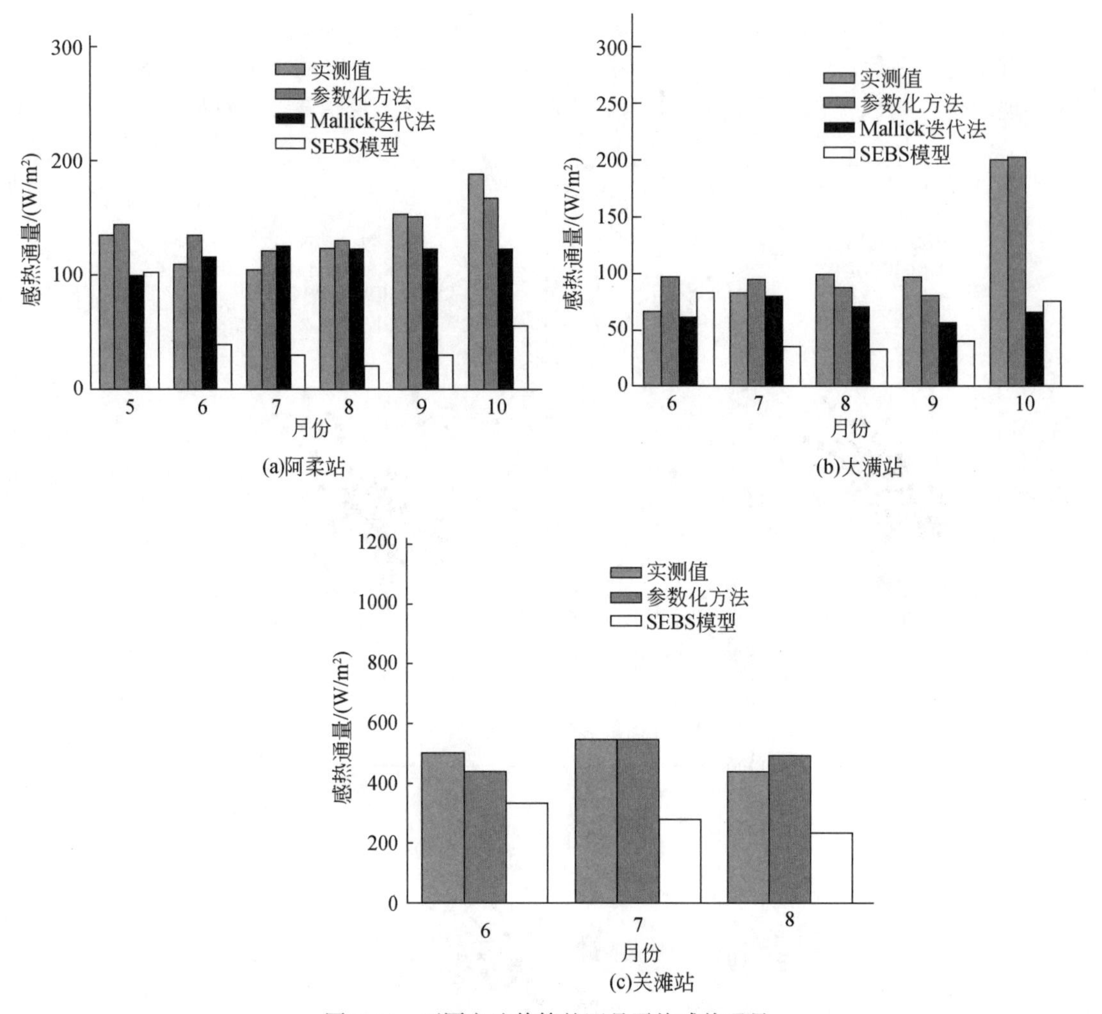


图 7-14　不同方法估算的逐月平均感热通量

**表 7-8　阿柔站参数化方法参量统计**

| 月份 | $F_1^{-1}$ | $F_2^{-1}$ | $F_3^{-1}$ | $F_4^{-1}$ | $r_c$/(s/m) | $r_s$/(s/m) | $r_{sur}$/(s/m) |
|---|---|---|---|---|---|---|---|
| 5 | 1.10 | 1.36 | 1.17 | 9.60 | 851.61 | 221.19 | 240.72 |
| 6 | 1.23 | 1.13 | 1.14 | 2.93 | 96.33 | 133.19 | 95.56 |
| 7 | 1.61 | 1.01 | 1.18 | 1.98 | 25.09 | 265.01 | 27.09 |
| 8 | 1.65 | 1.03 | 1.14 | 3.01 | 40.06 | 296.23 | 41.81 |
| 9 | 1.42 | 1.06 | 1.11 | 5.67 | 142.81 | 106.02 | 99.50 |
| 10 | 1.15 | 1.21 | 1.08 | 56.77 | 2794.67 | 108.85 | 159.34 |

表 7-9　大满站参数化方法参量统计

| 月份 | $F_1^{-1}$ | $F_2^{-1}$ | $F_3^{-1}$ | $F_4^{-1}$ | $r_c$/(s/m) | $r_s$/(s/m) | $r_{sur}$/(s/m) |
|---|---|---|---|---|---|---|---|
| 6 | 1.13 | 1.46 | 1.58 | 1.09 | 223.72 | 401.10 | 285.85 |
| 7 | 1.48 | 1.09 | 1.37 | 1.02 | 20.90 | 880.31 | 24.34 |
| 8 | 1.35 | 1.19 | 1.41 | 1.08 | 34.03 | 922.03 | 46.07 |
| 9 | 1.30 | 1.39 | 1.41 | 1.15 | 58.12 | 1145.91 | 94.52 |
| 10 | 1.06 | 2.80 | 1.24 | 3.06 | 1167.76 | 3756.82 | 2600.37 |

表 7-10　关滩站参数化方法参量统计

| 月份 | $F_1^{-1}$ | $F_2^{-1}$ | $F_3^{-1}$ | $F_4^{-1}$ | $r_c$/(s/m) | $r_s$/(s/m) | $r_{sur}$/(s/m) |
|---|---|---|---|---|---|---|---|
| 6 | 1.19 | 1.05 | 1.26 | 4.46 | 725.94 | 97.26 | 147.63 |
| 7 | 1.35 | 1.02 | 1.44 | 2.51 | 165.74 | 149.80 | 153.86 |
| 8 | 1.26 | 1.27 | 1.23 | 2.62 | 303.92 | 1132.14 | 395.04 |

在阿柔站，可以发现 SEBS 模型在 6 ~ 10 月明显低估感热通量，5 月估算结果稍好，与 Mallick 迭代法相当。表 7-8 可以看出，地表阻抗 5 ~ 10 月呈现高—低—高的趋势。同时，可以发现 10 月，草地主要受到温度胁迫作用，温度胁迫大幅升高。

在大满站，可以发现 Mallick 迭代法在 6 月的估算结果优于参数化方法。参数化方法估算的感热通量在 6 月有略微高估的现象，6 月，玉米有一个封垄的过程，这就导致像元的 NDVI 值并没有 7 ~ 8 月高，相应的 LAI、植被覆盖度均较小，6 月一般为灌区内大面积灌溉的时段，土壤蒸发也比较高，所以表现为感热通量较低、潜热通量较大。参数化方法由于 6 月较小的 LAI 与植被覆盖度，导致高估植被冠层阻抗和土壤的综合气孔阻抗。6 ~ 9 月感热通量呈现轻微的增长趋势，10 月陡增。

在关滩站，可以发现 Mallick 迭代法估算的感热通量有很多零值，主要原因是迭代不收敛，说明 Mallick 迭代法在关滩站并不适用。此外，SEBS 模型估算结果虽然与实测结果有一定的相关性，但是低估感热现象仍很明显，尤其在 7 月与 8 月特别明显。6 ~ 8 月，从表 7-10 可知，关滩站主要受温度胁迫的影响。8 月的地表阻抗最高，相应地，平均潜热通量为三个月最低。

从三个站点的总体估算结果对比来看，参数化方法均有较好的表现，Mallick 迭代法在阿柔站与大满站估算结果稍差，SEBS 模型估算结果较差。在关滩站，Mallick 迭代法由于迭代出现了较多不收敛的情况，说明该方法不适用性。参数化方法因为考虑了多种环境因子的影响，对地表感热通量与潜热通量的内在分配规则有较好的体现，Mallick 迭代法虽然是在一定的假设条件下基于迭代求解的，但是仍考虑了水汽压等参数，实际计算结果在阿柔站与大满站仍优于 SEBS 模型。SEBS 模型在每个站点都表现出低估感热通量的现象，这与近年来许多文献的发现类似，这是因为其热力学参数的局限性，SEBS 模型中热力学参数的设置并没有考虑不同下垫面之间的差异，也缺乏对环境因子影响的考虑。参数化方法不仅在植被生长旺盛的季节有良好表现，在感热通量占据主导地位的植被衰老期，仍有较好估算结果，这是 SEBS 模型与 Mallick 迭代法都做不到的。图 7-15 为不同卫星过境时刻的参数化方法感热通量空间分布，可以发现，在不同时期参数化方法均可以表现出不同下垫面感热通量的异质性。

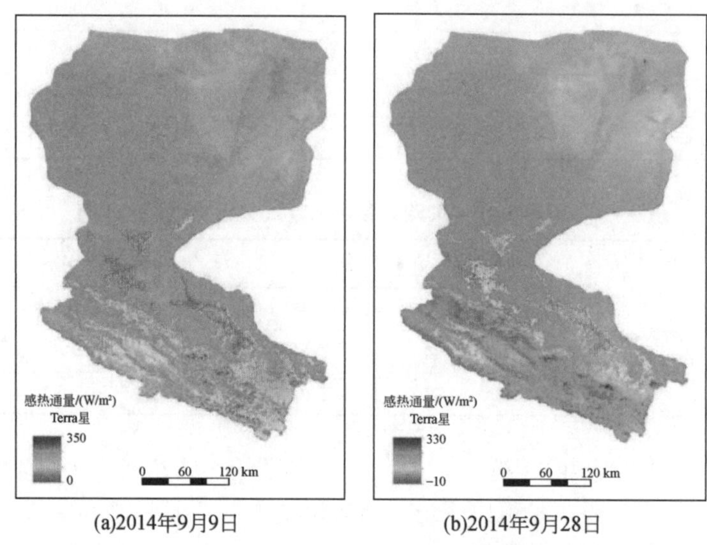


(a)2014年9月9日　(b)2014年9月28日

图 7-15　不同卫星过境瞬时刻的参数化方法感热通量空间分布

## 7.5.2　不考虑能量平衡限制的感热通量参数化方法验证

图 7-16 中展示了黑河流域阿柔站和盈科站的估算结果，可以发现，在植被生长季，经参数率定后的参数化方法具有较好的估算精度，优于 Lhomme 方法（Lhomme et al., 2000）与 SEBS 模型。表面水汽压、实际水汽压与表面饱和水汽压三者的差值比，是联系观测表面气孔阻抗与热传输动力学阻抗的桥梁（图 7-17）。可以发现，当植被受环境胁迫严重时，植被冠层阻抗增大，此时表面水汽压更趋于空气实际水汽压；而当下垫面水分与能量充足时，冠层表面气孔阻抗较低，此时表面水汽压更趋于表面饱和水汽压。三种水汽压的调节作用反映出地表气孔阻抗与热传输动力学阻抗之间的相关性，可为感热通量环境因子敏感性研究提供一定的依据。

相比考虑能量平衡限制条件的方式，参数化方法通过参数化地表气孔阻抗与热传输动力学阻抗，能直接得到感热通量与潜热通量。目前，能量不平衡问题本身还没有得到更好的解决，从土壤热通量校正、波文比不变角度去解决能量不平衡问题是目前最为常用的方法。然而，在干旱区，受地表热力学异质性影响，水平方向的能量传输是能量不平衡现象的主要因素之一，但平流效应难以观测或计算。参数化方法可为能量不平衡区域的平流效应研究提供思路。

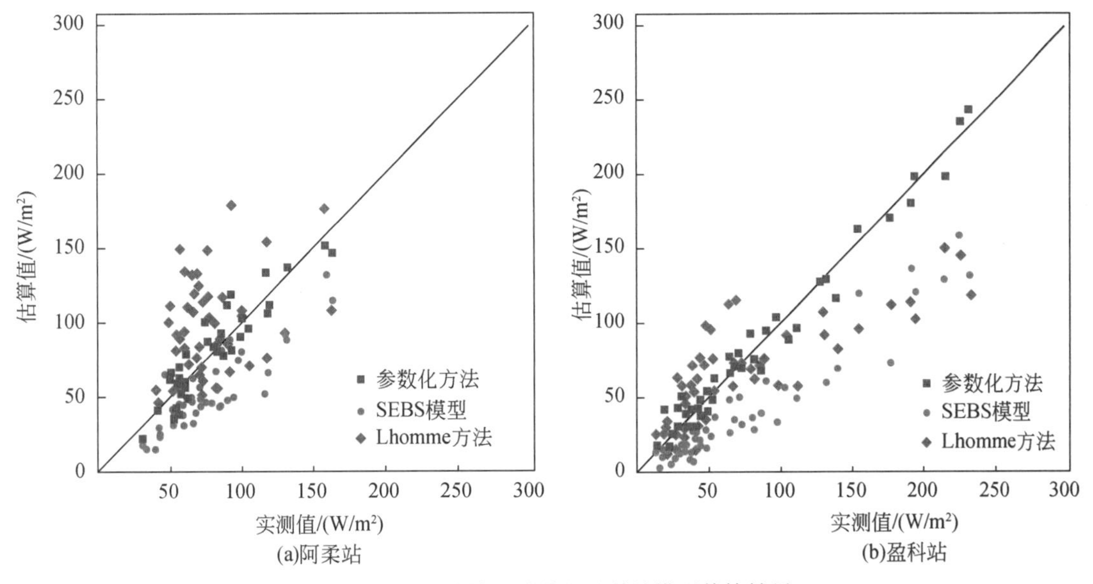


图 7-16 黑河流域阿柔站和盈科站模型估算结果

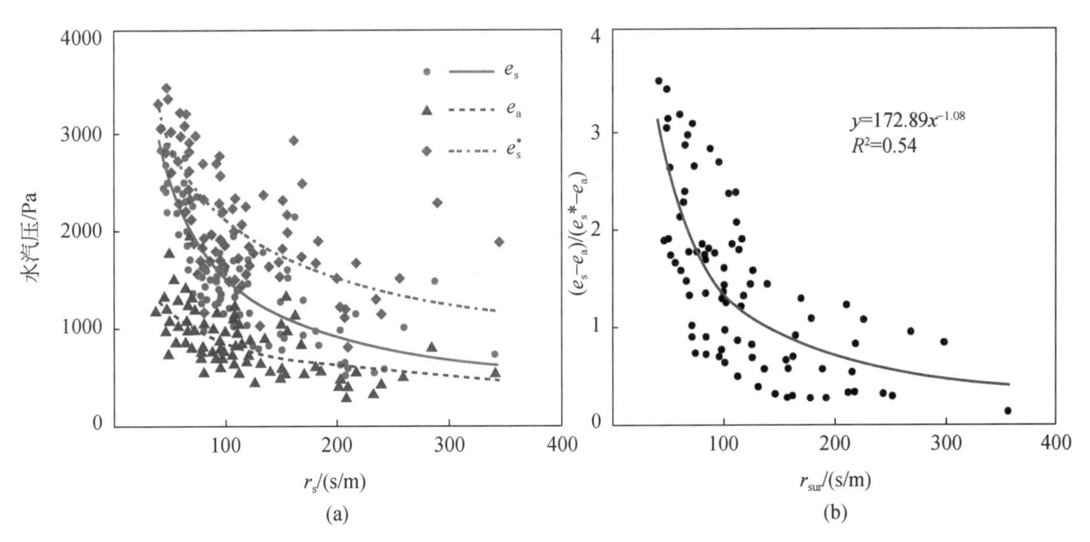


图 7-17 (a) 表面水汽压 ($e_s$)、实际水汽压 ($e_a$) 与表面饱和水汽压 ($e_s^*$) 对比;(b) 地表阻抗 ($r_{sur}$) 与水汽压拟合

## 7.5.3 参数化方法敏感性分析

为明确模型参数敏感性，选取最小土壤气孔阻抗、最小叶片气孔阻抗、水汽压胁迫因子参数、辐射胁迫因子参数、空气动力学粗糙度、参考高度处空气温度、相对湿度、土壤

水分、风速共9个参数或变量进行敏感度分析。采用Anderson等（1997）的方法，对参数进行逐一分析，首先定义 $s$ 为感热通量或潜热通量的绝对敏感程度，可表示为

$$s = \left| \frac{v_{+} - v_{-}}{v_{0}} \right| \tag{7-54}$$

式中，$v_{+}$和 $v_{-}$为特定变量 $v$ 增加或减少一定比例后估算得到的感热通量与潜热通量；$v_{0}$为特定变量采用原始值时估算得到感热通量与潜热通量结果，本研究对上述9个变量统一采用增加20%与减少20%的方案进行敏感性分析。每次只对一个变量进行变动，其余变量保持不变，这种方法不会使多种参数的误差影响分析结果。敏感度见图7-18～图7-21。

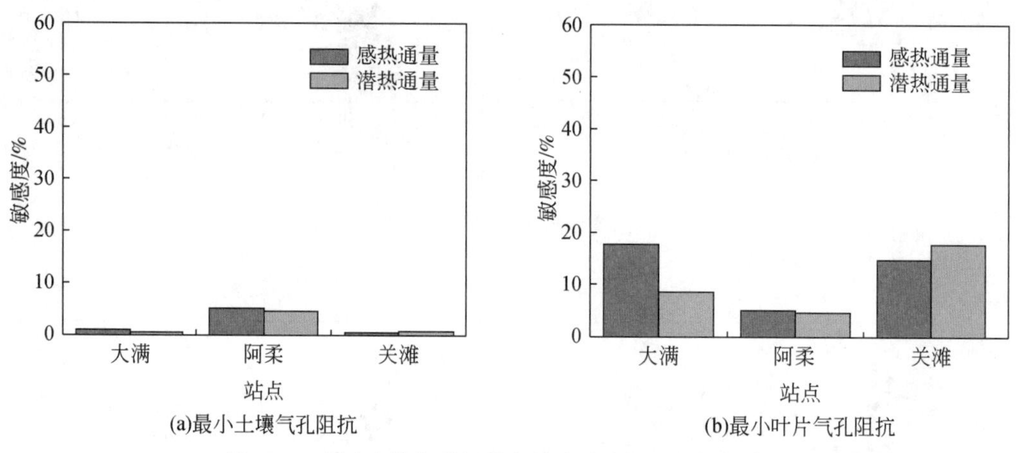


图7-18　最小土壤气孔阻抗与最小叶片气孔阻抗敏感度

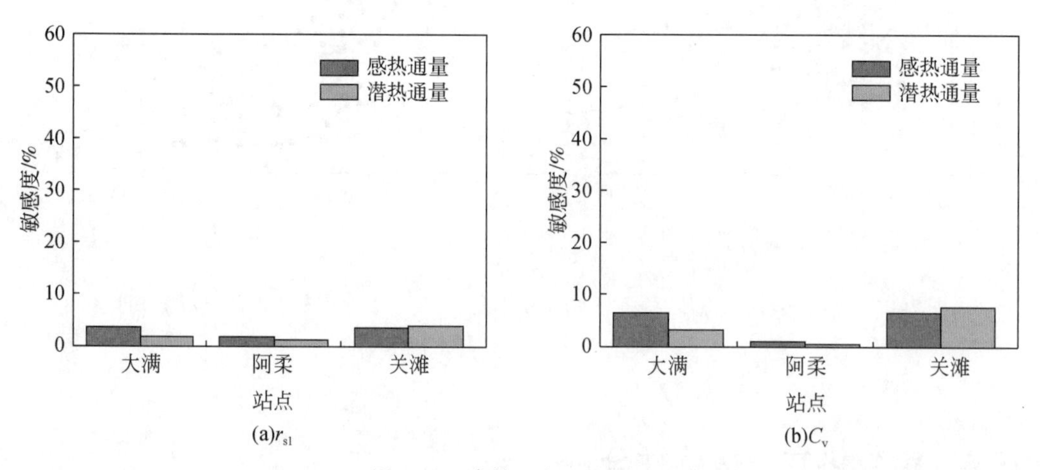


图7-19　参数 $r_{sl}$ 与 $C_v$ 敏感度

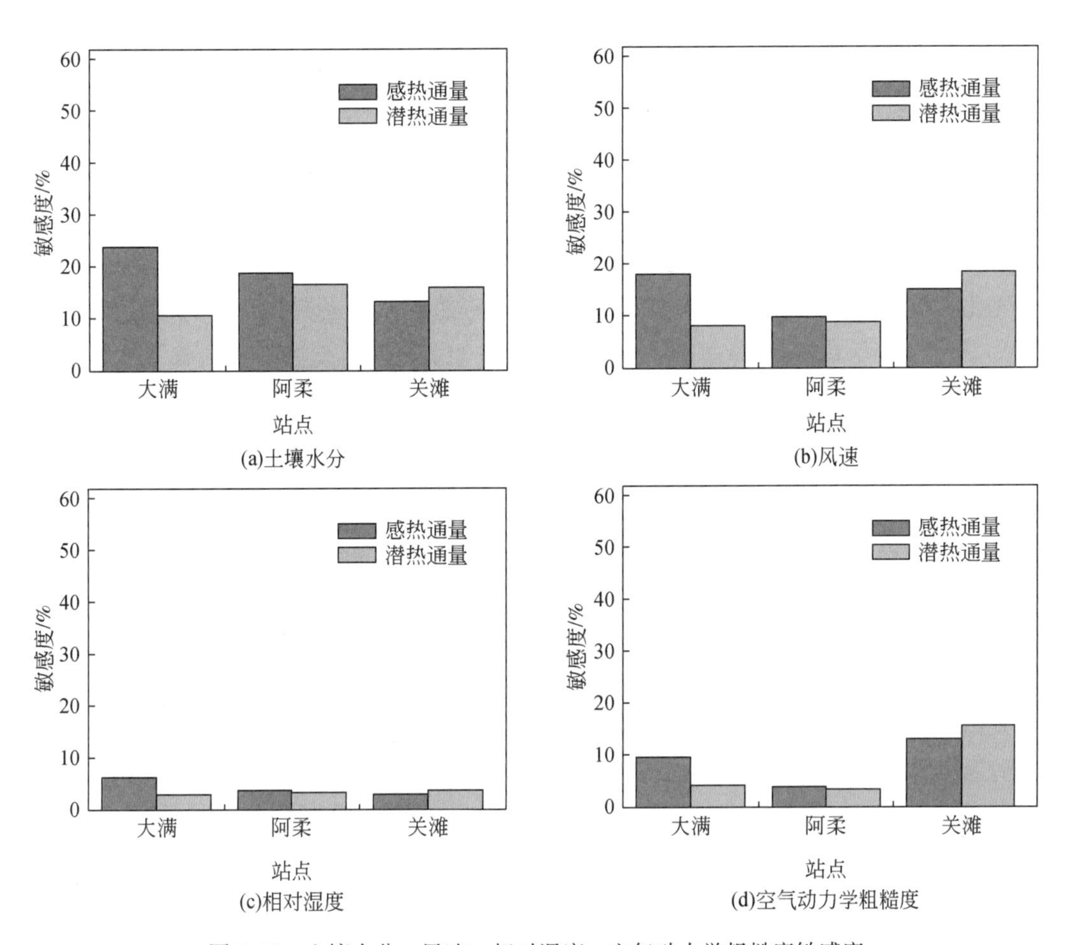


(a)土壤水分 (b)风速 (c)相对湿度 (d)空气动力学粗糙度

图 7-20　土壤水分、风速、相对湿度、空气动力学粗糙度敏感度

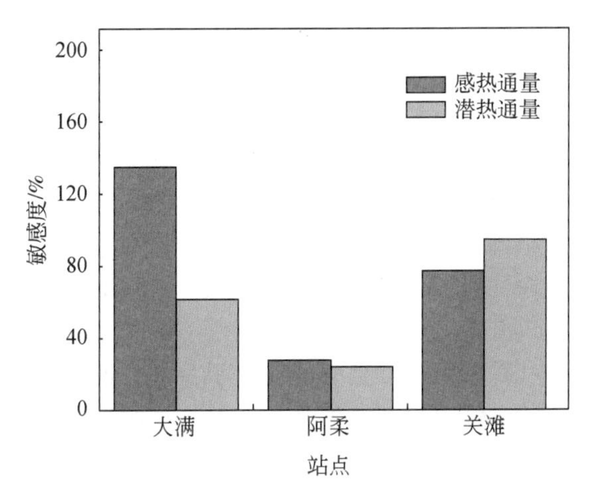


图 7-21　参考高度处空气温度敏感度

从图7-18～图7-21中可以看出三个站点的通量估算中模型对9个变量的敏感程度。土壤水分在3个站点均有20%左右的绝对敏感度，尤其是黑河中游大满站，感热通量对土壤水分的敏感度超过了20%。模型估算的结果对风速也较为敏感，其中关滩站最为敏感。

空气动力学粗糙度在黑河中游大满农田和阿柔草地敏感性均较低，在10%以下，而关滩站较为敏感，在15%左右，其原因可能是关滩站下垫面本身就比较高，粗糙度长度也比较大，20%的粗糙度变化范围较大，敏感性相应的较大。

模型估算的感热与潜热在三个站点对相对湿度均不敏感，都在10%以下。模型对最小叶片气孔阻抗敏感度一般，在黑河中游大满站，感热通量与潜热通量对其敏感度分别为17%与8%，阿柔站感热通量与潜热通量对其只有5%的敏感度，关滩站感热通量与潜热通量对其敏感度为15%与18%。

三个站点的模型估算结果对最小土壤气孔阻抗均不敏感，均在5%左右，这是由于本研究采用的数据均为植被生长季节，植被覆盖度较高，土壤的影响比较小。三个站点的模型估算结果对辐射胁迫因子参数也不敏感，都在5%以下，对水汽压胁迫因子参数也不敏感，均在10%以下，特别是阿柔站，敏感度低于5%。

模型对参考高度处空气温度均比较敏感，黑河中游大满站感热通量与潜热通量对空气温度敏感度分别为130%、60%，黑河中游大满站空气温度相对较高，20%的空气温度变化范围较大，敏感度较大。阿柔站感热通量与潜热通量对参考高度处空气温度的敏感度为25%～30%，关滩站分别为80%与90%左右。可以发现，模型对计算系数并不敏感，对输入的遥感参量相对较为敏感，如土壤水分、风速、参考高度处空气温度等，所以精确的遥感参量输入是确保模型精度的必要条件。

## 7.6 小　　结

本章主要讲述了地表感热通量的基本知识、主要影响因子与估算方法。在全球气候变化、全球能量平衡中，感热通量起着至关重要的作用。

非均匀地表热力学差异导致感热通量水平传输，形成的平流效应是地表能量不平衡现象的主要因素之一。

影响地表感热通量的主要因素包括两类，即地表环境因子与下垫面参数。地表环境因子控制感热通量在能量平衡中的比例变化，主要包括太阳辐射、风速、空气温度、空气湿度、土壤含水量等；而下垫面参数则影响感热通量的动力学与热力学传输机制，主要包括零平面位移、空气动力学粗糙度、热力学粗糙度及热传输附加阻尼参数。

感热通量一般可以通过波文比法、大孔径闪烁仪、涡动相关系统等传统的地表能量通量观测手段进行测算，这些观测值通常是感热通量模型估算精度真实性检验的依据。

基于遥感热红外观测的地表温度、遥感光学谱段观测的下垫面参数，有众多的感热通量估算方法。这些方法以空气动力学理论为基础，大致可以分为两类，一类需要迭代计算获取像元尺度感热通量；另一类为参数化方法，通过引入环境因子，消除热传输附加阻尼参数项，这类方法通常不需要迭代计算。

迭代计算感热通量的方法机理性强，有较好的物理基础，所需参数少，但是迭代过程具有不稳定性，不一定收敛。单源模型在环境因子胁迫下，叶片气孔关闭，出现感热上升、潜热下降问题。双源模型虽然更具备物理意义，但需要更多的参数输入，很多参数在不同下垫面上很难获取。此外，因缺乏有效组分温度的输入，双源模型的求解方式的局限性也很大，这是影响模型精度的主要因素。

感热通量参数化方法考虑了环境因子对感热通量的影响，消除了热传输辐射阻尼参数，且不需要进行迭代计算就可以获取像元尺度感热通量。该方法在保证具有机理性的同时，还考虑了太阳辐射、水汽压、土壤水分与空气温度所引起的感热通量和潜热通量在能量平衡中的内在变化，在干旱区非均匀热力下垫面有较好的估算精度。然而，该方法所需参数也较多，在区域应用时需要考虑参数优化方案。

目前，对平流效应校正的研究仍有不足，解决能量不平衡现象更多是从能量分量，如净辐射通量、土壤热通量、感热通量和潜热通量内在分配比例进行校正，若假设波文比不变，进行能量平衡校正，未来可以尝试结合不考虑能量平衡的感热通量参数化方法研究平流效应。

# 第 8 章　潜热通量

潜热通量是陆地-大气界面能量与物质交换过程中的一个重要参量，表达了地表可以为大气提供多少水汽或能量。

从全球水循环角度看，蒸散占全球陆面降水的一半以上，是水消耗一定的能量从液态转变为气态的过程，其中，水在相变过程中所伴随的潜热转化是蒸散核心物理过程。

从能量平衡角度看，潜热通量在区域环境中影响着地表能量的转换与平衡，对区域乃至全球气候变化有重要的影响，探究不同气候模式和环境条件下潜热通量与环境因子的响应特征规律对能量平衡具有重要的指示意义。

由于陆地表面蒸散量与潜热通量息息相关，通常来说，日潜热交换总能量与特定气压、温度下的水分汽化潜热相除，就能得到日蒸散量。因而，有关陆面蒸散的研究基本出发点为地表潜热通量的准确测算。

潜热通量（或蒸散）的研究经历了长足发展。目前，实际蒸散或其伴随的陆气实际潜热交换能量的确定主要有观测和估算两类方法。观测仪器包括涡动相关系统、波文比仪、大孔径闪烁仪、蒸渗仪和水量平衡法等；估算方法包括能量平衡余项法、空气动力学模型、P-M 公式、P-T 模型、蒸散互补理论法、SSEBop 模型、地表温度-植被指数特征空间法等（庄齐枫，2016；Hao et al.，2019a，2009b）。能量平衡余项法一般先计算各能量组分，如净辐射通量、土壤热通量、感热通量，再依据地表能量平衡，通过余项得到潜热通量；其他方法则一般直接计算得到潜热通量。能量平衡余项法不仅可以得到蒸散，还能分析各能量分量对水平衡的影响。仪器观测尺度从几米至几千米，估算方法一般从蒸散物理过程出发，需要涉及陆气潜热交换的气象与下垫面环境参数输入，并能获取区域尺度蒸散量或潜热通量。

与感热通量类似，潜热通量也会受到平流效应影响。非均匀地表热力学差异导致热量的水平传输，形成平流效应，进而导致区域能量不闭合现象。不同环境条件与下垫面状况下，感热通量与潜热通量的变化往往受相似因素驱动，并呈现交替变化，这些因素包括决定能量交换湍流系数的下垫面参数、影响净辐射能量分配的地表环境因子等。与感热通量不同的是，潜热通量对下垫面水分状况变化的响应更为明显。国内外学者分析了不同下垫面的水热交换情况，如青藏高原高寒金露梅灌丛潜热通量的平均日变化和季节变化均为单峰型，峰值在 7 月下旬；绿洲潜热通量远大于荒漠；甘肃平凉站净辐射分配以潜热为主，甘肃定西站以感热为主等，因此不同下垫面的潜热通量存在一定的差异（王智慧等，2020）。一般来说，下垫面水分充足的情况下，陆-气间潜热通量交换显著；而当下垫面水分不足时，净辐射能量更多的用于下垫面加热，升高的陆-气温差使得陆-气温度梯度上升，导致陆-气间以感热通量交换为主。

本章主要介绍潜热通量主要影响因子、潜热通量观测方法与潜热通量估算方法等。

## 8.1 潜热通量主要影响因子

影响地表与大气潜热通量交换的因素众多，陆面获取的净辐射能量，通过湍流作用，以感热和潜热的形式传输到近地层大气中；潜热通量和感热通量的大小受湍流交换系数及水汽压、蒸发表面温度、近地层大气温度和水汽压之间的梯度影响。与感热通量不同的是，潜热通量对下垫面水分状况变化的响应更为显著。因此，潜热通量影响因素大体可以概括为下垫面水分条件、环境因子与下垫面参数决定的热力和动力条件。水分条件决定下垫面是否饱和；热力条件包括净辐射能量、蒸发面温度与空气温度，决定温度梯度和水汽压梯度；动力学条件主要为风速、下垫面粗糙度等，决定湍流交换系数。

### 8.1.1 下垫面水分条件

自然条件下，发生蒸散（潜热通量交换）的下垫面通常是供水不足的，称为非饱和陆地表面。此时，从下垫面实际进入大气中的水量称为实际蒸散量。当下垫面充分供水时，即为饱和面时，此时的蒸散称为潜在蒸散，即为最大可能的蒸散量。非饱和陆面蒸散量不仅受净辐射能量限制，还受水分供应能力限制。潜在蒸散在概念上已被气候学、农学、水文学等领域普遍接受，但不同学者根据不同的假设条件，给出了不同的潜在蒸散定义。假设向非饱和陆地表面供水并使之充分湿润，陆面-大气系统的各物理量都可能发生改变，逐渐达到一种新的平衡状态。

地表与大气间的潜热交换需要满足两个条件，即下垫面有水分供应、有足够的能量。当下垫面水分供应充足，属于饱和蒸发面时，地表气孔阻抗接近于零，但此时地-气间潜热交换并不一定达到最大，还取决于此时净辐射能量的大小。当下垫面水分供应不足时，地表气孔阻抗增大，并随着水分亏缺程度不断升高，此时陆-气间潜热交换下降，更多的能量用于感热交换。

因此，下垫面水分供应是地-气间发生潜热交换的必要条件。正如极度干旱的沙漠戈壁地区，即使能量充足，潜热交换依然不明显。通常来说，能反映下垫面水分条件的环境因子包括土壤水分和实际水汽压。

### 8.1.2 热力和动力条件

陆面获取的净辐射能量，通过湍流作用，以感热和潜热的形式传输到近地层大气中。潜热通量和感热通量的大小受湍流交换系数及水汽压、蒸发表面温度、近地层大气温度和水汽压之间的梯度影响，其中下垫面参数通过影响湍流交换系数影响着陆-气潜热通量交换。与感热通量类似，影响潜热通量的下垫面参数主要包括零平面位移、空气动力学粗糙度、热力学粗糙度及热传输阻尼参数等。准确获取这些下垫面参数是计算热传输动力学阻抗的必要条件。

地表蒸发面温度、近地层大气温度与净辐射通量等可称为影响潜热交换的热力条件。地表蒸发面温度与近地层大气温度决定了蒸发面及大气的饱和水汽压的大小，进而决定了水汽压梯度差，从而影响潜热交换；净辐射通量则为潜热交换提供能量来源。

动力条件一般包括下垫面的空气动力学粗糙度、风速等，决定着湍流通量交换系数。风速越快，空气动力学粗糙度越大，空气动力学阻抗就越小，湍流通量交换系数就越大，蒸散也相应增大。

决定下垫面潜热交换强度（或蒸散量）的因素往往不是单一的，而是地表水分供应状况、热力条件与动力条件共同作用的结果。例如，在黑河流域的关滩站，下垫面类型为森林，水汽压通常处于饱和状态，下垫面水分供应充足，然而该地区以感热交换为主，潜热通量较低，主要原因为大气并没有水分亏缺，产生不了较强的水汽压梯度差，假设有更多的能量使得热力条件的空气温度升高，增大大气饱和水汽压，相应的潜热交换也会更加明显。在城市区域，动力条件中的空气动力学粗糙度很大，因而空气动力学阻抗较低，而潜热交换也不如自然植被下垫面，主要原因为水分条件的不足。主要分布于中纬度大陆西岸地中海气候区域，夏季受副热带高压控制而炎热干燥，冬季受来自海洋的西风影响而温和湿润，这种冬雨型的气候与植被季节性需水相矛盾。干燥的夏季使得地中海气候下生长的植物为硬叶林，叶片上覆蜡质，降低潜热交换，减少夏季水分的蒸发；冬季受西风带的控制而风力较大，加大了陆气通量交换，而下垫面水分的不足，潜热交换受到限制。Gokmen 等（2012）在土耳其安纳托利亚中部科尼亚盆地研究发现，该地区受地中海气候影响，雨热不同期，夏季炎热干燥，土壤水分是影响地表植被潜热通量的主要环境因子。夏季干旱的气候使得植被极易处于水分胁迫状态，植被通过气孔关闭减少水分蒸腾。Morillas 等（2014）在西班牙东南部地中海半干旱区进行了研究，该地区植被稀疏，以多年生柞蚕草为主，由于降水与热量的异步性，蒸散较低，感热通量占据了陆–气能量交换的主导地位，影响地气间潜热交换的主要环境因子有土壤水分、太阳辐射与风速等。

在自然下垫面，李玉等（2014）利用涡度相关技术对黄河三角洲芦苇湿地生态系统进行了连续两年的潜热通量观测，发现生长季湿地生态系统的能量消耗以潜热为主。吴方涛等（2017）通过对青海湖两种高寒嵩草湿草甸湿地生态系统水热通量的对比研究，发现感热、潜热和净辐射日变化均呈单峰曲线，感热和潜热月平均日变化最大值出现的时间均晚于净辐射。谢琰等（2018）提出黄河源区高寒湿地太阳辐射是影响潜热通量的主要因素，当饱和水汽压差较高时，能量更多地向潜热通量分配。庄齐枫（2016）分析了黑河流域阿柔草地、大满农田、关滩森林的潜热通量的时间变化，发现不同下垫面的感热和潜热变化与环境因子变化十分相关，大满农田下垫面主要影响环境因子为水分与温度；阿柔草地下垫面主要影响环境因子为温度；关滩森林下垫面主要影响环境因子为温度与水汽压差。

在非自然下垫面，一般对于城市等人工表面而言，陆–气间潜热通量的交换更为复杂。除受自然环境因子影响之外，还受人为环境因子，如人为热排放等的影响（Chen et al., 2011）。城市是人口高度集中的区域，人类生产生活不断释放的热量改变了城市地表能量平衡。人为热的来源一般有人新陈代谢、工业生产、交通运输与建筑物排热，这些热量以显热与潜热的形式排放到大气中（Li X et al.，2013）。Li X 等（2013）、刘家宏等（2018）发现城市实际耗水量远大于遥感模型估算的结果，主要原因是来自建筑物内部的湿润地面、生活用水等在人为热的影响下，会由液态变为气态，由通风系统等进入城市大气中参与水循环（周晋军等，2017）。城市高大的建筑物所产生的峡谷结构会加强热作用，形成城市对流风（Li X et al.，2013；Miao and Chen，2014）。Hagishima 等（2007）发现城市植被由于处在建筑物等不透水面的包围之中，在上风向区域较热和较干空气的平流作用下，绿地植被蒸腾、冠层截流蒸发均比在自然下垫面时要大（Quah and Roth，2012），称之为“城市绿洲效应”。城市绿洲效应加大了绿地植被的蒸散潜力，一方面是水平方向更多的能量流，使得植被有更多的能量用于潜热交换，另一方面是风速加大，使得动力条件更适合潜热交换，如空气动力学阻抗的降低。

## 8.2 潜热通量观测方法

地表潜热通量观测方法主要包括波文比法、涡动相关法、大孔径闪烁仪法与液态水分消耗测量方法等，前三种观测方法的介绍参见第 7 章。液态水分消耗测量方法主要包括蒸发皿测定法、称重法、同位素法、水量平衡法等。这些观测方法与能量平衡观测方法不同，是从物质平衡角度测定蒸散量的技术手段。

### 8.2.1 蒸发皿测定法

蒸发皿测定法可分重量法和体积法（补偿法）两类。重量法是以称量土壤重量的变化来确定蒸发量。根据称量原理的差别，又可分为称重式蒸发器和水力称重式土壤蒸发器，称重式蒸发器是利用台秤称量蒸发器土体重量的变化来确定蒸发量。体积法是以水量体积的消耗量来确定蒸发量，根据土壤水分调节方法的不同，又分为供水式土壤蒸发器和注水式土壤蒸发器。供水式土壤蒸发器是从土体下面供水，通过土壤毛管水分上升来调节土体的水分状况；而注水式土壤蒸发器则从土体表面注入足够的水量，依靠水分入渗来调节土体的水分状况。蒸发皿测定法有许多优点，如设备简单、观测方便、精度较高、较少受天气和地形等自然条件限制，在任何大小的地块上均能应用。缺点是蒸发皿中土块和周围农田的土壤隔绝，土块内部的热量、水分交换受到阻碍，造成蒸发皿内外土壤水热条件差异。作物生长状况也存在一定的差异，这些差异会影响到该方法观测资料的代表性。

采用蒸发皿观测，以获取近似于自然水体水面蒸发量的数据，结果受仪器型号、材料、口径、结构、安装方式等的影响。目前，水面蒸发量测定最常用的方法是蒸发皿折算系数法，该方法通过观测蒸发皿蒸发以估算水面蒸发。

国内外实验研究表明，若用蒸发皿测定法较好反映实际水面蒸发，则必须是几何尺寸足够大的蒸发池。当水面面积达到 20 $m^2$时，水面蒸发基本趋于稳定，因而常采用面积为

20 $m^2$的蒸发池蒸发作为有限水域的蒸发标准。由于经济和技术条件所限，大多数观测站均为小型蒸发器，因此，对水面蒸发折算系数进行分析确定十分重要。长期以来，我国水文和气象站采用直径 20 cm 的蒸发皿作为蒸发观测的标准仪器，因此很多学者探讨了直径 20 cm 的蒸发皿与面积 20 $m^2$的蒸发池之间的折算系数（孙继成等，2019）。

折算系数是衡量蒸发器性能好坏的重要标志，是供各种不同类型蒸发器所观测的蒸发量互相换算及换算为大型水体蒸发量的依据。在长期地面气象观测中，直径 20 cm 的蒸发皿容积小，器壁裸露于空气中，受器壁额外辐射能的影响，一般都认为用小型蒸发器测得的蒸发量比实际水面的蒸发量要大，由于实际水面蒸发很难测量，小型蒸发器观测值的偏大程度，还没有可靠的数据。相比之下，E-601 型蒸发皿的构造与安装位置更接近自然，测得的蒸发量更接近实际水面蒸发量（吉丽蓉，2017）。

蒸发皿蒸发观测依据《水面蒸发观测规范》（SL 630—2013）：非冰期（4～10 月）采用E-601 型蒸发皿观测，冰期（10 月至次年4 月）采用20 cm 型蒸发皿观测，结冰前（10 月）、融冰后（4 月）采用两种仪器同时观测。在资料整编时，将 1～3 月的蒸发量资料按 4 月的实测折算系数换算为 E-601 型蒸发皿的观测资料；11 月和 12 月资料用 10 月实测折算系数换算。

吉丽蓉（2017）在甘肃省武威市南营水库，对两种蒸发皿测定的年平均蒸发量进行对比发现，20 cm 型蒸发皿多年平均蒸发量为 1771. 0 mm，E-601 型蒸发皿为 1130. 4 mm，差值为 640. 6 mm，偏大率约为 57%，两种蒸发皿平均年（4～10 月）折算系数为 0. 636，汛期（4～10 月）各月折算系数为 0. 621～0. 661，与平均年折算系数差别不大，变幅仅为 0. 04；两种蒸发皿年蒸发折算系数为 0. 609～0. 676，变幅仅为 0. 06，说明 E-601 型蒸发皿与 20 cm 型蒸发皿的折算系数是比较稳定的。

刘波等（2008）利用中国新疆地区 1960～2005 年 109 个设有蒸发皿蒸发观测的常规气象站资料，并结合不同驱动场和不同陆面模式的模拟结果，对蒸发皿蒸发及模拟的实际蒸发的年、各个季节的变化及其它们的相互联系进行了详细的分析和讨论。结果发现，在新疆地区，蒸发皿蒸发和实际蒸散之间具有相反的变化关系，与蒸散具有互补相关关系理论一致。进一步分析气温、降水、湿度、云量和日照时数等环境变量的变化趋势发现，降水、云量等表征大气中水分特征的变量表现为明显的上升趋势，这也间接地证明蒸发皿蒸发和实际蒸散之间存在相反的关系，而与各个环境变量之间相关系数的分析则表明，气温、风速、云量和降水是与蒸发皿蒸发和实际蒸散关系最紧密的环境因子，它们的变化可能是蒸发皿蒸发和实际蒸散变化的原因。

通常认为，抑制水面蒸发有效的方法是通过某种物体覆盖水面，减小水面面积，进而达到抑制水面蒸发的目的，这种因面积变化而引起蒸发量差异的现象称为“面积效应”。聂雄（2018）基于不同面积相同深度的大型蒸发器观测实验，探讨水体面积对蒸发量的影响。由图 8-1 可知，随着面积的增加，蒸发器蒸发量随之减小，具有很明显的面积效应。蒸发器的蒸发量随着面积增加而呈现减小的趋势，这一规律在月尺度上甚至更长时间尺度上效应表现得更为明显，同时面积越大，面积效应对蒸发量的影响也越明显，但当水体面积达到一定程度时，蒸发量不再随着面积的增加而增加。

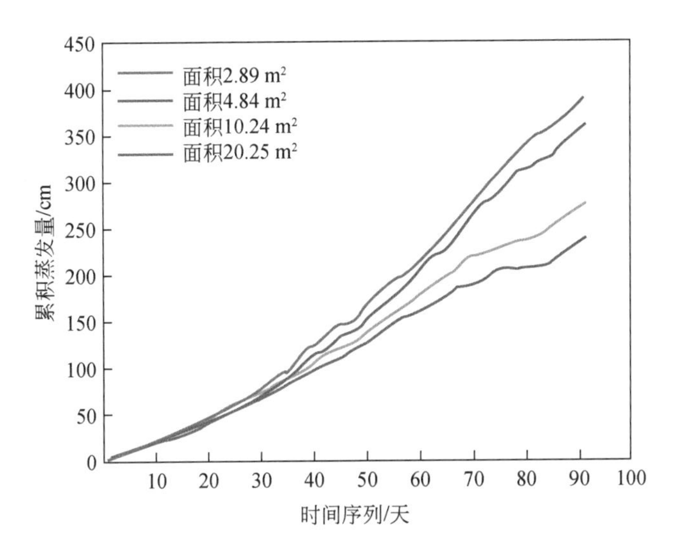


图 8-1 不同面积蒸发器累积蒸发量对比

蒸发皿侧壁引起的边际效应及蒸发皿本身与周围环境的异质性引起的绿洲效应使得蒸发皿蒸发往往不同于水面蒸发，因此，Rotstayn 等（2006）通过耦合影响蒸发的辐射组分和空气动力学组分，发展了精确模拟 Class-A 型蒸发皿蒸发的物理模型，简称 PenPan 模型，便于模拟蒸发皿蒸发量：

$$E_{\text{PenPan}}=\frac{\Delta}{\Delta+\alpha_{\text{p}}\gamma}R_{\text{n}}+\frac{\alpha_{\text{p}}\Delta}{\Delta+\alpha_{\text{p}}\gamma}f(u_2)(e_{\text{s}}-e_{\text{a}}) \tag{8-1}$$

$$E=k\cdot E_{\text{PenPan}} \tag{8-2}$$

式中，$\alpha_{\text{p}}$为蒸发皿侧壁的额外热量交换常数，通常取 2.4。在得出蒸发皿蒸散量后，利用折算系数 $k$ 计算水面蒸散量。

## 8.2.2 称重法

蒸渗仪（Lysimeter，也译腾发器、蒸渗器等）是一种设在田间（反映田间自然环境）或温室内（人工模拟自然环境）装满土壤的大型仪器，仪器中的土壤表面可裸露也可种植各种作物，用于在水文循环过程中测定和推求水分下渗、径流、浅层地下水蒸发及作物蒸发蒸腾等因素的变化过程。

蒸渗仪最早可以追溯到 1688 年，da la Hire 用 3 个容器分别填装砂壤土制作了简易的蒸渗仪，用于观测草地覆盖地表和裸地蒸散（Kohnke et al.，1940）。在 19 世纪后期用于研究植物水的利用，现在蒸渗仪已成为农田测定蒸发蒸腾的标准仪器，常用于其他测量方法的校正与检验（Kohnke et al.，1940；Liu et al.，1998；Gong et al.，2019；Qin et al.，2019）。

蒸渗仪可分为非称重式蒸渗仪和称重式蒸渗仪。非称重式蒸渗仪制造简单，成本低，满足一定精度，排水式结构简单、成本低、操作方便、随意观测性较强，但是误差大，雨后水入渗时间长，且未考虑地下水补给。称重式蒸渗仪联系地表水、地下水，真实模拟地下水状态，精度高，可以体现大田作物生长规律，但基础造价较高，基础质量大，存在边界与环境效应，在进行重复试验、大面积推广时较为困难。

称重式蒸渗仪按大小分为大型（智能）称重式、地中蒸渗计、微型称重式、盆栽式/小型称重式。目前通过建造大型称重式蒸渗仪以减小尺寸影响与边界效应，测定精度较高（可达0.01～0.02 mm/d），与数据处理仪器结合使用（如各种传感器、电子设备、计算机）等措施，可以达到更加精确的测量精度。地中蒸渗计可以联系地表水、地下水，真实模拟地下水状态，精度高，体现大田作物生长规律。微型及盆栽式称重蒸渗仪简单高效，易于制备，无扰动、可移动，但测量时存在较大人为误差，预测精度较低，通常需要进一步校正。微型称重式蒸渗仪制造缺乏统一标准，不同研究结果难以比对，考虑到测量结果受区域土壤、气象等因素的限制，应综合分析研究区域的土壤状况、水文气象条件等统一制定区域标准，而非大范围的行业规范（佘映军等，2020）。

蒸渗仪测量实际作物（裸地）的蒸发蒸腾量是以水量平衡原理为基础的。对于单个被分离的土柱，水量平衡方程如下。

$$P+I+G=\mathrm{ET}+R_{\mathrm{i}}+R_{\mathrm{sur}}+D\pm\Delta S \tag{8-3}$$

式中，$P$ 为降水量；$I$ 为灌溉水量；$G$ 为地下水流通量（潜水蒸发量，非称重式蒸渗仪不考虑）；ET 为作物蒸发蒸腾量；$R_{\mathrm{i}}$ 为土体壤中流；$R_{\mathrm{sur}}$ 为地表径流；$D$ 为深层渗漏量（称重式蒸渗仪不予考虑，非称重式蒸渗仪测定）；$\Delta S$ 为土柱中土壤水分的前后变化量（称重式蒸渗仪则是用于测定 $\Delta S$ 的高精度仪器，非称重式蒸渗仪可通过中子仪、时域反射仪或土钻称重法测定后计算得到 $\Delta S$），从而推求 ET，单位均折算为 mm。在研究区农田内，降水偏少，蒸渗仪建造时盛土容器略高于地表且部分试验站装有遮雨棚，故净地表净流量 $R=R_{\mathrm{i}}+R_{\mathrm{sur}}$ 可忽略不计。根据研究需要与当地的实际情况，式（8-3）可进一步简化，如在无灌溉降水地区，可简化为 $\mathrm{ET}=G\pm\Delta S$。

采用蒸渗仪观测作物 ET 时，应注意剔除风速较大的数据，利用插值法对缺失数据进行补充，保证试验精度。在各种试验中，要注意蒸渗仪的监测误差。在误差允许范围内，可用小尺寸代替大尺寸蒸渗仪，以降低成本，可以大范围使用蒸渗仪法测量，获取区域范围内作物 ET。

## 8.2.3 同位素法

20 世纪 30 年代，发现了氢氧同位素的存在并且在海水、淡水和积雪中都观测到了不同的氢氧同位素稳定值（Urey et al.，1932），当时稳定同位素主要应用于岩石、生物、海洋、河流、地下水及各种矿床等领域的研究中。20 世纪 50 年代初期，Dansgaard（1953）率先在水循环过程中引入稳定同位素并对大气降水中的 $^{18}\mathrm{O}$ 进行分析，研究发现大气降水由于蒸发和凝结作用，降水中稳定同位素发生分馏，使得降水中的氢氧稳定同位素呈线性变化规律，并提出了全球大气降水线（global meteoric water line，GMWL）方程：$\delta^2\mathrm{H}=$

$8\delta^{18}O+10$。1964年，Dansgaard系统论述了降水中稳定同位素的瑞利分馏过程、影响因素及其空间分布规律，首次提出降水氘过量参数的概念，为稳定同位素的研究奠定了基础。之后随着同位素分析技术的不断发展和完善，同位素技术在水文循环研究中得到了广泛的推广和应用。

同位素测量技术具有高精度性和不易受外界因素干扰等特点，使其在水文水资源和水循环等领域得到了广泛的应用，成为解决许多重大科学问题的有效工具。在过去的几十年，学者们将稳定同位素技术应用到生态水文循环过程研究的各个环节，得到了不少有意义的结论。例如，植物蒸腾水汽在全球范围内的水循环中起着重要作用，占循环水分的61%，对降水贡献了39%；不同的生态群落广泛存着生态水文分离现象，对进一步研究植物蒸腾与地下水补给，地表径流的关系提供了一个开创性的研究思想。稳定氢氧同位素贯穿于农田生态系统水分循环的全过程，能够在时空尺度上反映植物水分吸收利用和散失过程对外界环境条件变化的响应（郭慧文，2020）。

袁国富等（2010）通过原位持续测定麦田中的水汽同位素值，运用Kelling Plot方法分割了地表蒸散量，发现麦田生长盛期94%～99%的蒸散来源于植物蒸腾；Zhang Y等（2011）在华北平原栾城试验站，将微气象学方法和同位素手段结合，研究得出冬小麦灌溉季节的蒸发量可达到总耗水量的30%；Wang P等（2012）基于水均衡和同位素质量守恒原理对冬小麦-夏玉米生育期蒸散量进行了分割，夏玉米漫灌后蒸腾量占蒸散量的71.3%，冬小麦蒸腾量占蒸散量的61.7%；Li等（2016）研究发现，塔里木盆地棉田开花期和结铃期31.1 mm的蒸散量中，土壤表面蒸发仅为0.4 mm，30.7 mm的蒸腾量占总蒸散量的98.6%。

相比传统的水文研究方法，如水量平衡、空气动力学和模型估算等方法，稳定同位素方法的优势主要体现在其精准性及可控性。可见，利用稳定同位素方法估算和区分植被蒸散量是一个重要的研究方向。这为研究植物耗水机理、节水调控机制及作物高效安全生产提供了更可靠的数据支撑和理论依据。

### 8.2.4 水量平衡法

水量平衡法是根据水量平衡原理通过田间试验或水文监测来测定实际蒸散量的方法，需要测定降水量、蒸散量、截留量、地表径流量和土壤入渗量等。在田间尺度上，可以通过中子仪、时域反射仪和称重仪、蒸渗仪等仪器直接或间接测定某时段农田的实际蒸散量。

水量平衡法能够连续、准确地测量蒸散量，但该方法对仪器要求较高，费用较贵。水量平衡受多种因子共同影响，其中植物蒸腾、降水、地表径流、土壤蒸发、土壤入渗为主要的影响因素，地域和时间的不同使其不断发生变化，由于结果受到多重因素影响，其测量结果很难具有普遍意义。

在区域尺度上，流域水量平衡一般考虑单位时间内流域降水量、流域地表和地下水的储量变化、流域蒸散量和流域出流量的差值变化，在有流域之间调水的情况下，还需要考虑流域入流量或出流量。其中，地表水量包括冰川、积雪、河流、湖泊、水库、池塘、土壤水分和植被水分等。在人类用水需求强烈的流域里，还需要考虑人类社会水循环要素及其在自然水循环中的作用（刘元波等，2020）。

水量平衡是流域水文学最核心的基本原理，也最能体现流域水文过程的系统性及整体性。流域水量平衡原理及其数学表达看似简单，但要在实际观测中精确地测定或估算各个分量，往往十分困难。除了流域入流量或出流量之外，其他所有的水分平衡分量都具有较强的空间异质性，包括降水量、蒸散量、土壤水分、植被水分、地表水体、地下水等。

因此，基于流域水量平衡原理可以确定蒸散，理论上也可以通过水文方法测定区域内的降水、径流等要素，从而应用水量平衡法计算实际蒸散量，但由于降水、径流等在测定时本身就带有不确定性，作为余项输出的蒸散量往往成为水量平衡各项误差的积累，同时也无法还原蒸散的时空动态变化过程。作为解决这一问题的途径之一，在增加及优化观测站点等方面，虽然国内外已经开展了大量的分析工作，也发展了诸多的站点格网化方法，但站点观测数据的空间代表性长期以来一直是气象学界和水文学界面临的一个实际问题。

## 8.3 潜热通量估算方法

潜热通量估算方法包括能量平衡余项法、作物系数法、SSEBop 模型、蒸散互补理论法、地表温度-植被指数特征空间法、ETMonitor 方法、遥感参数化方法等。

能量平衡模型一般需要估算净辐射通量、土壤热通量、显热通量，进而通过能量平衡余项法进行潜热通量的估算。本章内容主要介绍能直接计算潜热通量（蒸散）的模型与方法。

### 8.3.1 主要估算方法

1. 能量平衡余项法

能量平衡余项法分为单源模型和多源模型，其基本出发点为能量平衡，在计算得到净辐射通量、土壤热通量与感热通量后，通过能量相减余项得到潜热通量，常用的方法包括 SEBAL、SEBS、TSEB 与 ALEXI 模型等（Norman et al.，1995b；Anderson et al.，1997；Bastiaanssen et al.，1998a，1998b；Su，2002）。

能量平衡余项法不直接计算潜热通量，而首先需要明确各组分通量，这不可避免地会导致各组分通量计算时的误差累积。该方法存在基础参数获取困难等问题，在仅拥有基础气象数据（如太阳辐射、空气温度、水汽压和风速等）的情况下，地表能量平衡模型无法直接对地表蒸散进行计算。同时，该方法最为关键的是如何有效计算感热通量。例如，SEBS 与 TSEB 模型不仅需要大量的输入参数，还采用迭代的方式使得模型估算感热通量达到收敛，计算较为复杂。

能量平衡余项法也有着其他模型所不具备的优势，该方法机理性强，遵循严格的能量守恒定律，同时计算所得到的各能量通量分量为研究下垫面能量内在分配及其对蒸散的影响提供了基础。

## 2. 作物系数法

通过对实际蒸散和潜在蒸散进行分析，两者之间的差异主要体现为下垫面水分状况的差异（Budyko and Zubenok，1961），基于此，可以将一个简单的系数与潜在蒸散的计算公式相结合，实现对地表实际蒸散的间接计算。该方法可以表示为

$$\mathrm{ET}=\beta_e E_p \tag{8-4}$$

式中，$\beta_e$ 为缩减系数，与下垫面水分状况有关，取值范围为 0 ~ 1。根据其定义，通常认为该系数与土壤含水量有关，因此可以用土壤含水量对其进行表示。$E_p$ 为潜在蒸散量，其计算方式并不严格统一，可以表示为 Penman 计算的表观潜在蒸散 $E_{pa}$（Manabe，1969；Carson，1982；Crago and Brutsaert，1992）。然而，当使用 $E_{pa}$ 代替式（8-4）中的 $E_p$ 时，若下垫面趋于干燥，$\beta_e$ 和 $E_p$ 的变化趋势相反，前者趋于 0，而后者逐渐增加，这可能导致实际蒸散计算结果的不稳定性。为避免出现上述情况，可以在式（8-4）中使用 P-T 公式计算的 $E_{pe}$ 代替 $E_p$，$E_{pe}$ 主要与辐射和温度有关，与空气的干湿状态并不直接相关，因此实际蒸散的计算结果会更加稳定和可信。当地表下垫面为作物时，$\beta_e$ 可以称为作物系数，从而对作物的实际蒸散进行计算（Allen et al.，1998a，1998b）。作物系数包含作物长势、水分胁迫以及土壤等的影响，根据作物的种类和生长季节相应变化（Allen et al.，1998a，1998b）。

根据作物系数的不同确定方法，实际蒸散量可以采用单作物系数法、双作物系数法和修正作物系数法进行计算（邬佳宾等，2020）。

$$\mathrm{ET}=k_c \cdot \mathrm{ET}_0 \tag{8-5}$$

$$\mathrm{ET}=(k_{cb}+k_e) \cdot \mathrm{ET}_0 \tag{8-6}$$

$$\mathrm{ET}=(k_{s1}k_{s2}k_{cb}+k_e) \cdot \mathrm{ET}_0 \tag{8-7}$$

式中，ET 为作物实际蒸散；$\mathrm{ET}_0$ 为作物参考蒸散；$k_c$ 为综合作物系数；$k_{cb}$ 为基础作物系数；$k_e$ 为土壤蒸发系数；$k_{s1}$ 为水分胁迫系数；$k_{s2}$ 为盐分胁迫系数。对比发现，修正系数法由于考虑了不同环境胁迫的影响与土壤蒸发，对作物实际蒸散的模拟更为准确。然而，作物系数法本质上是一种经验方法，不同作物的蒸散系数很难精确确定。此外，作物本身受其他环境胁迫，如温度、水汽压与辐射等，这些环境胁迫因子并未能被综合考虑到作物系数法中。由于作物系数法难以针对大区域、多类型农作物进行准确标定，限制了该方法大尺度应用。

## 3. SSEBop 模型

SSEBop 模型假设在晴好日或某段时间内（8 天），当地表温度与近地表空气温度接近时，地表蒸散速率将与健康且水分供应充足的植被或湿润土壤的潜在蒸散速率相当，通过预定义两个极限条件的表面温度计算蒸散系数，即在感热通量很小或没有感热通量的情况下所对应的“湿冷”像元，称为“冷点”；在潜热通量很小或没有潜热通量情况下所对应

的“干热”像元，称为“热点”。SSEBop 模型认为蒸散量与潜在蒸散和限定系数相关，而限定系数主要受到地表温度的影响，地表蒸散速率的大小由地表温度更接近“冷点”或“热点”决定，模型通过遥感地表温度、归一化植被指数来寻找整幅影像中所有的“冷点”与“热点”，从而计算出蒸散限制系数，通过潜在蒸散量计算区域实际蒸散量（Senay et al.，2011，2014，2016，2017）。

$$\mathrm{ET_a}=\mathrm{ET_f}\times k_{\max}\times \mathrm{ET_0} \tag{8-8}$$

$$\mathrm{ET_f}=1-\frac{T_s-T_c}{\mathrm{d}T} \tag{8-9}$$

$$\mathrm{d}T=\frac{R_n\times r_{ah}}{\rho\times C_p} \tag{8-10}$$

$$T_c=c\times T_{\max} \tag{8-11}$$

$$c=\frac{T_{s\_cold}}{T_{\max}} \tag{8-12}$$

式中，$\mathrm{ET_f}$为蒸发系数；$k_{\max}$为最大蒸发比例系数；$T_s$为遥感地表温度；$T_c$为“冷点”温度，假设为冷并湿润的像元温度，计算方法为在整幅遥感影像中，寻找所有满足 NDVI 大于0.7 的像元，计算这些像元的温度平均值 $T_{s\_clod}$，从而与这些像元处最大空气温度 $T_{\max}$计算出该影像的 $c$ 系数，最后得到逐个像元的冷点温度。d$T$ 为假设的干热区域，即热点温度与冷点温度之差，通过实际温度与冷点温度差、热点与冷点温差，可以计算出逐像元的蒸发系数。SSEBop 模型原理简单，又充分利用了遥感获取的地表温度与植被指数数据，蒸散限制系数不再单一，而是因像元差异而不同。目前，SSEBop 模型已经得到了广泛的关注，并在全球尺度进行了验证，第四代 SSEBop 模型全球逐月陆面蒸散遥感产品已经发布（https://earlywarning.usgs.gov）。SSEBop 产品在中国区域也有了较多的验证与分析，如在黑河流域，第四代 SSEBop 模型存在低估蒸散现象，而低估月份主要集中在作物生长初期。

图 8-2 和图 8-3 展示了黑河中游农田下垫面三种方法计算的蒸散，RS-PMPT 为彭曼与 P-T 公式相结合的模型；SSEBop-CMADS 为 SSEBop 与再分析数据 CMADS 相结合的蒸散数据；SSEBop-Global 为第四代 SSEBop 模型全球逐月产品。可见，由于 SSEBop 模型需要精确的参考蒸散输入，十分依赖高精度的再分析气象数据输入，SSEBop 全球蒸散产品存在明显的低估现象。

#### 4. 蒸散互补理论法

近年来，基于蒸散互补理论的蒸散模型得到了很大发展。这种方法仅需要常规气象资料即可估算陆面实际蒸散量，同时由于气象数据的空间变异性弱于陆面状态变量（土壤含水量），使蒸散的分布式计算可以通过空间插值来完成。由于潜在蒸散量的变化在一定程度上反映了陆面与大气之间的相互作用，蒸散互补理论对预测和理解人类活动与气候变化影响下的流域水文通量变化也具有重要意义（巴净慧，2020）。

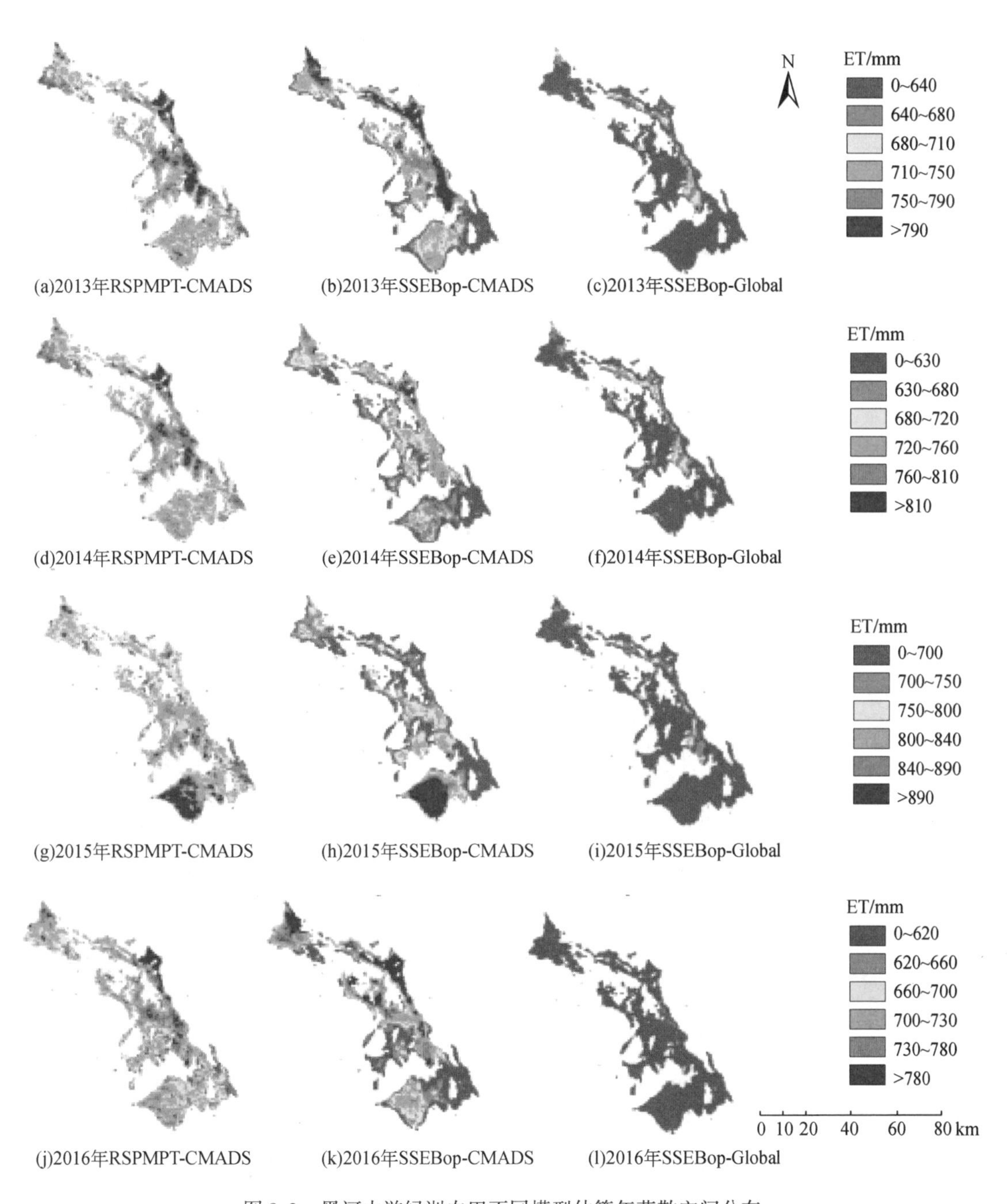


图 8-2　黑河中游绿洲农田不同模型估算年蒸散空间分布

由于陆面和大气之间的相互作用，近地层大气的温度、湿度、湍流强度等受下垫面蒸发的影响，而潜在蒸散量又受近地层大气状况的影响。蒸散互补理论考虑了实际蒸散与潜在蒸散之间的相互作用关系。1963 年 Bouchet 首次提出“互补理论”，该理论认为，在长为 1 ~ 10 km 大而均匀的表面，若无平流存在，外界能量输入（辐射能量）保持不变，当

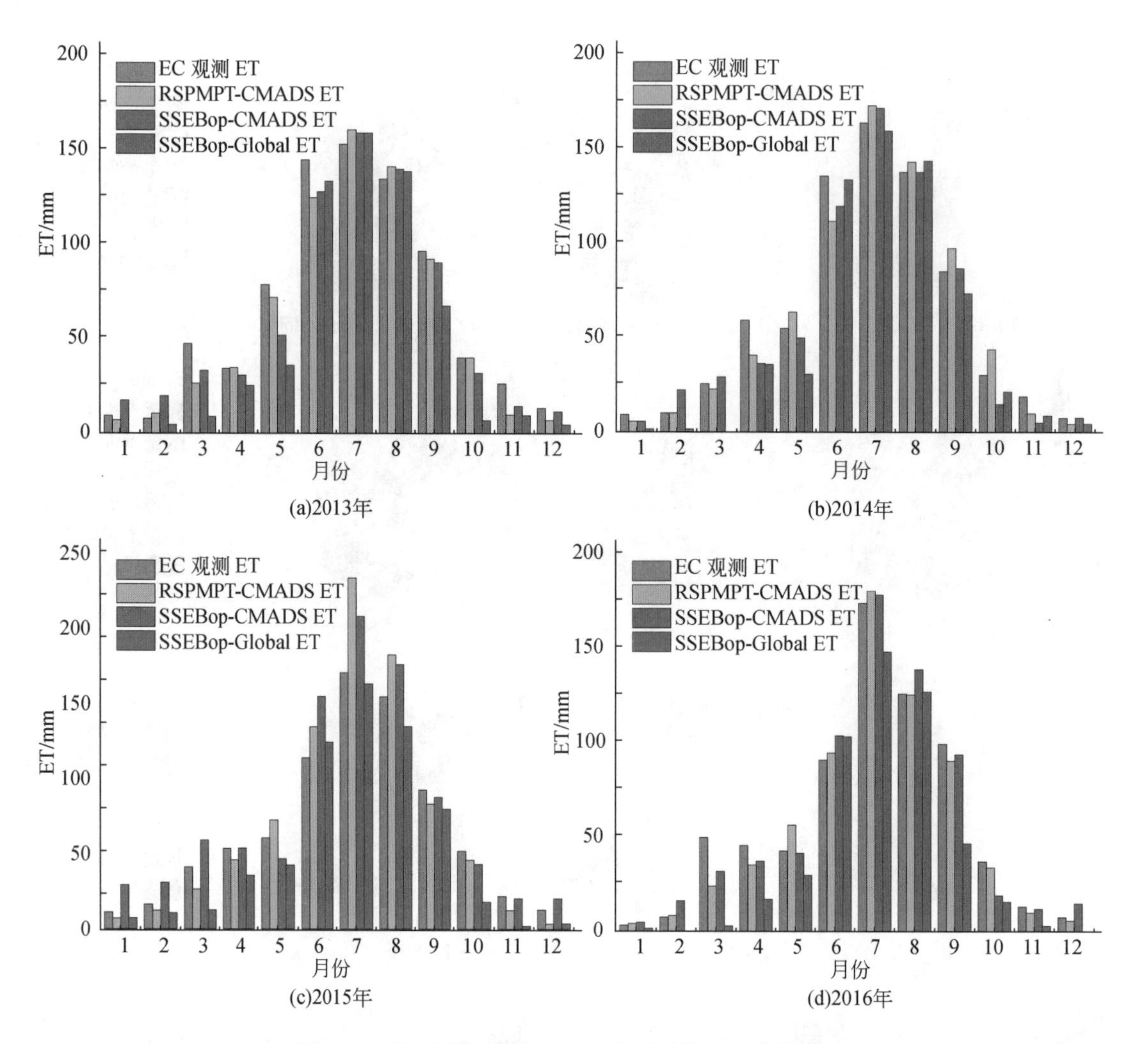


图 8-3　黑河中游绿洲农田不同模型估算逐月蒸散验证

下垫面供水充分时，实际蒸散（$E$）与潜在蒸散（$E_p$）相等；当下垫面随着水分减少时，实际蒸散随之减少，而显热通量的增加使该地区空气湍流增强，并使温度升高，湿度降低等，导致潜在蒸散增加，Bouchet 认为潜在蒸散增加量与实际蒸散减少量相等。上述蒸散互补相关关系可以表示为

$$E_p - E_w = E_w - E \tag{8-13}$$

式中，$E_w$ 为陆面充分湿润时的蒸散，其仅受能量限制，称为湿润环境蒸散；$E_p$ 为潜在蒸散；$E$ 为实际蒸散。

根据上面的分析，$E_w$ 应为完全干燥情况下潜在蒸散量的一半。图 8-4 表示了 Bouchet 所提出的理论中蒸散的互补关系。Bouchet 所提出的理论是互补理论的开端。然而，许多学者在进一步的研究中发现，研究区大气边界常常受太阳辐射、平流扰动、植被冠层导度和气温等条件的影响，$E_w - E$ 在数值上并不等于 $E_p - E_w$，此时蒸散互补关系是非对称性的。

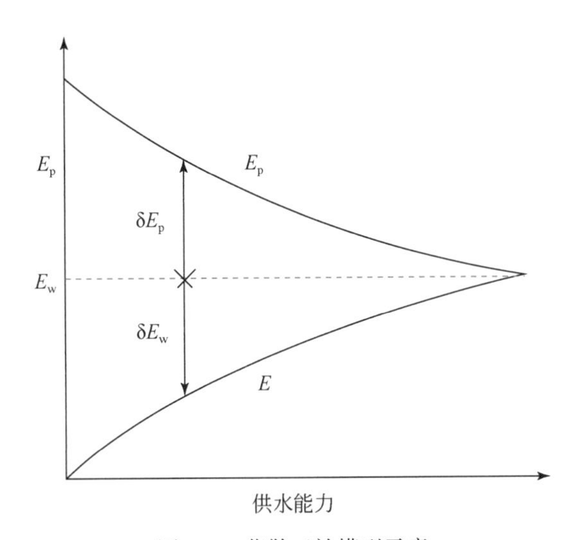


图 8-4 蒸散互补模型示意

$\delta E_p$ 为潜在蒸散伴随供水能力的变化；$\delta E_w$ 为陆面充分湿润时的蒸散伴随供水能力的变化

近年来，学者们在不同假设条件下对蒸散互补相关关系进行了数学模型推导，引入了互补理论的线性或非线性不对称性质的参数 $b$：

$$E_p - E_w = b(E_w - E) \tag{8-14}$$

Brutsaert 和 Han（1979）依据互补理论，采用 Penman 公式计算了潜在蒸散，用 P-T 公式（Priestley and Taylor，1972）计算了湿润环境蒸散，提出"平流–干旱"模型：

$$\frac{E}{E_p} = \left(1 + \frac{1}{b}\right)\frac{E_w}{E_p} - \frac{1}{b} \tag{8-15}$$

Morton（1983）通过一个理想的充分供水的蒸发面，在近地层中选定合适的参考面，对蒸散互补相关关系进行了数学推导，提出了基于互补理论的 CRAE 模型。Han 等（2012）提出用非线性的 CR 模型来评估蒸散之间的关系，且受该模型启发，推出幂函数模型。Brutsaert（2016）通过广义互补理论，并提出了广义互补理论应满足的物理约束和边界条件，进而建立了多项式模型：

$$E = (E_w / E)^2 (2E_w - E_p) \tag{8-16}$$

Szilagyi 等（2016）考虑到水量平衡数据使用的限制，推导出无需校准的互补模型以及估算模型参数 $\alpha$ 的公式。目前，基于广义互补蒸散模型对蒸散进行研究的方法得到了越来越多学者的关注。

根据蒸散互补理论，潜在蒸散的变化与实际蒸散的变化呈反比，潜在蒸散的减少印证了全球变暖导致的实际蒸散增加。然而蒸散互补仅适用于干旱地区，在湿润地区，实际蒸散受潜在蒸散控制，两者呈正比，无法利用蒸散互补解释潜在蒸散降低的现象。

### 5. 地表温度–植被指数特征空间法

地表温度–植被指数特征空间法（简称特征空间法）（图 8-5），通过遥感数据可获得由地表温度和植被指数构成的特征空间，进而结合气象数据，可在区域尺度上进行蒸散的反演，特征空间法可降低蒸散反演对地面气象参数的依赖性，仅需要少量气象数据且对其精度要求不高，因此得到广泛应用（Rasmussen et al.，2014）。

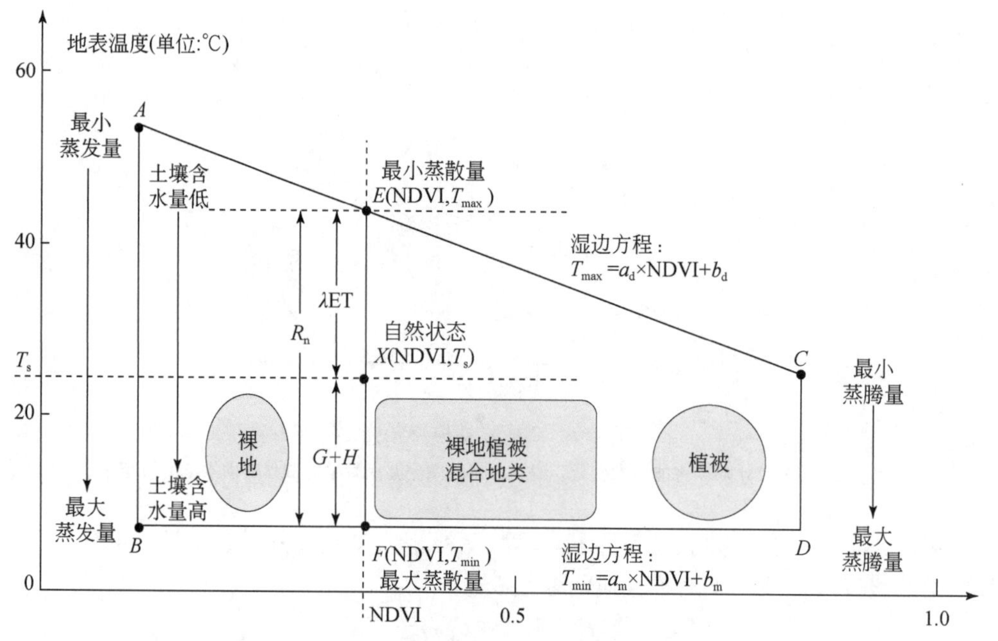


图 8-5　地表温度-NDVI-蒸散量空间关系

$a_m$ 和 $b_m$ 为最小温度湿边方程拟合参数，$a_d$ 和 $b_d$ 为最大温度湿边方程拟合参数

资料来源：贺广均等（2015）

特征空间的构建主要在于“干边”和“湿边”的确定。在水分胁迫状态下，由于潜热减少，太阳辐射分配给地表的显热会增加，进而造成地表温度或昼夜温差的增加。“干边”代表的是不同植被指数所对应的地表最大温度；而“湿边”是在水分饱和情况下，地表的温度情况（Jiang，2004；Venturini et al.，2004）。“干边”和“湿边”确定后，使用空间差值的方法得到蒸发比，具体过程如下（Wang et al.，2006）：

$$\mathrm{EF}=\frac{\Delta(T_{\max}-T_i)(\alpha-\alpha\mathrm{NDVI})}{(\Delta+\gamma)(T_{\max}-T_{\min})}+\alpha\mathrm{NDVI} \tag{8-17}$$

$$\mathrm{LE}=\mathrm{EF}(R_n-G) \tag{8-18}$$

式中，EF 为蒸发比；$T_{max}$为“干边”对应的温度；$T_{min}$为“湿边”对应的温度；$\gamma$ 为干湿表常数；$\alpha$ 为 P-T 系数；$T_i$为像元 $i$ 对应的地表温度。特征空间法是一种直接估算蒸发比的方法，不需要通过净辐射减去土壤热通量和感热通量的方式计算蒸发比，避免了能量不平衡导致的潜热余项高估问题。这种直接获取蒸发比的方式使得特征空间法一定程度上降低反演结果的不确定性。多数基于遥感的蒸散量模拟需要有高精度的近地层气象参数支持，如风速、空气温度与湿度等。相对而言，特征空间法中需要的地面气象参数少且精度要求不高，免去了复杂的参数描述过程。

地表温度-植被指数特征空间法模拟地表蒸散量在地物类型可分、植被生长差异性显著时期具有较高精度，地表经过强烈的太阳辐射后，植被指数相同的区域，由于地表土壤含水量的差异，温度会有一定程度的差异，此时植被指数与地表温度更趋于梯形关系，地表温度、植被指数和地表蒸散量之间的时空关系更加显著。温度植被蒸散指数更适用于植被覆盖和地表温度具有明显空间分布差异的区域。在地表覆盖类型丰富，相同植被覆盖度的地类的土壤含水量具有一定差异的情况下，地表蒸散情况更容易达到最小或最大两种临界状态，此时植被指数和地表温度的梯形关系更为明显，温度植被蒸散指数的精确度更高。

6. ETMonitor 方法

Hu 和 Jia（2015）针对中国–东盟自然地理环境复杂多样的特点，研发了基于多参数化方案的适用于不同土地覆盖类型的地表蒸散估算模型 ETMonitor，利用多源遥感数据反演的地表参数和气象数据作为驱动，以主控地表能量和水分交换过程的能量平衡、水分平衡及植物生理过程的机理为基础，所计算的地表蒸散包括土壤蒸发、植被蒸腾、冠层降水截留蒸发、水面蒸发和冰雪升华。

对于土壤蒸发和植被蒸腾，数据研发过程中所采用的 ETMonitor 模型主要是基于 Shuttleworth-Wallace 双源模型及一系列阻抗参数化方案来建立的。Shuttleworth-Wallace 在 P-M 公式的基础上，引入冠层表面阻抗和土壤表面阻抗参数，建立了由植被冠层和冠层下的土壤两部分组成的双源蒸散模型：

$$\lambda E = C_{c} \cdot \mathrm{PM}_{c} + C_{s} \cdot \mathrm{PM}_{s} \tag{8-19}$$

$$\mathrm{PM}_{c} = \frac{\Delta(R_{n}-G)+[\rho C_{p}\mathrm{VPD}-\Delta r_{a,c}(R_{n,s}-G)/(r_{a,a}+r_{a,c})]}{\Delta+\gamma[1+r_{s,c}/(r_{a,a}+r_{a,c})]} \tag{8-20}$$

$$\mathrm{PM}_{s} = \frac{\Delta(R_{n}-G)+[\rho C_{p}\mathrm{VPD}-\Delta r_{a,s}(R_{n,c}-G)/(r_{a,a}+r_{a,s})]}{\Delta+\gamma[1+r_{s,s}/(r_{a,a}+r_{a,s})]} \tag{8-21}$$

式中，$\mathrm{PM}_{c}$、$\mathrm{PM}_{s}$ 分别为冠层和土壤表面潜热通量；$C_{s}$、$C_{c}$ 分别为冠层与土壤阻抗系数。模型中的阻抗参数包括空气动力学阻抗 $r_{a,a}$、土壤表面阻抗 $r_{a,s}$ 和冠层表面阻抗 $r_{a,c}$，其中土壤表面阻抗和冠层表面阻抗是 ETMonitor 模型的核心内容。土壤表面阻抗的参数化方法考虑了土壤的水力学属性及微波遥感反演的土壤水分数据，而冠层表面阻抗的参数化方法考虑了植物叶面气孔开闭对外界环境中的太阳辐射、气温、饱和水汽压差及根系层土壤含水量的响应。大气降水落到植被下的土壤表面之前，受到植被冠层茎、叶的截留和吸附作用。在降水期间和降水后，植被对降水的截留和随后的蒸发是陆地生态系统水分平衡的重要组成部分，对于森林生态系统来说尤为重要，特别是当降水不集中时，这部分水量是相当可观的。对于植被冠层的降水截留蒸发，数据研发过程中所采用的 RS-Gash 模型是对经典的站点尺度 Gash 降水截留模型的改进，可用于计算区域尺度非均匀植被的降水截留蒸发。

7. 遥感参数化方法

Wu 等（2020）提出的蒸散遥感参数化方法，在完全采用遥感获取的地表参数与气象参数的基础上，通过发展各要素的参数化方案，主要包括净辐射、土壤热通量、感热通量与潜热通量，以及必要的输入参数，如水汽压、空气动力学粗糙度、冠层阻抗等，避免了传统能量平衡中的迭代计算，具有计算简单、便于区域应用的特点。在黑河流域不同下垫面的验证表明，该参数化方法具有较高的估算精度，与 MOD16 以及 SSEBop 模型对比，更具优势。

参数化方法依据能量平衡，通过地表-大气耦合因子，考虑不同地表环境因子对地表通量的影响，发展感热通量参数化模型（Zhuang et al.，2016）。在单源模型下，感热通量通常用整体动量公式进行估算。

地表潜热通量由地表至大气的水汽压梯度驱动，表示为地表与大气间水汽之差与相应阻抗的比值。主要公式如下：

$$\lambda E=\frac{\frac{\rho \cdot C_{\mathrm{p}}}{\lambda} \cdot (e_{\mathrm{s}}-e_{\mathrm{a}})}{r_{\mathrm{ae}}} \tag{8-22}$$

式中，$e_{\mathrm{s}}$ 为地表实际水汽压，与式（7-27）中的 $T_{\mathrm{s}}$ 相对应；$e_{\mathrm{a}}$ 为参考高度处的空气实际水汽压。由于地表水汽压与地表温度在同一平面，空气水汽压和空气温度在同一平面，分母项上的阻抗与式（7-27）中相同。

引入能量平衡公式、地气耦合因子的计算公式：

$$e_{\mathrm{s}}=\Omega \cdot e_{\mathrm{s}}^{*}+(1-\Omega) \cdot e_{\mathrm{a}} \tag{8-23}$$

$$\Omega=\frac{\Delta+\gamma}{\Delta+\gamma\left(1+\frac{r_{\mathrm{sur}}}{r_{\mathrm{a}}}\right)} \tag{8-24}$$

$$r_{\mathrm{ae}}=\rho \cdot C_{\mathrm{p}}[T_{\mathrm{s}}-T_{\mathrm{a}}+(e_{\mathrm{s}}-e_{\mathrm{a}})/\gamma]/(R_{\mathrm{n}}-G) \tag{8-25}$$

式中，$T_{\mathrm{s}}$ 为地表温度；$T_{\mathrm{a}}$ 为参考高度处的空气温度。采用卫星观测的地表辐射温度 $T_{\mathrm{s}}$ 代替空气动力学温度 $T_0$，所以分母项上的 $r_{\mathrm{ae}}$是热力学传输总阻抗，指的是空气动力学阻抗与额外阻抗之和。地气耦合因子 $\Omega$ 的计算公式中，$r_{\mathrm{sur}}$为地表气孔阻抗，$r_{\mathrm{a}}$为空气动力学阻抗。地气耦合因子 $\Omega$ 表征地表与大气之间的耦合程度，当 $\Omega=0$ 时，表征完全干燥的地表，此时地表水汽压趋向于空气实际水汽压，这种情况下，一般认为没有蒸散发生；当 $\Omega=1$ 时，表征湿润度饱和的地表，例如灌溉后的农田或者一场大雨过后的地表，此时地表水汽压与地表温度估算的饱和水汽压相等。

## 8.3.2 方法差异比较

目前，蒸散（潜热通量）估算方法均存在适用性和不确定性的问题。能量平衡余项法的最大问题在于迭代计算感热通量组分，以及各能量分量的误差累积，同时，该方法必须在能量平衡框架下进行，现实观测中发现能量不平衡现象尚无法得到有效解决。

作物系数法与 SSEBop 模型都以潜在蒸散作为参考，通过蒸散限制系数进行实际蒸散的估算。不同之处在于作物系数法通常由统计关系确定蒸散限制系数，而 SSEBop 模型则从遥感图像整体出发，统计区域冷热点信息来确定蒸散限制系数，提高了该方法的适用性。

蒸散互补模型仅需要常规气象资料即可估算陆面实际蒸散量，考虑了实际蒸散与潜在蒸散之间的相互作用关系，即下垫面随着水分减少时，实际蒸散减少量与潜在蒸散增加量相等。然而，在区域应用时，这一互补关系的精确计算需要高空间分辨率气象数据的支持，同时在短时间尺度上，蒸散互补关系并不成立，通常不能满足计算瞬时甚至逐日的蒸散需求。蒸散互补仅适用于干旱地区，湿润地区不确定性增加。

地表温度-植被指数特征空间方法所需参数少，可由遥感地表温度与植被指数直接计算得到蒸发比。在区域应用时，往往需要下垫面类型明确，且具备植被长势良好，水热差异明显等特征，其在不同下垫面的适用性仍值得探究。

ETMonitor 模型主体是基于 Shuttleworth-Wallace 双源模型及一系列阻抗参数化方案来建立的，通过优化变量参数化方案，考虑不同下垫面的蒸散计算过程，具有较强的适用性。但是模型中涉及大量的经验参数，在区域应用时需要注意参数率定。

遥感参数化方法本质上是在能量平衡框架下发展起来的，通过遥感获取地表参量与气象数据，发展了净辐射通量、土壤热通量、感热通量与潜热通量等参数化方案，避免了传统能量平衡中的迭代计算，便于区域应用。

## 8.4 特殊下垫面潜热估算

特殊下垫面类型是指除植被外的各种其他下垫面，包括裸土、水面、冰雪、人工表面等，这些下垫面的物理组成明显不同于植被表面。因此，在能量交换与蒸散过程中，不同于传统基于植被的蒸腾过程，是从事蒸散模型研究人员关注的领域。

### 8.4.1 裸土

裸土下垫面接收的净辐射能量，主要分配于土壤热通量与感热通量，干旱区受水分限制，潜热通量较小。然而，当土壤湿度增大时，土壤热通量与潜热通量降低，陆-气间潜热通量交换增加。因此，在计算裸土蒸发时，土壤表面湿度被认为是最重要的变量，在不饱和状态下，土壤蒸发的水汽源位于土壤表层之下，水汽源之上的干燥土壤限制着水汽的扩散。此时计算土壤蒸散需要考虑土壤气孔阻抗或土壤水分胁迫。当土壤湿度处于饱和时，裸土蒸发趋于潜在蒸散量，土壤气孔阻抗达到最低。

P-M 与 P-T 公式均可以计算土壤表面蒸散量。Mu 等（2011）通过引入一个总体的土壤表面阻抗 $r_{s\_tot}$，将裸土蒸散的计算公式表示为

$$LE_s = [\Delta(R_{ns}-G)+\rho C_p(e_s-e_a)/r_a]/(\Delta+\gamma\times r_{s\_tot}/r_a) \tag{8-26}$$

可见，采用 P-M 公式进行土壤蒸发计算关键在于土壤表面净辐射与阻抗项的准确获取。Priestley-Taylor-JPL 模型中，通过引入土壤水分环境胁迫因子，进行实际土壤蒸散的计算。

1972 年美国学者 Ritchie 在 P-M 公式的基础上，结合气象因素、土壤类型提出了计算农田土壤蒸发的 Ritchie 模型。Ritchie 模型将蒸发分为 2 个阶段，第 1 阶段蒸发过程是以

土壤潜在的蒸发速率进行的，其蒸发速率的主要影响因素为大气的蒸发能力。当蒸发量累积达到第 1 阶段蒸发极限值 $U$ 时，蒸发进入第 2 阶段。第 2 阶段土壤蒸发速率低于潜在的土壤蒸发速率，Ritchie 通过试验发现，第 2 阶段累积蒸发量与时间的平方根成正比。该模型相对简单，仅需要气象数据及确定第 2 阶段土壤水力特性系数即可计算出蒸发量。

$$E_{s1} = \sum_{t=t_1}^{t_1} E_{s0} < U \quad t < t_1 \tag{8-27}$$

$$E_{s2} = \alpha \cdot \sqrt{t-t_1} \quad t>t_1 \tag{8-28}$$

式中，$E_{s1}$ 为第 1 阶段累积蒸发量；$E_{s0}$ 为当日潜在蒸发量；$\alpha$ 为土壤水力特性系数，其取值通常根据经验确定，不同的土壤环境差异较大；$t_1$ 为第 1 阶段累积蒸发时间；$E_{s2}$ 为第 2 阶段累积蒸发量；$t$ 为蒸发过程的总时间。Ritchie 通过大量试验总结出黏土、壤土、砂土的 $U$ 值分别取为 12 mm、9 mm 和 6 mm。第 1 阶段土壤潜在蒸发速率根据 P-M 公式计算，并进行逐日累加。郑鑫等（2016）利用自制微型蒸渗仪（图 8-6）对大庆盐碱区域裸土试验区进行观测，通过修正 Ritchie 模型参数，为盐碱土区土壤蒸发量计算提供参考（图 8-7）。

图 8-6　微型蒸渗仪布设前与布设后

## 8.4.2　水面

水面蒸发是影响江河湖泊、水库等自然水体水量循环和能量平衡的重要因素。水面蒸发量不仅能反映当地的蒸发能力，而且能反映水体的蒸发损失。水面蒸发是区域水文循环的重要环节，也是区域热量平衡的重要因素。

关于水面蒸发量的计算方法较多，主要有水量平衡法、辐射法和经验模型法。

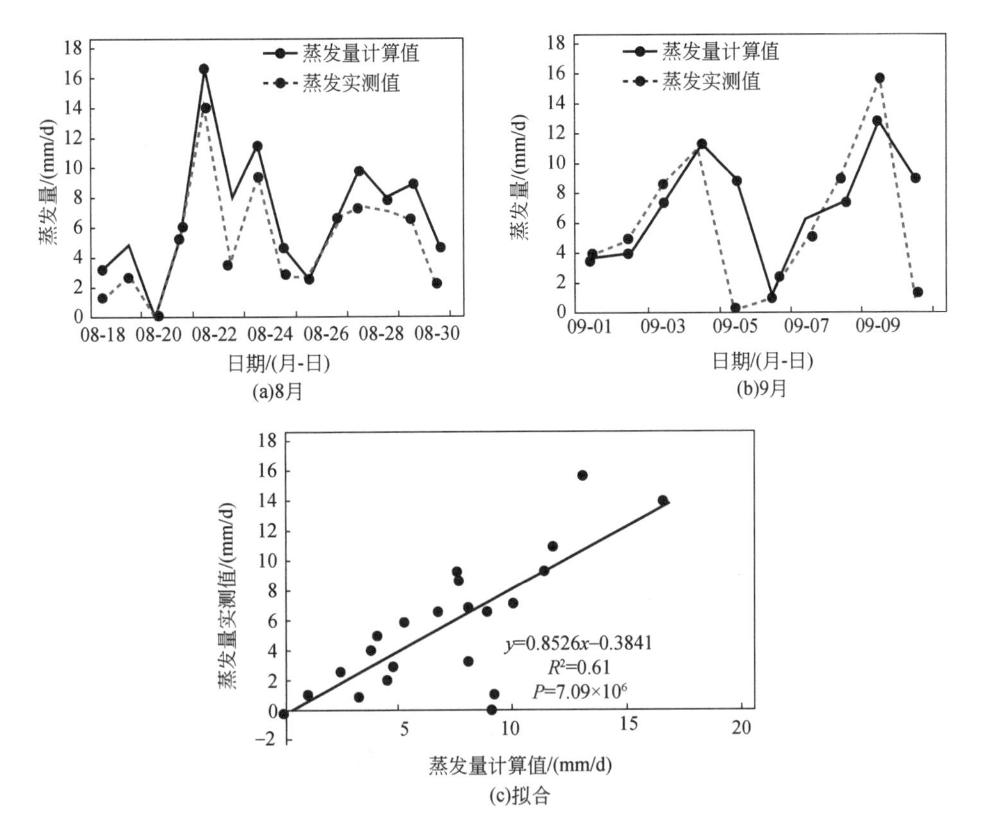


图 8-7 修正 Ritchie 模型参数后土壤蒸散估算结果

水量平衡法是应用水量平衡原理计算水库、湖泊的水面蒸发量，该方法理论上可行，但在实际应用过程中因为出库、入库水量远大于蒸发量，渗漏量和水库周围的一些入流量不易观测等原因，水面蒸发量结果误差很大。

辐射法是基于太阳总辐射能量和等效蒸发系数直接估算水面蒸发量的一种方法，与气温、气压、空气比热、相对湿度和风速有关。

经验模型法是根据水面蒸发的物理过程建立不同形式的经验公式，常用的水面蒸发模型主要有质量输送模型与 Penman 模型。

英国物理学家 Dalton 早在 1802 年就从影响水面蒸发的成因出发，把水面蒸发量与水汽压差和风速联系起来，建立了质量输送模型：

$$E=f(u)(e_s-e_a) \tag{8-29}$$

式中，$E$ 为每天的水面蒸发量；$e_s$ 为水面的饱和水汽压；$e_a$ 为空气的水汽压；$f(u)$ 为风速函数。大部分风速函数形式为

$$f(u)=Au+B \tag{8-30}$$

式中，$A$ 和 $B$ 分别为经验系数，Dalton 模型结构比较简单，便于实际应用，但由于水面蒸发对微地形、微气象条件的影响很敏感，再加上近地层空气水平平流对水面蒸发量及其与气象因素关系的影响突出，导致水面蒸发经验公式具有很强的局地性限制。

英国物理学家 Penman 在 1948 年首先提出了空气动力学与能量平衡相结合的方法，并计算了水面蒸发量。Shuttleworth 与 Maidment 在 1993 年提出了改进模型：

$$E=\frac{\Delta(R_n-G)+6.43\cdot\gamma(1+0.536u)(e_s-e_a)}{\Delta(\Delta+\gamma)} \tag{8-31}$$

式中，$R_n$ 为水面净辐射通量；$G$ 为水体储存的热量，约为 $0.225R_n$。该计算方法中，最大不确定性来源于水体储存热量的估算。由于水体深度影响总体吸收热量大小，即水体越深，$G$ 取值越大，从而对日蒸散量造成较大影响。

相同强度的辐射进入不同深度水体中，会产生不同的热量传输与分布，造成不同深度水体储热能力不一致。图 8-8 显示，随着深度的增加，蒸发量随之减小，水体蒸发具有很明显的深度效应。夏季辐射强烈时期，深水体因水深量大，水温的变化对辐射的响应较浅水体更迟一些，整体水温也比浅水体低；冬季辐射较弱时期，深水体因水深量大，太阳辐射期间储热更多，水温下降幅度比浅水体要小。这种不同季节不同深度水体所表现出的不同热量传输规律会引发不同的水面蒸发通量，称之为“深度效应”（聂雄，2018）。目前，水体蒸发量与蒸发面积大小、水体深度、水中温度分布、水汽梯度、气象要素关系研究不够深入与系统。水面蒸发机理还有待深入研究，对于不同尺度水体中（不同深度、不同面积）的热量传输与水面蒸发研究尚浅。已建立的多种水面蒸发模型还不能精确估算水面蒸发量，绝大多数公式具有局部适用性。在我国结合地下水研究开展长期野外水面蒸发实验为数不多，在实际应用中大多数是跟踪和搬用国外在特定区域与特定气候条件下获得的计算公式，而这些公式在我国气候条件下的适用性尚需评估（聂雄，2018）。

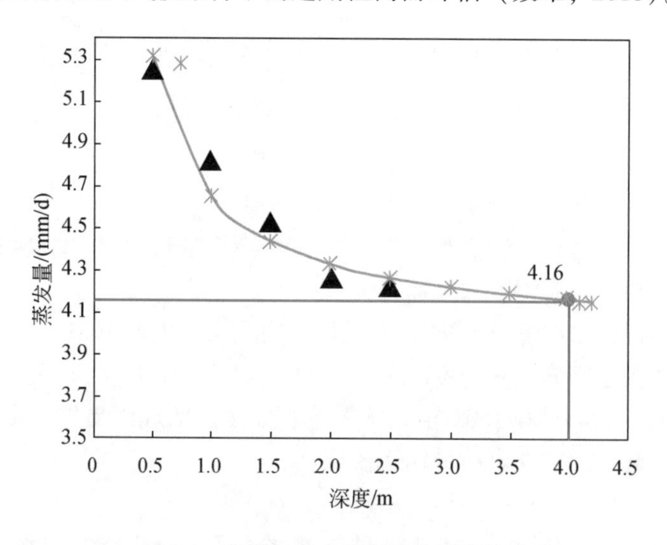


图 8-8　蒸发量和水体深度的函数关系

## 8.4.3　冰雪

作为冰冻圈重要组成部分的冰川和积雪，其分布约占全球面积的 20%，被认为是气候变化的指示器，在全球或区域气候系统中起着极其重要的作用。在中国西部干旱区，冰川融水直接关系到下游河川径流的变化，并对干旱区的生态和社会发展具有重要影响，从能量平衡角度理解冰川消融过程，对其进行模拟、预测全球气候变化背景下冰川的变化及其对水资源的影响具有重要意义。融雪水是极其重要的水资源，尤其是在我国西北干旱半干旱区，山区融雪水是山前地带水资源的主要来源，直接影响人类生产活动。

Burns 等（2013）根据大气条件数据和每 30 min 的冠层内部与冠层上方的涡度相关感热及潜热通量，研究了科罗拉多州尼沃特山脊下亚高山森林的积雪温度及其对感热通量与潜热通量的影响。研究发现，虽然气温是积雪温度的主要控制因素，但在积雪快速升温之前，有时会有强烈的下坡风，使夜间空气（和冠层）温度保持在冰点以上，从而增加感热通量和从冠层到积雪的长波辐射传递。积雪表面的水汽凝结，释放热量，加剧了积雪升温，此时潜热通量由大气向地表进行传输。

Schlögl 等（2018）在模拟湍流热交换过程的数值模型中，考虑了地表异质性对近地表气温场空间变异性和冰雪融化过程的影响，使用基于物理的表面过程模型 Alpine3D 计算了湍流感热通量和日雪深耗竭率。结果表明，陆地表面的异质性（有雪或没有雪）反馈在近地表大气场的变化，导致平均气温显著增加。雪上的平均气温随着初始风速的增加而显著增加，同时随着雪块数量的增加而微弱增加。地表感热通量与潜热通量和日雪深耗竭率及平均气温呈显著正相关。

冰雪表面的高反照率、固态与液态之间相变过程中潜热的释放和吸收，以及其面积变化引起的水分和能量循环等因素，将直接影响地表能量和水汽通量、云、降水、水文及大气环流和洋流，冰川表面的能量平衡可以描述冰雪消融与气候响应之间的物理机制。

冰川的蒸发受到冰面热量条件的限制和表面融化过程的制约，冰川消融季节冰面吸收的热量主要被冰雪融化过程消耗。随着气温升高和表面净辐射热量收入的增加，消融冰雪面保持 0 ℃，表面蒸发并不随气温升高而增加。在非消融季节，冰雪面接收的能量较少，表面蒸发也受到限制。

目前，冰雪表面潜热通量（蒸发）估算主要有质量输送模型、能量平衡模型与近似块体交换系数法。冰雪升华是水面蒸发的一种特殊情况，当冰雪上空的水汽压小于当时温度下的饱和水汽压时，冰雪升华就会发生。

Dalton（1802）提出了质量输送模型，通过考虑冰雪表面风速、水汽压差对冰雪潜热交换的影响，可用于估算冰雪表面升华（Kuzmin，1953）：

$$E=(0.18+0.098u)(e_s-e_a) \tag{8-32}$$

该模型被世界气象组织推荐应用，然而模型中风速项函数采用了经验系数，适用性需要进一步分析。

基于能量平衡的冰雪潜热通量估算与陆地表面类似，通过估算冰雪下垫面净辐射通量、土壤热通量与感热通量，由能量平衡余项法计算潜热通量。

由于在消融期间冰雪面温度基本上处在 0 ℃，冰雪面的湿度接近饱和，相对湿度接近 100%，这样就可以采用块体交换系数的方法估算潜热通量，计算公式为

$$E=\lambda\rho C_E C_H u(q-q_{sat}) \tag{8-33}$$

$$H=\rho C_p C_H u(T-T_s) \tag{8-34}$$

式中，$C_E$、$C_H$为热量与水汽输送系数；$q$ 为参考高度比湿；$q_{sat}$为地面饱和比湿；$T$ 为参考高度气温；$T_s$为冰雪表面温度。注意，上述公式计算时，负值表示能量由冰雪面输送至大气，正值表示能量由大气输送至冰雪面（Sakai et al.，2006）。

在冰川消融期，净辐射、湍流热通量和冰川消融耗热是能量平衡的主要组成部分，能量收入方面主要是净辐射和感热通量。通过观测祁连山七一冰川能量平衡特征、日平均净辐射、感热通量和潜热通量的时间序列（图 8-9）（陈亮等，2007），得出在整个考察期间，感热通量都为正值，表明大气向冰面输送热量；而潜热通量基本都为负值，表明冰面向大气输送水汽。天气过程对冰雪面的能量平衡各分量有很大的影响，在晴天，净辐射和感热通量会明显增加；在阴雨天，净辐射占能量输入的主导作用，而感热通量和潜热通量很小。风速在雪面–大气间的感热和潜热交换过程中起非常重要的作用，显著的感热和潜热交换常出现在气温高、风速大的天气过程中，气温高、风速大，净辐射和感热通量变得显著，潜热通量变为正值且较大。冰雪表面净辐射日变化十分明显，白天为正值较大，夜里为负值较小。感热通量也是白天较大，夜晚较小，但变化的幅度比较小。潜热通量的日变化过程与感热通量相似，但方向相反。由于感热通量基本都为正值，即大气向冰面输送热量，潜热通量基本为负值，冰面失去热量，感热和潜热相互抵消后，在能量平衡中所占的比例就较小。

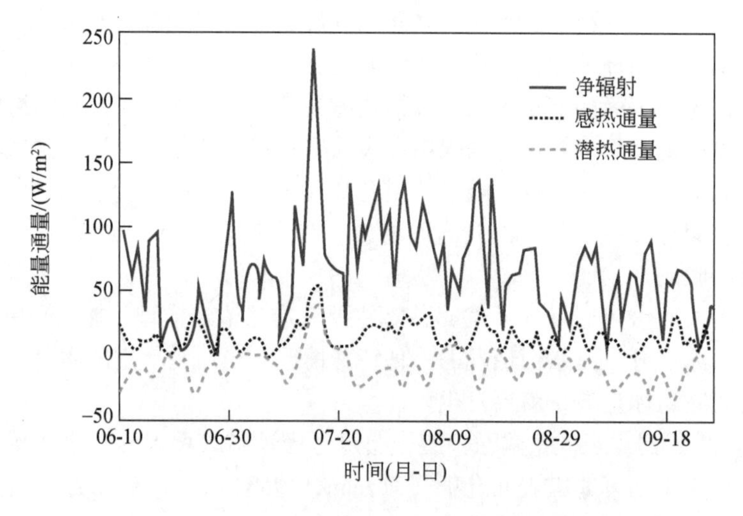


图 8-9　冰雪表面日均值净辐射、潜热与感热通量

## 8.4.4　人工表面

人工表面定义为诸如屋顶、沥青或水泥道路以及停车场等具有不透水性的地表面，与透水性的植被和土壤地表面相对。不透水面具有较强的太阳辐射吸收能力，吸收的辐射又逐渐以长波辐射的形式发射出去，加热城市冠层和边界层，改变其显热通量和潜热通量，

从而改变城市地区的水热循环过程，影响城市气候（Wang et al.，2016）。

城市为典型的人工表面，是人口高度集中的区域。人类生产生活不断释放的热量改变了城市地表能量平衡（Nouri et al.，2016）。人为热的来源一般有人新陈代谢、工业生产、交通运输与建筑物排热，这些热量以显热与潜热的形式排放到大气中（Miao and Chen，2014；Yang and Wang，2015；Yang et al.，2015；刘家宏等，2018）。Li X 等（2013）、刘家宏等（2018）发现城市实际耗水量远大于遥感模型估算的结果，主要原因是来自建筑物内部的湿润地面、生活用水等在人为热的影响下，会由液态变为气态，由通风系统等进入城市大气中参与水循环（周晋军等，2017）。周琳（2015）对遥感蒸散模型引入了人为热项，发现估算值与实际值更为相符。城市高大的建筑物所产生的峡谷结构会加强热作用，形成城市对流风。

Wang 等（2016）以亚热带沙漠气候下的菲尼克斯为研究对象，利用通量塔的实测蒸散和遥感中分辨率成像光谱仪陆地产品，建立了一个预测城市蒸散的经验模型。利用所开发的经验模型，进行蒸散时间序列趋势分析。结果表明，蓝天反照率和地表温度是解释菲尼克斯蒸散模型的两个显著变量。蒸散显著增加的区域在空间上呈高度聚集，主要集中在城市的郊区，而蒸散减少的区域一般集中在城市经济高度发达的地区，如菲尼克斯中心区。

Litvak 等（2017）通过结合现场测量得到的草坪蒸散和树木蒸腾的经验模型，以及遥感植被覆盖度和基于地面的植被调查，估算了洛杉矶灌溉景观的蒸散。研究发现，植被蒸散接近潜在蒸散量，表明灌溉投入量大。月平均植被蒸散量在（1.5±0.1）mm/d（12 月）到（4.3±0.2）mm/d（6 月）之间变化，且 70% 都是草坪草造成的，对乔木而言，被子植物对蒸腾的贡献超过 90%，而针叶树和棕榈树的贡献很小。其他非植被区域的蒸散与城市中位家庭收入呈线性相关，证实了社会因素在决定城市植被空间分布中的重要性。

以上两例研究对改进区域尺度水文模型以及发展节水实践具有重要意义，然而研究中采用的经验方法具有局限性，且没有考虑城市下垫面特殊的环境因子和人为因素影响。

Hagishima 等（2007）通过低、中、高密度的植物排列，观测其蒸散量，发现低密度植被蒸散量更大。城市植被由于处在建筑物等不透水面的包围之中，在上风向区域较热和较干空气的平流作用下，绿地植被蒸腾、冠层截流蒸发均比在自然下垫面时要大，称之为“城市绿洲效应”（Miao and Chen，2014；Yang and Wang，2015）。城市绿洲效应强度不仅受微气象条件（如风速、气温）影响，还与绿地植被高度、覆盖度有关。城市冠层模式中采用经验值来量化绿洲效应，并进行大尺度城市区域的蒸散估算，难以体现不同绿地植被蒸腾耗水规律的时空差异特征（Liu et al.，2017）。

与自然下垫面相比，人工表面蒸散观测与估算难度较大。周晋军等（2017）将人工表面分为建筑体、硬化地面、城市绿地和城市水面 4 种耗水类型的下垫面（Yang and Wang，2015）。

硬化地面分为不透水地面和透水铺装地面两种，不透水地面包括水泥地面、柏油道路等。建筑屋顶和不透水地面一样，不产生下渗，耗水来源只考虑天然降水，认为截留降水全部用于蒸散消耗。对透水铺装地面来说，截留的降水一部分直接蒸发，一部分下渗，下渗的水分会再次蒸发。从年尺度来看，透水地面截留的雨水全部蒸发。蒸发模块利用有效降水的思想进行建模，其计算公式如下：

$$E_Y = P_2 + (1-a)(P-P_2) \tag{8-35}$$

式中，$E_Y$ 为硬化地面与建筑体屋顶截流蒸发量；$P_2$ 为一年中日降水量小于2.0 mm的降水总量；$a$ 为年径流系数；$P$ 为年降水量。

城市绿地耗水来源分为人工供水和天然降水。天然降水在城市绿地会被植被、土地截留而产生蒸发，同时也会产生径流和下渗。城市绿地的蒸散计算模型如下：

$$E_G = E_{EI} + E_{ET} + E_{EO} \tag{8-36}$$

式中，$E_G$ 为城市绿地蒸散量；$E_{EI}$为植被截留蒸发量；$E_{ET}$为植被蒸腾量；$E_{EO}$为棵间土壤蒸发量。

城市水面蒸散量可由水体蒸散公式计算，而建筑体内部水汽排放、参与大气循环部分的潜热交换估算十分困难，目前仍无有效模型，解决的办法为根据建筑物类型差异，结合实际调查，采用经验方法确定。

以能量平衡方程进行人工表面的蒸散（潜热通量）估算，关键是确定人为热因素及绿洲效应因子。张宇（2018）通过区域混合像元分解、组分温度计算、阻抗网络优化等举措，改进了城市不透水面的能量分配模拟。城市下垫面不仅有绿地植被、土壤系统，还有更大比例的不透水面，组分温度分解存在较大不确定性，限制了双源能量平衡模型在城市的应用。Faridatul 等（2020）对 SEBAL 模型中各能量项估算公式依据城市下垫面特点进行修正，并引入了城市人为热项，以更准确地估算城市蒸散。

陆面模式中的城市冠层模式，在全球气候模式框架下，以研究城市气候特征为目标发展而来。Chen 等（2011）将单层城市冠层模型（single layer urban canopy model，SLUCM）引入到天气预报模式中，提高了城市下垫面水热传输物理过程的模拟精度。Miao 和 Chen（2014）综合考虑不同的城市水文过程，如人为蒸发、绿地灌溉等，细化了 SLUCM 中地表水热通量参数化方案：

$$R_n + A = H + G + \mathrm{LE} \tag{8-37}$$

$$\mathrm{LE} = \mathrm{LE}_g(1-f_{urb}) + f_{urb}(\mathrm{LE}_{urb} + A_{LE}) \tag{8-38}$$

$$\mathrm{LE}_g = C_H E_p \alpha_{oasis} \tag{8-39}$$

式中，$A$ 为人为热排放量；$\mathrm{LE}_g$为绿地潜热通量；$f_{urb}$为不透水面组分比例；$A_{LE}$为人为热转化为潜热部分；$C_H$为热交换系数；$E_p$为潜在蒸散；$\alpha_{oasis}$为绿洲效应因子；$\mathrm{LE}_{urb}$为城市不透水面截流蒸散潜热通量。城市冠层模式中下垫面参数通常为经验系数（Yang and Wang，2015；Wang et al.，2016），适用空间尺度较大，难以应用于城市绿地耗水时空变化的精细模拟。

## 8.5 小　　结

本章主要介绍了潜热通量的概念、主要影响因子、潜热通量观测与估算方法，并针对特殊下垫面开展了潜热通量估算方法归纳。潜热通量是陆地-大气界面能量与物质交换过程中的重要参量，表达了地表可以为大气提供多少水汽和能量。在全球水循环角度和能量平衡中，均具有十分重要的作用。

影响地表与大气潜热通量交换的因素众多，陆面获取的净辐射能量，通过湍流作用，以感热和潜热的形式传输到近地层大气中；潜热通量和感热通量的大小受湍流交换系数及水汽压、蒸发表面的温度、近地层大气温度和水汽压之间的梯度影响。与感热通量不同的是，潜热通量对下垫面水分状况变化的响应更为显著。因此，潜热通量影响因素大体可以概括为下垫面水分条件、热力与动力条件。水分条件决定下垫面是否饱和；热力条件包括净辐射能量、蒸发面温度与空气温度，决定温度梯度和水汽压梯度；动力学条件主要为风速，决定湍流交换系数。

潜热通量一般可通过波文比法、涡动相关法、大孔径闪烁仪法与液态水分消耗测量方法等进行观测。近年来，全球规模的 FLUXNET 利用涡动协方差方法测量了陆地生态系统与大气之间二氧化碳、水汽和能量的交换，构建了全球微气象塔站点网络。目前，世界各地 500 多个塔位正在长期运营，提供全球不同下垫面类型的水热通量观测数据，为验证遥感产品的净初级生产力、蒸发和能量吸收提供信息。

潜热通量估算方法包括能量平衡余项法、作物系数法、SSEBop 模型、蒸散互补理论法、地表温度-植被指数特征空间法、ETMonitor 模型与 ETWatch 参数化方法等。作物系数法与 SSEBop 模型都是基于潜在蒸散量的计算方法，不同点是作物系数法中蒸散限制系数通常是率定确定的，而 SSEBop 模型则通过影像中冷热点情况进行动态逐像元确定。蒸散互补模型基本出发点为潜在蒸散增加量与实际蒸散减少量相等，然而蒸散互补仅适用于干旱地区，湿润地区不确定性增加。

特殊下垫面包括裸土、水面、冰雪与人工表面，其蒸散过程与植被表面有较大差异，通常需要单独估算。在计算裸土蒸发时，土壤表面湿度被认为是最重要的变量；水面蒸散计算公式很多，最为关键的是如何确定水深、水面对蒸散的影响；冰雪表面潜热交换主要是冰雪消融蒸发和冰雪升华中伴随的热量交换，风速和辐射是影响其潜热交换的最大环境因素。人工表面蒸散（潜热）来源主要有硬化地面、建筑体及城市绿地，如何确定人为热排放和与风速相关的绿洲效应因子是准确估算蒸散量的关键。

# 第 9 章　蒸散尺度转换

“尺度”对遥感领域来说主要有两方面的含义：一是空间尺度，包括研究对象大小以及数据的分辨率（刘强，2002）；二是时间尺度的大小。本章所涉及的尺度是遥感蒸散数据集的时空分辨率。遥感研究的基础就是各类不同分辨率的数据，所以避免不了要研究遥感尺度问题，同时遥感定量化研究的深入也迫切需要尺度研究来配合。不同遥感数据类型、地面测量数据以及应用需要数据三者在尺度上的不一致造成遥感问题的复杂化，因此就需要通过不同尺度间的数据相互转化来解决，这也是尺度问题研究的核心。本章基于遥感卫星数据，介绍蒸散在时间和空间尺度的扩展方法，分析蒸散是如何在时间上从瞬时到日尺度再到逐日过程，在空间上从粗分辨率像元到高分辨率地块和林地尺度。

## 9.1　尺度效应及转换

陆地由土壤、植被、河流等组成，空间分布特征复杂多样，遥感技术是目前大面积同步获取地表信息的最好方式。而遥感数据受传感器技术的限制，需要在时间-空间分辨率上寻找平衡点。通常来说，高时间分辨率、短重访周期的极轨卫星（MODIS 系列），轨道高度较高，因此空间分辨率较低，单个像元覆盖的面积更大。卫星传感器可见光与红外波段在成像瞬间不可避免地会受到空气中云层的影响，遮蔽地表，导致影像受到“云污染”。经统计，即使在极端干旱的新疆维吾尔自治区，每年可用的 MODIS 逐日影像（云污染影响较小）也只有 120 天左右；在半湿润的海河流域，可用影像只有 100 天左右。相邻两景 MODIS 影像之间的间隔最多可能达到 10 天。此外，即使在大范围无云的“晴好日”，也有可能出现局部的水汽、大气或传感器异常，形成小面积噪声或异常，限制了遥感数据的进一步使用。相反，重访间隔较大的太阳同步轨道卫星（如 Landsat 系列），像元具有更精细的空间分辨率。实际应用遥感数据对地表现象进行监测和分析的研究工作中，常常会遇到单一遥感数据源，其时间或空间分辨率无法满足需要的情况。例如，借助遥感数据监测地表蒸散状况，其空间分布受地表覆盖类型影响，变异性较强。但中国大部分地区的农田面积较小，且面积不规则。公里级空间分辨率的遥感影像无法区分并准确描述混合像元内部不同端元的水分消耗的具体状况。高空间分辨率的遥感数据受云污染影响，同一地区每年可以获取的有效影像也有限；北半球夏季多雨，云层较厚，甚至可能出现连续 1 ~ 2 个月没有有效影像的情况。仅借助该数据源无法完全模拟耗水在完整时间序列上的变化，尤其是北方农田灌溉、降水等水源补充后出现的蒸发峰值。因此，要想获取流域尺度时间连续、空间分布精确的蒸散数据集，必须采过尺度转换的方式。

除地表蒸散监测以外，其他基于遥感地表参数的地学研究也受数据源空间分辨率与卫星过境间隔的制约，转而采用降尺度或数据融合的方式。例如，Gao 等（2006）提出一种时空适应性反射率融合模型（spatial and temporal adaptive reflectance fusion model，STARFM），该模型将 MODIS 影像与 Landsat 融合生成具有高时空分辨率的预测影像，成为不同分辨率数据融合时最常用的算法之一。在此基础上，Hilker 等（2012）、Zhu 等（2010）提出了 STAARCH 和 ESTARFM 等改进算法。但 NDVI 除砍伐、火灾等突发状况外，其在生长季内呈抛物线形变化，因此数据融合的方法较简单。相对复杂的地表参数，如地表温度、净辐射等，受地形、太阳辐射、天气等因素的综合影响，降尺度的机理更为复杂。基于不同空间分辨率下 NDVI 与地表温度之间的关系恒定这一假设，亚像元分解模型（DisTrad）可以将 1 km 分辨率的 MODIS 热红外影像降尺度为 250 m 分辨率的地表温度（Kustas et al.，2003）。其他参数的降尺度方法基于植被覆盖度、土壤蒸发和导度方程（一阶泰勒展开式）等，将 L 波段亮度温度反演模拟得到的 SMOS 土壤湿度数据(40 km）和 MODIS 光学数据（1 km）相结合，得到 10 km 分辨率的土壤湿度，降尺度后数据具有较高的精度，并且可以进一步对其空间分辨率进行提升（Merlin et al.，2009）。降尺度–数据融合的策略在气象领域的应用则更为广泛，气象研究中常用的高分辨率（1 ~ 25 km）的降水、大气状态等参数都可以通过降尺度方案获取。

但对于降尺度算法的类别划分及适用性研究目前尚没有完善的结论。降尺度算法理论上都需要确定不同分辨率数据之间的数学关系。驱动融合的算法根据不同的理念，也可以划分为不同的类别，如依赖建立数学关系的方式可以划分为机理方法、基于调制分配的方法和统计学方法。而在对地表参量进行空间尺度扩展的过程中，对低分辨率的混合像元内部不同端元之间光谱特征和能量耦合的考虑，构成了不同的解耦思维，因此可以划分为线性和非线性两种分解模型。前者将精细像元视为独立的对象，相互之间在能量传输过程中不产生影响，而后者考虑不同类型端元之间的信号散射与能量相互影响，机理更为复杂。

地表蒸散的机理更为复杂，涉及大气圈、水圈与生物圈之间的能量和物质交换，很多参量无法通过遥感直接观测，需要通过反演或参数化的方法模拟计算。根据尺度扩展参量在数据集中的位置，可以划分为对相关参量降尺度，再输出高分辨率数据集的输入数据降尺度方案和直接对输出数据集进行分解的输出数据尺度扩展方案。另外，传统的降尺度方案更多面向不同分辨率像元之间的联系，称为面向像元的尺度扩展，这一理念的输出结果受不同分辨率之间空间特征的影响，会出现纹理异常、模糊等问题。近年来，受面向对象遥感影像分类与特征提取等理念的影响，国内外开展了面向对象的尺度扩展研究，并取得了良好的精度及空间纹理表现。

事实上，在遥感计算地表能量平衡及进一步计算蒸散的过程中，涉及的地表参量十分复杂，其中既包括相邻日之间变化幅度较小且有规律可循的参量（如植被指数，反射率等），也包括随天气变化明显的参量（如地表温度、地表阻抗等）。前一种参量的重建可以采用基于数学的方式，选择类时间内插的方法，插补小时间窗口内同一地表范围的缺失值；后一种参量则需要考虑所有地表参量的综合影响，选择类似“搭桥”的理念，通过可获得地表参量与其相关关系计算缺失值。不同类型、不同变化规律的地表参量需要采用不同的时间重建方式，以得到最接近真实地表的结果数据集。

此外，基于遥感卫星过境瞬时影像估算的蒸散是瞬时蒸散，相比瞬时蒸散，日、月、年乃至多年时间序列蒸散的实用价值更高，如气象学、水文学及全球大气模型等需要日、月尺度蒸散；农田生长季耗水动态变化需要相应时间序列蒸散的估算；流域水平衡研究中，需要掌握长时间序列蒸散的估算。因此，有必要探究遥感反演蒸散时间尺度拓展方法，从卫星过境时刻的瞬时值推算逐日，再累加逐月水资源消耗量，以满足气候、生态、水文和农业等领域的研究与应用需求。

## 9.2 时间尺度

现在地面观测和蒸散模型估算的多是瞬间蒸散，然而在水文及水资源管理应用中，日尺度的蒸散信息更有意义，因此有必要将瞬间蒸散进行时间尺度扩展。由于地表湍流在正午时较稳定，此时观测的瞬时或短时间通量更有代表性，国内外很多学者通过地面观测或卫星传感器测得的午间瞬时蒸散估算日蒸散。不同学者提出了一系列的时间尺度扩展方法，这些方法的思路为：以随时间保持不变或按一定规律变化的参数为基础，把瞬时潜热通量进行时间拓展，获得日蒸散总量。目前比较有代表性的日尺度时间扩展方法包括经验模型、正弦关系法、蒸发比法等。另外，蒸散地面观测时常会受到仪器故障和天气因素的影响，难以获取时间连续的逐日蒸散数据；而基于遥感观测技术的蒸散模型估算受天气影响较大，遥感卫星在有云覆盖时无法对地表进行观测，从而无法连续地提供地表蒸散估算所需的变量。因此需要将晴好日的蒸散进行时间尺度扩展，以获取逐日的地表蒸散，目前逐日蒸散时间扩展方法以地表阻抗地时间重建为主。

### 9.2.1 瞬时-日蒸散时间扩展

1. 经验模型

经验模型（又称统计模型）是利用遥感瞬时观测值和地面实测值，在一定假设条件下对潜热 LE、感热 $H$、太阳净辐射 $R_n$ 和土壤热通量 $G$ 进行拟合来确定日蒸散（Jackson et al., 1977），通过日净辐射和一天中（通常 13:30～14:00）瞬时遥感地表温度（通常由 MODIS 卫星获取）与地表气温的差值来计算日蒸散，如式（9-1）所示：

$$\mathrm{LE_d} = R_{n,d} - G_d - B(T_{ls} - T_{la}) \tag{9-1}$$

式中，$\mathrm{LE_d}$为日蒸散（mm/d）；$R_{n,d}$为日净辐射通［MJ/(m$^2$·d)］；$G_d$为日土壤热通量［MJ/(m$^2$·d)］；$T_{ls}$和$T_{la}$分别为当地时间 13:30～14:00 的地表温度和地面 1.5 m 气温（℃）；$B$ 为蒸渗仪观测数据的回归经验参数。该参数方法简单，但机理性不强，需要经验拟合。拟合参数 $B$ 受其他因子影响的机制不明确，因此应用受到限制。

2. 正弦关系法

正弦关系法是指在晴朗天气条件下，日蒸散跟太阳辐射通量日变化曲线类似，呈正弦

函数的变化形式（Jackson et al.，1983）。即

$$\frac{\mathrm{ET_d}}{\mathrm{ET}_i}=\frac{S_\mathrm{d}}{S_i}=2N/[\pi\times\sin(\pi t/N)] \tag{9-2}$$

式中，$t$ 为从日出开始至$S_i$出现时的时间长度；$S_i$为 $i$ 时刻到达地球表面的瞬时太阳辐射通量（$\mathrm{W/m^2}$）；$S_\mathrm{d}$为日太阳辐射通量［$\mathrm{MJ/(m^2\cdot d)}$］；$\mathrm{ET}_i$为 $i$ 时刻瞬时蒸散（mm/h），由瞬时潜热通量经单位换算得到；$\mathrm{ET_d}$ 为日蒸散（mm/d）；$N$ 为日出到日落的时间长度，$N$ 由式（9-3）求得

$$N=0.945\left[c+d\sin^2\left(\frac{\pi(\mathrm{DOY}+10)}{365}\right)\right] \tag{9-3}$$

式中，DOY 为儒略日；$c$ 为一年中最短白昼的小时数；$d$ 为一年中最长白昼比最短白昼多的小时数；$c$ 和 $d$ 均为与纬度有关的参数。

谢贤群（1991）通过对禹城试验站实测晴天蒸散日变化曲线分析，认为 $N$ 的长度应为清晨蒸散过程开始时刻到傍晚蒸散减弱到接近于零时的时间长度。在华北平原农田区，$N$ 为日出后 1 h 至日落前 1 h 的时段。因此 $N$ 值可以直接从气象观测中的日照时数来确定。

正弦关系法的适用性受以下三个方面的影响：①地形影响。在地形复杂的山区，由于受坡度、坡向和地形遮蔽因子影响，需要计算山区相应的日出、日落时间及日照时数。②天气影响。该方法在晴天有较好应用效果，云量或者风速骤变将导致蒸散的高估和低估。例如，如果卫星过境时刻天空无云，过境后有云，会导致蒸散的高估；如果卫星过境时刻有云，其他时刻无云，会导致蒸散的低估。通过云覆盖范围及时间长度的估算可以提高有云天蒸散的估算精度。因此，对于年降水次数较多的暖湿气候区，由于云量较多，难以保证长时间序列蒸散反演的精度。③时空范围影响。Jackson 等（1983）指出该方法应在南北纬 60°之间和太阳正午前后 2 h 之内使用。

此外，正弦关系法只适用于晴朗白天蒸散的估算，尽管可以用白天蒸散乘以经验系数来表示夜间蒸散，但夜间蒸散随着环境条件变化而变化，仅靠经验系数校正会引起较大的累积误差。

### 3. 蒸发比法

蒸发比法是指潜热通量除以潜热通量与感热通量之和（或者潜热除以净辐射与土壤热通量之差）（Shuttleworth et al.，1989），该方法是目前最为常用的时间尺度拓展方法（Venturini et al.，2008；刘国水等，2011），其公式为

$$\mathrm{EF}=\frac{\mathrm{LE}_i}{\mathrm{LE}_i+H_i}=\frac{\mathrm{LE}_i}{R_{\mathrm{n}i}-G_i} \tag{9-4}$$

$$\mathrm{ET_d}=\mathrm{EF}(R_\mathrm{nd}-G_\mathrm{d})[\mathrm{cf}/(\beta\times\rho)] \tag{9-5}$$

式中，EF 为蒸发比；$H_i$、$\mathrm{LE}_i$ 分别为 $i$ 时刻的感热通量和潜热通量（$\mathrm{W/m^2}$）；$R_{\mathrm{n}i}$、$G_i$ 分别为 $i$ 时刻的净辐射和土壤热通量（$\mathrm{W/m^2}$）；cf 为时间换算因子（无量纲）；$\rho$ 为水的密度（$\mathrm{kg/m^3}$）；$\beta$ 为汽化潜热（J/kg），其计算公式为

$$\beta=2.501-0.00236T_\mathrm{a} \tag{9-6}$$

通过对地表通量观测数据的分析可知，蒸发比在日出前后剧烈震荡，夜间也呈现高度的不稳定性，在无云或云量变化很小的白天，蒸发比变化很小，所以蒸发比法只适用于晴朗或云量保持恒定不变的白天。可以通过正午瞬时蒸发比近似代表日平均蒸发比，低估部分通过经验系数修正。SEBS 模型、SEBAL 模型、METRIC 模型等均基于蒸发比法。

蒸发比法的适用性受以下三个方面影响：①物理基础。蒸发比恒定的结论由地面通量观测数据统计得到，恒定的蒸发比与恒定的波文比类似，即假设近地面层热量和水汽湍流交换系数相同，其物理基础并不严密。②稳定性。蒸发比稳定性受众多因素影响，如空气温度、太阳入射辐射、风速、地表水分、叶面积指数、植被生物物理机制和云层覆盖等。各因子对蒸发比的影响及其它们之间的耦合机制尚不清楚。③长时间尺度适用性。虽然多云和雨天蒸发比波动更大，如果每 5 ~ 10 天可获得一景晴天蒸发比，阴雨天的蒸发比通过插值获取，根据各日的有效能量，那么就可以描述大流域季节蒸散的变化过程。这种基于插值估算的蒸发比在估算长时间序列的蒸散时，将会产生累积误差。

因为蒸发比法在蒸散估算中存在较大的偏差，不同学者从不同的角度对其进行改进，得到不同的蒸发比改进方法，如在蒸发比法的基础上，假定在一天内土壤热通量 $G$ 为 0，以减少计算 $G$ 过程中误差的影响，提出改进蒸发比法。或采用正午瞬时蒸发比近似代表日平均蒸发比时，所得蒸散存在较大的低估，低估部分通过经验系数修正。当蒸发比的修正系数为 1. 1 时，该方法称为修正蒸发比法。

另外，尽管夜间不进行光合作用，但在部分 C3、C4 树木和灌丛的观测中存在蒸腾及水汽导度不为零的现象（Wang and Dickinson，2012），夜间蒸发受到风速与环境饱和水汽压差的影响，在一些农田灌溉区域，夜间蒸发占逐日蒸散的比例随着表面湿度的差异在 3% ~12% （Tolk et al.，2006）；在一些特殊下垫面类型，夜间蒸发甚至与白天蒸散相当，因此需要考虑白天蒸散与全天蒸散的关系，考虑到白天有效能量和蒸发比与全天的差异，采用白天与全天蒸散、有效能量、蒸发比之间的 3 个差异系数共同修正蒸散偏差，提出日蒸发比法（Niel et al.，2011）。

4. 参考蒸发比法

为了改进蒸发比在晴朗白天变化很小，在日出前和日落后变化比较剧烈，受天气影响较大的问题，提出参考蒸发比法（Allen et al.，2003）。该方法能够将气象参数（风速、湿度等）的变化信息引入到日蒸散量的反演，比蒸发比法的适用性更为广泛，其公式可表示为

$$\mathrm{ET_rF}=\frac{\mathrm{ET}_i}{\mathrm{ET}_{\mathrm{r},i}} \tag{9-7}$$

式中，$\mathrm{ET_rF}$ 为参考蒸发比；$\mathrm{ET}_{\mathrm{r},i}$ 为 $i$ 时刻瞬时参考蒸散（mm/h）。通常影像获取时刻的 $\mathrm{ET_rF}$ 与日平均参考蒸发比 $\mathrm{ET_rF}$ 相等，因此可以通过卫星过境时刻 $\mathrm{ET_rF}$ 求取日蒸散 $\mathrm{ET_d}$。

如果考虑到地形效应，$\mathrm{ET_d}$ 可表示为

$$\mathrm{ET_d}=C_{\mathrm{rad}}\times \mathrm{ET_rF}\times \mathrm{ET}_{\mathrm{r,d}} \tag{9-8}$$

$$C_{\mathrm{rad}}=\frac{R_{\mathrm{s},i,\mathrm{horizontal}}}{R_{\mathrm{s},i,\mathrm{pixel}}}\times\frac{R_{\mathrm{s,d,pixel}}}{R_{\mathrm{s,d,horizontal}}} \tag{9-9}$$

式中，$ET_{r,d}$为日参考蒸散；$R_{s,i}$为瞬时晴空太阳辐射（$W/m^2$）；$R_{s,d}$为日晴空太阳辐射［$MJ/(m^2 \cdot d)$］；下标 pixel 和 horizontal 分别表示指定像素在一定坡度和坡向条件下的值与水平地表的值，当所在区域平坦时，$C_{rad}=1.0$。阴雨天的 $ET_rF$ 可以通过晴天的 $ET_rF$ 的线性或样条函数插值获得，一般一个月有一景晴天影像就能通过插值获得较为合理的月蒸散。因此，长时间尺度蒸散的估算公式可表示为

$$ET_{period} = \sum_{t=m}^{n} [(ET_rF_t)(ET_{r,t})] \tag{9-10}$$

式中，$ET_{period}$为第 $m$ 天至第 $n$ 天的蒸散（mm）；$ET_rF_t$ 为第 $t$ 天参考蒸发比；$ET_{r,t}$为第 $t$ 天参考蒸散（mm/d）。METRIC 模型是基于参考蒸发比法的典型代表（Allen et al., 2003）。

参考蒸发比法的适用性与以下三个方面有关：①理论基础。基于参考蒸发比恒定基于假设，实际条件下，参考蒸发比是动态变化的，在植被最大光合作用和最大气孔导度的情况下显示为定值，但在受水分胁迫时，植被气孔会关闭以保存土壤水。这时参考蒸发比偏小，需要根据当地的研究和测量结果对其进行修正。②时间代表性。参考蒸发比恒定的假设只局限于较短时间内，在植被的快速生长季，日参考作物蒸发比变化较快，需要较短时间间隔的卫星影像才能准确模拟参考蒸发比的变化趋势。此外，植被生长季水热同期，导致地区云量多，很难获得高质量的卫星影像，限制该方法的有效利用。同时，因为参考蒸发比的日内变化相对稳定，日间变化较复杂，所以用插值法获得的参考蒸发比估算长时间序列蒸散（如年蒸散）将导致误差累积。③空间代表性。尽管已有研究认为单个气象站点的参考蒸散可以代表一景 TM 影像区域，但在空间异质性（特别山区）和空间尺度较大的区域，其空间代表性较差。

另外，当参考蒸发比法中的 $ET_{r,i}$为参考作物的蒸散时，称之为作物系数法，计算公式为

$$K_c = \frac{ET_i}{ET_{c,i}} \tag{9-11}$$

式中，$ET_{c,i}$为 $i$ 时刻的瞬时参考作物蒸散（mm/h）；$K_c$ 为作物系数，无量纲。假定作物系数在白天恒定不变，则其日蒸散可由下式计算

$$ET_d = K_c \times ET_{c,d} \tag{9-12}$$

式中，$ET_{c,d}$为参考作物日蒸散（mm/d）；$K_c$ 为对应作物类型及其相应物候期的定值，使用作物系数法的难点在于应用的植被及其生长条件跟作物系数获得时的条件是否一致。

### 5. 其他方法

不同时间扩展方法的对比研究，Zhang 和 Lemeur（1995）最早开展了相关对比研究，他们根据法国西南部森林和农业混合试验区的地面观测数据，对比了正弦函数法和蒸发比法估算结果，认为在无云天气下，两种方法精度都较高，基于遥感数据估算区域性蒸散时，推荐采用蒸发比法。随后，伴随各种时间尺度拓展方法的提出，不同的学者逐步开展了各种时间尺度拓展方法的对比分析研究，并对各种方法的适用性及其有效性进行了评估。总的来说，由于下垫面湍流的形成过程稳定，各种时间尺度拓展方法在植被覆盖区的

模拟结果优于裸土区，而在地表类型变化剧烈的地区表现欠佳；在相同下垫面，不同瞬时时刻的模拟结果差异较大，采用中午和接近中午时刻的瞬时值模拟精度最高；在植被覆盖区，各种时间尺度拓展方法估算精度由高到低依次是参考蒸发比法、天文辐射比法、作物系数法，精度最低的是正弦关系法和蒸发比法。

在已有的方法对比中，蒸发比法和正弦关系法估算精度的争议最大，如 Zhang 和 Lemeur（1995）、Chávez 等（2008）研究认为在基于遥感数据进行区域蒸散估算时，蒸发比法比正弦关系法效果好；而 Tang 等（2013b）认为蒸发比法存在严重的低估，其估算精度不如正弦关系法，这可能跟不同气候条件和不同下垫面类型有关。

不同的时间尺度拓展方法在不同的季节估算精度也存在差异，在长时间序列的估算中可综合不同方法的优点组合使用。Xu 等（2015）基于中国东部季风区馆陶站（下垫面为冬小麦/玉米和棉花）和青藏高原区阿柔站（下垫面为高寒草地）进行 5 种方法的对比研究，发现天文辐射比法和参考蒸发比法精度最高。在对生长季和非生长季进行对比时发现，天文辐射比法在非生长季估算精度最高，而参考蒸发比法在生长季估算精度最高。最优的方法是两者组合使用，即非生长季采用天文辐射比法、生长季采用参考蒸发比。不同尺度的地面观测数据影响时间尺度拓展方法的对比结果。例如，刘国水等（2011）针对北京大兴区冬小麦，采用不同尺度的地面观测数据对蒸发比法、作物系数法、表面阻抗法估算精度进行验证，所得结论并不完全相同。采用涡度相关仪的数据，得出作物系数法在日内变异性最小，且与日均作物系数最为接近。而采用蒸渗仪数据，得出上午时段表面阻抗法最优，下午时段作物系数法最优，从典型日到生育期作物系数法最优。他认为应根据当地的气候气象条件、作物种植状况、土壤水分、时间尺度拓展类型和 ET 观测设施种类等因素，选择适宜的 ET 时间尺度拓展方法。

ETWatch 在由瞬时能量格局推广到日蒸散时，综合考虑、评估了上述方法的优劣。最终采用改进的蒸发比法，并且通过修正该方法的不足，提升结果精度。通过日土壤热通量算法，精确估计每日的能量收支总和；以及通过通量站观测数据，修正每日下午 14:30 卫星过境时的蒸发比，将其推广用于全天能量分割，并取得了良好的效果。

上述时间尺度扩展方法，其原理均是基于随时间保持不变或按一定规律变化的参数，将瞬时潜热通量进行时间拓展，获得时间连续的蒸散值。除此之外，通过遥感反演与过程模型相结合是实现 ET 时间尺度扩展的另一种方式，其主要方法为数据同化法。数据同化法是在计算过程模型中借助数学中的估计理论、控制论、优化方法和误差估计理论，融合多源、多尺度的直接和间接观测数据，根据观测数据不断地自动调整模型轨迹，从而获取地表水分和能量循环分量的最优时间序列分布。常用的数据同化方法主要包括最优插值法、变分法（三维、四维变分）、卡尔曼滤波（Kalman filter，KF）法、集合卡尔曼滤波（ensemble Kalman filter，EnKF）法、粒子滤波算法等。

### 9.2.2 逐日蒸散估算

目前逐日蒸散估算主要分为两种思路：一是从类 P-M 公式出发，依靠连续的气象站台数据或气象同化数据，结合植被、植被-地表温度等信息得到的作物缺水指数或阻抗因子，直接计算逐日实际蒸散；二是计算出晴好日的实际蒸散和潜在蒸散，假设两者在连续多日中服从相同的分割比例，利用气象数据计算待定日或时段内的潜在蒸散，与蒸发比相乘得到时段内的实际蒸散。前者存在的问题是仅基于植被信息的地表阻抗方法一般只在植被覆盖度较高的情况下适应性较好，基于植被-地表温度的方法则主要受到地温数据质量和完整性的制约。后者所估算的日蒸散量经时段累加后，逐日的误差会相互抵消，也能够得到与实测数据相接近的长时段蒸散结果，但在生长的植被变化期或频繁灌溉或降水的时期，随着地表覆盖状况和土壤水分含量的变化，蒸发比不变的假设难以成立，无法准确反映作物季内的蒸散量变化。

地表阻抗是逐日蒸散估算的关键参数。由于逐日地表阻抗数据不易获取，且区域性的地表阻抗估算结果无法很好地表达出下垫面的异质性，在确保晴好日的蒸散结果具有可靠的精度之后，通过阻抗类型的蒸散模型（如 P-M 公式）反推得到晴好日的地表阻抗结果，之后通过发展地表阻抗的时间重建方法获取逐日的地表阻抗，然后与 P-M 公式结合计算得到逐日的实际蒸散。这种计算的好处在于避免了直接计算地表阻抗，在晴好日蒸散结果可靠的情况下，能够确保晴好日的地表阻抗结果也同样可靠且能够反映区域下垫面的异质性，而地表阻抗的时间重建相较于对地表阻抗本身的直接计算更加容易，因此能够用于逐日实际蒸散的计算。

1. 基于环境因子的时间重建

最初的地表阻抗时间重建方法从影响地表阻抗的主要因子出发进行考虑，结合晴好日的地表阻抗和主要因子的逐日变化，对逐日的地表阻抗进行计算（熊隽等，2008）。地表阻抗与 LAI 和下垫面湿度有关，当植被全覆盖时近似等于植被冠层阻抗，当裸露土壤时等于土壤阻抗。基于 LAI 和其余相关的植被指数，发展了大量模型用于计算稀疏植被覆盖时的地表阻抗，但是这些模型形式各异且应用效果差异较大（Cleugh et al., 2007；Mu et al., 2007；孙亮和陈仲新，2013；李放和沈彦俊，2014）。因此，对地表阻抗的时间重建是获取逐日实际蒸散的一种可行的方法。

地表阻抗的逐日变化过程与植被的生长变化密切相关。因此，研究者最初选取 LAI 来表示对逐日地表阻抗变化的最主要影响因子，其计算公式如下：

$$r_{s,\text{daily}}=\frac{r_{s,\text{clear}}\times \text{LAI}_{\text{clear}}}{\text{LAI}_{\text{daily}}\times m(T_{\min})\times m(\text{VPD})} \tag{9-13}$$

式中，$r_{s,\text{daily}}$、$r_{s,\text{clear}}$分别为逐日的地表阻抗和晴好日的地表阻抗；$\text{LAI}_{\text{daily}}$、$\text{LAI}_{\text{clear}}$分别为逐日的 LAI 和晴好日对应的 LAI，可以通过 NDVI 进行计算得到。此外，在计算中增加了极端气候条件的限制，$m(T_{\min})$、$m(\text{VPD})$ 分别为极端温度和湿度条件对地表阻抗的影响，其计算公式为

$$m(T_{\min})=\begin{cases}1.0 & T_{\min}\geqslant T_{\min\_\text{open}}\\ \dfrac{T_{\min}-T_{\min\_\text{close}}}{T_{\min\_\text{open}}-T_{\min\_\text{close}}} & T_{\min\_\text{close}}<T_{\min}<T_{\min\_\text{open}}\\ 0.1 & T_{\min}\leqslant T_{\min\_\text{close}}\end{cases} \tag{9-14}$$

$$m(\mathrm{VPD})=\begin{cases}1.0 & \mathrm{VPD}\leqslant\mathrm{VPD}_{\mathrm{open}}\\ \dfrac{\mathrm{VPD}_{\mathrm{close}}-\mathrm{VPD}}{\mathrm{VPD}_{\mathrm{close}}-\mathrm{VPD}_{\mathrm{open}}} & \mathrm{VPD}_{\mathrm{open}}<\mathrm{VPD}<\mathrm{VPD}_{\mathrm{close}}\\ 0.1 & \mathrm{VPD}\geqslant\mathrm{VPD}_{\mathrm{close}}\end{cases} \tag{9-15}$$

式中，下标 close 和 open 分别表示在相应的温湿度条件下叶片气孔的临界状态，close 表示气孔完全关闭，open 表示气孔完全打开。当 $T_{\min}$ 的值低于 $T_{\min\_close}$ 时，或者 VPD 高于 $\mathrm{VPD}_{\mathrm{close}}$ 时，表示气温或者湿度条件会导致叶片气孔趋于关闭，并对蒸腾作用造成阻碍。当 $T_{\min}$ 的值高于 $T_{\min\_open}$ 时，或者 VPD 低于 $\mathrm{VPD}_{\mathrm{open}}$ 时，表示气温或湿度条件对植被蒸腾没有影响。其他情况下，$m(T_{\min})$ 和 $m(\mathrm{VPD})$ 的值在 0.1 ~ 1.0 呈线性变化。上述公式中涉及的参数可参考表 9-1。

**表 9-1　不同地类生理参数查找表**

| 参数 \ 类型 | ENF | EBF | DNF | DBF | MF | WL | Wgrass | Cshrub | Oshrub | Grass | Crop |
|---|---|---|---|---|---|---|---|---|---|---|---|
| $T_{\min\_open}$/℃ | 8.31 | 9.09 | 10.44 | 9.94 | 9.50 | 11.30 | 11.39 | 8.61 | 8.80 | 12.02 | 12.02 |
| $T_{\min\_close}$/℃ | -8.00 | -8.00 | -8.00 | -6.00 | -7.00 | -8.00 | -8.00 | -8.00 | -8.00 | -8.00 | -8.00 |
| $\mathrm{VPD}_{\mathrm{close}}$/Pa | 2500 | 3900 | 3500 | 2800 | 2700 | 3300 | 3600 | 3300 | 3700 | 3900 | 3800 |
| $\mathrm{VPD}_{\mathrm{open}}$/Pa | 650 | 930 | 650 | 650 | 650 | 650 | 650 | 650 | 650 | 650 | 650 |

注：ENF 代表常绿针叶林；EBF 代表常绿阔叶林；DNF 代表落叶针叶林；DBF 代表落叶阔叶林；MF 代表混合森林；WL 代表木质草地；Wgrass 代表草地；Cshrub 代表闭合灌木；Oshrub 代表开放灌木；Grass 代表草地、城镇、建设用地、裸土、稀疏植被；Crop 代表耕地。

上述方法认为 LAI 是影响地表阻抗日间变化的主要因子，且增加了在极端温湿度条件下的限制，并未考虑其他环境因子对地表阻抗的影响。在空间分辨率较低的大尺度区域上进行蒸散估算应用时，该方法能够较好地估算出结果，但是如果要应用到下垫面类型复杂且空间分辨率较高的区域，需要对地表阻抗的影响因子进行更详细的考虑。

在上述方法的基础上，Wu 等（2016）将可能对地表阻抗产生影响的环境因子均纳入考虑范围，包括净辐射、土壤水分、饱和水汽压差、风速、相对湿度、实际水汽压等，逐日地表阻抗的通用计算公式为

$$r_{\mathrm{s,daily}}=\frac{r_{\mathrm{s,clear}}\times\mathrm{LAI}_{\mathrm{clear}}\times f(s)}{\mathrm{LAI}_{\mathrm{daily}}\times f(s)} \tag{9-16}$$

式中，$f(s)$ 表示任何一种环境因子，将可能的要素一一代入式（9-16）中，计算得到逐日地表阻抗，并用来计算逐日的实际蒸散。将计算结果与站点测量的蒸散值进行对比分析，以判断选取的环境因子对地表阻抗的影响程度。

经过计算和分析，净辐射、土壤水分和风速对结果的影响程度最大，因此将这三个要素作为环境因子引入地表阻抗的时间重建过程中，其计算公式为

$$r_{\mathrm{s,daily}}=\frac{r_{\mathrm{s,clear}}\times(\mathrm{LAI}\times R_{\mathrm{n}}\times\mathrm{SM}\times U)_{\mathrm{clear}}}{(\mathrm{LAI}\times R_{\mathrm{n}}\times\mathrm{SM}\times U)_{\mathrm{daily}}} \tag{9-17}$$

式中，$R_{\mathrm{n}}$、SM 和 $U$ 分别为净辐射、土壤湿度和风速。

2. 基于阻抗模型的时间重建

上述模型从考虑影响阻抗的因子出发，直接将这些因子引入时间重建的公式中，进行逐日的地表阻抗计算。这种方法结构简单，计算结果能够表现出较好的效果。但是这种方法只是通过简单的统计分析，选取了若干个对地表阻抗存在一定影响的因子，并通过连乘的形式将其简单地引入公式中，并未从地表阻抗形成和发展的机理出发去考虑，对于影响因子的选取很有可能存在漏选和错选的可能，且没有明确不同因子对地表阻抗的影响程度。因此，该方法虽然在应用时具有较好的效果，但是其机理性不明确，应用精度也存在提高的空间。

基于上述考虑，从地表阻抗的机理模型出发，分别建立晴好日和逐日的地表阻抗模型，通过两个模型之间的日间变化来实现逐日地表阻抗的时间重建（Xu et al.，2018）。其计算过程为

$$\frac{r_{s,\text{daily}}}{r_{s,\text{clear}}}=\frac{\text{Func}_{\text{clear}}}{\text{Func}_{\text{daily}}} \tag{9-18}$$

式中，$\text{Func}_{\text{clear}}$和$\text{Func}_{\text{daily}}$分别表示晴好日和逐日的地表阻抗模型，这两个变量采用相同的地表阻抗模型计算，计算公式为

$$\text{Func}=G_c\left[\frac{1+\dfrac{(1-f_c)G_a}{(\Delta/\gamma+1)G_c}\left[f-\dfrac{(\Delta/\gamma+1)(1-f)G_c}{G_a}\right]+\dfrac{\rho c_p D_a G_a}{\Delta R_n}}{1-(1-f_c)\left[f-\dfrac{(\Delta/\gamma+1)(1-f)G_c}{G_a}\right]+\dfrac{\rho c_p D_a G_a}{\Delta R_n}}\right] \tag{9-19}$$

该公式从蒸散的计算公式出发，反推得到地表阻抗的计算方法，其中包括冠层导度（阻抗的倒数），研究者采用 Jarvis 冠层阻抗模型来计算（Jarvis，1976；Song et al.，2012）：

$$G_c=g_{c,\max}\cdot \text{LAI}\cdot F_1\cdot F_2\cdot F_3\cdot F_4^4 \tag{9-20}$$

为了简化计算，减少参数的输入，这里对净辐射在植被组分和土壤组分之间的分配采用植被覆盖度（$f_c$）来表示，避免了引入消光系数等复杂且需要标定的参数。此外，对于土壤蒸发比例（$f$）的计算，采用互补理论（Fisher et al.，2008），认为土壤湿度条件与大气湿度条件之间存在一定的联系。相应的改变为

$$R_{nc}=R_n f_c \tag{9-21}$$

$$R_{ns}=R_n(1-f_c) \tag{9-22}$$

$$f=a(\text{RH})^{D_a/\beta} \tag{9-23}$$

事实上，Func 本身就是地表阻抗的计算模型，该公式具备很好的机理性，并且包括很多环境因子和表示植被生理结构差异的参数，用该公式表示晴好日和逐日地表阻抗本身就具有较高的精度，但是由于公式中存在较多的经验参数，需要结合站点实测数据进行标定，难以在区域上很好的应用。

这里将 Func 的计算公式引入时间重建模型中，通过该公式在晴好日和逐日计算过程中的对比，来实现晴好日地表阻抗的时间重建。由于晴好日和逐日的公式形式一致，包含的所有参数也一致。公式中的经验参数虽然在不同区域存在不同的值，但其随时间不会变化。因此通过晴好日和逐日地表阻抗的计算公式的对比，可以消除经验参数标定带来的误差，且两者的对比同样可以消除公式本身在估算地表阻抗时的误差，非常适合用于地表阻抗的时间扩展。

Func 的引入不是用来直接计算地表阻抗的，而是借该公式的模型形式来完成逐日地表阻抗的时间重建，因此该公式中包含的众多经验参数不需要单独标定，采用其他研究人员推荐的参数即可。

### 3. 逐日蒸散估算案例

以海河流域为例，采用本节所论述的基于环境因子的时间重建和基于阻抗模型的时间重建算法，估算海河流域的日地表蒸散；同时结合海河流域不同站点，包括馆陶站和密云站野外观测的涡动相关通量数据，经异常值去除和能量平衡校正后，对遥感估算的地表蒸散数据进行验证（图 9-1 和图 9-2）。

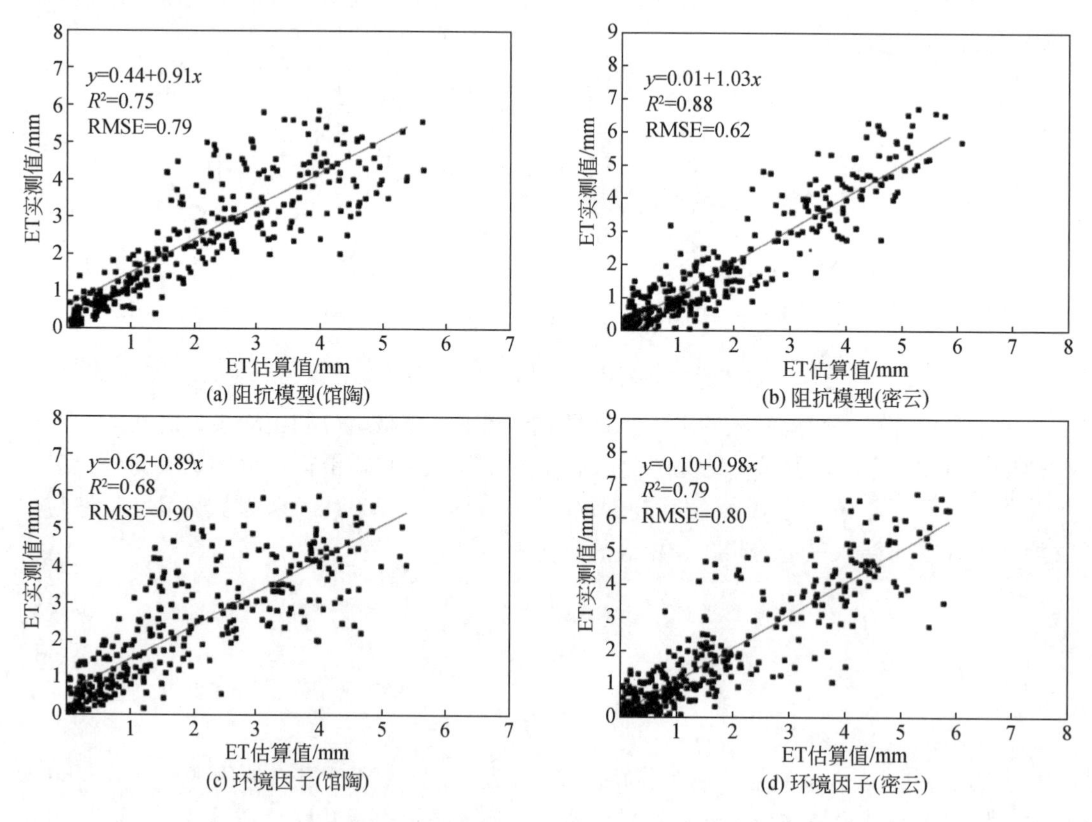


图 9-1　基于阻抗模型（a）和（b）及环境因子（c）和（d）时间重建的逐日 ET 估算值与 ET 实测值对比

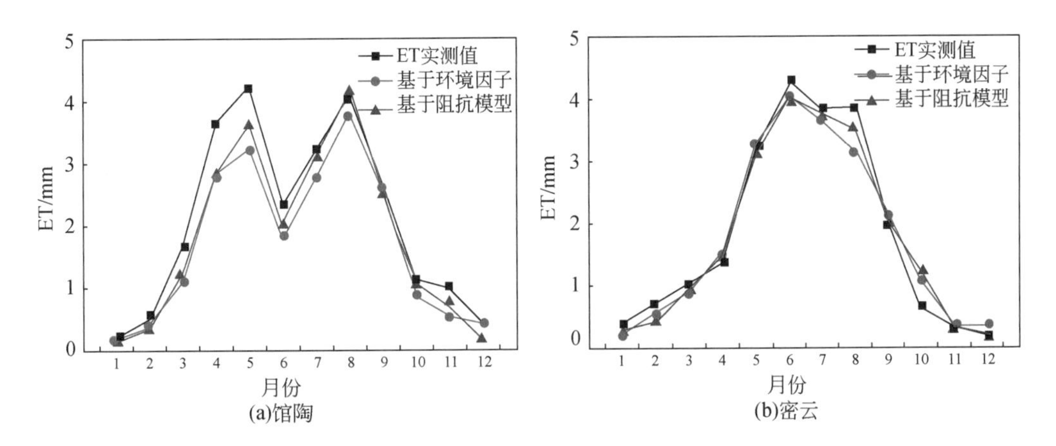


图 9-2　两种时间重建方法估算的月 ET 估算值与 ET 实测值对比

验证结果显示，两种时间重建方法均有较好的应用效果；但是基于阻抗模型的时间重建算法有更好的表现，其在两个站点上的决定系数均高于基于环境因子的时间重建算法。同时，在月过程线的比较上，基于阻抗模型的时间重建算法也比基于环境因子的时间重建算法表现要好，尤其是在作物的生长季，两种方法存在比较明显的差别。因此，从机理出发来构建模型能够明显提高应用的精度。

## 9.3　空间尺度

受到下垫面空间异质性与变量的时空差异性影响，蒸散的空间尺度提升与转换受到不同变量间的复杂关系影响，因此需要在不同空间尺度下发展蒸散影响因子的尺度转换数学模型，弥补空间尺度间的不确定性对蒸散尺度转换的影响，具体尺度转换包括从叶片到冠层，单株到群落的升尺度转换和从粗分辨率到农田与坡面尺度的降尺度转换。

针对从叶片尺度进行升尺度转换的核心在于对叶片到冠层的导度进行空间尺度转换。由于模型的准确性依赖数据密集的特点，对观测仪器与观测点的数量、空间分布的有效性，是否能够完全覆盖植被的主要特征区域都有较高的要求，该种方法存在观测成本高、空间不确定性大、测量精度严重依赖样点的主观选择的缺陷。随着对冠层结构与植被生理过程的不断深入研究，有学者提出了基于冠层辐射传输的垂直结构积分的方法计算冠层导度（Kelliher et al., 1995），以及结合冠层环境参量，将 Jarvis 导度从叶片尺度推广到冠层导度的方法（黄辉等，2007），该方法主要解释环境变量对导度的影响，将对叶片的影响提升至对冠层的影响，因此需要基于实测数据对模型内的参数进行率定，发展普适性强的导度空间尺度转换模型。

针对粗分辨率到小区域的空间降尺度转换，需要区分农田地块或林地坡面尺度两种类型。农田田块的尺度拓展需要考虑作物种植密度，通过估算单株个体蒸散量，结合地学统计方法与地块内的作物种植密度、作物长势、土壤含水量等信息获取整个农田地块的蒸散。农田地块尺度蒸散地面观测手段包括茎干流观测的作物蒸腾与小型土壤蒸发皿获取的田间土壤蒸发数据，结合遥感或实地采样的作物种植数据能够为地块蒸散提供观测数据支撑。对林地而言，从单株树木到林地坡面尺度，主要影响因子为不同坡度、坡向条件下树木所接收的辐射条件、地表含水量、降水产流等空间分布差异，需要借助蒸渗仪、无人机或高分辨率遥感影像获取的区域植被覆盖度与空间分布等信息进行估算。

目前遥感的发展能够为农田地块与林地坡面尺度的观测提供辐射、地表反照率、土壤含水量、植被长势、植被覆盖度等关键信息，通过分析农田地块与林地坡面蒸散影响因子的差异，结合中分辨率的蒸散数据，将蒸散数据分配到农田地块和林地坡面上，发展蒸散的空间转换机理模型，是解决区域地块、坡面蒸散准确监测的有效途径。

## 9.3.1 叶片尺度到冠层尺度

对叶片尺度上的蒸腾作用进行研究，有助于详细地掌握植物光合作用及蒸腾作用等过程，并了解其对外界的环境适应能力，从而获取植物光合速率、蒸腾速率等生理生态参数（葛鹏等，2017）。叶片尺度上的蒸腾测定方法有风调室法、气孔计法、快速称重法及光合作用仪法等。

实现从叶片尺度到植被冠层尺度的蒸腾空间尺度提升，关键在于叶片导度在空间尺度上的提升。叶片的气孔导度由气孔计、光合作用仪等仪器实测获得，在此基础上，基于整体平均法、权重法、有效叶面积指数法、顶层阳叶分层法和多冠层叶倾角分类法等将实测叶片导度的空间尺度外推到植被冠层（于贵瑞和孙晓敏，2006）。此外，部分学者假设叶片导度在垂直方向仅由辐射的分布决定，以叶面积指数为积分变量，对叶片导度进行积分，得到冠层尺度的导度（Choudhury et al.，1987；Kelliher et al.，1995）。但这类方法较为理想化，没有充分考虑环境因子对导度的影响。

## 9.3.2 单株尺度到群落尺度

单株或典型小群落的蒸散测量方法，目前比较成熟且应用较为广泛的主要包括整株称重法、同位素示踪法和茎干液流法。

整株称重法由 Ladefoged 在 1960 年提出（Ladefoged，2010）。具体操作是，在晴天选取样株，在尽量不破坏周围小气候环境的情况下，于凌晨从地面处锯断树木，并原地移入盛水的容器中，之后用测针在容器边作水位指示，加水至指针水位。由于植株会进行蒸腾作用，树干的断面就会吸入水分，杯内水位就会不断下降。如果定期向杯内加水至指示水位，并记录注水量，那么注水量就是该时段的树木蒸腾耗水量，然后结合样树叶面积，即可换算出蒸腾速率。

同位素示踪法由 Greenidge 于 1955 年提出，是利用一些化学同位素，如氚（$^3$H）、氘（$^2$H）、磷（$^{32}$P）等作为示踪剂，定期注射于林木木质部内以研究水分传导速率的方法。

茎干液流法主要应用的是热平衡法原理，即向树干供给恒定的热量，在理想状态下，被树体液流带走的热量应等于供给的热量。其优点是可以直接给出液流量，但仍然需要以液流量等于零时的加热功率及温度变化为依据进行零值校正。现在使用较为广泛的为热扩散液流探针（thermal dissipation sap flow velocity probe，TDP）法，是 Granier（1988）在热脉冲法的基础上经过改进后用来测定蒸腾的最新方法。Granier 将热脉冲检测仪改进为利用双热电偶耗散为原理的热扩散液流探针。其原理是利用传感器测量加热探针和参比探针之间的温差，根据温度梯度变量和零流速时的最大温度梯度值直接转换为茎流速率，再根据边材面积，得到径流通量。

对于单株尺度上的蒸腾，其研究方法是以整株植物为研究对象，根据植物生理学、基础化学、物理学、热技术手段测算植物个体蒸腾耗水量，且随着个体尺度上植被蒸腾测定方法不断丰富，对于森林水资源管理与利用、森林涵养水源功能评价、森林健康评价、生态修复具有重要意义（葛鹏等，2017）。植株茎流速率的变化除了受生理特征（胸径、种植密度、树高、树龄等）和土壤湿度的影响外，还受周围气象因子的制约。生理结构决定产生茎流的潜在能力，土壤湿度决定茎流量的总体水平，而气象因素（气温、相对湿度、VPD 和太阳辐射等）则决定茎流量瞬间的变动（Kostner et al.，1998）。

实现从单株尺度到区域尺度蒸腾的空间尺度提升，关键参量主要有叶面积（Yue et al.，2011）和茎直径（Kumagai et al.，2005）等。以茎直径为关键参量时，转换的方法如下（Kumagai et al.，2005）：

$$A_{s\_tree} = k \times \mathrm{DBH} + b \tag{9-24}$$

$$A_{s\_stand} = \sum_{i=1}^{n} A_{s\_tree\_i} \tag{9-25}$$

$$E = J_s \frac{A_{s\_stand}}{A_G} \tag{9-26}$$

式中，$A_{s_tree}$为一棵树的边材面积；DBH 为胸径；$k$、$b$ 为使用研究区部分样树实测边材面积与胸径进行线性拟合得到的斜率和截距；$A_{s_stand}$为研究区所有植株的边材面积之和；$A_G$ 为对应的地面面积；$J_s$ 为实测的茎流速率。

以叶面积为关键参量进行尺度转换时，方法如下（Yue et al.，2011）：

$$A_i = \frac{2\pi L_{max}^3 \mathrm{LAD}}{3} \tag{9-27}$$

$$T_s = \sum_{i=1}^{n} \frac{AF_i/\rho A_s L_i}{n} \tag{9-28}$$

式中，$A_i$ 为总叶面积；$L_{max}$为实地测量的最长茎长；LAD 为叶面积密度（单位体积为以$L_{max}$为直径的半球）；$A$ 为研究区的总叶面积；$L_i$ 为第 $i$ 根茎上的叶面积；$F_i$ 为实测的茎流速率；$A_s$ 为研究区的地面面积。

目前很多学者都进行了单株尺度到群落尺度蒸散转换的相关研究。Ma 等（2017）以黄土高原黑刺槐林为研究对象，计算得到了黑刺槐林的蒸腾量。就具体过程而言，首先结合热扩散探针法得到两个探针之间的温度差，使用 Grainer 公式（Granier，1988）计算得到液流通量密度：

$$\mathrm{Fd} = \alpha K^{\beta} \tag{9-29}$$

式中，Fd 为液流通量密度［g/(cm$^2$ · s)］；$\alpha$ 和 $\beta$ 分别为经验系数，一般分别取 0.0119

和 1.231；$K$ 为无量纲变量，定义如下：

$$K=\frac{\Delta T_{\max}-\Delta T}{\Delta T} \tag{9-30}$$

式中，$\Delta T$ 为两个探针之间的温差；$\Delta T_{\max}$ 为零液流条件下两探针间的最大温差。

考虑到探针所在黑刺槐树的边材可能会没有液流传输，故对 $\Delta T$ 进行偏差校正 (Clearwater et al., 1999)，如下：

$$\Delta \mathrm{Tbc}=\frac{\Delta T-b\Delta T_{\max}}{a} \tag{9-31}$$

式中，$\Delta \mathrm{Tbc}$ 为经过偏差纠正的探针温度差；$a$ 和 $b$ 分别为探针所在活跃和不活跃边材区域的比例（$b=1-a$）。

为了得到林分尺度的蒸腾量，首先计算林分平均液流通量密度，按边材面积加权平均得到：

$$F_{\mathrm{d,av}}=\frac{\sum_{i=1}^{n} F_{\mathrm{d},i}\cdot A_{\mathrm{c},i}}{\sum_{i=1}^{n} A_{\mathrm{c},i}} \tag{9-32}$$

式中，$F_{\mathrm{d,av}}$ 为林分平均液流通量密度；$i$ 为观测的树（$i=1$，2，…，$n$）；$A_{\mathrm{c},i}$ 为第 $i$ 棵树的边材面积。

通常来说，树的蒸腾量由液流通量密度和边材面积相乘得到。对于边材面积而言，通过实地观测 12 棵树的边材面积和胸径进而使用模拟方式得到：

$$A_{\mathrm{s}}=\beta_1 \mathrm{DBH}^{\beta_2} \tag{9-33}$$

式中，DBH 为胸径；$\beta_1$ 和 $\beta_2$ 为拟合系数。

单位面积的总边材面积由 5 个实地观测样方得到。林分尺度黑刺槐树蒸腾量计算公式如下（Wullschleger et al., 1998；Wilson et al., 2001）：

$$\mathrm{ET_t}=F_{\mathrm{d,av}}\cdot\frac{A_{\mathrm{C}}}{A_{\mathrm{G}}} \tag{9-34}$$

式中，$\mathrm{ET_t}$ 为林分蒸腾量；$A_{\mathrm{C}}$ 为林分边材总面积；$A_{\mathrm{G}}$ 为林分面积；$\frac{A_{\mathrm{C}}}{A_{\mathrm{G}}}$为单位林分面积的边材面积。

### 9.3.3 农田地块尺度

随着基于蒸散的水资源控制理念的不断发展，基于地块尺度的蒸散监测与管理越来越得到重视，地块是农业水资源管理的基础耗水单元，农民在地块尺度上决定不同的水资源管理方式，如灌溉频率与每次的灌溉水量，不同的灌溉方式选择，如喷灌、滴灌、漫灌等。其他农业措施同样基于地块展开，如土地利用类型的选择，作物类型的选择，作物品种的选择，作物种植密度、施肥频率与用量等，这些措施都会对地块蒸散产生影响，进而导致地块间的蒸散差异。考虑到农民在每个地块往往采取相似的农业措施，如同期的播种、同时灌溉，相同的灌溉量、化肥施用量等，地块内部的作物长势往往较为接近，且在相邻地块之间存在差异性。针对地跨尺度的蒸散影响因子的研究发现，蒸散主要受到气象条件（如大气温度、饱和水汽压差）、植被覆盖度的差异对地表净辐射的影响，土壤含水量差异导致蒸散水汽供给差异等，其中在地块尺度，即公里级别与亚公里尺度，气象差异性较小，对蒸散的影响主要来自地表作物长势与土壤含水量差异。基于地块蒸散的概念，本章的蒸散空间尺度扩展方法有别于传统的基于像元的降尺度算法，而是聚焦地块尺度的蒸散差异性因子，计算能够衡量地块间耗水差异性的蒸散“分配因子”，进而结合中低分辨率蒸散将蒸散分配到地块尺度。

基于前面论述的面向地块尺度的理论方法，本章提出了一种用于地块尺度蒸散扩展的蒸散分配因子，用来指代相邻地块的蒸散水平差异。其中蒸散过程与许多环境与作物生理因子相关联，在农田地块，通常地块覆盖范围为较小的单元或数百平方米，在这个尺度上，大部分影响蒸散的因子差异性较小，如空气温度、相对湿度、饱和水汽压差等。因此可以聚焦于少部分在地块间能够进行区分的蒸散影响因子，发展基于地块的蒸散空间尺度扩展方法，将中低分辨率像元的蒸散结果向像元内部的地块对象进行分配，从而获取地块尺度的蒸散结果。

基于对地块内部与地块间蒸散影响因子的变化分析，我们可以假定地块的蒸散影响因子能够代表蒸散的差异性，从而能够区分不同地块间的蒸散结果，基于此我们提出了以下地块间蒸散的关系公式：

$$\mathrm{ET}_{\mathrm{field}_1}:\mathrm{ET}_{\mathrm{field}_2}:\cdots:\mathrm{ET}_{\mathrm{field}_i}=\mathrm{AF}_{\mathrm{field}_1}:\mathrm{AF}_{\mathrm{field}_2}:\cdots:\mathrm{AF}_{\mathrm{field}_i} \tag{9-35}$$

式中，$\mathrm{ET}_{\mathrm{field}_i}$为在每个粗分辨率蒸散像元内的地块，标记为第 $i$ 块地块（$i=1$，2，…，$n$）。$\mathrm{AF}_{\mathrm{field}_i}$为第 $i$ 块地块（$i=1$，2，…，$n$）的蒸散分配因子。因此，每个地块与粗分辨率像元的关系可以表示为

$$\frac{\mathrm{ET}_{\mathrm{field}_i}}{\mathrm{ET}_{\mathrm{coarse}}}=\frac{\mathrm{AF}_{\mathrm{field}_i}}{\mathrm{AF}_{\mathrm{coarse}}} \tag{9-36}$$

式中，$\mathrm{AF}_{\mathrm{coarse}}$为粗像元内部的分配因子平均值，采用高分辨率遥感数据计算；$\mathrm{ET}_{\mathrm{coarse}}$为粗像元蒸散结果。

影响地块蒸散的环境因子参数为大气温度、辐射与土壤湿度。基于地面的观测数据对比显示，在农田区域 1～5 km 的尺度上，地表自动气象站观测的大气温度差异为 0.07～0.26 ℃，相对湿度差异为 0.5%～2%，地表风速差异为 0.4～1.0 m/s，太阳辐射为 6.6～10 W。因此在地块尺度，粗分辨率亚像元内部，环境气象因子的空间差异性较小，可以忽略其差异性对地块蒸散差异的影响。考虑到不同地块作物长势和种植密度差异会对植被利用太阳辐射的效率产生影响，长势与种植密度可以总和为植被覆盖度，因此能够采用植被覆盖度作为对蒸散的辐射胁迫函数。不同地块的农民灌溉方式差异会导致不同地块间的土壤含水量存在较大差别，因此最终的蒸散分配因子主要基于土壤含水量差异与植被覆盖度差异计算。土壤含水胁迫函数基于地表水分指数（land surface water index，LSWI）计算，植被状态函数基于植被覆盖度（FVC）计算，因此结合 PT 理论，具体公式为

$$\mathrm{AF}_{\mathrm{field}_i}=f_{\mathrm{w}}f_{\mathrm{p}} \tag{9-37}$$

$$f_{\mathrm{p}}=1-\max\left[\min\left(\frac{\mathrm{FVC}_{\max}-\mathrm{FVC}}{\mathrm{FVC}_{\max}-\mathrm{FVC}_{\min}},1\right),0\right] \tag{9-38}$$

$$f_{\mathrm{w}}=1-\max\left[\min\left(\frac{\mathrm{LSWI}_{\max}-\mathrm{LSWI}}{\mathrm{LSWI}_{\max}-\mathrm{LSWI}_{\min}},1\right),0\right] \tag{9-39}$$

式中，$\mathrm{LSWI}_{\max}$为地表最湿润状态；$\mathrm{LSWI}_{\min}$为地表最干燥状态；$\mathrm{FVC}_{\max}$、$\mathrm{FVC}_{\min}$分别为地表覆盖度最高与最低状态。

在采用式（9-36）进行粗像元向内部地块尺度的蒸散分配，考虑到有些地块存在跨粗像元的现象，同一地块在不同粗像元内计算可能获得不同蒸散结果，因此需要针对该地块在不同粗像元的空间分布情况进行调整，主要采用不同粗像元内的地块蒸散结果基于面积进行平均，获取每个地块的单一蒸散值。同时，地块尺度的分配基于不同的地块空间分布获取每个地块的蒸散平均值，不考虑地块内部空间分布存在的不均一性。最终地块蒸散分配的算法流程为

$$\mathrm{ET}_{\mathrm{field}_i}=\mathrm{ET}_{1\mathrm{km}}\frac{\mathrm{AF}_{\mathrm{field}_i}}{\mathrm{AF}_{1\mathrm{km}}} \tag{9-40}$$

式中，$\mathrm{ET}_{1\mathrm{km}}$为 1km 分辨率蒸散数据，$\mathrm{AF}_{1\mathrm{km}}$为 1km 蒸散对应的范围内蒸散分配因子的平均值。

$$\mathrm{ET}_{\mathrm{field}_i}=\frac{\sum \mathrm{ET}_{\mathrm{field}_i,\mathrm{pixel}_j}A_{\mathrm{field}_i,\mathrm{pixel}_j}}{A_{\mathrm{field}_i}} \tag{9-41}$$

式中，$i$ 为跨粗像元的地块；$j$ 为该地块在不同像元内的分布；$\mathrm{ET}_{\mathrm{field}_i,\mathrm{pixel}_j}$为 $i$ 地块在 $j$ 像元的蒸散分配计算中的结果；$A_{\mathrm{field}_i,\mathrm{pixel}_j}$为 $i$ 地块在 $j$ 像元的面积。通过对像元的面积和蒸散进行空间平均，最终获得逐地块的单一值。

$$\mathrm{ET}_{\mathrm{hr}}=\mathrm{ET}_{\mathrm{field}}\frac{\mathrm{AF}_{\mathrm{hr}}}{\mathrm{AF}_{\mathrm{field}}} \tag{9-42}$$

式中，$\mathrm{AF}_{\mathrm{hr}}$为输入的高分辨率地块分配因子像元，最终的计算结果为匹配高分辨率输入数据的蒸散。

地块尺度的蒸散结果还需要详细的地块空间分布信息，地块信息可以通过走访调查、实地采集、遥感分类等手段进行。

针对地块蒸散分配因子 AF 的有效性，本章在地面观测站点尺度对 AF 与蒸散的相关性进行分析。蒸散分配因子与蒸散结果的关联性将对地块蒸散的分配结果产生影响。站点的数据对比显示蒸散分配因子与蒸散观测结果的匹配度较高，图 9-3 显示了蒸散分配因子与实测蒸散的时间过程和相关性对比。结果显示，蒸散分配因子与蒸散结果显著相关（$P<0.01$），相关系数均大于 0.7。时间过程线显示，蒸散分配因子受到遥感数据平滑算法的影响，最终时间过程较为平滑，而逐日的蒸散观测结果受到每日的气象条件波动，逐日间的波动较为明显。总体上，两者的时间变化趋势较为一致。图 9-3 显示降水对实测蒸散的影响较大，主要是由于降水会提升大气的水汽含量，也会降低饱和水汽压，最终降低蒸散。

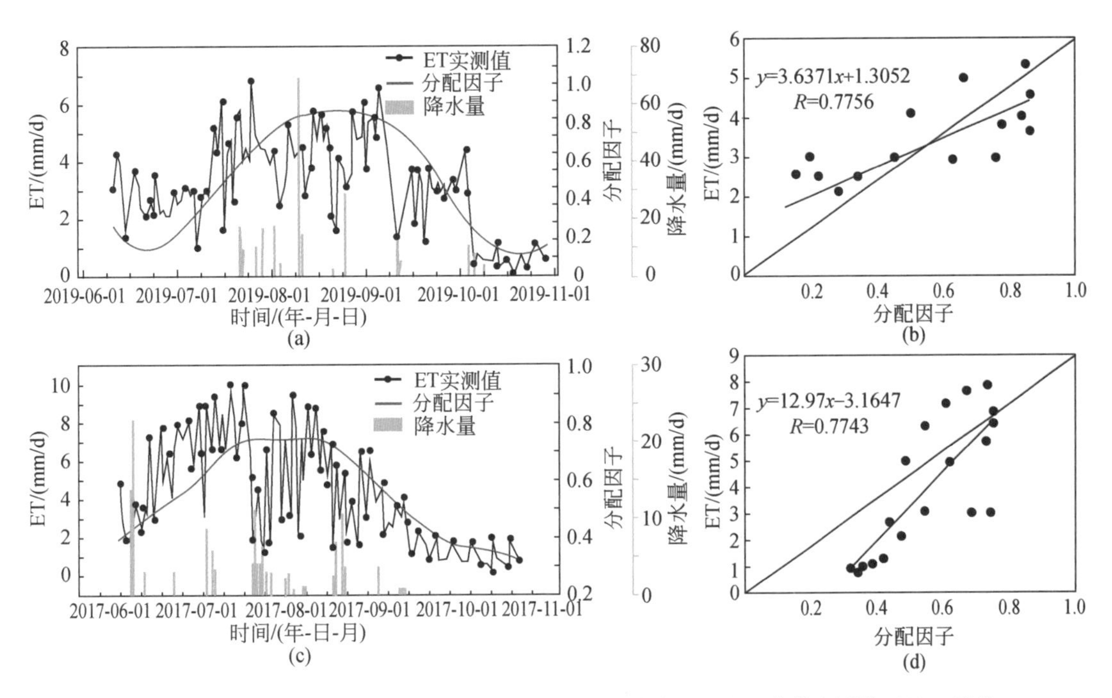


图 9-3 （a）基于土壤含水量与植被覆盖度的地块蒸散分配因子和蒸散实测值对比（馆陶）；（b）地块蒸散分配因子与站点观测 ET 的相关性对比（馆陶）；（c）基于土壤含水量与植被覆盖度的地块蒸散分配因子和蒸散实测值对比（大满）；（d）地块蒸散分配因子与站点观测 ET 的相关性对比（大满）

对地块尺度蒸散模型的精度采用地面观测涡动相关数据进行验证，结果表明，蒸散分配结果的精度较高。地块蒸散分配因子的核心是依据不同地块的蒸散能力采用比值衡量，增强蒸散的空间信息。图 9-4 为基于 ETWatch 的 1 km 分辨率蒸散与地块分配后的蒸散结果对比，地块分配的优势在于引入了蒸散的空间分布信息，在 1 km 尺度被忽略的蒸散空间异质性，在地块分配中能够表达出来。例如，农田田块之间的田埂、小路及村落建筑等

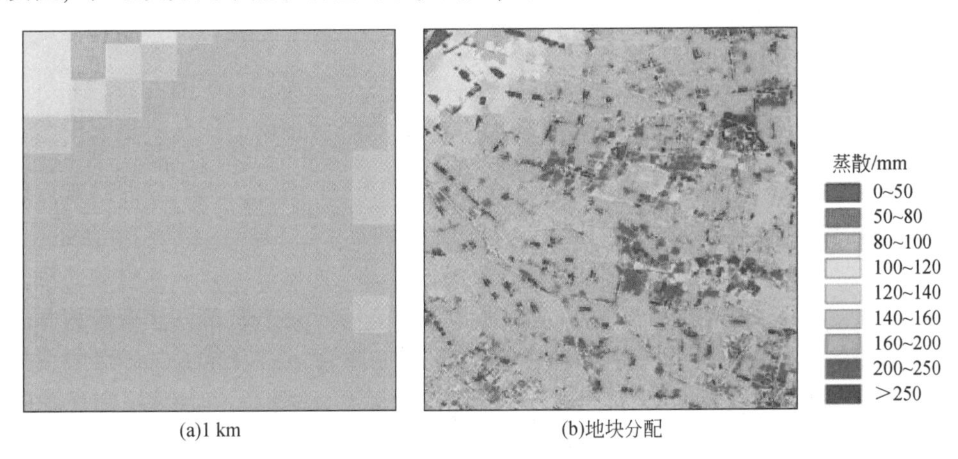


图 9-4 基于 ETWatch 的 1 km 蒸散结果与地块分配后的蒸散结果对比

蒸散极低值区域，林地、种植园等蒸散高于作物的区域，这些信息在 1 km 尺度是无法体现出来的。

地块蒸散分配方法本质上是基于蒸散水量在不同尺度之间平衡的理念，在分配过程前后不改变区域的蒸散总量，因此采用计算精度较高的 ETWatch 数据集作为蒸散分配的原始数据，能够获取较好的分配精度和结果。表 9-2 是 ETWatch 模型和地块分配结果的精度对比，结果显示，地块分配蒸散在点尺度验证的精度较高，具有更高的置信指数（$d$），相关系数 Adj. $R^2$ 也从 0. 890 提升到 0. 941（大满），0. 949 提升至 0. 954（馆陶），表明模型在不同区域的适应性较好（图 9-5）。图 9-6 显示计算结果能够很好地刻画作物生长的时间序列变化，包括生长季初期和末期的低值与生长高峰季的高值。地块蒸散分配模型能够在精细尺度监测农业蒸散波动情况，与降水等数据的对比也显示蒸散结果与农田蒸散的实际波动情况相符，能够运用到农业耗水管理中。

**表 9-2　蒸散分配前后验证精度统计**

| 站点 | ETWatch | | | 地块尺度蒸散 | | |
|---|---|---|---|---|---|---|
| | Adj. $R^2$ | RMSE | $d$ | Adj. $R^2$ | RMSE | $d$ |
| 馆陶 | 0. 949 | 0. 946 | 0. 915 | 0. 954 | 0. 98 | 0. 916 |
| 大满 | 0. 890 | 1. 67 | 0. 874 | 0. 941 | 1. 50 | 0. 931 |

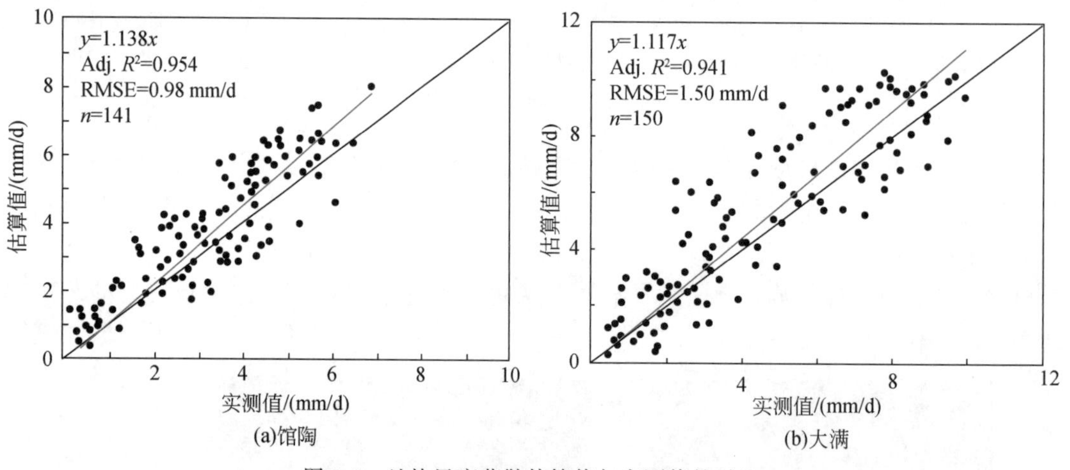


图 9-5　地块尺度蒸散估算值与实测值的对比

## 9. 3. 4　坡面尺度

坡是组成地面的基本要素，各种地貌的变化可以看作坡面特征和组合关系的变化。不同的地貌类型区域，其坡面结构也表现为不同的空间组合规律与空间分布特征，同一个坡面内具有相对均质的特征。李发源（2007）提出了坡面景观的概念，并将坡面景观结构定义为不同坡形的坡面和坡面的不同坡位与不同的坡度组合在空间上的排列形式及其相互关系。从定义中可以看出，坡面景观研究的基本对象是不同形态的坡面对象及其在空间中的

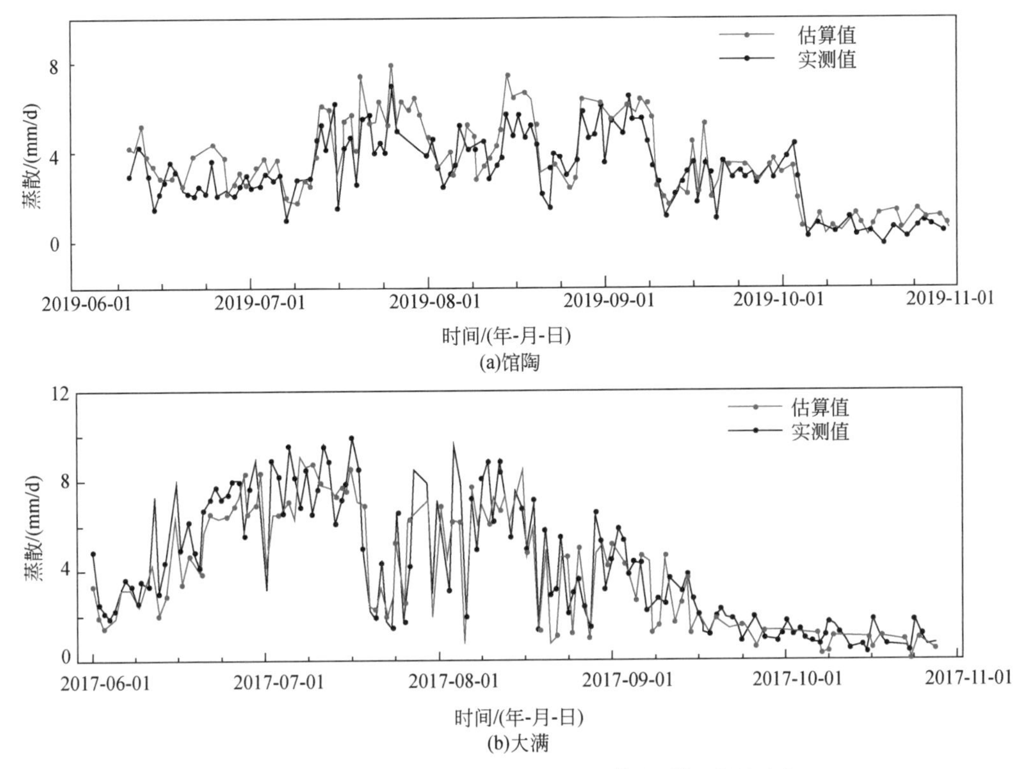


图 9-6　地块尺度蒸散估算值与实测值的时间过程对比

组合。同时，借鉴景观生态学中的概念，我们将空间中的坡面对象称为坡面斑块。相应地，不同形态的坡面对象称为不同类型的坡面斑块。

坡面的划分主要结合坡度、平面曲率和剖面曲率等指标，使用面向对象的方法，将坡面按照表 9-3 进行划分。

**表 9-3　坡面形态分类依据**

| 坡面形态类型 | | 几何特征 | | |
| --- | --- | --- | --- | --- |
| | | 平面曲率 | 剖面曲率 | 坡度/(°) |
| LL 坡 | | ±0 | ±0 | — |
| VV 坡 | | >0 | >0 | — |

续表

| 坡面形态类型 | | 几何特征 | | |
|---|---|---|---|---|
| | | 平面曲率 | 剖面曲率 | 坡度/(°) |
| CC 坡 | 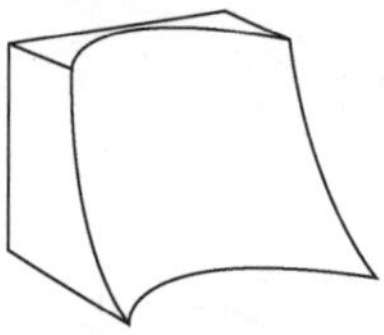 | <0 | <0 | — |
| VL 坡 | 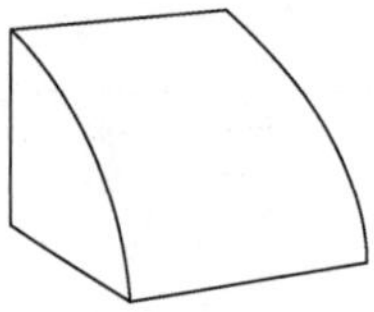 | ±0 或<0 | >0 | — |
| CL 坡 | 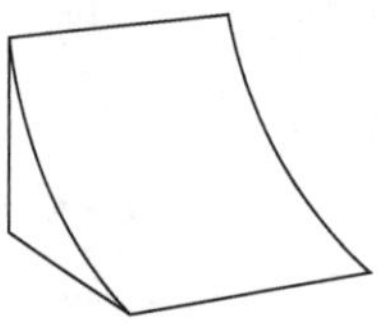 | ±0 或>0 | <0 | — |
| 平缓的坡 | | — | — | <3 |

资料来源：Ruhe（1975）。

目前已有很多精度较高的中低分辨率的蒸散数据产品，但受山地区域复杂地形的影响，不同海拔、坡度和坡向的地表水热通量的分布情况要比平坦的地表复杂，较粗的空间分辨率反映不出地形起伏区域蒸散变化的细节。山地区域的地形起伏会导致水分条件、植被长势、微气象条件（空气温湿度、风向风速和气压等）和辐射条件等因素在不同海拔、坡度和坡向的坡面上有所差异。就坡面尺度而言，可以基于粗空间分辨率的蒸散结果与坡面划分结果，利用坡面间蒸散影响因子（辐射因子、植被长势因子和地表水分因子等），基于分配理念，将粗空间分辨率的蒸散结果按照粗分辨率像元和坡面间影响因子的关系分配到坡面上，得到基于坡面单元的遥感蒸散估算结果。

## 9.4 小　　结

遥感技术的发展使得区域性的实际蒸散获取成为可能，然而基于卫星的遥感技术受天气影响很大，在同一个区域难以获得逐日连续的可用数据，因此如何获取逐日的实际蒸散成为一个关键的问题。目前从地表阻抗的时间重建过程出发，通过计算逐日的地表阻抗以获取逐日的实际蒸散已成为一种可行的方法。

基于阻抗模型的时间重建方法，是从地表阻抗的机理模型出发，具有很强的机理性，相对来说考虑十分完善，但其也存在一些不足，该方法在推导过程中将地表蒸散划分为植被和土壤部分，对土壤蒸发的计算部分进行了简化。而将地表蒸散简单认为是植被和土壤之和，在这点上考虑不够充分，在土壤蒸发模型的构建上也略显简单。通过反推得到的地表阻抗模型包含许多地表参量和经验参数，计算过程比较复杂，容易出错。因此，如何简化计算过程的同时保持一定的机理性是未来需要考虑的方向。

面向高分辨率蒸散研究的需求，本章介绍了叶片、单株、农田地块与林地坡面的高分辨率蒸散估算方法。针对农田区域的蒸散计算，地块尺度的蒸散估算方法主要基于蒸散的地块分配理念，我们将导致蒸散差异性的参量分为环境气象参量、植被参量与土壤含水参量，并对地块尺度的各个参量的空间异质性采用地面观测数据进行分析，最终确认在地块尺度，环境气象因子的空间异质性较低，蒸散的空间差异性主要来自植被和土壤含水量的分布不均一性。因此结合 P-T 公式原理，对因子与蒸散之间的关系进行线性刻画，发展了基于植被覆盖度与地表含水量的地块蒸散分配因子，并运用到地块蒸散分配计算过程中。这种方法适用于在农田灌溉区域进行，主要依赖于蒸散与植被、土壤含水量的高相关性，考虑到灌溉等因素对蒸散的影响存在时间跨度，因此适用于计算旬、月尺度的蒸散。

基于粗分辨率的遥感蒸散的计算结果，利用坡面划分结果和辐射状况、植被长势、地表水分状况等各个坡面间蒸散影响因子，基于分配理念，将 1 km 空间分辨率的蒸散结果按照粗分辨率像元和坡面间影响因子的关系分配到坡面上，建立坡面蒸散遥感估算模型，得到基于坡面单元的遥感蒸散估算结果。

## 参考文献

巴净慧. 2020. 基于互补理论的黑河流域不同下垫面蒸散发估算研究. 北京：中国地质大学（北京）硕士学位论文.
白洁，刘绍民，丁晓萍，等. 2010. 大孔径闪烁仪观测数据的处理方法研究. 地球科学进展，25（11）：1148-1165.
卞林根，程彦杰，王欢，等. 2002. 北京大气边界层中风和温度廓线的观测研究. 应用气象学报，13（z1）：13-25.
陈炯，王建捷. 2006. 北京地区夏季边界层结构日变化的高分辨模拟对比. 应用气象学报，17（4）：403-411.
陈亮，段克勤，王宁练，等. 2007. 祁连山七一冰川消融期间的能量平衡特征. 冰川冻土，29（6）：882-888.
陈燕，蒋维楣. 2007. 南京城市化进程对大气边界层的影响研究. 地球物理学报，50（1）：66-73.
陈颖，段四波，冷佩，等. 2016. 极轨卫星热红外地表温度日变化模拟. 遥感信息，31（6）：7-14.
陈媛媛. 2017. 高分五号热红外数据地表温度反演算法研究. 北京：中国农业科学院博士学位论文.
程水源，席德立，张宝宁，等. 1997. 大气混合层高度的确定与计算方法研究. 中国环境科学，17（6）：512-516.
丛振涛，雷志栋，胡和平，等. 2005. 冬小麦生长与土壤-植物-大气连续体水热运移的耦合研究Ⅱ：模型验证与应用. 水利学报，36（6）：741-745.
戴聪明，魏合理. 2013. 地基微波辐射计和太阳光度计反演大气水汽总量的对比研究. 大气与环境光学学报，8（2）：146-152.
丁闯. 2012. 海河流域地表土壤热通量的计算及其变化特征的分析. 北京：北京师范大学硕士学位论文.
董立新，杨虎，张鹏，等. 2012. FY-3A 陆表温度反演及高温天气过程动态监测. 应用气象学报，23（2）：214-222.
董振国. 1984. 几种冬小麦热通量观测方法的比较. 气象科技，（1）：71-74.
董治宝，陈渭南. 1996. 植被对土壤风蚀影响作用的实验研究. 水土保持学报，（2）：1-8.
杜建飞. 2004. 我国东部地区地面净辐射的卫星遥感研究. 南京：南京气象学院硕士学位论文.
杜建飞，陈渭民，吴鹏飞，等. 2004. 由 GMS 资料估算我国东部地区夏季地表净辐射. 南京气象学院学报，27（5）：674-680.
杜荣强，魏合理，伽丽丽，等. 2011. 基于地基微波辐射计的大气参数廓线遥感探测. 大气与环境光学学报，6（5）：329-335.
冯学良. 2016. 基于遥感水汽廓线产品的大气边界层高度提取方法. 北京：中国科学院大学博士学位论文.
付桂琴，张杏敏，尤凤春，等. 2016. 气象条件对石家庄 $PM_{2.5}$ 浓度的影响分析. 干旱气象，34（2）：349-355.
甘国靖. 2015. 基于阻抗网络优化的双源遥感蒸散模型开发及应用研究. 北京：中国科学院研究生部博士学位论文.
高菲. 2018. 风神卫星. 卫星应用，（9）：70.
高国栋，陆渝蓉. 1982. 中国地表面辐射平衡与热量平衡. 北京：科学出版社.
高扬子，何洪林，张黎，等. 2013. 近 50 年中国地表净辐射的时空变化特征分析. 地球信息科学学报，

15（1）：1-10.
高志球，卞林根，逯昌贵，等. 2002. 城市下垫面空气动力学参数的估算. 应用气象学报，13（u01）：26-33.
葛鹏，周梅，宝虎，等. 2017. 森林植被蒸散耗水测定方法研究进展. 内蒙古林业调查设计，40（3）：101-104.
桂胜. 2010. 地表净辐射的卫星遥感研究. 武汉：武汉大学博士学位论文.
郭慧文. 2020. 基于氢氧稳定同位素的民勤绿洲玉米耗水规律研究. 兰州：西北师范大学硕士学位论文.
郭阳，左洪超，王扶斌，等. 2019. 3 种土壤热通量计算方法对观测数据偏差的敏感性分析. 兰州大学学报（自然科学版），55（2）：183-190.
贺广均，冯学智，肖鹏峰，等. 2015. 一种基于植被指数–地表温度特征空间的蒸散指数. 干旱区地理，38（5）：887-899.
洪刚，李万彪，朱元竞，等. 2001. 卫星遥感估算淮河流域区域能量通量的方法研究. 北京大学学报（自然科学版），37（5）：692-700.
胡菊旸，唐世浩，董立新，等. 2012. 大气下行长波辐射快速实验测量方法研究. 光谱学与光谱分析，32（6）：1596-1600.
黄春红，宋小全，王改利，等. 2011. 珠海 2009 年夏季激光雷达探测大气边界层高度数据处理. 大气与环境光学学报，（6）：409-414.
黄辉，于贵瑞，孙晓敏，等. 2007. 华北平原冬小麦冠层导度的环境响应及模拟. 生态学报，27（12）：5209-5221.
黄妙芬，邢旭峰，朱启疆，等. 2005. 定量遥感地表净辐射通量所需大气下行长波辐射估算模型改进. 地理研究，24（5）：757-766.
吉丽蓉. 2017. 南营水库水文站不同型号蒸发器蒸发量分析. 甘肃水利水电技术，53（3）：13-15.
贾立，王介民，Menenti M. 1999. 卫星遥感结合地面资料对区域表面动量粗糙度的估算. 大气科学，23（5）：632-640.
江灏，瞿章. 1991. 拉萨地表净辐射的年际变化. 高原气象，10（3）：325-331.
蒋维楣，徐玉貌，于洪彬. 1994. 边界层气象学基础. 南京：南京大学出版社.
李发源. 2007. 黄土高原地面坡谱及空间分异研究. 成都：中国科学院成都山地灾害与环境研究所博士学位论文.
李放，沈彦俊. 2014. 地表遥感蒸散发模型研究进展. 资源科学，7：1478-1488.
李菲菲，饶良懿，吕琨珑，等. 2013. Priestley-Taylor 模型参数修正及在蒸散估算中的应用. 浙江农林大学学报，30：748-754.
李国平，张泽铭，刘晓冉. 2008. 青藏高原西部土壤热量的传输及其参数化方案. 高原气象，27（4）：719-726.
李亮，张宏，胡波，等. 2012. 不同土壤类型的热通量变化特征. 高原气象，31（2）：322-328.
李梦，唐贵谦，黄俊，等. 2015. 京津冀冬季大气混合层高度与大气污染的关系. 环境科学，36（6）：1935-1943.
李娜娜，贾立，卢静. 2015. 复杂下垫面地表土壤热通量算法改进：以黑河流域为例.《中国科学》（地球科学），45（4）：494-507.
李韧，季国良，李述训，等. 2005. 五道梁地区土壤热状况的讨论. 太阳能学报，26（3）：299-303.
李新，程国栋，陈贤章，等. 1999. 任意地形条件下太阳辐射模型的改进. 科学通报，44（9）：993-998.

李毅，邵明安. 2005. 热脉冲法测定土壤热性质的研究进展. 土壤学报，(1)：134-139.
李英，胡志莉，赵红梅. 2012. 青藏高原大气边界层结构特征研究综述. 高原山地气象研究，32（4）：91-96.
李玉，康晓明，郝彦宾，等. 2014. 黄河三角洲芦苇湿地生态系统碳、水热通量特征. 生态学报，34（15）：4400-4411.
李玉梅，彭玉麟，简茂球，等. 2014. 中国南方地表感热通量的时空变化. 热带气象学报，30（6）：1027-1036.
李占清，翁笃鸣. 1988. 丘陵山地总辐射的计算模式. 气象学报，46（4）：461-468.
李召良，唐伯惠，唐荣林，等. 2017. 地表温度热红外遥感反演理论与方法. 科学观察，12（6）：57-59.
李正泉，于贵瑞，温学发，等. 2004. 中国通量观测网络（ChinaFLUX）能量平衡闭合状况的评价. 中国科学 D 辑：地球科学，34（S2）：46-56.
李紫甜. 2014. 基于风云三号热红外资料的地表温度反演方法研究. 南京：南京信息工程大学硕士学位论文.
梁顺林. 2009. 定量遥感. 北京：科学出版社.
刘波，马柱国，冯锦明，等. 2008. 1960 年以来新疆地区蒸发皿蒸发与实际蒸发之间的关系. 地理学报，63（11）：1131-1139.
刘国水，刘钰，许迪. 2011. 基于涡度相关仪的蒸散量时间尺度扩展方法比较分析. 农业工程学报，27：7-12.
刘红燕. 2011. 三年地基微波辐射计观测温度廓线的精度分析. 气象学报，(4)：719-728.
刘家宏，周晋军，邵薇薇. 2018. 城市高耗水现象及其机理分析. 水资源保护，34（3）：17-21.
刘建忠，张蔷. 2010. 微波辐射计反演产品评价. 气象科技，38（3）：325-331.
刘明星. 2008. 戈壁下垫面夏冬两季大气边界层结构及演变特征的对比研究. 北京：北京大学硕士学位论文.
刘强. 2002. 地表组分温度反演方法及遥感像元的尺度结构. 北京：中国科学院遥感应用研究所博士学位论文.
刘瑞霞，刘玉洁，杜秉玉. 2004. 中国云气候特征的分析. 应用气象学报，15（4）：468-476.
刘小红，洪钟祥. 1996. 北京地区一次特大强风过程边界层结构的研究. 大气科学，20（2）：223-228.
刘新安，于贵瑞，何洪林，等. 2006. 中国地表净辐射推算方法的研究. 自然资源学报，21（1）：139-145.
刘彦，姚进明，徐卫民. 2006. 用 A 值法测算景德镇市 $SO_2$ 大气环境容量. 江西能源，4：13-15.
刘屹岷，李伟平，刘新，等. 2020. 青藏高原调控区域能量过程和全球气候的机理. 大气科学学报，43（1）：181-192.
刘毅，周明煌. 1998. 北京沙尘质量浓度与气象条件关系研究及其应用. 气候与环境研究，3（2）：142-146.
刘元波，吴桂平，赵晓松，等. 2020. 流域水文遥感的科学问题与挑战. 地球科学进展，35（5）：488-496.
刘志武，党安荣，雷志栋，等. 2003. 利用 ASTER 遥感数据反演陆面温度的算法及应用研究. 地理科学进展，(5)：507-514，544.
柳树福. 2013. 地表净辐射遥感估算方法研究. 北京：中国科学院遥感与数字地球研究所博士学位论文.
陆渝蓉，高国栋. 1987. 物理气候学. 北京：气象出版社.

罗玲，王修信，梁维刚. 2010. 环境因子对人工林显热通量的影响分析. 广西物理，31（3）：16-18.
马福建. 1984. 用常规地面气象资料估算大气混合层深度的一种方法. 环境科学，（1）：11-14.
马欣，陈东升，温维，等. 2016. 应用 WRF-chem 探究气溶胶污染对区域气象要素的影响. 北京工业大学学报，42（2）：285-295.
马耀明，李茂善，马伟强，等. 2003. 西北干旱区及高原上卫星遥感非均匀地表区域能量通量研究. 干旱气象，21（3）：34-42.
马耀明，王介民. 1997. 黑河实验区地表净辐射区域分布及季节变化. 大气科学，21（6）：743-749.
马耀明，王介民. 1999. 卫星遥感结合地面观测估算非均匀地表区域能量通量. 气象学报，57（2）：180-189.
毛克彪，唐华俊，陈仲新，等. 2006. 一个针对 ASTER 数据的劈窗算法. 遥感信息，5：7-11.
聂雄. 2018. 关中盆地水面蒸发及其影响因素研究. 西安：长安大学硕士学位论文.
欧阳斌，车涛，戴礼云，等. 2012. 基于 MODIS LST 产品估算青藏高原地区的日平均地表温度. 冰川冻土，34（2）：296-303.
乔娟. 2009. 西北干旱区大气边界层时空变化特征及形成机理研究. 北京：中国气象科学研究院硕士学位论文.
覃志豪，Karnieli A. 2001. 用 NOAA-AVHRR 热通道数据演算地表温度的劈窗算法. 国土资源遥感，（2）：33-42.
任鸿瑞，罗毅，谢贤群. 2006. 几种常用净辐射计算方法在黄淮海平原应用的评价. 农业工程学报，2（5）：140-146.
任雪塬，张强，岳平，等. 2021. 中国北方四类典型下垫面能量分配特征及其环境影响因子研究. 高原气象，40（1）：109-122.
邵明安，王全九，黄明斌. 2006. 土壤物理学. 北京：高等教育出版社.
佘映军，齐学斌，韩洋，等. 2020. 蒸渗仪在农业科研上的应用现状及发展趋势. 中国农学通报，36（20）：127-135.
盛裴轩，毛节泰，李建国，等. 2013. 大气物理学. 北京：北京大学出版社.
史宝忠，郑方成，曹国良. 1997. 对大气混合层高度确定方法的比较分析. 西安建筑科技大学学报：自然科学版，（2）：138-141.
司耀锋，应海燕. 2012. 从太空实现全球三维风场观测的“风神”卫星. 国际太空，（1）：28-32.
孙海燕，梅再美. 2008. 贵州山区山谷地形大气边界层夏季风温廓线结构特征分析. 陕西气象，（4）：5-8.
孙继成，康兴奎，任立新. 2019. 石羊河流域上游山谷水库蒸发观测与模拟. 人民黄河，41（9）：41-45.
孙亮，陈仲新. 2013. 应用 Penman-Monteith 公式和土壤湿度指数估算区域地表蒸散. 农业工程学报，29：101-108.
孙菽芬. 2005. 陆面过程的物理、生化机理和参数化模型. 北京：气象出版社.
孙志伟. 2013. 基于 NOAA-AVHRR 数据的中国陆地长时间序列地表温度遥感反演. 兰州：兰州交通大学硕士学位论文.
童成立，张文菊，汤阳，等. 2005. 逐日太阳辐射的模拟计算. 中国农业气象，26（3）：165-169.
唐伯惠. 2007. MODIS 数据地表短波净辐射与中红外通道地表双向反射率提取方法研究. 北京：中国科学院地理科学与资源研究所博士学位论文.
陶金花，李小英，王子峰，等. 2014. 大气遥感定量反演算法与系统. 北京：科学出版社.

田国良，柳钦火，陈良富．2014．热红外遥感．北京：电子工业出版社．
田辉，文军，马耀明，等．2007．复杂地形下黑河流域的太阳辐射计算．高原气象，26（4）：666-676．
田静，张仁华，孙晓敏，等．2006．基于遥感信息的水平平流通量观测影响校正模型研究．中国科学（D辑：地球科学），（S1）：255-262．
涂静，张苏平，程相坤，等．2012．黄东海大气边界层高度时空变化特征．中国海洋大学学报自然科学版，42（4）：7-18．
王晨光，段四波，张霄羽，等．2017．NPP- VIIRS 热红外数据地表温度反演方法研究．干旱区地理，40（6）：1264-1273．
王斐，覃志豪，宋彩英．2017．利用 Landsat TM 影像进行地表温度像元分解．武汉大学学报（信息科学版），42（1）：116-122．
王开存，周秀骥，刘晶淼．2004．复杂地形对计算地表太阳短波辐射的影响．大气科学，28（4）：625-633．
王旻燕，吕达仁．2005．GMS5 反演中国几类典型下垫面晴空地表温度的日变化及季节变化反演中国几类典型下垫面晴空地表温度的日变化及季节变化．气象学报，63（6）：957-968．
王珍珠，李炬，钟志庆，等．2008．激光雷达探测北京城区夏季大气边界层．应用光学，29（1）：96-100．
王智慧，师春香，沈润平，等．2020．CLDAS 驱动陆面模式模拟中国区域潜热通量的精度评价．中国农业气象，41（12）：761-773．
韦志刚，陈文，黄荣辉．2010．敦煌夏末大气垂直结构和边界层高度特征．大气科学，34（5）：905-913．
翁笃鸣，陈万隆，沈觉成，等．1981．小气候和农田小气候．北京：农业出版社：41-47．
翁笃鸣，高庆先．1993．总辐射与地表净辐射相关性的气候学研究．南京气象学院学报，16（3）：288-294．
翁笃鸣．1986．中国太阳直接辐射的气候计算及其分布特征．太阳能学报，7（2）：121-130．
翁笃鸣．1997．中国辐射气候．北京：气象出版社．
邬佳宾，马玉峰，郑和祥，等．2020．基于修正作物系数模型半干旱区玉米腾发量估算．水利与建筑工程学报，18（5）：25-29．
吴炳方，熊隽，闫娜娜，等．2008．基于遥感的区域蒸散量监测方法——ETWatch．水科学进展，19：671-678．
吴炳方，熊隽，闫娜娜．2011．ETWatch 的模型与方法．遥感学报，15：224-239．
吴方涛，曹生奎，曹广超，等．2017．青海湖 2 种高寒嵩草湿草甸湿地生态系统水热通量比较．水土保持学报，31（5）：176-182．
吴鹏飞，陈渭民，王建凯，等．2003．用卫星资料探讨有云情况下的地面辐射收支．南京气象学院学报，26（5）：613-621．
伍大洲，孙鉴泞，袁仁民，等．2006．对流边界层高度预报方案的改进．中国科学技术大学学报，36（10）：1111-1116．
夏建新，石雪峰，吉祖稳，等．2007．植被条件对下垫面空气动力学粗糙度影响实验研究．应用基础与工程科学学报，15（1）：23-31．
小田桂三郎，田中市郎，宇田川武钧，等．1976．农田生态学．姜恕，译．北京：科学出版社．
谢仁波．1996．土壤热通量切变与转折性天气．贵州气象，19（2）：20-23．
谢贤群．1991．遥感瞬时作物表面温度估算农田全日蒸散总量．遥感学报，（4）：253-260．

谢琰，文军，刘蓉，等. 2018. 太阳辐射和水汽压差对黄河源区高寒湿地潜热通量的影响研究. 高原气象，37（3）：614-625.
辛晓洲，柳钦火，田国良，等. 2007. 利用土壤水分特征点组分温差假设模拟地表蒸散. 北京师范大学学报（自然科学版），（3）：221-227.
熊隽，吴炳方，闫娜娜，等. 2008. 遥感蒸散模型的时间重建方法研究. 地理科学进展，27：53-59.
熊育久，邱国玉，陈晓宏，等. 2012. 三温模型与 MODIS 影像反演蒸散发. 遥感学报，16（5）：969-985.
徐桂荣，崔春光，周志敏，等. 2014. 利用探空资料估算青藏高原及下游地区大气边界层高度. 暴雨灾害，33（3）：217-227.
徐玉貌，刘红年，徐桂玉. 2013. 大气科学概论. 南京：南京大学出版社.
徐兆生，马玉堂. 1984. 青藏高原土壤热通量的测量计算和气候学推广法//青藏高原气象科学实验文集（二）. 北京：科学出版社：30-31.
徐兆生. 1984. 青藏高原气象科学实验文集（二）. 北京：科学出版社：24-34.
阳坤，王介民. 2008. 一种基于土壤温湿资料计算地表土壤热通量的温度预报校正法. 中国科学（D 辑：地球科学），38（2）：243-250.
杨阿强，孙国清，卢立新，等. 2011. 基于 MODIS 资料的中国东部时间序列空气动力学粗糙度和零平面位移高度估算. 气象科学，31（4）：516-524.
杨红娟. 2009. 遥感腾发模型研究及其在干旱区平原绿洲的应用. 北京：清华大学博士学位论文.
杨红娟，丛振涛，雷志栋. 2009a. 谐波法与双源模型耦合估算土壤热通量和地表蒸散. 34（6）706-710.
杨红娟，丛振涛，雷志栋. 2009b. 利用遥测地表温度模拟土壤热通量. 干旱区研究. 26（1）21-25.
杨景梅，邱金恒. 1996. 我国可降水量同地面水汽压的经验表达式. 大气科学，20（5）：620-626.
杨静，李霞，李秦，等. 2011. 乌鲁木齐近 30a 大气稳定度和混合层高度变化特征及与空气污染的关系. 干旱区地理，34（5）：747-752.
杨洋，刘晓阳，陆征辉，等. 2016. 博斯腾湖流域戈壁地区大气边界层高度特征研究. 北京大学学报（自然科学版），52（5）：829-836.
叶晶，刘辉志，李万彪，等. 2010. 利用 MODIS 数据直接估算晴空区干旱与半干旱地表净辐射通量. 北京大学学报（自然科学版），46（6）：942-950.
于贵瑞，孙晓敏. 2006. 陆地生态系统通量观测的原理与方法. 北京：高等教育出版社.
于名召. 2018. 空气动力学粗糙度的遥感方法及其在蒸散计算中的应用研究. 北京：中国科学院大学博士学位论文.
余卫国，房世波，齐月，等. 2019. ASTER 数据地表温度产品精度评价. 干旱气象，37（6）：987-992，1011.
袁国富，张娜，孙晓敏，等. 2010. 利用原位连续测定水汽 δ～（18）O 值和 Keeling Plot 方法区分麦田蒸散组分. 植物生态学报，34（2）：170-178.
曾燕，邱新法，何永健，等. 2008. 起伏地形下黄河流域太阳散射辐射分布式模拟研究. 地球物理学报，51（4）：991-998.
张宝贵，曹建新，杜建双，等. 2016. 秦皇岛大气污染物的分布特征及其天气背景. 中国环境管理干部学院学报，26（5）：79-82.
张红梅，吴炳方，闫娜娜. 2014. 饱和水汽压差的卫星遥感研究综述. 地球科学进展，29（5）：559-568.
张红梅. 2017. 多时间尺度的近地表饱和水汽压差遥感估算方法研究. 长沙：中南大学博士学位论文.

张宏，胡波，刘广仁，等. 2012. 中国土壤热通量的时空分布特征. 气候与环境研究. 17（5）：515-522.

张华，李锋瑞，伏乾科，等. 2004. 沙质草地植被防风抗蚀生态效应的野外观测研究. 环境科学，25（2）：119-124.

张杰，黄建平，张强. 2010. 稀疏植被区空气动力学粗糙度特征及遥感反演. 生态学报，30（11）：2819-2827.

张杰，杨兴国，杨启国，等. 2004. 利用 MODIS 资料估算西北雨养农业区地表净辐射. 干旱气象，22（2）：32-37.

张强，胡隐樵. 2001. 大气边界层物理学的研究进展和面临的科学问题. 地球科学进展，16（4）：526-532.

张强，吕世华. 2003. 城市表面粗糙度长度的确定. 高原气象，22（1）：24-32.

张强，卫国安，侯平. 2004. 初夏敦煌隔壁大气边界层结构特征的一次观测试验. 高原气象，23（5）：587-597.

张强. 2001. 地形和逆温层对兰州市污染物输送的影响. 中国环境科学，21（3）：230-234.

张人文，范绍佳. 2011. 珠江三角洲风场对空气质量的影响. 中山大学学报（自然科学版），50（6）：130-134.

张仁华，孙晓敏，刘纪远，等. 2001. 定量遥感反演作物蒸腾和土壤水分利用率的区域分异. 中国科学（D 辑：地球科学），31（11）：959-968.

张仁华，孙晓敏，朱治林，等. 2002. 以微分热惯量为基础的地表蒸发全遥感信息模型及在甘肃沙坡头地区的验证. 中国科学，32（12）：1041-4051.

张少骞，蔡靖，陈柏言. 2011. 基于 A 值法测算长春市大气环境容量的研究. 中国环境管理丛书，6：28-30.

张舒婷. 2020. Sentinel-3A/SLSTR 地表温度反演与地表亮温角度效应分析. 北京：中国农业科学院硕士学位论文.

张宇. 2018. 基于改进 Penman-Monteith 模型的城市地表蒸散发定量遥感估算研究. 徐州：中国矿业大学博士学位论文.

赵长龙，刘毅，王金涛，等. 2020. 不同材料蒸发皿及环境因素对水面蒸发测定的影响. 灌溉排水学报，39：110-117.

赵玲玲，王中根，夏军，等. 2011. Priestley-Taylor 公式的改进及其在互补蒸散模型中的应用. 地理科学进展，30：805-810.

赵鸣. 2006. 大气边界层动力学. 北京：高等教育出版社.

赵鸣，苗曼倩，王彦昌. 1991. 边界层气象学教程. 北京：气象出版社.

赵小艳，申双和，杨沈斌，等. 2009. 利用 ASTER 数据反演南京城市地表温度. 南京气象学院学报，32（1）：128-133.

郑鑫，李波，衣淑娟. 2016. 盐碱土裸土蒸发 Ritchie 模型修正及验证. 农业工程学报，32（23）：131-136.

周晋军，刘家宏，董庆珊，等. 2017. 城市耗水计算模型. 水科学进展，28（2）：276-284.

周琳. 2015. 北京市城市蒸散发研究. 北京：清华大学硕士学位论文.

周艳莲，孙晓敏，朱治林，等. 2006. 几种不同下垫面地表粗糙度动态变化及其对通量机理模型模拟的影响. 中国科学（D 辑：地球科学），（S1）：244-254.

朱彩英，张仁华，王劲峰，等. 2004. 运用 SAR 图像和 TM 热红外图像定量反演地表空气动力学粗糙度的二维分布. 中国科学（D 辑：地球科学）, 34（4）：385-393.
朱君, 唐伯惠. 2008. 利用 MODIS 数据计算中国地表短波净辐射通量的研究. 遥感信息, 3：60-65.
朱克云, 段廷扬, 潘永. 2001. 青藏高原热状况特征分析. 云南大学学报（自然科学版）, 23（4）：252-257.
朱伟伟. 2014. 地表土壤热通量遥感估算方法研究. 北京：中国科学院大学博士学位论文.
朱志辉. 1982. 太阳辐射时空分布的多因子计算. 地理学报, 37（1）：27-34.
祝昌汉. 1985. 我国太阳直接辐射的计算方法及其分布特征. 太阳能学报, 6（1）：1-11.
庄齐枫. 2016. 地表感热与潜热通量参数化遥感方法研究. 北京：中国科学院大学博士学位论文.
左金清, 王介民, 黄建平, 等. 2010. 半干旱草地地表土壤热通量的计算及其对能量平衡的影响. 高原气象, 29（4）：840-848.
Agam N, Kustas W P, Evett S R, et al. 2012. Soil heat flux variability influenced by row direction in irrigated cotton. Advances in Water Resources, 50：31-40.
Akuraju V R, Ryu D, George B, et al. 2017. Seasonal and inter-annual variability of soil moisture stress function in dryland wheat field, Australia. Agricultural and forest meteorology, 232：489-499.
Allen R G, Morse A, Tasumi M. 2003. Application of SEBAL for western US water rights regulation and planning. Proceedings of the International Workshop on Remote Sensing of Crop Evapotranspiration for Large Regions. 54th IEC Meeting of the International Commission on Irrigation and Drainage（ICID）.
Allen R G, Pereira L S, Raes D, et al. 1998a. FAO Irrigation and drainage paper No. 56. Rome：Food and Agriculture Organization of the United Nations.
Allen R G, Pereira L S, Raes D, et al. 1998b. Crop evapotranspiration. Guidelines for computing crop water requirements. FAO：FAO Irrigation and Drainage Paper.
Allen R G, Tasumi M, Trezza R. 2007a. Satellite-based energy balance for mapping evapotranspiration with internalized calibration（METRIC）—Model. Journal of Irrigation and Drainage Engineering, 133（4）：380-394.
Allen R G, Tasumi M, Trezza R. 2007b. Satellite-Based energy balance for mapping evapotranspiration with internalized calibration（METRIC）—applications. Journal of Irrigation and Drainage Engineering, 133（4）：395-406.
Allen R G, Trezza R, Tasumi M. 2006. Analytical integrated functions for daily solar radiation on slopes. Agricultural and Forest Meteorology, 139（1-2）：55-73.
Almhab A, Busu I. 2008. Estimation of Evapotranspiration Using Fused Remote Sensing Image Data and M-Sebal Model for Improving Water Management in Arid Mountainous Area. The 3rd International Conference on Water Resources and Arid Environments（2008）and the 1st Arab Water Forum：24.
Amayreh J A. 1995. Lake Evaporation：A Model Study. Utah：Utah State University.
Anderson M C, Norman J M, Diak G R, et al. 1997. A two-source time-integrated model for estimating surface fluxes using thermal infrared remote sensing. Remote Sensing of Environment, 60（2）：195-216.
Anderson M C, Norman J M, Kustas W P, et al. 2005. Effects of vegetation clumping on two source model estimates of surface energy fluxes from an agricultural landscape during SMACEX. Journal of Hydrometeorology,（6）：892-909.
Anderson M C, Norman J M, Mecikalski J R, et al. 2007. A climatological study of evapotranspiration and moisture stress across the continental United States based on thermal remote sensing：2. Surface moisture climatology. Journal of Geophysical Research：Atmospheres, 112（D10）：112.

Angell J K. 1990. Variations in the United States cloudiness and sunshine duration between 1950 and the drought year of 1988. Journal of Climate, 3 (2): 296-309.

Atitar M, Sobrino J. 2009. A split-window algorithm for estimating lst from meteosat 9 data: test and comparison with in situ data and MODIS LSTs. IEEE Geoscience and Remote Sensing Letters, 6 (1): 122-126.

Augustine J A, DeLuisi J J, Long C N. 2000. SURFRAD- A national surface radiation budget net work for atmospheric research. Bulletin of the American Meteorological Society, 81 (10): 2341-2357.

Azooz R H, Lowery B, Daniel T C, et al. 1997. Impact of tillage and residue management on soil heat flux. Agricultural and Forest Meteorology, 84: 207-222.

Barducci A, Pippi I. 1996. Temperature and emissivity retrieval from remotely sensed images using the "grey body emissivity" method. IEEE Transactions on Geoscience and Remote Sensing, 34 (3): 681-695.

Barr A G, Morgenstern K, McCaughey T A, et al. 2006. Surface energy balance closure by the eddy-covariance method above three boreal forest stands and implications for the measurement of the $CO_2$ flux. Agricultural and Forest Meteorology, 140: 322-337.

Barton I J, Zavody A M, O'Brien D M, et al. 1989. Theoretical algorithms for satellite derived sea surface temperatures. Journal of Geophysical Research: Atmospheres, 94 (D3): 3365-3375.

Bastiaansen W G M, Menenti M, Feddes R A, et al. 1998. A remote sensing surface energy balance algorithm for land (SEBAL) . 1. Formulation. Journal of Hydrology, 212-213: 198-212.

Bastiaanssen W G, Pelgrum H, Wang J, et al. 1998b. A remote sensing surface energy balance algorithm for land (SEBAL). Part2: Validation. Journal of Hydrology, 212-213: 213-229.

Bastiaanssen W G, Bandara K. 2001. Evaporative depletion assessments for irrigated watersheds in Sri Lanka. Irrigation Science, 21 (1): 1-15.

Bastiaanssen W G, Menenti M, Feddes R, et al. 1998a. A remote sensing surface energy balance algorithm for land (SEBAL). 1. Formulation. Journal of Hydrology, 212: 198-212.

Beck R. 2003. EO-1 User guide//http://eo1. usgs. gov and http://eo1. usgs. gov/documents[2021-6-18].

Becker F. 1987. The impact of spectral emissivity on the measurement of land surface temperature from a satellite. International Journal of Remote Sensing, 8 (10): 1509-1522.

Becker F, Li Z L. 1990. Towards a local split window method over land surfaces. International Journal of Remote Sensing, 11 (3): 369-393.

Berk A, Bernstein L S, Anderson G P, et al. 1998. MODTRAN Cloud and Multiple Scattering Upgrades with Application to AVIRIS. Remote Sensing of Environment, 65: 367-375.

Bilbao J, Miguel A H. 2007. Estimation of daylight downward longwave atmospheric irradiance under clear-sky and all-sky conditions. Journal of Climate and Applied Meteorology, 46 (6): 878-889.

Bisht G, Bras R L. 2010. Estimation of net radiation from the MODIS data under all sky conditions: southern great plains case study. Remote Sensing of Environment, 114 (7): 1522-1534.

Bisht G, Venturini V, Islam S, et al. 2005. Estimation of the net radiation using MODIS data for clear sky days. Remote Sensing of Environment, 97 (1): 52-67.

Black T A, Chen J, Lee X, et al. 1991. Characteristics of shortwave and longwave irradiances under a Douglas-fir forest stand. Canadian Journal of Forest Research, 21 (7): 1020-1028.

Blackadar A K. 1962. The vertical distribution of wind and turbulent exchange in a neutral atmosphere. Journal of Geophysical Research, 67 (8): 3095-3102.

Blonquist Jr J M, Allen R G, Bugbee B. 2010. An evaluation of the net radiation sub- model in the ASCE standardized reference evapotranspiration equation: Implications for evapotranspiration prediction. Agricultural Water Management, 97 (7): 1026-1038.

Boegh E, Soegaard H. 2004. Remote sensing based estimation of evapotranspiration rates. International Journal of Remote Sensing, 25 (13): 2535-2551.

Boegh E, Soegaard H, Thomsen A. 2002. Evaluating evapotranspiration rates and surface conditions using Landsat TM to estimate atmospheric resistance and surface resistance. Remote Sensing of Environment, 79 (2): 329-343.

Bolsenga S J. 1965. The relationship between total atmospheric water vapor and surface dew point on a mean daily and hourly basis. Journal of Applied Meteorology, 4: 430-432.

Borak J S, Jasinski M F, Crago R D. 2005. Time series vegetation aerodynamic roughness fields estimated from MODIS observations. Agricultural and Forest Meteorology, 135 (1-4): 252-268.

Borel C C. 1997. Iterative retrieval of surface emissivity and temperature for a hyperspectral sensor//Proceedings of the First JPL Workshop on Remote Sensing of Land Surface Emissivity. Pasadena, California: Jet Propulsion Laboratory: 1-5.

Borel C C. 1998. Surface emissivity and temperature retrieval for a hyperspectral sensor//Proceedings of IEEE International Symposium on Geoscience and Remote Sensing (IGARSS). Seattle, WA: IEEE: 546-549.

Borel C C. 2008. Error analysis for a temperature and emissivity retrieval algorithm for hyperspectral imaging data. International Journal of Remote Sensing, 29 (17/18): 5029-5045.

Bouchet R. 1963. Evapotranspiration reelle, evapotranspiration potentielle, et production agricole//Annales Agronomiques: 743-824.

Boulet G, Olioso A, Ceschia E, et al. 2012. An empirical expression to relate aerodynamic and surface temperatures for use within single- source energy balance models. Agricultural and Forest Meteorology, 161: 148-155.

Browning K A, Gurney R J. 1999. Global Energy and Water Cycles. Cambridge: Cambridge University Press.

Bruin H A R D, Holtslag A A M. 1982. A simple parameterization of the surface fluxes of sensible and latent heat during daytime compared with penman-monteith concept. Journal of Applied Meteorology, 21 (11): 1610-1621.

Brutsaert W H. 1982b. Exchange processes at the earth- atmosphere interface//Plate E. Engineering Meteorology. Elsevier: 319-369.

Brutsaert W, Han S. 1979. An advection- aridity approach to estimate actual regional evapotranspiration. Water Resources Research, 15 (2): 443-450.

Brutsaert W. 1982a. Evaporation into the Atmosphere. Kluwer Academic Publishers.

Brutsaert W. 2005. Hydrology: An Introduction. Cambridge: Cambridge University Press.

Brutsaert W. 2016. A generalized complementary principle with physical constraints for land-surface evaporation. Water Resources Research, 51 (10): 8087-8093.

Buckingham E. 1914. On physically similar systems; illustrations of the use of dimensional equations. Physical Review, 4: 345.

Budyko M I, Zubenok L I. 1961. The determination of evaporation from the land surface. Izv. Akad. Nauk SSSR Ser. Geogr, 6 (3): 3-17.

Burman R, Pochop L O. 1994. Evaporation, evapotranspiration and climatic data. Developments in Atmospheric Science, 22.

Burns S P, Molotch N P, Williams M W, et al. 2013. Snow Temperature changes within a seasonal snowpack and their relationship to turbulent fluxes of sensible and latent heat. Journal of Hydrometeorology, 15 (1): 117-142.

Businger J A, Wyngaard J C, Izumi Y, et al. 1971. Flux- profile relationships in the atmospheric surface layer. Journal of the Atmospheric Sciences, 28: 181-189.

Cao G X, Giambelluca T W, Stevens D E, et al. 2007. Inversion variability in the Hawaiian trade wind regime. Journal of Climate, (20): 1145-1160.

Carlson J D, Foster M R. 1986. Numerical study of some unstably stratified boundary-layer flows over a valley at moderate Richardson number. Journal of Climate and Applied Meteorology, 25 (2): 203-213.

Carson D J. 1982. Current parameterizations of land surface processes in atmospheric general circulation models. Land Surface Processes in Atmospheric General Circulation Models, 67: 108.

Caselles V, Coll C, Valor E. 1997. Land surface emissivity and temperature determination in the whole HAPEX-Sahel area from AVHRR data. International Journal of Remote Sensing, 18 (5): 1009-1027.

Cawse-Nicolson K, Hook S, Anderson M, et al. 2017. DisALEXI: evapotransportation disaggregation to field scales.

Cess R D, Dutton E G, DeLuisi J J, et al. 1991. Determining surface solar absorption from broadband satellite measurements for clear skies: Comparisons with surface measurements. Journal of Climate, 4: 236-247.

Cess R D, Nemesure S, Dutton E G, et al. 1993. The impact of clouds on the shortwave radiation budget of the surface-atmosphere system: Interfacing measurements and models. Journal of Climate, 6 (2): 308-316.

Cess R D, Vulis I L. 1989. Inferring surface- solar absorption from broadband satellite measurements. Journal of Climate, 2: 974-985.

Chedin A, Scott N A, Berroir A. 1982. A single- channel, double- viewing angle method for sea surface temperature determination from coincident Meteosat and TIROS-N radiometric measurements. Journal of Applied Meteorology, 21 (4): 613-618.

Chehbouni A A, Seen D L, Njoku E G, et al. 1996. Examination of the difference between radiative and aerodynamic surface temperature over sparsely vegetated surface. Remote Sensing of Environment, 58 (2): 177-186.

Chehbouni A A, Seen D L, Njoku E G, et al. 1997. Estimation of sensible heat flux over sparsely vegetated surfaces. Journal of Hydrology, 188-189 (1): 855-868.

Chelkin G H. 1953. On the determining of some thermal properties of soil. Journal of Geophysics, 39 (101).

Chen F, Dudhia J. 2001. Coupling an advanced land surface-hydrology model with the penn State-NCAR MM5 modeling system. Part I: Model Implementation and Sensitivity. Monthly Weather Review, 129 (4): 569-585.

Chen F, Kusaka H, Bornstein R, et al. 2011. The integrated WRF/urban modelling system: development, evaluation, and applications to urban environmental problems. International Journal of Climatology, 31 (2): 273-288.

Chen J M, Liu J. 2020. Evolution of evapotranspiration models using thermal and shortwave remote sensing data. Remote Sensing of Environment, 237: 111594.

Chen Q, Jia L, Hutjes R, et al. 2015. Estimation of aerodynamic roughness length over oasis in the heihe river basin by utilizing remote sensing and ground data. Remote Sensing, 7 (4): 3690-3709.

Chen Y, Hall A, Liou K N. 2006. Application of three-dimensional solar radiative transfer to mountains. Journal of Geophysical Research: Atmospheres, 111: D21111.

Cheng J, Liang S L, Wang J D, et al. 2010. A stepwise refining algorithm of temperature and emissivity separation for hyperspectral thermal infrared data. IEEE Transactions on Geoscience and Remote Sensing, 48 (3): 1588-1597.

Chertock B, Frouin R, Somerville R C J. 1991. Global monitoring of net solar irradiance at the ocean surface: Climatological variability and the 1982-1983 El Nifio. Journal of Climate, 4: 639-650.

Chertock B, Frouin R, Gautier C. 1992. A Technique for global monitoring of net solar irradiance at the ocean surface. Part II: Validation. Journal of Applied Meteorology, 31: 1067-1083.

Chou M D. 1989. On the estimation of surface radiation using satellite data. Theoretical and Applied Climatology, 40: 25-36.

Chou M D. 1991. The derivation of cloud parameters from satellite-measured radiances for use in surface radiation calculations. Journal of the Atmospheric Sciences, 48: 1549-1559.

Choudhury B J, Idso S B, Reginato R J. 1987. Analysis of an empirical model for soil heat flux under a growing wheat crop for estimating evaporation by an infrared-temperature based energy balance equation. Agricultural and Forest Meteorology, 39: 283-297.

Chávez J L, Neale C M, Prueger J H, et al. 2008. Daily evapotranspiration estimates from extrapolating instantaneous airborne remote sensing ET values. Irrigation Science, 27: 67-81.

Clearwater M J, Meinzer F C, Andrade J L, et al. 1999. Potential errors in measurement of nonuniform sap flow using heat dissipation probes. Tree Physiology, 19 (10): 681-687.

Cleugh H A, Leuning R, Mu Q, et al. 2007. Regional evaporation estimates from flux tower and MODIS satellite data. Remote Sensing of Environment, 106: 285-304.

Clothier B E, Clawson K L, Pinter Jr P J, et al. 1986. Estimation of soil heat flux from net radiation during growth of Alfalfa. Agricultural and Forest Meteorology, 37: 319-329.

Colaizzi P D, Evett S R, Howell T A, et al. 2006. Comparison of five models to scale daily evapotranspiration from one-time-of-day measurements. Transaction of the ASABE, 49 (5): 1409-1417.

Cole K D, Haji-Sheikh A, Beck J V, et al. 1995. Heat Conduction Using Green's Functions. second ed. Boca Raton: Taylor & Francis.

Colin J, Faivre R. 2010. Aerodynamic roughness length estimation from very high-resolution imaging LIDAR observations over the Heihe basin in China. Hydrology and Earth System Sciences, 14 (12): 3397-3421.

Coll C, Caselles V, Sobrino J A, et al. 1994. On the atmosphericdependence of the split-window equation for land surface temperature. International Journal of Remote Sensing, 15 (1): 105-122.

Counihan J. 1971. The urban wind velocity profile. Atmospheric Environment, 5 (8): 733.

Crago R D, Brutsaert W. 1992. A comparison of several evaporation equations. Water Resources Research, 28 (3): 951-954.

Cristóbal J, Jimenez-Munoz J C, Sobrino J A, et al. 2009. Improvements in land surface temperature retrieval from the Landsat series thermal band using water vapor and air temperature. Journal of Geophysical Research-Atmospheres, 114: D08103.

Culf A D, Gash J H C. 1993. Longwave radiation from clear skies in Niger: a comparison of observations with simple formulas. Journal of Applied Meteorology, 32: 539-547.

Dai A G, Trenberth K E, Karl T R. 1999. Effects of clouds, Soil moisture, precipitation, and water vapor on diurnal temperature range. Journal of Climate, 12 (8): 2451-2473.

Dalton J. 1802. Experimental essays on the constitution of mixed gases. Manchester Literary and Philosophical

Society Memo, 5: 535-602.

Dansgaard W. 1953. The abundance of O18 in atmospheric water and water vapour. Tellus, 5 (4): 461-469.

Dansgaard W. 1964. Stable isotopes in precipitation. Tellus, 16 (4): 436-468.

Davis K J, Lenschow D H, Oncley S P, et al. 1997. Role of entrainment in surface-atmosphere interactions over the boreal forest. Journal of Geophysical Research Atmospheres, 102 (D24): 29219-29230.

Deardorff J W. 1974. Three-dimensional numerical study of the height and mean struture of a heated plantary boundary layer. Bound Layer Meteor, 7: 81-106.

Deneke H, Feijt A, van Lammeren A, et al. 2005. Validation of a physical retrieval scheme of solar surface irradiances from narrowband satellite radiances. Journal of Applied Meteorology, 44 (9): 1453-1466.

Deschamps P Y, Phulpin T. 1980. Atmospheric correction of infrared measurements of sea surface temperature using channels at 3.7, 11 and 12 Mm. Boundary-Layer Meteorology, 18 (2): 131-143.

Desjardins R. 1974. A technique to measure $CO_2$ exchange under field conditions. International Journal of Biometeorology, 18: 76-83.

Dilts T D, Weisberg P J, Dencker C M, et al. 2015. Functionally relevant climate variables for arid lands: a climatic water deficit approach for modelling desert shrub distributions. Jounal of Biogeography, 42: 1986-1997.

Ding R, Kang S, Zhang Y, et al. 2015. A dynamic surface conductance to predict crop water use from partial to full canopy cover. Agricultural Water Management, 150: 1-8.

Dozier J, Frew J. 1990. Rapid calculation of terrain parameters for radiation modeling from digital elevation data. Geoscience and Remote Sensing, IEEE Transactions on, 28 (5): 963-969.

Duan S B, Li Z L, Tang B H, et al. 2014. Estimation of Diurnal Cycle of Land Surface Temperature at High Temporal and Spatial Resolution from Clear-Sky MODIS Data. Remote Sensing, 6: 3247-3262.

Duan S B, Li Z L, Wang N, et al. 2012a. Modeling of day-to-day temporal progression of clear-sky land surface temperature. IEEE Geoscience and Remote Sensing Letters, 10 (5): 1050-1054.

Duan S B, Li Z L, Wang N, et al. 2012b. Evaluation of six land-surface diurnal temperature cycle models using clear sky in situ and satellite data. Remote Sensing of Environment, 124: 15-25.

Duan S B, Li Z L, Wu H, et al. 2013. Modeling of day to day temporal progression of clear-sky land surface temperature. IEEE Geoscience and Remote Sensing Letters, 10 (5): 1050-1054.

Dubayah R. 1992. Estimating net solar radiation using Landsat Thematic Mapper and digital elevation data. Water Resource Research, 28: 2469-2484.

Duguay C. 1993. Radiation modelling in mountainous terrain: review and status. Mountain Research and Development, 13 (4): 339-357.

Dunin F X. 1991. Extrapolation of 'point' measurements of evaporation: some issues of scale. Plant Ecology, 91: 39-47.

Dyer A J, Bradley E F. 1982. An alternative analysis of flux-gradient relationships at the 1976 ITCE. Boundary-Layer Meteorology, 22 (1): 3-19.

Dyer A. 1974. A review of flux-profile relationships. Boundary-Layer Meteorology, 7: 363-372.

Eerme K. 2004. Changes in spring-summer cirrus cloud amount over Estonia, 1958-2003. International Journal of Climatology, 24 (12): 1543-1549.

Egan B A, Schiermeier F A. 1986. Dispersion in complex terrain: a summary of the AMS workshop held in Keystone, Colorado, 17-20 May 1983. Bulletin of the American Meteorological Society, 67 (10):

1240-1247.

Eichinger W E, Parlange M B, Stricker H. 1996. On the concept of equilibrium evaporation and the value of the Priestley-Taylor coefficient. Water Resources Research, 32: 161-164.

Ekman V W. 1905. On the influece of the Earth's rotation on ocean current. ArkivMatAstron Fysik, 2 (11): 1-53.

Erasmus D A. 1986a. A comparison of simulated and observed boundary-layer winds in an area of complex terrain. Journal of Climate and Applied Meteorology, 25 (12): 1842-1852.

Erasmus D A. 1986b. A model for objective simulation of boundary-layer winds in an area of complex terrain. Journal of Climate and Applied Meteorology, 25 (12): 1832-1841.

Faridatul M I, Wu B, Zhu X, et al. 2020. Improving remote sensing based evapotranspiration modelling in a heterogeneous urban environment. Journal of Hydrology, 581: 124405.

Fisher J B, Tu K P, Baldocchi D D. 2008. Global estimates of the land-atmosphere water flux based on monthly AVHRR and ISLSCP-II data, validated at 16 FLUXNET sites. Remote Sensing of Environment, 112: 901-919.

Flamant C, Pelon J, Flamant P H, et al. 1997. Lidar Detection of the Entrainment Zone Thickness at the Top of the Unstable Marine Atmospheric Boundary Layer' . Boundary-Layer Meteorol. Boundary-Layer Meteorology, 83 (2): 247-284.

Foken T. 2006. 50 years of the Monin-Obukhov similarity theory. Boundary-Layer Meteorology, 119: 431-447.

França G B, Carvalho W S. 2004. Sea surface temperature GOES-8 estimation approach for the Brazilian coast. International Journal of Remote Sensing, 25 (17): 3439-3450.

Frouin R, Chertock B. 1992. A technique for global monitoring of net solar irradiance at the ocean surface. I: Model. Journal of Applied Meteorology, 31 (9): 1056-1066.

Fuchs M, Hadas A. 1972. The heat flux density in a nohomogeneous bare lessial soil. Boundary-Layer Meteorology, 3 (2): 191-200.

Fuchs M, Tanner C B. 1968. Calibration and field test of soil heat flux plates. Soil Science Society of America Journal, 32 (3): 326-328.

Fung K K, Ramaswamy V. 1999. On shortwave radiation absorption in overcast atmospheres. Journal of Geophysical Research-Atmospheres, 104 (D18): 22233-22241.

Galperin B, Sukoriansky S, Anderson P S. 2007. On the critical Richardson number in stably stratified turbulence. Atmospheric Science Letters, 8 (3): 65-69.

Gao F, Masek J G, Schwaller M R, et al. 2006. On the Blending of the Landsat and MODIS surface reflectance: predicting daily landsat surface reflectance. IEEE Transactions on Geoscience and Remote Sensing, 44: 2207-2218.

Gao W, Coulter R L, Lesht B M, et al. 1998. Estimating clear-sky regional surface fluxes in the southern great plains atmospheric radiation measurement site with ground measurements and satellite observations. Journal of Applied Meteorology, 37: 5-22.

Gao Z Q. 2005. Determination of soil heat flux in a Tibetan short-grass prairie. Boundary-Layer Meteorol, 114: 165-178.

Gao Z, Fan X, Bian L. 2003. An Analytical Solution to One-Dimensional Thermal Conduction-Convection in Soil. Soil Science, 168 (2): 99-107.

Gao Z, Lenschow D H, Horton R, et al. 2008. Comparison of two soil temperature algorithms for a bare ground site on the Loess Plateau in China. Journal of Geophysical Research, 113: D18105.

Garratt J R, Hicks B B. 2010. Momentum, heat and water vapour transfer to and from natural and artificial surfaces. Quarterly Journal of the Royal Meteorological Society, 99 (422): 680-687.

Garratt J R. 1987a. The stably stratified internal boundary layer for steady and diurnally varying offshore flow. Boundary-Layer Meteorology, 38 (4): 369-394.

Garratt J R. 1987b. Transfer characteristics for a heterogeneous surface of large aerodynamic roughness. Quarterly Journal of the Royal Meteorological Society, 104 (440): 491-502.

Garratt J R. 1992. The Atmospheric Boundary Layer. Combrige: Combrige University Press.

Garratt J R. 1994. The atmospheric boundary layer. Earth-Science Reviews, 37 (1-2): 89-134.

Gash J H C. 1986. A note on estimating the effect of a limited fetch on micrometeorological evaporation measurements. Boundary-Layer Meteorology, 35 (4): 409-413.

Gavilan P, Berengena J, Allen R G. 2007. Measuring versus estimating net radiation and soil heat flux: Impact on Penman-Monteith reference ET estimates in semiarid regions. Agricultural Water Management, 89: 275-286.

Geleyn J F. 1988. Interpolation of wind, temperature and humidity values from model levels to the height of measurement. Tellus A, 40 (4): 347-351.

Ghilain N, Arboleda A, Gellens-Meulenberghs F. 2011. Evapotranspiration modelling at large scale using near-real time MSG SEVIRI derived data. Hydrology and Earth System Sciences, 15 (3): 771-786.

Gillespie A R. 1995. Lithologic mapping of silicate rocks using TIMS. TIMS Data Users' Workshop. Pasadena, CA: NASA Jet Propulsion Laboratory: 29-44.

Gillespie A R, Rokugawa S, Hook S J, et al. 1996. Temperature/Emissivity Separation Algorithm Theoretical Basis Document, Version 2.4. Maryland, USA: NASA/GSFC: 1-64.

Gokmen M, Vekerdy Z, Verhoef A, et al. 2012. Integration of soil moisture in SEBS for improving evapotranspiration estimation under water stress conditions. Remote Sensing of Environment, 121 (none): 261-274.

Gong X, Liu H, Sun J, et al. 2019. Comparison of Shuttleworth-Wallace model and dual crop coefficient method for estimating evapotranspiration of tomato cultivated in a solar greenhouse. Agricultural Water Management, 217: 141-153.

Gorham E. 1964. Morphometric control of annual heat budgets in temperate lakes. Limnology and Oceanography, 9 (4): 525-529.

Gottsche F M, Olesen F S. 2001. Modeling of diurnal cycles of brightness temperature extracted from METEOSAT data. Remote Sensing of Environment, 76 (3): 337-348.

Gottsche F M, Olesen F S. 2009. Modeling of effect of optical thickness on diurnal cycles of land surface temperature. Remote Sensing of Environment, 113 (11): 2306-2316.

Granger R J. 1991. Evaporation from natural nonsaturated surfaces. Saskatoon: University of Saskatchewan.

Granger R J. 2000. Satellite-derived estimates of evapotranspiration in the Gediz basin. Journal of Hydrology, 229: 70-76.

Granier A. 1988. Evaluation of transpiration in a Douglas-fir stand by means of sap flow measurements. Tree Physiology, 3 (4): 309-320.

Gratton J D, Howarth P J, Marceau D J. 1993. Using landsat-5 thematic mapper and digital elevation data to determine the net radiation field of a mountain glacier. Remote Sensing of Environment, 43: 315-331.

Greeley R, Gaddis L, Lancaster N, et al. 1991. Assessment of aerodynamic roughness via airborne radar observations//Aeolian Grain Transport. Springer Vienna.

Greenidge K N H. 1955. Observations on the movement of moisture in large woody stems. Canadian Journal of Botany, 33 (2): 202-221.

Grimmond C S B, Oke T R. 1998. Aerodynamic properties of urban areas derived from analysis of surface form. Journal of Applied Meteorology, 38: 1262-1292.

Grimmond C S B, Oke T R. 1999. Heat storage in urban areas: local-scale observations and evaluation of a simple model. Journal of Applied Meteorology, 38: 922-940.

Guaraglia D O, Pousa J l, Pilan L. 2001. Predicting temperature and heat flow in a sandy soil by electrical modeling. Soil Science Society of America Journal, 65 (4): 1074-1080.

Gupta M K, Kaushik S C. 2009. Performance evaluation of solar air heater for various artificial roughness geometries based on energy, effective and exergy efficiencies. Renewable Energy, 34 (3): 465-476.

Guzinski R, Anderson M C, Kustas W P, et al. 2013. Using a thermal-based two source energy balance model with time-differencing to estimate surface energy fluxes with day-night MODIS observations. Hydrology and Earth System Sciences, 17 (7): 2809-2825.

Hagishima A, Narita K, Tanimoto J. 2007. Field experiment on transpiration from isolated urban plants. Hydrological Processes, 21 (9): 1217-1222.

Han K S, Viau A A, Kim Y S, et al. 2005. Statistical estimate of the hourly near-surface air humidity ineastern Canada in merging NOAA/AVHRR and GOES/IMAGER observations. International Journal of Remote Sensing, 26 (21): 4763-4784.

Han S, Hu H, Tian F. 2012. A nonlinear function approach for the normalized complementary relationship evaporation model. Hydrological Processes, 26: 3973-3981.

Hanche-Olsen H. 2004. Buckingham's pi- theorem. NTNU: http://www.math.ntnu.no/~hanche/notes/buckingham/buckingham-a4.pdf[2021-06-18].

Hanna S R. 1987. An empirical formula for the height of the coastal internal boundary layer. Boundary-Layer Meteorology, 40 (1-2): 205-207.

Hao Y, Baik J, Choi M. 2019a. Combining generalized complementary relationship models with the Bayesian Model Averaging method to estimate actual evapotranspiration over China. Agricultural and Forest Meteorology, 279: 107759.

Hao Y, Baik J, Choi M. 2019b. Developing a soil water index-based priestley-taylor algorithm for estimating evapotranspiration over East Asia and Australia. Agricultural and Forest Meteorology, 279: 107760.

Hartmann D L, Bretherton C S, Charlock T P, et al. 1999. Radiation, clouds, water vapor, precipitation, and atmospheric circulation//EOS Science Plan. NASA GSFC: 39-114.

Hartmann D L. 2016. Global Physical Climatology. Amsterdam: Newnes.

Hashimoto H, Dungan J L, White M A, et al. 2008. Satellite-based estimation of surface vapor pressure deficits using MODIS land surface temperature data. Remote Sensing of Environment, 112: 142-155.

Hatfield J, Perrier A, Jackson R. 1983. Estimation of evapotranspiration at one time-of-day using remotely sensed surface temperatures. Agricultural Water Management, 7: 341-350.

Hatzianastassiou N, Vardavas I. 1999. Shortwave radiation budget of the northern hemisphere using international satellite cloud climatology project and NCEP/NCAR climatological data. Journal of Geophysical ReSARch-Atmospheres, 104 (D20): 24401-24421.

Hemakumara H M, Chandrapala L, Moene A F. 2003. Evapotranspiration fluxes over mixed vegetation areas measured from large aperture scintillometer. Agricultural Water Management, 58 (2): 109-122.

Hennemuth B, Lammert A. 2006. Determination of the atmospheric boundary layer height from radiosonde and lidar backscatter. Boundary-Layer Meteorology, 120 (1): 181-200.

Heusinkveld B, Jacobs A, Holtslag A. 2004. Surface energy balance closure in an arid region: role of soil heat flux. Agricultural and Forest Meteorology, 122 (1-2): 21-37.

Hilker T, Lyapustin A I, Tucker C J, et al. 2012. Remote sensing of tropical ecosystems: Atmospheric correction and cloud masking matter. Remote Sensing of Environment, 127: 370-384.

Hill R J. 1989. Implications of Monin- Obukhov similarity theory for scalar quantities. Journal of the Atmospheric Sciences, 46: 2236-2244.

Hollmann R, Bodas A, Gratzki A, et al. 2002. The surface shortwave net flux from the scanner for radiation budget (SCARAB). Advances in Space Research, 30 (11): 2363-2369.

Holmes T R H, Owe M, de Jeu R A M, et al. 2008. Estimating the soil temperature profile from a single depth observation: a simple empirical heatflow solution. Water Resources Research, 44: W02412.

Holzworth G C. 1964. Estimates of mean maximum mixing depths in the contiguous United States. Monthly Weather Review, 92 (5): 235.

Horton R, Wierenga P J. 1983. Estimating the soil heat flux from observations of soil temperature near the surface. Soil Science Society of America Journal, 47 (1): 14-20.

Hosker R P. 1987. The effects of buildings on local dispersion. American Meteorological Society 95: 159.

Houborg R M, Soegaard H. 2004. Regional simulation of ecosystem $CO_2$ and water vapor exchange for agricultural land using NOAA AVHRR and Terra MODIS satellite data. Application to Zealand, Denmark. Remote Sensing Environment, 93: 150-167.

Howell T A, Tolk J A. 1990. Calibration of heat flux transducers. Theoretical and Applied Climatology, 42: 263-272.

Hu G, Jia L. 2015. Monitoring of evapotranspiration in a semi-arid inland river basin by combining microwave and optical remote sensing observations. Remote Sensing, 7 (3): 3056-3087.

Hu Y Q, Zhang Q. 1993. On local similarity of the atmospheric boundary layer. Scientia Atmospherica Sinica, 17 (1): 10-20.

Huang C, Li Y, Gu J, et al. 2015. Improving estimation of evapotranspiration under water- limited conditions based on SEBS and MODIS Data in arid regions. Remote Sensing, 7 (12): 16795-16814.

Huang G, Liu S, Liang S. 2012. Estimation of net surface shortwave radiation from MODIS data. International Journal of Remote Sensing, 33 (3): 804-825.

Huang G, Ma M, Liang S, et al. 2011. A LUT-based approach to estimate surface solar irradiance by combining MODIS and MTSAT data. Journal of Geophysical Research: Atmospheres (1984-2012), (D22): 116.

Hugenholtz C H, Brown O W, Barchyn T E. 2013. Estimating aerodynamic roughness (z0) from terrestrial laser scanning point cloud data over un-vegetated surfaces. Aeolian Research, 10 (5): 161-169.

Hunt J C R, Simpson J E. 1982. Atmospheric boundary layerover non-homogeneous terrain//Plate E J. Engineering Meteorology. Engineering Meteorology, 7: 269-318.

Idso S, Aase J, Jackson R. 1975. Net radiation- soil heat flux relations as influenced by soil water content variations. Boundary-Layer Meteorology, 9 (1): 113-122.

Inamdar A K, French A, Hook S, et al. 2008. Land surface temperature retrieval at high spatial and temporal resolutions over th southwestern United States. Journal of Geophysical Research, 113: D07107.

Ivancic T J, Shaw S B. 2016. A U. S. -based analysis of the ability of the Clausius-Clapeyron relationship to explain changes in extreme rainfall with changing temperature. Journal of Geophysical Research: Atmospheres, 121: 3066-3078.

Iziomon M G, Mayer H, Matzarakis A. 2003. Downward atmospheric longwave irradiance under clear and cloudy skies: Measurement and parameterization. Journal of Atmospheric and Solar- Terrestrial Physics, 65: 1107-1116.

Jackson R D, Hatfield J L, Reginato R J, et al. 1983. Estimation of daily evapotranspiration from one time-of-day measurements. Agricultural Water Management, 7: 351-362.

Jackson R D, Idso S, Reginato R, et al. 1981. Canopy temperature as a crop water stress indicator. Water Resources Research, 17: 1133-1138.

Jackson R D, Reginato R J, Idso S B. 1977. Wheat canopy temperature: a practical tool for evaluating water requirements. Water Resources Research, 13: 651-656.

Jacob F, Olioso A, Gu X F, et al. 2002. Mapping surface fluxes using airborne visible, near infrared, thermal infrared remote sensing data and a spatialized surface energy balance model. Agronomie, 22: 669-680.

Jacobs A F G, Heusinkveld B G, Holtslag A A M. 2011. Long-term record and analysis of soil temperatures and soil heat fluxes in a grassland area, The Netherlands. Agricultural and Forest Meteorology, 151: 774-780.

Jacobsen A, Hansen B U. 1999. Estimation of the soil heat flux/net radiation ratio based on spectral vegetation indexes at high latitude Arctic areas, Int. J. Remote Sens. 20 (2), 445-461.

Jacobsen A. 1999. Estimation of the soil heat flux/net radiation ratio based on spectral vegetation indexes in high-latitude Arctic areas. International Journal of Remote Sensing, 20 (2): 445-461.

Jarvis P G. 1976. The interpretation of the variations in leaf water potential and stomatal conductance found in canopies in the field. Philosophical Transactions of the Royal Society of London B, 273: 593-610.

Jasinski M F, Borak J, Crago R. 2005. Bulk surface momentum parameters for satellite- derived vegetation fields. Agricultural and Forest Meteorology, 133 (1): 55-68.

Jiang B, Liang S, Ma H, et al. 2016. GLASS daytime all-wave net radiation product: algorithm development and preliminary validation. Remote Sensing, 8 (3): 222.

Jiang I L. 2004. Comparison of evaporative fractions estimated from AVHRR and MODIS sensors over South Florida. Remote Sensing of Environment, 93: 77-86.

Jiménez-Muñoz J C, Cristóbal J, Sobrino J A, et al. 2009. Revision of the single- channel algorithm for land surface temperature retrieval from landsat thermal- infrared data. IEEE Transactions on Geoscience and Remote Sensing, 47 (1): 339-349.

Jiménez-Muñoz J C, Sobrino J A, Mattar C, et al. 2010. Atmospheric correction of optical imagery from MODIS and Reanalysis atmospheric products. Remote Sensing of Environment, 114 (10): 2195-2210.

Jiménez- Muñoz J C, Sobrino J A. 2003. A generalized single- channel method for retrieving land surface temperature from remote sensing data. Journal of Geophysical Research- Atmospheres, 108 (D22): 4688.

Jin M, Dickinson R E. 1999. Interpolation of surface radiative temperature measured from polar orbiting satellites to a diurnal cycle 1. Without clouds. Journal of Geophysical Research, 104 (D2): 2105-2116.

Jin M, Liang S. 2006. An improved land surface emissivity parameter for land surface models using global remote sensing observations. Journal of Climate, 19 (12): 2867-2881.

Jin Z, Charlock T P, Rutledge K. 2002. Analysis of Broadband Solar Radiation and Albedo over the Ocean Surface at COVE. Journal of Atmospheric and Oceanic Technology, 19 (10): 1585-1601.

Joffre S M, Kangas M, Heikinheimo M, et al. 2001. Variability of the stable and unstable atmospheric boundary-layer height and its scales over a boreal forest. Boundary-Layer Meteorology, 99 (3): 429-450.

Johnson G T, Watson I D. 1984. The determination of view-factors in urban canyons. Journal of Climate and Applied Meteorology, 23 (2): 329-335.

Jordan D L, Lewis G. 1994. Measurements of the effect of surface roughness on the polarization state of thermally emitted radiation. Optics Letters, 19 (10): 692-694.

Kaimal J C, Abshire N L, Chadwick R B, et al. 1982. Estimating the depth of the daytime convective boundary layer. Journal of Applied Meteorology, 21: 1123-1129.

Kaimal J C, Wyngaard J C, Haugen D A, et al. 1976. Turbulence structure in the convective boundary layer. Journal of the Atmospheric Sciences, 33 (11): 2152-2169.

Kalma J D, McVicar R, McCabe M F. 2008. Estimating land surface evaporation: a review of methods using remotely sensed surface temperature data. Surveys in Geophysics, 29: 421-469.

Kanani K, Poutier L, Nerry F, et al. 2007. Directional effects consideration to improve out-doors emissivity retrieval in the 3-13 μm domain. Optics Express, 15 (19): 12464-12482.

Kanitz T, Lochard J, Marshall J. 2019. Aeolus first light: first glimpse//International Conference on Space Optics—ICSO 2018. International Society for Optics and Photonics, 11180: 111801R.

Kelliher F, Leuning R, Raupach M, et al. 1995. Maximum conductances for evaporation from global vegetation types. Agricultural and Forest Meteorology, 73: 1-16.

Kim H Y, Liang S. 2010. Development of a hybrid method for estimating land surface shortwave net radiation from MODIS data. Remote Sensing of Environment, 114 (11): 2393-2402.

Kitaygorodskiy S A. 1969. Small scale atmospheric-ocean interactions. Journal of Atmospheric and Oceanic Technology, 5: 641-649.

Kjaersgaard J, Cuenea R, Plauborg F, et al. 2007. Longterm comparisons of net radiation calculationschemes. Boundary-Layer Meteorology, 123 (3): 417-431.

Knupp K R, Ware R, Cimini D, et al. 2009. Ground-based passive microwave profiling during dynamic weather conditions. Journal of Atmospheric and Oceanic Technology, 26 (6): 1057-1073.

Kohnke H, Dreibelbis F R, Davidson J M. 1940. A survey and discussion of lysimeters and a bibliography on their construction and performance. Miscellaneous Publication United States Department of Agriculture, 374: 68.

Kopp G, Lean J. 2011. A new, lower value of total solar irradiance: evidence and climate significance. Geophysical Research Letters, 38: L01706.

Kostner B, Granier A, Cermák J. 1998. Sapflow measurements in forest stands: methods and uncertainties. Annales Des Sciences Forestières, 55 (1-2), 13-27.

Kumagai T, Nagasawa H, Mabuchi T, et al. 2005. Sources of error in estimating stand transpiration using allometric relationships between stem diameter and sapwood area for Cryptomeria japonica and Chamaecyparis obtusa. Forest Ecology and Management, 206 (1-3): 191-195.

Kustas W P, Daughtry C S T. 1990. Estimation of the soil heat flux/net radiation ratio from spectral data. Agricultural and Forest Meteorology, 49: 205-233.

Kustas W P, Goodrich D C. 1994. Preface. Water Resources Research, 30: 1211-1225.

Kustas W P, Daughtry C S T, van Oevelen P J. 1993. Analytical treatment of the relationships between soil heat flux/net radiation ratio and vegetation indices. Remote Sensing of Environment, 46: 319-330.

Kustas W P, Norman J M, Anderson M C, et al. 2003. Estimating subpixel surface temperatures and energy fluxes from the vegetation index-radiometric temperature relationship. Remote Sensing of Environment, 85 (4):

429-440.

Kustas W P, Norman J M. 1999a. Evaluation of soil and vegetation heat flux predictions using a simple two-source model with radiometric temperatures for partial canopy cover. Agricultural and Forest Meteorology, 94: 13-29.

Kustas W P, Norman J M. 1999b. Reply to comments about the basic equations of dual- source vegetation-atmosphere transfer models. Agricultural and Forest Meteorology, 94 (3-4): 278.

Kustas W P, Prueger J H, Hatfield J L, et al. 2000. Variability in soil heat flux from a mesquite dune site. Agricultural and Forest Meteorology, 103: 249-264.

Kustas W P, Zhan X, Schmugge T J. 1998. Combining optical and microwave remote sensing for mapping energy fluxes in a semi-arid watershed. Remote Sens. Remote Sensing of Environment, 64 (2): 116-131.

Kuzmin P P. 1953. One method for investigations of evaporation from the snow cover. In Russian. Trans. State, (41): 34-52.

Källén E. 2018. Scientific motivation for ADM/Aeolus mission//EPJ Web of Conferences. EDP Sciences, 176: 02008.

Ladefoged K. 2010. A method for measuring the water consumption of larger intact trees. Physiologia Plantarum, 13: 648-658.

Lagouarde J P, Brunet Y. 1993. A simple model for estimating the daily upward longwave surface radiation flux from NOAA-AVHRR data. International Journal of Remote Sensing, 14: 907-925.

Leblanc S G, Chen J M, White H P, et al. 2001. Mapping vegetation clumping index from directional satellite measurements//Proceedings of the Symposium on Physical Signatures and Measurements in Remote Sensing, Aussois, France, 8-13 January. CNES Toulouse, France: 450-459.

Lettau H. 1969. Note on aerodynamic roughness-parameter estimation on the basis of roughness-element description. Journal of Applied Meteorology, 8: 828-832.

Leuning R, Zhang Y Q, Rajaud A, et al. 2008. A simple surface conductance model to estimate regional evaporation using MODIS leaf area index and the Penman- Monteith equation. water resources research, 44 (10): W10701.

Leuning R. 2004. Measurements of trace gas fluxes in the atmosphere using eddy covariance: WPL corrections revisited//Handbook of micrometeorology. Dordrecht: Springer: 119-132.

Lhomme J P, Chehbouni A. 1999. Comments on dual-source vegetation-atmosphere transfer models. Agricultural and Forest Meteorology, 94 (3): 269-273.

Lhomme J P, Chehbouni A, Monteny B. 2000. Sensible heat flux-radiometric surface temperature relationship over sparse vegetation: parameterizing B-1. Boundary-Layer Meteorology, 97 (3): 431-457.

Li N N, Jia L, Lu J, et al. 2017. Regional surface soil heat flux estimate from multiple remote sensing data in a temperate and semiarid basin. Journal of Applied Remote Sensing, 11 (1): 016028.

Li X, Jin M, Zhou N, et al. 2016. Evaluation of evapotranspiration and deep percolation under mulched drip irrigation in an oasis of Tarim basin, China. Journal of Hydrology, 538: 677-688.

Li X, Koh T, Entekhabi D, et al. 2013. A multi-resolution ensemble study of a tropical urban environment and its interactions with the background regional atmosphere. Journal of Geophysical Research: Atmospheres, 118 (17): 9804-9818.

Li X, Li X W, Li Z Y, et al. 2009. Watershed allied telemetry experimental research. Journal of Geophysical Research, 114: D22103.

Li Z L, Stoll M P, Zhang R H, et al. 2001. On the separate retrieval of soil and vegetation temperatures from

ATSR data. Science in China Series D: Earth Sciences, 44 (2): 97-111.

Li Z L, Tang B H, Wu H, et al. 2013. Satellite-derived land surface temperature: current status and perspectives. Remote Sensing of Environment, 131: 14-37.

Li Z L, Tang R L, Wan Z M, et al. 2009. A review of current methodologies for regional evapotranspiration estimation from remotely sensed data. Sensors, 9 (5): 3801-3853.

Li Z, Leighton H G, Cess R D. 1993b. Surface net solar radiation estimated from satellite measurements: Comparisons with tower observations. Journal of Climate, 6: 1764-1772.

Li Z, Leighton H G, Masuda K, et al. 1993a. Estimation of shortwave flux absorbed at the surface from TOA reflected flux. Journal of Climate, 6: 317-330.

Li Z, Moreau L, Cihlar J. 1997. Estimation of photosynthetically active radiation absorbed at the surface. Journal of Geophysical Research: Atmospheres, 102: 29717-29727.

Li Z, Zhao L, Fu Z. 2012. Estimating net radiation flux in the Tibetan Plateau by assimilating MODIS LST products with an ensemble Kalman filter and particle filter. International Journal of Applied Earth Observation and Geoinformation, 19: 1-11.

Liang S L, Zheng T, Liu R G, et al. 2006. Estimation of incident photosynthetically active radiation from moderate resolution imaging spectrometer data. Journal of Geophysical Research, 111 (D15): 13.

Liebethal C, Huwe B, Foken T. 2005. Sensitivity analysis for two ground heat flux calculation approaches. Agricultural and Forest Meteorology, 132: 253-262.

Lin S, Moore N J, Messina J P, et al. 2012. Evaluation of estimating daily maximum and minium air temperature with MODIS data in east Africa. International Journal of Applied Earth Observation and Geoinformation, 18: 128-140.

Litvak E, Manago K F, Hogue T S, et al. 2017. Evapotranspiration of urban landscapes in Los Angeles, California at the municipal scale. Water Resources Research, 53 (5): 4236-4252.

Liu B Y H, Jordan R C. 1960. The interrelationship and characteristic distribution of direct, diffuse and total solar radiation. Solar Energy, 4 (3): 1-19.

Liu C, Zhang X, Zhang Y. 1998. Determination of daily evaporation and evapotranspiration of winter wheat and maize by large-scale weighing lysimeter and micro-lysimeter. Journal of Hydraulic Engineering, 111 (2): 109-120.

Liu G S, Hafeez M, Liu Y, et al. 2012. A novel method to convert daytime evapotranspiration into daily evapotranspiration based on variable canopy resistance. Journal of Hydrology, 414-415: 278-283.

Liu G S, Hafeez M, Liu Y, et al. 2012. Comparison of two methods to derive time series of actual evapotranspiration using eddy covariance measurements in the southeastern Australia. Journal of Hydrology, 454-455: 1-6.

Liu G S, Liu Y, Xu D. 2011. Comparison of evapotranspiration temporal scaling methods based on lysimeter measurements. Journal of Remote Sensing, 15 (2): 270-280.

Liu J, Chen J M, Cihlar J, et al. 1999. Net primary productivity distribution in the BOREAS region from a process model using satellite and surface data. Journal of Geophysical Research, 104: 27735-27754.

Liu S Y, Liang X Z. 2010. Obserned diurnal cycle climatology of planetary boundary layer height. Journal of Climate, 23: 5790-5808.

Liu X, Li X, Harshan S, et al. 2017. Evaluation of an urban canopy model in a tropical city: the role of tree evapotranspiration. Environmental Research Letters, 12 (9): 94008.

Llewellyn-Jones D T, Minnett P J, Saunders R W, et al. 1984. Satellite multichannel infrared measurements of sea surface temperature of the N. E. Atlantic Ocean using AVHRR/2. Quarterly Journal of the Royal Meteorological Society, 110 (465): 613-631.

Lodish H, Berk A, Zipursky S L, et al. 2000. Molecular Cell Biology. 4th ed. New York: Freeman.

Long D, Singh V P. 2012. A Two-source Trapezoid Model for Evapotranspiration (TTME) from satellite imagery. Remote Sensing of Environment, 121 (none): 370-388.

Long D, Gao Y, Singh V. 2010. Estimation of daily average net radiation from MODIS data and DEM over the Baiyangdian watershed in North China for clear sky days. Journal of Hydrology, 388 (3-4): 217-233.

Lu N, Liu R, Liu J, et al. 2010. An algorithm for estimating downward shortwave radiation from GMS 5 visible imagery and its evaluation over China. Journal of Geophysical Research: Atmospheres (1984- 2012), 115 (D18).

Ma A N. 1997. Remote Sensing Information Model. Beijing: Peking University Press.

Ma C F, Wang W Z, Wu Y R, et al. 2012. Research on soil thermal inertia retrieval in heihe river basin based on MODIS Data. Remote Sensing Technology and Application, 27 (2): 197-207.

Ma C, Luo Y, Shao M, et al. 2017. Environmental controls on sap flow in black locust forest in Loess Plateau, China. Scientific Reports, 7: 13160.

Ma Y F, Liu S M, Song L S, et al. 2018. Estimation of daily evapotranspiration and irrigation water efficiency at a Landsat-like scale for an arid irrigation area using multi- source remote sensing data. Remote Sensing of Environment, 216: 715-734.

Ma Y M, Dai Y X, Ma W Q, et al. 2004a. Satellite remote sensing parameterization of regional land surface heat fluxes over heterogeneous surface of arid and semi-arid areas. Plateau Meteorology, 23 (2): 139-146.

Ma Y M, Ma W Q, Li M S, et al. 2004b. Remote sensing parameterization of land surface heat fluxes over the middle reaches of the Heihe River. Journal of Desert Research, 24 (4): 392-401.

Ma Y M, Su Z B, Li Z L, et al. 2002. Determination of regional net radiation and soil heat flux over a heterogeneous landscape of the Tibetan Plateau. Hydrological Processes, 16: 2963-2971.

Ma Y, Fan S, Ishikawa H, et al. 2005. Diurnal and inter-monthly variation of land surface heat fluxes over the central Tibetan Plateau area. Theoretical and Applied Climatology, 80: 259-273.

Ma Y. 2003. Remote sensing Parameterization of regional net radiation over heterogeneous land surface of Tibetan Plateau and arid area. International Journal of Remote Sensing, 24 (15): 3137-3148.

Macdonald R W, Griffiths R F, Hall D J. 1998. An improved method for the estimation of surface roughness of obstacle arrays. Atmospheric Environment, 32 (11): 1857-1864.

Mallick K, Jarvis A J, Boegh E, et al. 2014. A Surface Temperature Initiated Closure (STIC) for surface energy balance fluxes. Remote Sensing of Environment, 141: 243-261.

Manabe S. 1969. Climate and the ocean circulation: I. The atmospheric circulation and the hydrology of the earth's surface. Monthly Weather Review, 97 (11): 739-774.

Marseille G J, Houchi K, De Kloe J, et al. 2011. The definition of an atmospheric database for Aeolus. Atmospheric Measurement Techniques, 4: 67-88.

Martano P. 2000. Estimation of surface roughness length and displacement height from single- level sonic anemometer data. Journal of Applied Meteorology, 39 (5): 708-715.

Marticorena B, Kardous M, Bergametti G, et al. 2006. Surface and aerodynamic roughness in arid and semiarid areas and their relation to radar backscatter coefficient. Journal of Geophysical Research Atmospheres,

111 (F3): 510-527.

Martins J, Teixeira J, Soares P M M, et al. 2010. Infrared sounding of the trade-wind boundary layer: AIRS and the RICO experiment. Geophysical Research Letters, 37.

Masuda K, Takashima T. 1990. Sensitivity of shortwave radiation absorbed in the ocean to cirrus parameters. Remote Sensing of Environment, 33: 75-86.

Masuda K, Leigton H G, Li Z. 1995. A new parameterization for the determination of solar flux absorbed at the surface from satellite measurements. Journal of Climate, 8: 1615-1629.

Matsushima D. 2007. Estimating regional distribution of surface heat fluxes by combining satellite data and a heat budget model over the Kherlen River Basin, Mongolia. Journal of Hydrology, 333: 86-99.

McClain E P, Pichel W G, Walton C C. 1985. Comparative performance of AVHRR-based multichannel sea surface temperatures. Journal of Geophysical Research: Oceans, 90 (C6): 11587-11601.

McMillin L M. 1975. Estimation of sea surface temperatures from two infrared window measurements with different absorption. Journal of Geophysical Research, 80 (36): 5113-5117.

Medlyn B E, Duursma R A, Eamus D, et al. 2011. Reconciling the optimal and empirical approaches to modelling stomatal conductance. Global Change Biology, 17: 2134-2144.

Melfi S H, Spinhirne J D, Chou S H, et al. 1985. Lidar Observations of Vertically organized convection in the planetary boundary layer over the ocean. Journal of Applied Meteorology, 24 (8): 806-821.

Menenti M, Ritchie J C. 1994. Estimation of effective aerodynamic roughness of Walnut Gulch watershed with laser altimeter measurements. Water Resources Research, 30 (5): 1329-1338.

Merlin O, Walker J P, Chehbouni A, et al. 2009. Towards deterministic downscaling of SMOS soil moisture using MODIS derived soil evaporative efficiency. Remote Sensing of Environment, 112: 3935-3946.

Meyers T P, Hollinger S E. 2004. An assessment of storae terms in the surface energy balance of maize and soybean. Agricultural and Forest Meteorology, 125: 105-115.

Miao S, Chen F. 2014. Enhanced modeling of latent heat flux from urban surfaces in the Noah/single-layer urban canopy coupled model. Science China Earth Sciences, 57 (10): 2408-2416.

Miglietta F, Gioli B, Brunet Y, et al. 2009. Sensible and latent heat flux from radiometric surface temperatures at the regional scale: methodology and evaluation. Biogeosciences, 6 (1): 1945-1978.

Mitsuta Y, Monji N, Lenschow D H. 1986. Comparisons of aircraft and tower measurements around Tarama Island during the AMTEX '75. Journal of Climate and Applied Meteorology, 25 (12): 1946-1955.

Mogensen V O. 1970. The Calibration factor of heat flux meters in relation to the thermal conductivity of the surrounding medium. Agricultural Meteorology, 7 (5): 401-410.

Molion L C B, Moore C J. 1983. Estimating the zero- plane displacement for tall vegetation using a mass conservation method. Boundary-Layer Meteorology, 26 (2): 115-125.

Monin A S, Obukhov A M. 1954. Basic laws of turbulent mixing in the atmosphere near the ground. Tr Akad Nauk SSSR Geofiz Inst, 24 (151): 163-187.

Monteith J L, Unsworth M. 1990. Principles of Environmental Physics. London: Edward Asner Publishers.

Monteith J L. 1965. Evaporation and Environment//Symposia of the Society for Experimental Biology. Cambridge: Cambridge University Press (CUP): 205-234.

Monteith J L. 1973. Principles of Environmental Physics. London: Edward Arnold.

Monteith J L, Unsworth M. 2008. Principles of Environmental Physics. London: Academic Press.

Moran M S. 1990. A Satellite-Based Approach for Evaluation of the Spatial Distribution of Evapotranspiration from

Agricultural Lands. Tuscon: University of Arizona.

Morillas L, Villagarcía L, Domingo F, et al. 2014. Environmental factors affecting the accuracy of surface fluxes from a two-source model in Mediterranean drylands: Upscaling instantaneous to daytime estimates. Agricultural and Forest Meteorology, 189-190: 140-158.

Morton F I. 1983. Operational estimates of areal evapotranspiration and their significance to the science and practice of hydrology. Journal of Hydrology, 66 (1-4): 1-76.

Mu Q, Heinsch F A, Zhao M, et al. 2007. Development of a global evapotranspiration algorithm based on MODIS and global meteorology data. Remote sensing of Environment, 111: 519-536.

Mu Q, Zhao M, Running S W. 2011. Improvements to a MODIS global terrestrial evapotranspiration algorithm. Remote Sensing of Environment, 115: 1781-1800.

Murray T, Verhoef A. 2007a. Moving towards a more mechanistic approach in the determination of soil heat flux from remote measurements Part I. A universal approach to calculate thermal inertia. Agricultural and Forest Meteorology, 147: 80-87.

Murray T, Verhoef A. 2007b. Moving towards a more mechanistic approach in the determination of soil heat flux from remote measurements. Part II. Diurnal shape of soil heat flux. Agricultural and Forest Meteorology, 147: 88-97.

Nichol J E. 2009. An Emissivity Modulation Method for Spatial Enhancement of Thermal Satellite Images in Urban Heat Island Analysis. Photogrammetric Engineering and Remote Sensing. 75: 547-556.

Niclòs R, Caselles V, Coll C, et al. 2007. Determination of sea surface temperature at large observation angles using an angular and emissivity-dependent split-window equation. Remote Sensing of Environment, 111 (1): 107-121.

Niel T G V, Mcvicar T R, Roderick M L, et al. 2011. Correcting for systematic error in satellite-derived latent heat flux due to assumptions in temporal scaling: assessment from flux tower observations. Journal of Hydrology, 409: 140-148.

Niemelä S, Räisänen P, Savijärvi H. 2001a. Comparison of surface radiative flux parameterizations: Part I: Longwave radiation. Atmospheric Research, 58 (1): 1-18.

Niemelä S, Räisänen P, Savijärvi H. 2001b. Comparison of surface radiative flux parameterizations: Part II. Shortwave radiation. Atmospheric Research, 58 (2): 141-154.

Norman J M, Anderson M C, Kustas W P, et al. 2003. Remote sensing of surface energy fluxes at 101-m pixel resolutions. Water Resources Research, 39 (8): 1221.

Norman J M, Becker F. 1995. Terminology in thermal infrared remote sensing of natural surfaces. Remote Sensing Reviews, 12 (3-4): 153-166.

Norman J M, Campbell G. 1983. Application of a plant-environment model to problems in irrigation. Advances in Irrigation, 2: 155-188.

Norman J M, Kustas W P, Humes K S. 1995b. Source approach for estimating soil and vegetation energy fluxes in observations of directional radiometric surface temperature. Agricultural & Forest Meteorology, 77 (3-4): 263-293.

Norman J M, Divakarla M, Goel N S. 1995a. Algorithms for extracting information from remote thermal-IR observations of the earth's surface. Remote Sensing of Environment, 51: 157-168.

Norman J M, Kustas W P, Prueger J H, et al. 2000. Surface flux estimation using radiometric temperature: A dual-temperature-difference method to minimize measurement errors. Water Resources Research, 36 (8):

2263-2274.

Norman J. 1974. Rosenberg, Microclimate, The Biological Environment. New York: John Wiley and Sons.

Nouri H, Glenn E, Beecham S, et al. 2016. Comparing Three Approaches of Evapotranspiration Estimation in Mixed Urban Vegetation: Field- Based, Remote Sensing- Based and Observational- Based Methods. Remote Sensing, 8 (6): 492.

Nozaki K Y. 1973. Mixing depth model using hourly surface observations. USAF Environmental Technical Applications Center, Report, 7053: 25.

Nunez M, Davies J A, Robinson P J. 1972. Surface albedo at a tower site in Lake Ontario. Boundary- Layer Meteorology, 3 (1): 77-86.

Ogawa K, Schmugge T J. 2004. Mapping surface broadband emissivity of the Sahara desert using ASTER and MODIS data. Earth Interactions, 8: 1-14.

Oh Y. 2004. Quantitative retrieval of soil moisture content and surface roughness from multipolarized radar observations of bare soil surfaces. Geoscience and Remote Sensing IEEE Transactions on, 42 (3): 596-601.

Ohmura A, Dutton E G, Forgan B, et al. 1998. Baseline surface radiation network (BSRN/WCRP): New Precision radiometry for climate research. Bulletin of the American Meteorologieal Society, 79 (10): 2115-2136.

Ojo O. 1970. The distribution of mean monthly precipitable water vapour and annual precipitation efficiency in Nigeria. Archiv fiir. Meteorologie, Geophysik and Bioklimatologie, 18: 221-238.

Oke T R. 1978. Boundary Layer Climates. New York: Halstead Press.

Oliphant A J, Grimmond C S B, Zutter H N, et al. 2004. Heat storage and energy balance fluxes for a temperate deciduous forest. Agricultural and Forest Meteorology, 126 (3-4): 185-201.

Oliphant A J, Spronken-Smith R A, Sturman A P, et al. 2003. Spatial variability of surface radiation fluxes in mountainous terrain. Journal of Applied Meteorology, 42 (1): 113-128.

Oliver H R, Oliver S A. 2013. The role of water and the hydrological cycle in global change//Springer Science & Business Media.

Oren R, Sperry J S, Katul G G, et al. 1999. Survey and synthesis of intra- and interspecific variation in stomatal sensitivity to vapour pressure deficit. Plant Cell and Environment, 22 (12): 1515-1526.

Ottlé C, Vidal-Madjar D. 1992. Estimation of land surface temperature with NOAA9 data. Remote Sensing of Environment, 40 (1): 27-41.

Ouyang X Y, Wang N, Wu H, et al. 2010. Errors analysis on temperature and emissivity determination from hyperspectral thermal infrared data. Optics Express, 18 (2): 544-550.

OuyangB, Che T, Dai L Y, et al. 2012. Estimating mean daily surface temperature over the Tibet a plateau based on MODIS LST products. Journal of Glaciology and Geocrylolgy, 34 (2): 296-303.

Paeschke W. 1937. Experimentelle untersuchungen sum rauhigkeits- und stabilitatsproblem in der bodennahen luftschicht. Beitrâge z. Phys. d. freien Atmos., 24: 163-189.

PalleE, Butler C J. 2001. Sunshine records from Ireland- cloud factors and possible links to solar activity and cosmic rays. International Journal of Climatology, 21: 709-729.

Pandolfo J P. 2010. Wind and temperature profiles for constant- flux boundary layers in lapse conditions with a variable eddy conductivity to eddy viscosity ratio. Journal of the Atmospheric Sciences, 23 (5): 495-502.

Panosfsky H, Dutton J. 1984. Atmospheric Turbulence: Modelsand Methods for Engineering Applications. New York: John Wiley & Sons.

Parton W, Logan J. 1981. A model for diurnal variation in soil and air temperature. Agricultural Meteorology, 23: 205-216.

Paul G, Gowda P H, Vara Prasad P V, et al. 2014. Investigating the influence of roughness length for heat transport (zoh) on the performance of SEBAL in semi-arid irrigated and dryland agricultural systems. Journal of Hydrology, 509: 231-244.

Paul M, Aires F, Prigent C, et al. 2012. An innovative physical scheme to retrieve simultaneously surface temperature and emissivities using high spectral infrared observations from IASI. Journal of Geophysical Research: Atmospheres, 117: D11302.

Paul-Limoges E, Christen A, Coops N C, et al. 2013. Estimation of aerodynamic roughness of a harvested Douglas-fir forest using airborne LiDAR. Remote Sensing of Environment, 136 (5): 225-233.

Peng G X, Li J, Chen Y H. 2006. High-resolution surface relative humidity computation using MODIS image in Peninsular Malaysia. Chinese Geographical Science, 16 (3): 260-264.

Penman H L. 1948. Natural evaporation from open water, bare soil and grass. Proceedings of the Royal Society of London. Series A. Mathematical and Physical Sciences, 193: 120-145.

Peres L F, DaCamara C C. 2005. Emissivity maps to retrieve land-surface temperature from MSG/SEVIRI. IEEE Transactions on Geoscience and Remote Sensing, 43 (8): 1834-1844.

Philip J R. 1961. The theory of heat flux meters. Journal of Geophysical Research, 66 (2): 571-579.

Pinker R T, Corio L. 1984. Surface radiation budget from satellites. Monthly Weather Review, 112: 209-215.

Pinker R T, Ewing J A. 1985. Modeling surface solar radiation: model formulation and validation. Journal of Climate and Applied Meteorology, 24: 389-401.

Pinker R T, Laszlo I. 1992. Modeling surface solar irradiance for satellite applications on global scale. Journal of Applied Meteorology, 31: 194-211.

Pinker R T, Tarpley J D, Laszlo I, et al. 2003. Surface radiation budgets in support of the GEWEX continental-scale international project (GCIP) and the GEWEX Americas prediction project (GAPP), including the North American land data assimilation system (NLDAS) project. Journal of Geophysical Research, 108 (D22): 8844.

Pinker R T, Tarpley J D. 1988. The relationship between the planetary and surface net radiation: An update. Journal of Applied Meteorology, 27: 957-964.

Plate E J. 1971. Aerodynamic characteristics of atmospheric boundary layers. Argonne National Lab., Ⅲ Karlsruhe Univ. (West Germany).

Pope S B. 2001. Turbulent Flows. Cambridge: Cambridge University Press.

Poulovassilis A, Kerkides P, Alexandris S, et al. 1998. A contribution to the study of the water and energy balances of an irrigated soil profile a: heat flux estimates. Soil and Tillage Research, 45: 189-198.

Prantdtl L. 1932. Meteorologische Anwendung der Stromungslehre. Beitrage zur Physik der Athmosphare, 19: 188-202.

Prapaiwong N, Boyd C E. 2012. Effects of Major Water Quality Variables on Shrimp Production in Inland, Low-Salinity Ponds in Alabama. Journal of the World Aquaculture Society, 43 (3): 349-361.

Prata A J. 1993. Land surface temperatures derived from the advanced very high resolution radiometer and the along-track scanning radiometer: 1. Theory. Journal of Geophysical Research-Atmospheres, 98 (D9): 16689-16702.

Prata A J. 1994a. Validation data for land surface temperature determination from satellites. Technical Paper-CSIRO Division of Atmospheric Research, 33: 1-36.

Prata A J. 1994b. Land surface temperatures derived from the advanced very high resolution radiometer and the along- track scanning radiometer: 2. Experimental results and validation of AVHRR algorithms. Journal of Geophysical Research- Atmospheres, 99 (D6): 13025-13058.

Prata A J. 1996. A new long- wave formula for estimating downward clear- sky radiation at t he surface. Quarterly Journal of the Royal Meteorological Society, 122: 1127-1151.

Pratt D A, Foster S J, Ellyett C D. 1980. A calibration procedure for fourier series thermal inertia models. Photogrammetric Engineering and Remote Sensing, 46: 529-538.

Price J C. 1980. The potential of remotely sensed thermal infrared data to infer surface soil moisture and evaporation. Water Resources Research, 16: 787-795.

Price J C. 1983. Estimating surface temperatures from satellite thermal infrared data-A simple formulation for the atmospheric effect. Remote Sensing of Environment, 13 (4): 353-361.

Price J C. 1984. Land surface temperature measurements from the split window channels of the NOAA 7 advanced very high resolution radiometer. Journal of Geophysical Research- Atmospheres, 89 (D5): 7231-7237.

Priestley C H B, Taylor R J. 1972. On the assessment of surface heat flux and evaporation using large scale parameters. Monthly Weather Review, 100 (2): 81-92.

Prigent C, Tegen I, Aires F, et al. 2005. Estimation of the aerodynamic roughness length in arid and semi- arid regions over the globe with the ERS scatterometer. Journal of Geophysical Research Atmospheres, 110 (D9): 12.

Prince S D, Goetz S J, Dubayah R O, et al. 1998. Inference of surface and air temperature, atmospheric precipitable water and vapor pressure deficit using advanced very high- resolution radiometer satellite observations: comparison with field observations. Journal of Hydrology, 212-213: 230-249.

Qin S, Li S, Kang S, et al. 2019. Transpiration of female and male parents of seed maize in northwest China. Agricultural Water Management, 213: 397-409.

Qin Z, Karnieli A, Berliner P. 2001. A mono- window algorithm for retrieving land surface temperature from Landsat TM data and its application to the Israel- Egypt border region. International Journal of Remote Sensing, 22 (18): 3719-3746.

Quah A K L, Roth M. 2012. Diurnal and weekly variation of anthropogenic heat emissions in a tropical city, Singapore. Atmospheric Environment, 46: 92-103.

Qualls R J, Brutsaert W. 1996. Effect of vegetation density on the parameterization of scalar roughness to estimate spatially distributed sensible heat fluxes. Water Resources Research, 32 (3): 645-652.

Quan J, Yang G, Qiang Z, et al. 2013. Evolution of planetary boundary layer under different weather conditions, and its impact on aerosol concentrations. Particuology, 11 (1): 34-40.

Rango A. 1994. Application of remote sensing methods to hydrology and water resources. Hydrological Sciences Journal, 39: 309-320.

Rasmussen M O, Sørensen M K, Wu B, et al. 2014. Regional-scale estimation of evapotranspiration for the North China Plain using MODIS data and the triangle-approach. International Journal of Applied Earth Observation and Geoinformation, 31: 143-153.

Raupach M R. 1992. Drag and drag partition on rough surfaces. Boundary-Layer Meteorology, 60 (4): 375-395.

Rawlins F. 1989. Aircraft measurements of the solar absorption by broken cloud fields: a case study. Quarterly Journal of the Royal Meteorological Society, 115 (486): 365-382.

Recondo C, Pendás E, Moreno S, et al. 2013. A simple empirical method for estimating surface water vapour pressure using MODIS near-infrared channels: applications to northern Spain' s Asturias region. International Journal of Remote Sensing, 34 (9-10): 3248-3273.

Reitan C H. 1963. Surface dew point and water vapor aloft. Journal of Applied Meteorology, 2: 776-779.

Reitebuch O, Huber D, Nikolaus I. 2014. Algorithm theoretical basis document ATBD: ADM-Aeolus Level 1B Products. AE-RP-DLR-L1B-001, V. 4. 1, 18. 7. 2014.

Reynolds O. 1886. IV. On the theory of lubrication and its application to Mr. Beauchamp tower's experiments, including an experimental determination of the viscosity of olive oil. Philosophical transactions of the Royal Society of London: 157-234.

Reynolds O. 1995. On the dynamical theory of incompressible viscous fluids and the determination of the criterion. Philosophical Transactions of the Royal Society of London A, 186 (1941): 123-164.

Rodell M, Houser P, Jambor U, et al. 2004. The global land data assimilation system. Bulletin of the American Meteorological Society, 85: 381-394.

Roger R R, Yau M K. 1989. A Short Course in Cloud Physics. Bulletin of the American Meteorological Society, 45: 619.

Rossow W B, Zhang Y C. 1995. Calculation of surface and top of atmosphere radiative fluxes from physical quantities based on ISCCP data sets. 2. Validation and first results. Journal of Geophysical Research, 100 (D1): 1167-1198.

Rotstayn L D, Roderick M L, Farquhar G D. 2006. A simple pan-evaporation model for analysis of climate simulations: evaluation over australia. Geophysical Research Letters, 33 (17): 165-173.

Rotta J. 1951. Statistische theorie nichthomogener turbulenz. Zeitschrift Für Physik, 131 (1): 51-77.

Ruhe R V. 1975. Climatic geomorphology and fully developed slopes. Catena, 2: 309-320.

Ryu Y, Kang S, Moon S K, et al. 2008. Evaluation of land surface radiation balance derived from moderate resolution imaging spectroradiometer (MODIS) over complex terrain and heterogeneous landscape on clear sky days. Agricultural and Forest Meteorology, 148 (10): 1538-1552.

Saatchi S S, Houghton R A, Dos Santos Alvala R C, et al. 2007. Distribution of aboveground live biomass in the Amazon basin. Global Change Biology, 13 (4): 816-837.

Saeedi P. 2016. Aeolus level 1b processor and end-to-end simulator: end-to-end simulator detailed processing model. Issue 3/06, Internal ESA Reference: ADM-MA-52-1801.

Sahin M, Yildiz B Y, Senkal O, et al. 2013. Estimation of the vapour pressure deficit using NOAA-AVHRR data. International Journal of Remote Sensing, 34 (8): 2714-2729.

Sakai A, Matsuda Y, Fujita K, et al. 2006. Hydrological observations at July 1st Glacier in northwest China from 2002 to 2004. Bulletin of Glaciological Research, 23: 3.

Sandholt I, Rasmussen K, Andersen J. 2002. A simple interpretation of the surface temperature/vegetation index space for assessment of surface moisture status. Remote Sensing of Environment, 79: 213-224.

Santanello J A, Friedl M A. 2003. Diurnal covariation in soil heat flux and net radiation. Journal of Applied Meteorology, 42 (6): 851-862.

Schadlich S, Gottsche F M, Olesen F S. 2001. Influence of land surface parameters and atmosphere on METEOSAT brightness temperatures and generation of land surface temperature maps by temporally and spatially interpolating atmospheric correction. Remote Sensing of Environment, 75 (1): 39-46.

Schaudt K J, Dickinson R E. 2000. An approach to deriving roughness length and zero-plane displacement height from satellite data, prototyped with BOREAS data. Agricultural and Forest Meteorology, 104 (2): 143-155.

Schlögl S, Lehning M, Mott R. 2018. How are turbulent sensible heat fluxes and snow melt rates affected by a changing snow cover fraction? Frontiers in Earth Science, 6: 154.

Schmetz J. 1984. On the parameterization of the radiative properties of broken clouds. Tellus A, 36 (5): 417-432.

Schmetz J. 1989. Towards a surface radiation climatology: retrieval of downward irradiances from satellites. Atmospheric Research, 23 (3): 287-321.

Schmetz J. 1993. On the relationship between solar net radiative fluxes at the top of the atmosphere and at the surface. Journal of the Atmospheric Sciences, 50: 1122-1132.

Schmid H P, Bunzli D. 1995. Reply to comments by E. M. Blyth on ' the influence of surface texture on the effective roughness length' (january a, 1995, 121, 1-21). Quarterly Journal of the Royal Meteorological Society, 121 (525): 1173-1176.

Schwerdtfeger P. 1976. Physical Principles of Micrometeorological Measurements. New York: Amsterdam-Oxford.

Seguin B, Becker F, Phulpin T, et al. 1999. IRSUTE: A minisatellite project for land surface heat flux estimation from field to regional scale. Remote Sensing of Environment, 68: 357-369.

Sellers P, Dickinson R, Randall D, et al. 1997. Modeling the exchanges of energy, water, and carbon between continents and the atmosphere. Science, 275: 502-509.

Sellers P, Meeson B W, Hall F G, et al. 1995. Remote-sensing of the land-surface for studies of global change—Models, algorithms, experiments. Remote Sensing of Environment, 51: 3-26.

Sellers P. 1991. Modeling and observing land- surface- atmosphere interactions on large scales. Land Surface-Atmosphere Interactions for Climate Modeling: 85-114.

Sellers W D. 1965. Physical Climatology. Chicago: University of Chicago Press.

Senay G B, Bohms S, Singh R K, et al. 2013. Operational evapotranspiration mapping using remote sensing and weather datasets: a new parameterization for the SSEB approach. JAWRA Journal of the American Water Resources Association, 49: 577-591.

Senay G B, Budde M E, Verdin J P. 2011. Enhancing the simplified surface energy balance (SSEB) approach for estimating landscape ET: Validation with the METRIC model. Agricultural Water Management, 98 (4): 606-618.

Senay G B, Friedrichs M, Singh R K, et al. 2016. Evaluating Landsat 8 evapotranspiration for water use mapping in the colorado river basin. Remote Sensing of Environment, 185: 171-185.

Senay G B, Gowda P H, Bohms S, et al. 2014. Evaluating the SSEBop approach for evapotranspiration mapping with landsat data using lysimetric observations in the semi-arid texas high plains. Hydrology and Earth System Sciences Discussions, 11 (1): 723-756.

Senay G B, Schauer M, Friedrichs M, et al. 2017. Satellite-based water use dynamics using historical Landsat data (1984-2014) in the southwestern United States. Remote Sensing of Environment, 202: 98-112.

Shaw R H, Pereira A R. 1982. Aerodynamic roughness of a plant canopy: a numerical experiment. Agricultural Meteorology, 26 (1): 51-65.

Sheehy J E, Mitchell P L, Hardy B. 2008. Charting New Pathways to C4 Rice. New Jersey: World Scientific.

Shi J, Wang J, Hsu A Y, et al. 1997. Estimation of bare surface soil moisture and surface roughness parameter using L-band SAR image data. Geoscience and Remote Sensing IEEE Transactions on, 35 (5): 1254-1266.

Shuttleworth W J, Wallace J S. 1985. Evaporation from sparse crops- an energy combination theory. Quarterly Journal of the Royal Meteorological Society, 111 (469).

Shuttleworth W J, Maidment D R E. 1993. Handbook of Hydrology. Sydney: McGraw-Hill.

Shuttleworth W, Gurney R, Hsu A, et al. 1989. FIFE: the variation in energy partition at surface flux sites. IAHS Publ, 186: 523.

Sicard M, Pérez C, Rocadenbosch F, et al. 2006. Mixed-layer depth determination in the Barcelona coastal area from regular lidar measurements: methods, results and limitations. Boundary-Layer Meteorology, 119 (1): 135-157.

Sinclair T R, Murphy C E Jr, Knoerr K R. 1976. Development and evaluation of simplified models for simulating canopy photosynthesis and transpiration. Journal of Applied Ecology, 13: 813-829.

Singhal G S, Renger G, Sopory S K, et al. 1999. Concepts in photobiology: photosynthesis and photomorphogenesis. New Delhi: Narosa Publishing House.

Smith W L. 1966. Note on the relationship between precipitable water and surface dew point. Journal of Applied Meteorology, 5: 726-727.

Sobrino J A, Caselles V, Coll C. 1993. Theoretical split-window algorithms for determining the actual surface temperature. IL Nuovo Cimento C, 16 (3): 219-236.

Sobrino J A, Coll C, Caselles V. 1991. Atmospheric correction for land surface temperature using NOAA-11 AVHRR channels 4 and 5. Remote Sensing of Environment, 38 (1): 19-34.

Sobrino J A, Cuenca J. 1999. Angular variation of thermal infrared emissivity for some natural surfaces from experimental measurements. Applied Optics, 38 (18): 3931-3936.

Sobrino J A, El-Kharraz J, Li Z L. 2003. Surface temperature and water vapor retrieval from MODIS data. International Journal of Remote Sensing, 20: 5161-5182.

Sobrino J A, Jimenez-Muñoz J C, Verhoef W. 2005. Canopy directional emissivity: comparison between models. Remote Sensing of Environment, 99 (3): 304-314.

Sobrino J A, Jiménez-Muñoz J C, Balick L, et al. 2007. Accuracy of ASTER level-2 thermal-infrared standard products of an agricultural area in Spain. Remote Sensing of Environment, 106 (2): 146-153.

Sobrino J A, Jiménez-Muñoz J C, Paolini L. 2004a. Land surface temperature retrieval from LANDSAT TM 5. Remote Sensing of Environment, 90 (4): 434-440.

Sobrino J A, Jiménez-Muñoz J C. 2005. Land surface temperature retrieval from thermal infrared data: an assessment in the context of the surface processes and ecosystem changes through response analysis (SPECTRA) mission. Journal of Geophysical Research-Atmospheres, 110 (D16): D16103.

Sobrino J A, Julien Y, Atitar M, et al. 2008. NOAA-AVHRR orbital drift correction from solar zenithal angle data. IEEE Transactions on Geoscience and Remote Sensing, 46 (12): 4014-4019.

Sobrino J A, Li Z L, Stoll M P, et al. 1994. Improvements in the split-window technique for land surface temperature determination determination. IEEE Transactions on Geoscience and Remote Sensing, 32 (2): 243-253.

Sobrino J A, Li Z L, Stoll M P, et al. 1996. Multi-channel and multi-angle algorithms for estimating sea and land surface temperature with ATSR data. International Journal of Remote Sensing, 17 (11): 2089-2114.

Sobrino J A, Raissouni N. 2000. Toward remote sensing methods for land cover dynamic monitoring: application to Morocco. International Journal of Remote Sensing, 21 (2): 353-366.

Sobrino J A, Sòria G, Prata A J. 2004b. Surface temperature retrieval from Along Track Scanning Radiometer 2 data: algorithms and validation. Journal of Geophysical Research-Atmospheres, 109 (D11): D11101.

Soer G. 1980. Estimation of regional evapotranspiration and soil moisture conditions using remotely sensed crop surface temperatures. Remote Sensing of Environment, 9: 27-45.

Song Y, Wang J, Yang K, et al. 2012. A revised surface resistance parameterisation for estimating latent heat flux from remotely sensed data. International Journal of Applied Earth Observation and Geoinformation, 17: 76-84.

Sorbjan Z. 1986. On similarity in the atmospheric boundary layer. Boundary-Layer Meteorology, 34: 377-397.

Steyn D G, Baldi M, Hoff R M. 1999. The Detection of Mixed Layer Depth and Entrainment Zone Thickness from Lidar Backscatter Profiles. Journal of Atmospheric and Oceanic Technology, 16 (7): 953-959.

Steyn D G, Lyons T J. 1985. Comments on "The determination of view-factors in urban canyons". Journal of climate and applied meteorology, 24 (4): 383-385.

Stokes G. 1994. The atmospheric radiation measurement (ARM) program: Programmatic background and design of the cloud and radiation test bed. Bulletin of the American Meteorological Society, 75 (7): 1201-1222.

Stull R B. 1988. An Introduction To Boundary Layer Meteorology. Dordrecht: Kluwer Academic Publisher.

StullR B. 1991. 边界层气象学导论. 徐静琦，杨殿荣，译. 青岛：青岛海洋大学出版社：134-172.

Su Z, Schmugge T, Kustas W P, et al. 2001. Two models for estimation of the roughness height for heat transfer between the land surface and the atmosphere. Journal of Applied Meteorology, 40: 1933-1951.

Su Z. 2002. The surface energy balance system (SEBS) for estimation of turbulent heat fluxes. Hydrology and Earth System Sciences, 6 (1): 85-99.

Sun D L, Pinker R T. 2003. Estimation of land surface temperature from a Geostationary Operational Environmental Satellite (GOES-8). Journal of Geophysical Research-Atmospheres, 108 (D11): 4326.

Sun D L, Pinker R T. 2005. Implementation of GOES-based land surface temperature diurnal cycle to AVHRR. International Journal of Remote Sensing, 26 (18): 3975-3984.

Sun D L, Pinker R T. 2007. Retrieval of surface temperature from the MSG-SEVIRI observations: part I. Methodology. International Journal of Remote Sensing, 28 (23): 5255-5272.

Sun J Q, Wang H J. 2013. Regional Difference of Summer Air Temperature Anomalies in Northeast China and Its Relationship to Atmospheric General Circulation and Sea Surface Temperature. Chinese Journal of Geophysics, 49 (3): 588-598.

Sun L, Sun R, Li X, et al. 2012. Monitoring surface soil moisture status based on remotely sensed surface temperature and vegetation index information. Agricultural and Forest Meteorology, 166-167: 175-187.

Sun X J, Zhang R W, Marseille G J, et al. 2014. The performance of Aeolus in heterogeneous atmospheric conditions using high-resolution radiosonde data. Atmospheric Measurement Techniques, 7: 2695-2717.

Susskind J, Rosenfield J, Reuter D, et al. 1984. Remote sensing of weather and climate parameters from HIRS2/MSU on TIROS-N. Journal of Geophysical Research-Atmospheres, 89 (D3): 4677-4697.

Swinbank W C. 1963. Long-wave radiation from clear skies. Quarterly Journal of the Royal Meteorological Society, 89: 339-348.

Szilagyi J, Crago R, Qualls R J. 2016. Testing the generalized complementary relationship of evaporation with continental-scale long-term water-balance data. Journal of Hydrology, 540: 914-922.

Sánchez J M, Kustas W P, Caselles V, et al. 2008. Modelling surface energy fluxes over maize using a two-source patch model and radiometric soil and canopy temperature observations. Remote Sensing of Environment, 112 (3): 1130-1143.

Tan D, Rennie M, Andersson E, et al. 2016. ADM-Aeolus level-2b algorithm theoretical baseline: Mathematical description of the Aeolus level 2b processor.

Tang B H, Bi Y Y, Li Z L, et al. 2008. Generalized split-window algorithm for estimate of land surface temperature from chinese geostationary FengYun meteorological satellite (FY-2C) data. Sensors, 8 (2): 933-951.

Tang B H, Li Z L, Zhang R H. 2006. A direct method for estimating net surface shortwave radiation from MODIS data. Remote Sensing of Environment, 103: 115-126.

Tang B H, Li Z L. 2008. Estimation of instantaneous net surface longwave radiation from MODIS cloud-free data. Remote Sensing of Environment, 112 (9): 3482-3492.

Tang B H. 2018. Nonlinear split-window algorithms for estimating land and sea surface temperatures from simulated Chinese gaofen-5 satellite data. IEEE Transactions on Geoscience and Remote Sensing, 56: 6280-6289.

Tang R, Li Z L, Chen K S, et al. 2013a. Spatial-scale effect on the SEBAL model for evapotranspiration estimation using remote sensing data. Agricultural and Forest Meteorology, 174: 28-42.

Tang R, Li Z L, Sun X. 2013b. Temporal upscaling of instantaneous evapotranspiration: An intercomparison of four methods using eddy covariance measurements and MODIS data. Remote Sensing of Environment, 138: 102-118.

Tang W J, Yang K, Qin J, et al. 2019. A 16-year dataset (2000-2015) of high-resolution (3 h, 10 km) global surface solar radiation. Earth System Science Data, 11 (4).

Tanguy M, Baille A, Gonzalez-Real M M, et al. 2012. A new parameterization scheme of ground heat flux for land surface flux retrieval from remote sensing information. Journal of Hydrology, 454-455: 113-122.

Tanner C. 1960. Energy balance approach to evapotranspiration from crops. Soil Science Society of America Journal, 24: 1-9.

Tanner C B, Pelton W L. 1960. Potential evapotranspiration estimates by the approximate energy balance method of Penman. Journal of Geophysical Research, 65 (10): 3391-3413.

Tasumi M, Bastiaanssen W G M, Allen R G. 2000. Application of the SEBAL methodology for estimating consumptive use of water and stream flow depletion in the Bear River Basin of Idaho through remote sensing. EOSDIS Project Final Report, Appendix C.

Tasumi M. 2003. Progress in Operational Estimation of Regional Evapotranspiration Using Satellite Imagery. Moscow: University of Idaho.

Taylor C. 1915. Eddy motion in the atmosphere. Philosophical Transactions of the Royal Society of London, 215: 1-26.

Taylor C. 1935. Statistical theory of turbulence. Proceedings of the Royal Society A Mathematical Physical and Engineering Sciences, 151 (873): 421-444.

Taylor P A, Sykes R I, Mason P J. 1989. On the parameterization of drag over small-scale topography in neutrally-stratified boundary-layer flow. Boundary-Layer Meteorology, 48 (4): 409-422.

Teixeira A H D C, Bastiaanssen W G M, Ahmad M D, et al. 2009. Reviewing SEBAL input parameters for assessing evapotranspiration and water productivity for the Low-Middle São Francisco River basin, Brazil: Part A: Calibration and validation. Agricultural and Forest Meteorology, 149 (3-4): 477-490.

Thom A S. 1971. Momentum absorption by vegetation. Quarterly Journal of the Royal Meteorological Society, 97 (414): 414-428.

Tian X, Li Z Y, Tol C V D, et al. 2011. Estimating zero-plane displacement height and aerodynamic roughness length using synthesis of LiDAR and SPOT-5 data. Remote Sensing of Environment, 115 (9): 2330-2341.

Timmermans W J, Kustas W P, Anderson M C, et al. 2007. An intercomparison of the surface energy balance algorithm for land (SEBAL) and the two-source energy balance (TSEB) modeling schemes. Remote Sensing of

Environment, 108 (4): 369-384.

Tolk J A, Howell T A, Evett S R. 2006. Nighttime evapotranspiration from alfalfa and cotton in a semiarid climate. Agronomy Journal, 98: 730-736.

Troen I B, Mahrt L. 1986. A simple model of the atmospheric boundary layer; sensitivity to surface evaporation. Boundary-Layer Meteorology, 37 (1-2): 129-148.

Ulaby F T, Dubois P C, Zyl J V. 1997. Radar mapping of surface soil moisture. Journal of Hydrology, 184 (1): 57-84.

Ulivieri C, Castronuovo M M, Francioni R, et al. 1994. A split window algorithm for estimating land surface temperature from satellites. Advances in Space Research, 14 (3): 59-65.

Urey H C, Brickwedde F G, Murphy G M. 1932. A Hydrogen Isotope of Mass 2 and its Concentration. Butsuri, 6 (1): 1-15.

Van den Bergh F, van Wyk M A, van Wyk B J. 2006. Comparison of data-driven and model-driven approaches to brightness temperature diurnal cycle interpolation. 17th Annual Symposium of the Pattern Recognition Association of South Africa, Parys, South Africa.

Van der Tol C. 2012. Validation of remote sensing of bare soil ground heat flux. Remote Sensing of Environment, 121: 275-286.

Van Laake P E, Sanchez-Azofeifa G A. 2004. Simplified atmospheric radiative transfer modelling for estimating incident PAR using MODIS atmosphere products. Remote Sensing of Environment, 91 (1): 98-113.

Van Laake P E, Sanchez-Azofeifa G A. 2005. Mapping PAR using MODIS atmosphere products. Remote Sensing of Environment, 94 (4): 554-563.

Van Loon W K P. 1998. Calibration of soil heat flux sensors. Agricultural and Forest Meteorology, 92: 1-8.

Van Wijk W, de Vries D. 1963. Periodic temperature variations in a homogeneous soil//van Wijk W R. Physics of Plant Environment. Amsterdam: North-Holland Publ. Co.: 102-143.

Venkatram A. 1977. A model of internal boundary-layer development. Boundary-Layer Meteorology, 11 (4): 419-437.

Venturini V, Bisht G, Islam S, et al. 2004. Comparison of evaporative fractions estimated from AVHRR and MODIS sensors over South Florida. Remote Sensing of Environment, 93 (1-2): 77-86.

Venturini V, Islam S, Rodriguez L. 2008. Estimation of evaporative fraction and evapotranspiration from MODIS products using a complementary based model. Remote Sensing of Environment, 112 (1): 132-141.

Verhoef A, Ottlé C, Cappelaere B, et al. 2012. Spatio-temporal surface soil heat flux estimates from satellite data; results for the AMMA experiment at the Fakara (Niger) supersite. Agricultural and Forest Meteorology, 154-155: 55-66.

Verhoef A. 2004. Remote estimation of thermal inertia and soil heat flux for bare soil. Agricultural and Forest Meteorology, 123 (3-4): 221-236.

Verseghy D L, Mcfarlane N A, Lazare M. 1993. Class-a Canadian land surface scheme for GSMS, II. vegetation model and coupled runs. International Journal of Climatology, 13 (4): 347-370.

Vinukollu R K, Wood E F, Ferguson C R, et al. 2011. Global estimates of evapotranspiration for climate studies using multi-sensor remote sensing data: evaluation of three process-based approaches. Remote Sensing of Environment, 115: 801-823.

Waliser D E, Weller R A, Cess R D. 1999. Comparisons between buoy-observed, satellite-derived, and modeled surface shortwave flux over the subtropical north atlantic during the subduction experiment. Journal of

Geophysical Research-Atmospheres, 104 (D24): 31301-31320.

Wan Z M, Dozier J. 1996. A generalized split-window algorithm for retrieving land-surface temperature from space. IEEE Transactions on Geoscience and Remote Sensing, 34 (4): 892-905.

Wan Z M, Li Z L. 1997. A physics-based algorithm for retrieving land-surface emissivity and temperature from EOS/MODIS data. IEEE Transactions on Geoscience and Remote Sensing, 35 (4): 980-996.

Wan Z M, Li Z L. 2008. Radiance-based validation of the V5 MODIS land-surface temperature product. International Journal of Remote Sensing, 29 (17/18): 5373-5395.

Wan Z M, Li Z L. 2011. MODIS land surface temperature and emissivity//Ramachandran B, Justice C O, Abrams M J. Land Remote Sensing and Global Environmental Change. NewYork: Springer: 563-577.

Wan Z M, Zhang Y L, Zhang Q C, et al. 2002. Validation of the land-surface temperature products retrieved from Terra Moderate Resolution Imaging Spectroradiometer data. Remote Sensing of Environment, 83 (1/2): 163-180.

Wan Z M. 1999. MODIS land-surface temperature algorithm theoretical basis document (LST ATBD) Institute for Computational Earth System Science, Santa Barbara, 75: 18.

Wan Z M. 2008. New refinements and validation of the MODIS landsurface temperature/emissivity products. Remote Sensing of Environment, 112 (1): 59-74.

Wan Z, Zhang Y, Zhang Q, et al. 2004. Quality assessment and validation of the MODIS global land surface temperature. International Journal of Remote Sensing, 25 (1): 261-274.

Wang C, Yang J, Myint S W, et al. 2016. Empirical modeling and spatio-temporal patterns of urban evapotranspiration for the Phoenix metropolitan area, Arizona. GIScience and remote sensing, 53 (6): 778-792.

Wang D, Liang S, Liu R, et al. 2010. Estimation of daily-integrated PAR from sparse satellite observations: comparison of temporal scaling methods. International Journal of Remote Sensing, 31 (6): 1661-1677.

Wang G, Garcia D, Liu Y, et al. 2012. A three-dimensional gap filling method for large geophysical datasets: application to global satellite soil moisture observations. Environmental Modelling and Software, 30 (1): 139-142.

Wang J, Bras R L. 1999. Ground heat flux estimated from surface soil temperature. Journal of Hydrology, 216: 214-223.

Wang J, Tang B H, Zhang X Y, et al. 2014. Estimation of Surface longwave radiation over the tibetan plateau region using MODIS data for cloud-free skies. IEEE Journal of Selected Topics in Applied Earth Observations and Remote Sensing, 7 (9): 3695-3703.

Wang J, White K, Robinson G J. 2000. Estimating surface net solar radiation by use of Landsat-5 TM and digital elevation models'. International Journal of Remote Sensing, 21: 31-43.

Wang K C, Dickinson R E. 2012. A review of global terrestrial evapotranspiration: observation, modeling, climatology, and climatic variability. Reviews of Geophysics, 50: 1-54.

Wang K C, Dickinson R E. 2013. Contribution of solar radiation to decadal temperature variability over land. Proc Natl Acad Sci USA, 110: 14877-14882.

Wang K C, Liang S L. 2008. An improved method for estimating global evapotranspiration based on satellite determination of surface net radiation, vegetation index, temperature and soil moisture. Journal of Hydrometeorology, 9 (4): 712-727.

Wang K, Li Z, Cribb M. 2006. Estimation of evaporative fraction from a combination of day and night land surface temperatures and NDVI: a new method to determine the Priestley- Taylor parameter. Remote Sensing of Environment, 102 (3-4): 293-305.

Wang K, Liang S. 2009a. Estimation of day time net radiation from short wave radiation measurements and meteorological observations. Journal of Applied Meteorology and Climatology, 48 (3): 634-643.

Wang K, Liang S. 2009b. Evaluation of ASTER and MODIS land surface temperature and emissivity products using long-term surface long wave radiation observations at SURFRAD sites. Remote Sensing of Environment, 113 (7): 1556-1565.

Wang K, Wan Z, Wang P, et al. 2005. Estimation of surface long wave radiation and broadband emissivity using Moderate Resolution Imaging Spectroradiometer (MODIS) land surface temperature/emissivity products. Journal of Geophysical Research, 110 (D11109): 13.

Wang K, Wang P, Li Z, et al. 2007. A simple method to estimate actual evapotranspiration from a combination of net radiation, vegetation index and temperature. Journal of Geophysical Research, 112 (D15107): 14.

Wang L C, Gong W, Hu B, et al. 2015. Modeling and analysis of the spatiotemporal variations of photosynthetically active radiation in China during 1961-2012. Renewable and Sustainable Energy Reviews, 49: 1019-1032.

Wang N, Wu H, Nerry F, et al. 2011. Temperature and emissivity retrievals from hyperspectral thermal infrared data using linear spectral emissivity constraint. IEEE Transactions on Geoscience and Remote Sensing, 49 (4): 1291-1303.

Wang P, Song X, Han D, et al. 2012. Determination of evaporation, transpiration and deep percolation of summer corn and winter wheat after irrigation. Agricultural Water Management, 105: 32-37.

Wang W M, Li Z L, Su H B. 2007. Comparison of leaf angle distribution functions: effects on extinction coefficient and fraction of sunlit foliage. Agricultural and Forest Meteorology, 143 (1-2): 106-122.

Wang W, Liang S, Augustine J A. 2009. Estimating high spatial resolution clear sky land surface upwelling longwave radiation from MODIS Data. IEEE Transactions on Geoscience and Remote sensing, 47 (5): 1559-1570.

Wang W, Liang S, Meyers T. 2008. Validating MODIS land surface temperature products using long- term nighttime ground measurements. Remote Sensing of Environment, 112 (3): 623-635.

Wang W, Liang S. 2009. Estimating high spatial resolution clear- sky surface downwelling longwave radiation and net longwave radiation from MODIS Data. Remote Sensing of Environment, 113: 745-754.

Wang W, Liang S. 2010. A method for estimating clear- sky instantaneous land- surface longwave radiation with GOES sounder and GOES-R ABI data. IEEE Geoscience and Remote Sensing Letters, 7 (4): 708-712.

Wang Z H, Bou-Zeid E, Smith J A. 2011. A spatially-analytical scheme for surface temperatures and conductive heat fluxes in urban canopy models. Boundary-Layer Meteorol, 138: 171-193.

Wang Z H, Bou-Zeid E. 2011. Comment on impact of wave phase difference between soil surface heat flux and soil surface temperature on soil surface energy balance closure by Z. Gao, R. Horton, and H. P. Liu., Journal of Geophysical Research: Atmospheres, 116: D08110.

Wang Z H, Bou-Zeid E. 2012. A novel approach for the estimation of soil ground heat flux. Agricultural and Forest Meteorology, 154-155: 214-221.

Ware R, Carpenter R, Güldner J, et al. 2003. A multichannel radiometric profiler of temperature, humidity, and cloud liquid. Radio Science, 38 (4): 77-88.

Watson K. 1992. Spectral ratio method for measuring emissivity. Remote Sensing of Environment, 42 (2):

113-116.

Weare B C. 1989. Relationships between net radiation at the surface and the top of atmosphere derived from a general circulation model. Journal of Climate，2：193-197.

Webb E. 1964. Further note on evaporation with fluctuating Bowen ratio. Journal of Geophysical Research，69：2649-2650.

Webb E K，Pearman G I，Leuning R. 1980. Correction of flux measurements for density effects due to heat and water vapour transfer. Quarterly Journal of the Royal Meteorological Society，106：85-100.

Whiteman C D，Allwine K J，Fritschen L J，et al. 2010. Deep Valley Radiation and Surface Energy Budget Microclimates. Part I：Radiation. Journal of Applied Meteorology，28（6）：414-426.

Whiteman C D. 1982. Breakup of temperature inversions in deep mountain valleys：Part I. Observations. Journal of Applied Meteorology，21（3）：270-289.

Wielicki B A，Barkstrom B R，Baum B A，et al. 1998. Clouds and the earth's radiant energy system（CERES）：algorithm overview. IEEE Transactions on Geoscience and Remote Sensing，36（4）：1127-1141.

Wieringa J. 1986. Roughness - dependent geographical interpolation of surface wind speed averages. Quarterly Journal of the Royal Meteorological Society，1986，112（473）：867-889.

William B B，Wang J F，Rafael L B. 2008. Estimation of Global Ground Heat Flux. Journal of Hydrometeorology，9（4）：744-759.

Wilson K B，Hanson P J，Mulholland P J，et al. 2001. A comparison of methods for determining forest evapotranspiration and its components：sap- flow，soil water budget，eddy covariance and catchment water balance. Agricultural and Forest Meteorology，106（2）：153-168.

Wu B，Yan N，Xiong J，et al. 2012. Validation of ETWatch using field measurements at diverse landscapes：A case study in Hai Basin of China. Journal of Hydrology，436-437：67-80.

Wu B，Zhu W，Yan N，et al. 2016. An improved method for deriving daily evapotranspiration estimates from satellite estimates on cloud-free days. IEEE Journal of Selected Topics in Applied EarthObservations and Remote Sensing，9：1323-1330.

Wu B，Zhu W，Yan N，et al. 2020. Regional actual evapotranspiration estimation with land and meteorological variables derived from multi-source satellite data. Remote Sensing，12：332.

Wullschleger S D，Meinzer F C，Vertessy R A. 1998. A review of whole-plant water use studies in tree. Tree Physiology，18：499-512.

Wyngaard J C，Collins S A，Izumi Y. 1971. Behavior of the Refractive- Index- Structure Parameter near the Ground *. Journal of the Optical Society of America（1917-1983），61（12）：1646-1650.

Wyngaard J C. 1971. Local Free Convection，Similarity and the Budgets of Shear Stress and Heat Flux. Journal of the Atmospheric Sciences，28（7）：1171-1182.

Wyngaard J C. 1973. On the surface- layer turbulence//Workshop on micrometeorology. Amer. Meteorol. Soc. ：101-149.

Xin Y，Ren H Z，Liu R，et al. 2017. Land surface temperature estimate from Chinese GF-5 satellite data using split-window algorithm. IEEE Transactions on Geoscience and Remote Sensing. 55（10）：5877-5888.

Xu J，Wu B，Yan N，et al. 2018. Regional daily ET estimates based on the gap-filling method of surface conductance. Remote Sensing，10：554.

Xu T，Liu S，Xu L，et al. 2015. Temporal upscaling and reconstruction of thermal remotely sensed instantaneous evapotranspiration. Remote Sensing，7：3400-3425.

Xue Y, Cracknell A P. 1995. Advanced thermal inertia modeling. Int. J. Remote Sensing, 16 (3): 431-446.

Yamada T, Mellor G. 1975. A simulation of the wangara atmospheric boundary layer data. Journal of the Atmospheric Sciences, 32 (12): 2309-2329.

Yamamoto G, Kondo J. 1968. Evaporation from Lake Nojiri. Journal of the Meteorological Society of Japan, 46: 166-176.

Yang H J, Cong Z T, Lei Z D. 2009. Methods comparison of soil heat flux in remote sensing model to estimate e-vapotranspiration. Journal of Sichuan University (Engineering Science Edition), 41 (2): 115-121.

Yang J, Wang Z. 2015. Optimizing urban irrigation schemes for the trade-off between energy and water consumption. Energy and Buildings, 107: 335-344.

Yang J, Wang Z, Chen F, et al. 2015. Enhancing hydrologic modelling in the coupled weather research and forecasting-urban modelling system. Boundary-Layer Meteorology, 155 (1): 87-109.

Yang K, Wang J M. 2008. A temperature prediction-correction method for estimating surface soil heat flux from soil temperature and moisture data. Science in China Series D: Earth Sciences, 51 (5): 721-729.

Yang K, Koike T, Staekhouse P, et al. 2006. An assessment of satellite surface radiation products for highlands with Tibet instrumental data. Geophysical Research Letters, 33 (L22403): 4.

Yang K, Pinker R T, Ma Y M, et al. 2008. Evaluation of satellite estimates of downward shortwave radiation over the Tibetan Plateau. Journal of Geophysical Research, 113 (D17204): 11.

Yao Y, Zhang B. 2012. MODIS- based air temperature estimation in the southeastern Tibetan Plateau and neighboring areas. Journal of Geographical Sciences, 22 (1): 152-166.

Yao Y, Liang S, Cheng J, et al. 2013. MODIS-driven estimation of terrestrial latent heat flux in China based on a modified Priestley-Taylor algorithm. Agricultural and Forest Meteorology, 171: 187-202.

Yao Y, Liang S, Li X, et al. 2015. A satellite-based hybrid algorithm to determine the Priestley-Taylor parameter for global terrestrial latent heat flux estimation across multiple biomes. Remote Sensing of Environment, 165: 216-233.

Yokoyama R, Pike R J. 2002. Visualizing topography by openness: a new application of image processing to digital elevation models. Photogrammetric Engineering and Remote Sensing, 68: 257-266.

Yu M Z, Wu B F, Yan N N, et al. 2016. A method for estimating the aerodynamic roughness length with NDVI and BRDF signatures using multi-temporal proba-v data. Remote Sensing, 9 (1): 6.

Yu M Z, Wu B F, Zeng H W, et al. 2018. The impacts of vegetation and meteorological factors on aerodynamic roughness length at different time scales. Atmosphere, 9 (4): 149.

Yuan W, Zheng Y, Piao S, et al. 2019. Increased atmospheric vapor pressure deficit reduces global vegetation growth. Science Advances, 5: 1396.

Yue P, Zhang Q, Niu S J, et al. 2011. Effects of the soil heat flux estimates on surface energy balance closure over a semi-arid grassland. Acta Meteorologica Sinica, 25: 774-782.

Zaksek K, Schroedter H M. 2009. Parameterization of air temperature in high temporal and spatial resolution from a combination of the SEVIRI and MODIS instruments. ISPRS Journal of Photogrammetry and Remote Sensing, 64 (4): 414-421.

Zeng X B, Shaikh M, Dai Y J, et al. 2002. Coupling of the common land model to the NCAR community climate model. Journal of Climate, 15 (14): 1832-1854.

Zhang B, Liu Y, Xu D, et al. 2011. Evapotranspiraton estimation based on scaling up from leaf stomatal conductance to canopy conductance. Agricultural and Forest Meteorology, 151 (8): 1086-1095.

Zhang H M, Wu B F, Yan N N, et al. 2014. An improved satellite-based approach for estimating vapor pressure deficit from MODIS data. Journal of Geophysical Research: Atmospheres, 119: 12256-12271.

Zhang K, Kimball J S, Steven W. 2016. Running. A review of remote sensing based actual evapotranspiration estimation. WIREs Water, 3: 834-853.

Zhang L, Lemeur R. 1995. Evaluation of daily evapotranspiration estimates from instantaneous measurements. Agricultural and Forest Meteorology.

Zhang N, Zhao W, Chen Y. 2012. Lidar and microwave radiometer observations of planetary boundary layer structure under light wind weather. Journal of Applied Remote Sensing, 6 (1): 2021.

Zhang Q, Cao X Y. 2003. The influce of synoptic congitions on the averaged surface heat and radiation budget energy over desert of Gobi. Chinese Journal of Atmospheric Sciences, 27 (2): 245-254.

Zhang Q, Hu Y Q. 1994. An application of the local similarity on the atmospheric surface layer. Acta Meteorologica Sinica, 52 (2): 212-222.

Zhang Q, Zeng J, Yao T. 2012. Interaction of aerodynamic roughness length and windflow conditions and its parameterization over vegetation surface. Science Bulletin, 57 (13): 1559-1567.

Zhang Y, Rossow W B, Lacis A A, et al. 2004. Calculation of radiative fluxes from the surface to top of atmosphere based on ISCCP and other global data sets: Refinements of the radiative transfer model and the input data. Journal of Geophysical Research: Atmospheres (1984-2012), 109 (D19).

Zhang Y, Leuning R, Hutley L B, et al. 2010. Using long- term water balances to parameterize surface conductances and calculate evaporation at 0. 05 spatial resolution. Water Resources Research, 46.

Zhang Y, Shen Y, Sun H, et al. 2011. Evapotranspiration and its partitioning in an irrigated winter wheat field: A combined isotopic and micrometeorologic approach. Journal of Hydrology, 408 (3-4): 203-211.

Zheng T, Liang S, Wang K. 2008. Estimation of incident photosynthetically active radiation from GOES visible imagery. Journal of Applied Meteorology and Climatology, 47 (3): 853-868.

Zhou Y, Sun X, Ju W. 2009. Improvement of an aerodynamic roughness model with meteorological measurements and TM image//IEEE International Conference on Geoinformatics: 1-5.

Zhou Y, Sun X, Zhu Z, et al. 2006. Surface roughness length dynamic over several different surfaces and its effects on modeling fluxes. Science in China Series D: Earth Sciences, 49 (2): 262-272.

Zhu W W, Wu B F, Lu S L, et al. 2014b. An improved empirical estimation method of surface soil heat flux for large spatial scale. IOP Conf. Series: Earth and Environmental Science, 17 (012124): 1-6.

Zhu W W, Wu B F, Yan N N, et al. 2014a. A method to estimate diurnal surface soil heat flux from MODIS data for a sparse vegetation and bare soil. Journal of Hydrology, 511: 139-150.

Zhu X L, Chen J, Gao F, et al. 2010. An enhanced spatial and temporal adaptive reflectance fusion model for complex heterogeneous regions. Remote Sensing of Environment, 114: 2610-2623.

Zhuang Q, Wu B, Yan N, et al. 2016. A method for sensible heat flux model parameterization based on radiometric surface temperature and environmental factors without involving the parameter KB−1. International Journal of Applied Earth Observation and Geoinformation, 47: 50-59.

Zhuang Q, Wu B. 2015. Estimating Evapotranspiration from an Improved Two-Source Energy Balance Model Using ASTER Satellite Imagery. Water, 7 (12): 6673-6688.

Zillman W J. 1972. "A study of some aspects of the radiation and heat budgets of the southern hemisphere oceans, meteorological study 26," Canberra.

Zribi M, Baghdadi N, Holah N, et al. 2005. Evaluation of a rough soil surface description with ASAR-ENVISAT

radar data. Remote Sensing of Environment, 95 (1): 67-76.
Šavli M, de Kloe J, Marseille G J. 2019. The prospects for increasing the horizontal resolution of the Aeolus horizontal line-of-sight wind profiles. Quarterly Journal of the Royal Meteorological Society, 145 (725): 3499-3515.

# 附录 I 常用主要变量

| 常用变量 | 变量名称 |
|---|---|
| ET | 蒸散/mm |
| FY-2 | 风云二号静止气象卫星 |
| $R_n$ | 净辐射/(W/m$^2$) |
| $G_0$ | 地表土壤热通量/(W/m$^2$) |
| $H$ | 地表感热通量/(W/m$^2$) |
| LE | 地表潜热通量/(W/m$^2$) |
| $G_{0,i}$ | 瞬时地表土壤热通量/(W/m$^2$) |
| $R_{n,i}$ | 瞬时地表净辐射/(W/m$^2$) |
| $R_{s,net}$ | 净短波辐射/(W/m$^2$) |
| $R_{l,net}$ | 净长波辐射/(W/m$^2$) |
| $R_{n,daily}$ | 日地表净辐射/[MJ/(m$^2$·d)] |
| $R_{s,daily}$ | 日净短波辐射/[MJ/(m$^2$·d)] |
| $R_{l,daily}$ | 日净长波辐射/[MJ/(m$^2$·d)] |
| $R_a$ | 天文辐射/[MJ/(m$^2$·d)] |
| $T_{max}$ | 日最大近地表空气温度/K |
| $T_{min}$ | 日最小近地表空气温度/K |
| $R_s$ | 日太阳总辐射或太阳向下短波辐射/[MJ/(m$^2$·d)] |
| α | 地表反照率 |
| $G_{sc}$ | 太阳常数（1368 W/m$^2$） |
| $\sigma$ | 斯特藩-玻尔兹曼常数［5.67×10$^{-8}$W/(K$^4$·m$^2$)］ |
| LAI | 叶面积指数 |
| $T_s$ | 地表温度/K |
| $T_a$ | 近地表空气温度/K |
| soz | 太阳高度角 |
| $r_{cmin}$ | 最小冠层阻抗 |
| $e_a$ | 近地表空气实际水汽压/kPa |
| $e_s$ | 近地表空气饱和水汽压/kPa |

续表

| 常用变量 | 变量名称 |
| --- | --- |
| VPD | 近地表空气饱和水汽压差/kPa |
| PBL | 大气边界层高度 |
| PAR | 光合有效辐射 |
| $W$ | 大气柱大气可降水量（centimeters） |
| $r_s$ | 地表阻抗 |
| $g_c$ | 冠层导度 |
| $g_s$ | 裸土导度 |
| SM | 地表土壤湿度 |
| $\gamma$ | 湿度常数 |
| $\Delta$ | 曲线斜率 |

# 附录Ⅱ 遥感数据

## MODIS数据

EOS（earth observation system）卫星是美国地球观测系统计划中一系列卫星的简称。EOS的上午轨道卫星Terra星于1999年12月18日发射升空，下午轨道卫星Aqua星于2002年5月4日发射成功，它们的主要目的是实现从单系列极轨空间平台上对太阳辐射、大气、海洋和陆地进行综合观测；EOS卫星轨道高度为距地球705 km，第一颗上午轨道卫星（Terra）从北向南于地方时10:30左右通过赤道，Aqua为下午星，从南向北于地方时13:30左右通过赤道。两颗星相互配合每1～2天可重复观测整个地球表面。EOS系列卫星上的最主要的仪器是中分辨率成像光谱仪（MODIS），MODIS是当前世界上新一代“图谱合一”的光学遥感仪器，有36个离散光谱波段，光谱范围宽，从0.4 μm（可见光）到14.4 μm（热红外）全光谱覆盖。MODIS的多波段数据可以同时提供反映陆地表面状况、云边界、云特性、大气中水汽、地表温度、云顶温度、大气温度和云顶高度等特征的信息。MODIS地面分辨率为250 m、500 m和1000m，扫描宽度为2330 km。MODIS是CZCS、AVHRR、HIRS和TM等仪器的继续，是被动式成像分光辐射计，共有490个探测器，分布在36个光谱波段。

本书主要涉及的MODIS数据包括逐日地表反射率产品数据、16天合成的归一化植被指数产品数据、逐日地表温度产品数据、8天合成的叶面积指数产品数据、8天合成的二向性反射角度指数产品（BRDF）数据、逐日的大气柱大气可降水量产品数据、逐日大气廓线温湿剖面产品数据等。所有的MODIS不同级的数据产品详细介绍及免费下载均可查询如下网址https://ladsweb.modaps.eosdis.nasa.gov/search/。

本书主要涉及海河流域、黑河流域等区域的MODIS产品数据；通过对上述产品数据进行去云与时间重建等处理，生成获得覆盖这些区域的标准化的2001～2018年逐日的地表反照率数据、叶面积指数数据、归一化植被指数数据、逐日地表温度数据、8天的BRDF数据、逐日的大气柱大气可降水量数据、大气不同层高度处的大气压强/空气温度与湿度数据等，用于本书中地表能量平衡分量及其关键参量的遥感估算。

## Landsat数据

Landsat是美国NASA的陆地卫星，本书主要涉及的Landsat数据包括TM5与TM8数据，TM为Landsat卫星上搭载的主题成像仪。这些数据的重放周期是16天。

Landsat TM5 于 1982 年发射，2011 年 11 月停止工作。TM5 传感器包含 7 个波段，其中可见光–短波红外的空间分辨率为 30 m，热红外波段分辨率为 120 m。

Landsat TM8 卫星于 2013 年 2 月发射，携带两个传感器，分别是陆地成像仪（operational land imager，OLI）和热红外传感器（thermal infrared sensor，TIRS）。在空间分辨率和光谱特性等方面与 Landsat TM5 及 ETM+保持了基本一致，Landsat-8 卫星一共有 11 个波段，可见光–短波红外的空间分辨率为 30 m，全色波段空间分辨率为 15 m 分辨率；TIRS 包含两个热红外波段，空间分辨率提高到 100 m。

本书涉及的 Lansat 卫星数据主要为 2006 ~ 2010 年的 Landsat TM5 数据、2013 ~ 2018 年的 TM8 数据，包括原始影像数据及二级产品，如大气校正后的地表反射率数据等，产品的详细介绍及免费下载均可查询如下网址 https://earthexplorer. usgs. gov/。本书主要涉及覆盖黑河流域中游甘肃张掖绿洲与河北馆陶的数据集；通过数据处理生成地表归一化植被指数数据、地表反照率与叶面积指数数据等，服务于本书中高分辨率地表蒸散及其关键参量的遥感估算。

## 哨兵 2 号（Sentinel-2）数据

哨兵 2 号（Sentinel-2）是欧洲航天局发射的高分辨率多光谱成像卫星，携带一枚多光谱成像仪（MSI），用于陆地监测，可提供植被、土壤和水覆盖、内陆水路及海岸区域等图像，还可用于紧急救援服务；分为 2A 和 2B 两颗卫星。第一颗卫星哨兵 2 号 A 星于 2015 年发射，第二颗卫星哨兵 2 号 B 星于 2017 年发射。

Sentinel-2 携带的 MSI，高度为 786 km，覆盖 13 个光谱波段，幅宽达 290 km。地面分辨率分别为 10 m、20 m 和 60 m，一颗卫星的重访周期为 10 天，两颗互补，重访周期为 5 天。从可见光和近红外到短波红外，具有不同的空间分辨率，在光学数据中，Sentinel-2 数据是唯一一个在红边范围含有三个波段的数据。

本书中涉及的 Sentinel-2 数据主要为 2016 ~ 2018 年覆盖黑河流域中游甘肃张掖绿洲、河北馆陶与怀来的数据集；数据产品详细介绍及免费下载均可查询如下网址 https://scihub. copernicus. eu/dhus/#/home。本书涉及的 Sentinel-2 数据主要用于逐日尺度 10 m 分辨率地表归一化植被指数数据、地表反照率与叶面积指数数据等估计，服务于本书中第 9 章地块尺度地表蒸散及其关键参量的遥感估算。

## 风云静止气象卫星产品数据

本书所采用的风云静止气象卫星主要为风云二号（FY-2）卫星，具体包括 FY-2C、2D、2E、2F、2G 等卫星。所携带的遥感器为 3 通道扫描辐射计–可见光、红外和水汽自旋扫描辐射计，可获得白天的可见光云图、昼夜红外云图和水汽分布图像，可见光–近红外通道为 0. 55 ~ 1. 05 μm，星下点分辨率为 1. 25 km；水汽通道为 6. 2 ~ 7. 6 μm，用于获得对流层中上部水汽分布图像；红外通道为 10. 5 ~ 12. 5 μm，用于获得昼夜云和下垫面辐射信息。水汽和红外通道图像的星下点分辨率为 5 km，每半小时可以获取一幅全景原始云图。

本书主要涉及的 FY-2 卫星产品数据包括 2005 ~ 2018 年逐小时的云分类类型数据集（FY-2C、2D、2E、2F、2G），以及 2013 ~ 2018 年的逐小时地表温度数据集，这些数据集均为圆盘标称图像数据，通过几何校正，可获得覆盖亚太-印度洋非洲部分区域的小时云类型与地表温度数据，空间分辨率为 5 km。产品的详细介绍及免费下载均可查询如下网址 http://satellite. nsmc. org. cn/portalsite/default. aspx。本书涉及的小时云类型与地表温度数据集主要服务于第 5 章的净辐射主要影响因子——日照时数的估算，以及第 6 章基于改进半阶法的日尺度地表土壤热通量遥感估算。

# 附录Ⅲ　地面观测数据

## 海河流域地面观测数据

本书涉及的海河流域地面观测数据主要为河北馆陶、北京大兴与密云新城子通量观测站点观测的数据集，河北馆陶通量站网包括3套梯度风、4套涡度相关仪、2套大孔径闪烁仪、3套辐射四分量仪、1套蒸渗仪、10套土壤热通量和10层土壤温湿度传感器及7个水平风场观测塔等设备，可同步开展日尺度的风温湿梯度、潜热通量、感热通量、净辐射、土壤热通量、土壤温湿度观测。该通量观测站点从2007年开始建设，数据集覆盖2007年至今的地面观测数据。北京大兴与密云新城子通量站网分别包括1套大孔径闪烁仪、1套涡度相关仪、1套辐射四分量仪、1套梯度风、2套土壤热通量和10层土壤温湿度传感器，同样可开展日尺度的风温湿梯度、潜热通量、感热通量、净辐射、土壤热通量、土壤温湿度观测。北京大兴通量观测站点从2007年开始建设，数据集覆盖2007年至今的地面观测数据；而密云新城子通量观测站点从2006年开始建设，但是2017年该站点拆除，因此数据集覆盖时间段为2007~2016年。

本书涉及的海河流域地面观测数据主要为2008~2018年覆盖海河流域馆陶站与大兴站，以及2008~2016年密云新城子站的涡动相关仪30 min间隔的数据集、大孔径闪烁仪数据集、辐射四分量数据集、自动气象观测要素数据集及土壤温湿度数据集等，主要服务于本书模型构建、标定标定与地面验证（附图Ⅲ-1）。

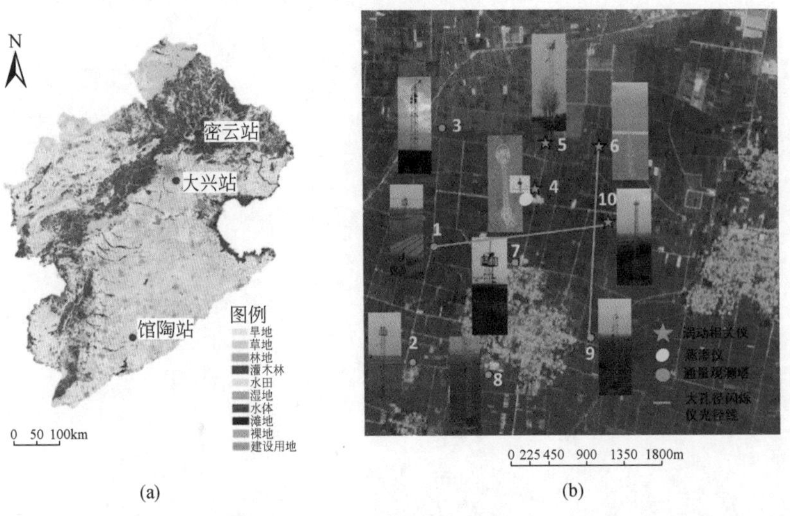


附图Ⅲ-1　海河流域通量站点与河北省馆陶县通量观测网络图

# 黑河流域地面观测数据

本书涉及的黑河流域地面观测数据主要来自黑河流域地表过程综合观测网，可在国家青藏高原科学数据中心资源共享服务网等平台上进行免费或申请协议下载。黑河流域地表过程综合观测网横跨中国3个省、自治区（青海、甘肃和内蒙古），纵横千余公里，上游位于青海省祁连县与门源回族自治县，中游位于甘肃省张掖市与酒泉市，下游位于内蒙古自治区额济纳旗，观测站点分布在上、中、下游［附图Ⅲ-2（a）］，涵盖林地、草地、农田、湿地、荒漠、沙地、裸地等。

黑河流域综合观测网最多时（2012年）包括了3个超级站和20个普通站［附图Ⅲ-2（b）］，覆盖黑河流域上、中、下游区域主要地表类型。上游包括1个超级站（阿柔超级站）和9个普通站（景阳岭站、峨堡站、黄草沟站、阿柔阳坡站、阿柔阴坡站、垭口站、黄藏寺站、大沙龙站、关滩站）；中游包括1个超级站（大满超级站）和6个普通站（张掖湿地站、神沙窝沙漠站、黑河遥感站、花寨子荒漠站、巴吉滩戈壁站、盈科站）；下游包括1个超级站（四道桥超级站）和5个普通站（混合林站、胡杨林站、农田站、裸地站、荒漠站）。2016年起，精简优化为11个观测站，包括上游4个站点（阿柔站、景阳岭站、垭口站、大沙龙站）、中游4个站点（大满超级站、花寨子荒漠站、张掖湿地站、黑河遥感站）、下游3个站点（四道桥超级站、混合林站、荒漠站）。各观测站点的位置、详细信息介绍及对应站点数据申请与下载均可查询如下网址 https://earthexplorer.usgs.gov/。

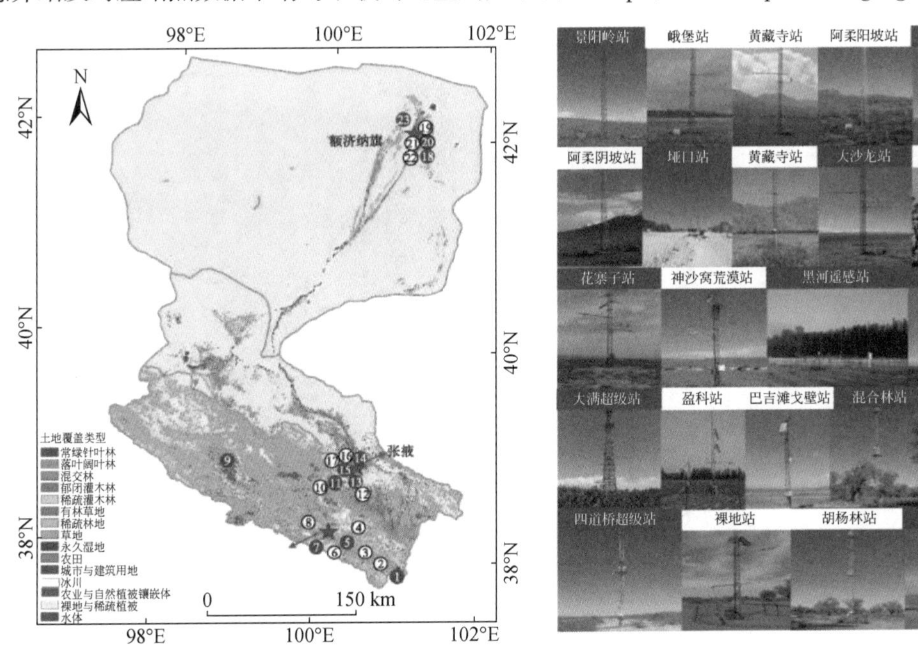


(a)黑河流域土地覆盖类型与观测站点分布　　(b)观测站点情况

附图Ⅲ-2　黑河流域地表过程综合观测网

其中，超级站的观测仪器包括蒸渗仪/植物液流仪-涡动相关仪、大孔径闪烁仪、土壤水分（TDR）-宇宙射线土壤水分测定仪-土壤温湿度无线传感器网络（8～10个节点），同时包括气象要素梯度观测系统、叶面积指数传感器网络（LAINet）、物候相机（植被物候与覆盖度），以及植被叶绿素荧光观测系统等配套参数的观测设备等；普通站主要由涡动相关仪、自动气象站以及物候相机（植被物候与覆盖度）等组成。除上述超级站和普通站配备的地表通量与气象要素等观测外，还包括如水文参数的观测，如降水量、河道径流与地下水位、积雪等观测仪器。

黑河流域综合观测网观测从于2007年开始建设，观测数据覆盖2007年至今的数据集。本书使用的黑河流域地面观测数据主要为2008～2018年覆盖黑河流域上、中下游的超级站与普通站观测的涡动相关仪30 min间隔的数据集、大孔径闪烁仪30 min间隔的数据集、自动气象观测要素数据集以及土壤温湿度剖面数据集等，主要服务于本书各章节中模型构建、标定标定与地面验证。

# 附录Ⅳ ETWatch 模型相关的博士论文


马宗瀚 . 2021. 地块尺度蒸散模型研究 . 北京：中国科学院大学博士学位论文 .

许佳明 . 2021. 冠层导度模型遥感估算方法研究 . 北京：中国科学院大学博士学位论文 .

谭深 . 2019. 地表蒸散降尺度算法研究 . 北京：中国科学院大学博士学位论文 .

于名召 . 2018. 空气动力学粗糙度的遥感方法及其在蒸散计算中的应用研究 . 北京：中国科学院大学博士学位论文 .

张红梅 . 2017. 多时间尺度的近地表饱和水汽压差遥感估算方法研究 . 长沙：中南大学博士学位论文 .

冯学良 . 2016. 基于遥感水汽廓线产品的大气边界层高度提取方法 . 北京：中国科学院大学博士学位论文 .

庄齐枫 . 2016. 地表感热与潜热通量参数化遥感方法研究 . 北京：中国科学院大学博士学位论文 .

朱伟伟 . 2014. 地表土壤热通量遥感估算方法研究 . 北京：中国科学院大学博士学位论文 .

柳树福 . 2013. 地表净辐射遥感估算方法研究 . 北京：中国科学院大学博士学位论文 .

熊隽 . 2008. 基于 MODIS 数据的双温双源蒸散发模型研究 . 北京：中国科学院研究生院博士学位论文 .

# |附录V| ETWatch模型已发表论文


Ma Z H, Wu B F, Yan N N, et al. 2021. Spatial Allocation Method from Coarse Evapotranspiration Data to Agricultural Fields by Quantifying Variations in Crop Cover and Soil Moisture. Remote Sensing, 13 (3): 343.

Xu J M, Wu B F, Dongryeol R, et al. 2021. Quantifying the contribution of biophysical and environmental factors in uncertainty of modeling canopy conductance. Journal of Hydrology, 592: 125612.

吴炳方，朱伟伟，曾红伟，等. 2020. 流域遥感：内涵与挑战. 水科学进展，32 (5): 654-673.

Wu B F, Zhu W W, Yan N N, et al. 2020. Regional actual evapotranspiration estimation with land and meteorological variables derived from multi-source satellite data. Remote Sensing, 12: 332.

Zhu W W, Wu B F, Yan N N, et al. 2020. Estimating Sunshine Duration Using Hourly Total Cloud Amount Data from a Geostationary Meteorological Satellite. Atmosphere, 11: 26.

Ma Z H, Yan N N, Wu B F, et al. 2019. Variaation in actual evapotranspiration following changes in climate and vegetation cover during an ecological restoration period (2000–2015) in the Loess Plateau, China. Science of the Total Environment, (689): 534-545.

Tan S, Wu B F, Yan N N. 2019. A Method for Downscaling Daily Evapotranspiration Based on 30-m Surface Resistance Data. Journal of Hydrology, 577: 123882.

Tan S, Wu B F, Yan N N, et al. 2018. Satellite-Based Water Consumption Dynamics Monitoring in an Extremely Arid Area. Remote Sensing, 10: 1399.

Xing Q, Wu B F, Yan N N, et al. 2018. Sensitivity of BRDF, NDVI and Wind Speed to the Aerodynamic Roughness Length over Sparse Tamarix in the Downstream Heihe River Basin. Remote Sensing, 10 (1): 56.

Yu M Z, Wu B F, Zeng H W, et al. 2018. The Impacts of Vegetation and Meteorological Factors on Aerodynamic Roughness Length at Different Time Scales. Atmosphere, 9: 149.

Tan S, Wu B F, Yan N N, et al. 2017. An NDVI-Based Statistical ET Downscaling Method. Water, 9 (12): 995.

Wu B F, Liu S F, Zhu W W, et al. 2017. An Improved Approach for Estimating Daily Net Radiation over the Heihe River Basin. Sensors, 17: 86.

Xing Q, Wu B F, Yan N N, et al. 2017. Evaluating the relationship between field aerodynamic roughness and the MODIS BRDF, NDVI and wind speed over grassland. Atmosphere, 8 (1): 16.

Yu M Z, Wu B F, Yan N N, et al. 2017. A Method for Estimating the Aerodynamic Roughness Length with NDVI and BRDF Signatures Using Multi-Temporal Proba-V Data. Remote Sensing, 9: 6.

Wu B F, Liu, Liu S F, Zhu W W, et al. 2016. A Method to Estimate Sunshine Duration Using Cloud Classification Data from a Geostationary Meteorological Satellite (FY-2D) over the Heihe River Basin. Sensors, 16: 1859.

Wu B F, Zhu W W, Yan N N, et al. 2016. An improved method for deriving daily evapotranspiration estimates from satellite estimates on cloud-free days. IEEE Journal of Selected Topics in Applied Earth Observations and Remote Sensing, 9 (4): 1312-1330.

Zhuang Q F, Wu B F, Yan N N, et al. 2016. A method for sensible heat flux model parameterization based on radiometric surface temperature and environmental factors without involving the parameterKB-1. International Journal of Applied Earth Observation and Geoinformation, 47: 50-59.

Feng X L, Wu B F, Yan N N. 2015. A method for deriving the boundary layer mixing height from MODIS atmospheric profile data. Atmosphere, 6 (9): 1346-1361.

Wu B F, Xing Q, Yan N N, et al. 2015. A Linear Relationship between temporal multiband MODIS BRDF and aerodynamic roughness in HIWATER Wind Gradient data. IEEE Geoscience and Remote Sensing Letters, 12 (3): 507-511.

Zhuang Q F, Wu B F. 2015. Estimating evapotranspiration from an improved two-source energy balance model using ASTER satellite imagery. Water, 7: 6673-6688.

张红梅，吴炳方，闫娜娜. 2014. 饱和水汽压差的卫星遥感研究综述. 地球科学进展, 29 (5): 559-568.

Xing Q, Wu B F, Zhu W W. 2014. An improved ET calculation for semiarid region based on an innovative aerodynamic roughness inversion method using multi-source remote sensing data. IOP Conference Series Earth and Environmental Science, 17 (012146): 1-6.

Yan N N, Zhu W W, Feng X L, et al. 2014. Spatial-temporal Change Analysis of Evapotranspiration in the Heihe River Basin. 3rd International Workshop on Earth Observation and Remote Sensing Applications.

Zhu W W, Wu B F, Lu S L, et al. 2014. An improved empirical estimation method of surface soil heat flux for large spatial scale. IOP Conf. Series: Earth and Environmental Science, 17 (012124): 1-6.

Zhu W W, Wu B F, Yan N N, et al. 2014. A method to estimate diurnal surface soil heat flux from MODIS data for a sparse vegetation and bare soil. Journal of Hydrology, 511: 139-150.

王浩，卢善龙，吴炳方，等. 2013. 不透水面遥感及应用研究进展. 地球科学进展, 28 (3): 327-336.

Xing Q, Wu B F, Zhu Wei W, et al. 2013. The improved ET calculation in winter by introducing radar-based aerodynamic roughness information into ETWatch System. IEEE IGARSS, 1824-1826.

Wu B F, Yan N N, Xiong J, et al. 2012. Validation of ETWatch using field measurements at diverse landscapes: A case study in Hai Basin of China. Journal of Hydrology, 436-437: 67-80.

柳树福, 熊隽, 吴炳方. 2011. ETWatch 中不同尺度蒸散融合方法. 遥感学报, 15 (2): 256-269.

吴炳方, 熊隽, 柳树福. 2011. ETWatch 中的参数标定方法. 遥感学报, 15 (2): 240-254.

吴炳方, 熊隽, 闫娜娜. 2011. ETWatch 的模型与方法. 遥感学报, 15 (2): 224-239.

Xiong J, Wu B F, Yan N N, et al. 2010. Estimation and validation of land surface evaporation using remote sensing in North China. IEEE Journal of Selected Topics in Applied Earth Observations and Remote Sensing, 3 (3): 337-344.

吴炳方, 熊隽, 闫娜娜, 等. 2008. 基于遥感的区域蒸散量监测方法-ETWatch. 水科学进展, 19 (5): 671-678.

Wu B F, Xiong J, Yan N N. 2008. ETWatch: An Operational ET Monitoring System with Remote Sensing. ISPRS III Workshop.

Xiong J, Wu B F, Yan N N, et al. 2007. Algorithm of regional surface evporation using remote sensing: A case study of Haihe basin, China. Proceedings of Spie the International Society for Optical Engineering, 6790.

# 索　引